航空发动机新技术丛书

国家出版基金项目
NATIONAL PUBLICATION FOUNDATION

航空发动机建模、控制与健康管理

Aero-Engine Modelling，Control and Health Management

黄金泉　周文祥　潘慕绚　张天宏
李秋红　张海波　鲁　峰　　著

北京航空航天大学出版社

内 容 简 介

经过几十年的发展,航空发动机控制技术取得了较大的进步,全权限数字式电子控制系统已经发展到第 3 代,并向多变量控制、分布式控制、综合控制、容错控制等方向发展。发动机控制系统除了具有强大的控制功能外,还具有状态监视和健康管理的能力,并进一步向智能发动机方向发展。本书重点阐述的新技术包括:航空发动机建模与仿真技术、航空发动机先进控制律、航空发动机分布式控制系统、航空发动机容错控制技术、航空发动机直接性能量控制、航空发动机性能寻优控制和航空发动机健康管理。这些内容从基本原理、设计方法和仿真验证等方面阐述了各种先进控制技术在航空发动机控制系统中应用的基础理论,这也是我们多年研究成果的总结和提炼,希望对航空发动机控制技术的进步产生积极的影响。

本书适合作为航空发动机控制等专业的高年级本科生、硕士生和博士生以及相关领域的专业人员的参考用书。

图书在版编目(CIP)数据

航空发动机建模、控制与健康管理 / 黄金泉等著
. -- 北京 : 北京航空航天大学出版社,2024.3
ISBN 978 - 7 - 5124 - 4338 - 9

Ⅰ. ①航… Ⅱ. ①黄… Ⅲ. ①航空发动机—控制系统—系统建模 Ⅳ. ①V233.7

中国国家版本馆 CIP 数据核字(2024)第 032664 号

航空发动机建模、控制与健康管理

黄金泉 周文祥 潘慕绚 张天宏 李秋红 张海波 鲁 峰 著
策划编辑 周世婷 李 慧 责任编辑 周世婷 龚 雪

*

北京航空航天大学出版社出版发行

北京市海淀区学院路 37 号(邮编 100191) http://www.buaapress.com.cn
发行部电话:(010)82317024 传真:(010)82328026
读者信箱:goodtextbook@126.com 邮购电话:(010)82316936
保定市中画美凯印刷有限公司印装 各地书店经销

*

开本:710×1 000 1/16 印张:22.75 字数:485 千字
2024 年 3 月第 1 版 2024 年 3 月第 1 次印刷
ISBN 978 - 7 - 5124 - 4338 - 9 定价:149.00 元

《航空发动机新技术丛书》
策 划 委 员 会

前　言

　　经过几十年的发展,航空发动机控制技术已经取得了较大的进步。代表当前航空发动机控制技术先进水平的全权限数字式电子控制系统已经发展到了第3代,并向多变量控制、分布式控制、综合控制、容错控制等方向进一步发展。发动机控制系统除了具有强大的控制功能外,还具有状态监视和健康管理的能力,而且未来航空发动机将进一步向智能控制方向发展。本书重点阐述这些新技术,这也是我们多年研究成果的总结和提炼,希望对航空发动机控制技术的进步产生积极的影响。

　　本书内容包括航空发动机建模与仿真、先进控制律、分布式控制、容错控制、直接性能量控制、综合优化控制以及健康管理。第1章绪论:针对航空发动机建模、控制和健康管理等关键技术,介绍现代航空发动机对控制系统的需求、航空发动机控制技术的发展历程和发展趋势以及本书的内容安排;第2章航空发动机建模与仿真技术:阐述航空发动机非线性部件级模型、状态空间模型、机载自适应模型的建模技术,并介绍了面向对象的仿真技术;第3章航空发动机先进控制律:阐述航空发动机自适应控制、多变量鲁棒控制、线性变参数控制等先进控制方法;第4章航空发动机分布式控制系统:阐述航空发动机分布式控制系统总线时延分析、容错调度方法、时延系统建模、稳定性分析和鲁棒控制方法;第5章航空发动机容错控制技术:阐述容错控制技术概念、解析余度设计、故障诊断技术、容错控制技术及容错控制验证技术;第6章航空发动机直接性能量控制:阐述性能量控制系统的结构、基于神经网络和基于跟踪滤波器的性能量的估计方法、性能量指令模型设计方法,以及性能量控制方法,第7章航空发动机性能寻优控制,从内涵与构成、性能寻优原理及优化算法、机载深度神经网络模型、性能寻优控制数字仿真等方面,阐述最大安装推力模式、最小油耗模式、最低涡轮前温度模式的多模式性能寻优控制方法;第8章航空发动机健康管理:介绍航空发动机健康管理的基本概念和关键技术,阐述基于模型的发动机气路故障非线性诊断方法和线性诊断方法,建立发动机气路健康诊断快速原型平台并验证。

　　第1章和第3章由黄金泉编写,第2章由周文祥编写,第4章由潘慕绚编写,

第 5 章由张天宏编写,第 6 章由李秋红编写,第 7 章由张海波编写,第 8 章由鲁峰编写,黄金泉对全书进行了策划、校核和统稿。本书在编写过程中得到了南京航空航天大学能源与动力学院控制工程系教师和研究生的大力支持和协助,在此表示衷心的感谢,同时对文中引用的参考文献作者表示感谢。

由于笔者水平和时间有限,书中的不妥或错漏之处,恳请读者批评指正。

黄金泉

2023 年 11 月

符号表

符 号	含 义	符 号	含 义
A	面积;热功当量;幅值	N	功率
c_P	比定压热容	p	气体压力;微分算子;部件健康参数
c_V	比定容热容	P	液体压力
d	干扰量	PLA	油门杆角度
e	误差	q	排量;气体流量函数
EPR	发动机压比	Q	体积流量;系统噪声强度
F	发动机推力	R	热力学常数;测量噪声强度
f_a	油气比	r	给定量
h	比焓	s	复变量;面积
H	飞行高度	sfc	发动机耗油率
H_u	燃烧热值	SM	喘振裕度
i	工作轮叶片的气流攻角	t	时间
J	转动惯量;雅可比矩阵	T	温度;时间常数
k	气体绝热指数	u	控制向量
K	放大系数;卡尔曼滤波器增益	V	容积
l	功	W	质量流量
L	拉普拉斯变换;特性曲线	x	状态向量
m	位移;流量	y	输出向量
M	力矩	α	可调导流叶片角度;飞机迎角;总距角;步长因子;旋翼角度
Ma	飞行马赫数		
n	转速	β_C	压气机静子叶片角

符 号	含 义	符 号	含 义
β_F	风扇进口导流叶片角	σ	总压恢复系数
β_k	阻尼因子	λ	气体速度系数
γ	比热(容)比	τ	延迟时间
δ	相对增量;相对于海平面的总压比	φ	速度系数;相位
Δ	偏移量	ω	角速度;系统噪声
η	效率	υ	测量噪声
θ	相对于标准大气条件的总温比	SE_i	效率系数
κ	等熵指数	SW_i	流量系数
π	发动机增压比	SS_i	面积系数
ρ	燃油密度		

下标符号及其表示的含义

下标符号	含 义	下标符号	含 义
0	发动机远前方未扰动截面	ac	加速
1	进气道与发动机的交界面	B	主燃烧室
13	外涵进口截面	BP	外涵道
16	外涵出口截面	b	气体反压;基准
2	低压压气机或风扇进口截面	C	压气机
21	风扇出口截面	c	控制
25	高压压气机进口截面	cd	充填
3	最末级压气机出口截面	cor	换算
4	主燃烧室出口截面	cr	临界
42	高压涡轮出口截面	D	微分
45	低压涡轮进口截面	f	燃油
5	最末级涡轮出口截面	F	风扇
55	低压涡轮后内涵喷管出口截面	g	燃气;燃气涡轮转子
6	混合器或加力燃烧室进口截面	H	高压
7	尾喷管出口截面	HT	高压涡轮
8	尾喷管喉部截面	I	进气道;积分
9	尾喷管出口截面	idle	慢车状态
a	空气	L	低压
AB	加力燃烧室	LT	低压涡轮
AP	内涵喷管	M	混合室

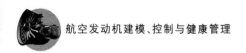

下标符号	含　义	下标符号	含　义
mH	高压转子轴	S	静参数;系统
mL	低压转子轴	SP	中介机匣
NZ	喷管	t	总参数;瞬时
P	动力涡轮转子;柱塞;比例	T	涡轮;理想;热
r	参考	v	容积;阀

目　录

第 1 章

绪　论

本章主要针对航空发动机建模、控制和健康管理等关键技术,阐述现代航空发动机对控制系统的需求、航空发动机控制技术的发展历程、现代航空发动机控制技术的发展趋势。

1.1 现代航空发动机控制需求分析

控制系统是决定航空发动机性能的一个关键性功能系统,在航空发动机的研制中占有举足轻重的地位。航空发动机控制系统的作用:在整个飞行包线内、不同的任务段、不同的工作状态和工作环境下,使发动机安全、可靠、稳定地工作,为飞机提供所需推力或功率,并通过优化,使发动机获得最佳性能。

早期的航空发动机性能要求不高,一般只需要燃油流量这一个控制变量来控制发动机转速。随着对航空发动机性能要求的不断提高,除了燃油流量外,其他需要控制的变量日益增加,因此发动机控制系统将成为多变量控制系统。如 F100 发动机有 7 个控制变量,而装有 PW1128 发动机的 F-16XL 飞机的飞行/推进系统综合控制系统有多达 24 个控制变量,其中 17 个控制变量负责控制推进系统。目前,先进的多变量控制算法已在 F100、F135 等发动机上进行了飞行验证,控制系统的性能得到了很大的改善[1]。

美国在综合高性能涡轮发动机技术(IHPTET)计划的基础上,实施了高度综合数字电子控制(HIDEC)计划,进行了自适应发动机控制、直接性能量控制、综合飞行推进控制、进气道综合控制等多变量综合控制技术研究。20 世纪 90 年代,NASA 开展了性能寻优控制(PSC)计划,该计划在不同任务段通过在线优化技术优化控制指令,在 F-15/F100 平台上的飞行演示验证表明,通过在线性能优化方式可以大大提升发动机的性能潜力[1][2]。

目前,发动机数控系统已发展到第三代,典型代表包括美国的 F119、F135 发动机数控系统、法国的 M88 发动机数控系统和英国的 EJ2000 发动机数控系统。先进的多变量控制设计方法、飞机/发动机机载实时自适应优化、机载预测和健康管理已成为第三代数控系统的主要特征。

随着飞机对发动机提出更多更高的要求,发动机控制系统面临巨大的挑战,主要体现在以下几个方面:

① 发动机多变量系统有着非线性、不确定性、强干扰、控制回路间的耦合以及多状态、宽范围工作等特点,这些特点与控制系统性能之间的矛盾日益尖锐。

目前,发动机多变量控制系统仍采用变参数 PID 控制方法,该方法采用经典的频率响应法和时域法分别设计各个控制回路。这种技术是假设设计任一单回路时,其他回路已工作在稳态或准稳态,这种技术存在着各控制回路间的耦合与相互影响问题。

随着发动机控制变量和测量变量数目的增加,控制系统的复杂性大大增加,单回路设计技术已不能满足发动机对控制系统性能的需求。因而,人们尝试开发并验证了先进的多变量控制方法。目前,美国已将多变量控制技术应用到 F100、F135 等发动机上,并完成了飞行验证,显示了多变量控制技术的很多优势。

多变量控制系统设计所面临的主要挑战是存在非线性、不确定性、干扰以及发动机工作的宽范围、多状态问题。虽然发动机性能和可靠性一直在不断提升,但由于实际安装制造过程中的公差和材料特性,发动机的这种个体差异是不可避免的。除此之外,维修过程中发动机单元体和控制系统部件的更换也会带来个体差异,因此控制系统应能满足互换性要求;由于发动机运行环境恶劣,发动机性能随工作循环数的增加而发生退化,控制系统必须能处理发动机及其部件性能的退化问题;飞机在大机动飞行时,会发生进口流场畸变,控制系统应能保证发动机安全稳定工作。此外,由于控制系统工作在宽广的飞行包线以及从起动到最大加力不同的工作状态,因此,多变量控制系统算法必须具有鲁棒性、自适应调整能力。并且,采用直接性能量等多变量控制方法会使整个控制系统的结构发生变化,传统的稳态控制、过渡态控制和超限保护控制的结构也相应发生变化,给多变量控制的系统综合带来新的问题,如执行机构的协调控制、超限保护切换控制等。

② 进气道、发动机、矢量喷管单独控制的传统方式使得推进系统在不同任务、不同状态下的综合性能有进一步提升的空间。

目前的发动机控制不能对变化的环境条件、飞行任务做出快速响应,导致需要在设计、使用和维护方面留有很大的裕度,使发动机性能得不到充分发挥。为了进一步挖掘发动机的综合性能潜力,进气道控制、喷管控制与发动机控制综合设计已成为发动机控制的主流方案,进气道控制和矢量喷管控制综合设计所产生的效果在 F119 上已获得验证,这使得 F - 22 战斗机获得了前所未有的空中优势。发动机任务自适应是新一代发动机必须具有的新技术,发动机任务自适应将全面提高推进系统的综合指标。综合控制在基本不改变发动机硬件的情况下,借助机载自适应建模的在线性能估计技术和在线优化技术,提高了发动机、推进系统乃至整个飞机的性能,并改善了经济性。

在不同任务段和不同的工作状态下,飞机对发动机的需求不同。如在执行爬升、加速任务时,需要发动机提供最大推力,以改善加速性;在巡航状态时,需要降低发动机油耗,以改善经济性;在起飞或大马赫数飞行时,需要降低涡轮前温度,以延长发动机使用寿命;在舵面失效、应急着陆或复飞等应急飞行条件下,需要短时间增大发动机推力,以提高快速响应能力;加减速过渡态,须减少加减速时间;大机动飞行或进口畸变条件下,须增加发动机稳定性。由于传统的设计方法折中考虑了所有任务和工作状态,在不同的任务段和不同的工作状态没有达到性能最优,因此,需要根据飞行任务和工作状态的需求,在线优化推进系统性能,使发动机在安全工作的同时最大限度地发挥其潜力,达到特定的性能指标或综合指标最优。

③ 航空发动机控制系统软硬件结构越来越复杂,该状况使得发动机控制系统故障发生的概率增加,使得故障的机理也变得复杂,容错控制和健康管理面临巨大的挑战。

经过近几十年的快速发展,我国在航空发动机数控技术研究方面取得了长足的进步,但是相比国外先进的发动机控制系统,我国在安全可靠性设计方面仍存在差距,因此,发动机控制系统中的安全可靠性设计是一个急需突破的薄弱环节。

发动机控制系统是发动机的“中枢神经”,约占航线可更换部件(LRU)的50%,其任何部件的故障或失效将有可能对发动机的安全造成威胁,影响发动机安全可靠运行。因此,必须要提高发动机控制系统的可靠性,降低因控制系统部件故障或失效对发动机安全可能产生的危害。

提高发动机控制系统可靠性的一个重要途径就是采取容错控制技术。容错控制技术通过余度和重构等方法使控制系统能容忍单个部件或组合的故障或失效,从而维持发动机的有效运行,避免对发动机安全产生危害性后果。因此,为了提高发动机的安全性,有必要对发动机控制系统进行容错设计。

目前国内外全权限数字电子控制器(Full Authority Digital Electronic Control,FADEC)系统广泛采用双通道冗余架构,其目的就是在硬件上使控制系统能容忍单个通道的硬件故障,以维持控制系统的有效运行。实际上,发动机控制系统容错控制的内涵可以很丰富,除了采用硬件冗余还可以采用软件冗余或软硬件非相似冗余,硬件冗余的架构还可以采用可靠度更高且更加灵活的模块级多余度表决机制。控制系统的组成部件繁多,如何根据任务安全性要求制定合理有效的软硬件冗余和容错策略,并对容错策略进行合理科学的安全性分析评估,进而加以工程实现和有效验证,已经成为国内外航空发动机容错控制技术面临的一个巨大挑战。

据统计资料表明:在民用领域,发动机故障在所有飞机机械故障中的比例占到1/3。全世界的航空公司每年要花费的维修费用在310亿美元左右,其中发动机的日常维护占到了31%,飞机和发动机的翻修占到了27%。美国国防部每年用于采购发动机的费用为13亿美元左右,而维护现有发动机的费用却在35亿美元左右。航空发动机健康管理(EHM)是在传统发动机状态监视、故障诊断的基础上,综合利用信息技术、人工智能等学科产生的一种全新的面向发动机健康状态的综合管理解决方案。航空发动机健康管理是建立在对发动机信息的辨识、获取、处理和融合基础上,该技术采取积极主动的措施监视发动机的工作状态,识别发动机的故障模式,预测发动机性能变化趋势及剩余使用寿命,评估发动机健康水平,采取必要的措施缓解发动机的性能衰退、部件故障/失效的决策和执行过程。随着发动机安全、性能和经济性需求的不断提高,如何利用不同信息源数据,及时高效地实现发动机健康管理将面临新的挑战。

④ 多变量控制、综合优化控制、健康管理的复杂性进一步加剧了建立高精度、实时性推进系统动态模型的难度。

建立被控对象的数学模型历来是控制领域中的重要研究内容。鉴于涡扇发动机是多变量、非线性、时变的复杂系统,多变量控制、综合优化控制、健康管理对模型的依赖程度进一步提高,因此建立作为多变量控制对象和被优化对象的推进系统的各种类型的数学模型更是重要的研究内容。有资料显示,在发动机控制系统设计中,80%的工作是用于建模和对发动机动力学系统特性的理解,可见航空发动机控制系统设计中建模的重要性。

在涡扇发动机多变量综合控制中,不同的控制目的和不同的研究阶段对发动机数学模型的需求是不同的。现代控制算法大都基于线性系统理论,由于不同的控制方法采用的数学模型形式不同,因此需要在稳态点或非稳态点线性化的基础上建立不同形式的大范围控制律设计模型。综合优化控制、基于模型的在线故障诊断需要在线计算获取具有较高精度的推进系统综合性能参数,该性能参数随发动机个体差异、性能退化等各种不确定因素的变化而变化,因此,需要采用滤波技术估计非额定工况的发动机特性。

多变量控制的设计模型、综合优化和故障诊断的性能参数估计来源于非线性模型,该模型不仅能反映发动机的动态特性,还要考虑进气道和喷管的耦合作用,因此需要建立进气道-发动机-喷管的一体化模型,该模型不仅能反映不同工作状态、不同飞行条件,还要求能模拟各种不确定干扰。在设计阶段,对一体化模型精度要求比较高,以便对多变量综合控制的性能做出准确的分析、计算与评价。在硬件回路(HIL)仿真和半物理仿真试验验证阶段,需要对一体化模型做进一步简化以便满足实时性要求。因此解决数学模型的精度和实时性的矛盾是一个很大的挑战。

1.2 航空发动机控制技术的发展历程

1.2.1 航空发动机建模与仿真技术

航空发动机建模仿真技术因其降低成本明显,研制周期缩短,技术和投资风险减少的优势,受到了极大重视。20 世纪 50 年代,开始出现了单轴涡喷、涡桨的动态模型,这一阶段的建模方法主要以动态特性法[3]、傅里叶积分法[4]、频率响应法[5]和线性化建模[6]为主。20 世纪 60 年代,伴随着涡扇发动机的诞生,美国空军航空推进系统实验室(AFAPL)开发了单、双轴涡扇发动机稳态性能仿真软件 SMOTE[7][8],该软件可以进行发动机设计点及非设计点的稳态性能计算。到了 20 世纪 70 年代,NASA 刘易斯研究中心开发了 GENENG[9]、GENENG Ⅱ[10]、HYDES[11]和 DYNGEN[12]等一系列航空发动机通用性能仿真程序。除具备 SMOTE 的全部功能外,GENENG 的主要改进之处是增加了对单轴和双轴涡喷发动机的稳态仿真支持;GENENG Ⅱ 最初是针对短距起飞(STOL)飞机的三转子涡扇发动机开发的性能仿真模型,由于其采用的是模块化结构设计,因此可以模拟多种结构类似的发动机的动态过程,同时考虑了压气机导叶、引气系统、燃油填充及点火延迟的影响,是发动机建模仿真发展中的一次重大突破;HYDES 是专门为提高发动机仿真模型的实时性程序,除用于常规的发动机性能仿真外,该程序还广泛用于发动机状态空间模型推导,发动机多变量控制系统设计及发动机性能改进优化;DYNGEN 在 GENENG 和 GENENG Ⅱ 的基础上采用了改进 Euler 法提高仿真实时性,动态计算时允许较大的积分步长(100 ms)。

20 世纪 90 年代,在推进系统数值仿真(NPSS)计划的推动下[13],面向对象的建模技术由于其继承性、可重用性、开放性等优点逐渐代替了面向过程方法,成为航空发动机仿真领域的主流。美国 Toledo 大学的 Reed 博士自 1993 年以来,一直致力于面向对象的航空发动机性能仿真研究,先后开发了基于应用可视化系统(Application Visualization System,AVS)平台的涡扇发动机仿真系统(Turbofan Engine Simulation System,TESS)[14]和基于 Java 语言的 JGTS(Java - based Gas Turbine Simulator)[15]。除美国外,西方发达国家也在积极开展面向对象的航空推进系统仿真研究。荷兰国家实验室(NLR)开发了两种面向不同需求的数值仿真平台 GSP[16]和 TERTS[17]。其中,GSP 继承了 NASA 的 DYNGEN,集成了发动机部件库和控制系统库,侧重于离线计算;TERTS 是基于 MATLAB/Simulink 环境开发的实时仿真平台,用于飞行员在回路的飞机-推进系统仿真,可方便加载各类控制器。GasTurb[18]由德国 MTU 公司开发,可执行多类型发动机稳、动态计算,GasTurb 不是通过部件模块构建发动机模型,而是将常见的发动机类型固化在程序中,由用户自己选择。

国内的航空发动机从早期的引进阶段发展到当前的自主研制阶段,经历了艰辛漫长的过程,但在一定程度上忽视了发动机模型的重要性,导致了我国建模技术的起步比较落后。20 世纪 80 年代,中国科学院工程热物理研究所[19]基于变比热法提出了一种可对发动机设计点和非设计点性能进行稳态计算的模型,此模型适用于单转子、双转子和三转子的燃气轮机。沈阳发动机研究所[20]开发了国内第一个发动机实时仿真模型,用于双转子涡喷发动机的半物理仿真试验。北京航空航天大学[21]建立了涡喷发动机的动态数学模型并通过试验分析了热效应对涡喷发动机过渡态过程的影响。南京航空航天大学针对数种发动机机型,研究了多种建模方法,如部件级建模[22]、简化模型[23]、实时线性化模型[24]、非线性动态实时模型[25]以及机载自适应模型[26]等。

1.2.2 航空发动机多变量鲁棒自适应控制技术

现代先进涡扇发动机是一种非常复杂的对象,工作包线范围广,功率水平差异大,具有多变量、非线性、强干扰、不确定性等特征,导致控制系统设计面临许多挑战,因此国内外均对多变量鲁棒自适应控制算法开展了大量的研究工作,希望通过控制系统的鲁棒性和自适应性来包容设计对象中的不确定性和特性大范围变化问题。与传统的单输入/单输出或单回路比例积分(PI)控制相比,多变量鲁棒自适应控制算法更适合航空发动机的强非线性、变参数特征,同时可以大幅减小需要调度的控制器增益。

20世纪70年代,美国空军空气推进实验室(AFAPL)和NASA LRC开展了多变量控制综合(MVCS)研究计划[27]。由于LQR有无穷大的幅值裕度和大于60°的相位裕度,因此具有很强的鲁棒性。该计划以F00为对象,验证用LQR方法设计航空发动机多变量控制系统的有效性。控制器中以LQR作为比例控制增益,加入积分控制以消除稳态误差,并考虑参数限制,飞行包线内通过典型工作点的增益调度实现大范围的控制。MVCS计划分3个阶段实施,并通过了实时仿真试验和高空试验台验证[1],图1.1所示为F100高空台试验的LQR多变量控制系统的结构。

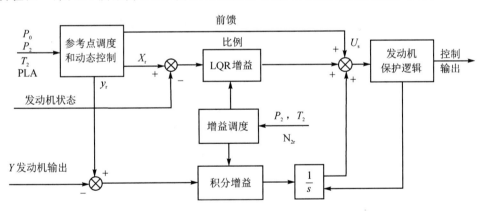

图 1.1 F100 高空台试验的 LQR 控制结构

LQG-LTR是在现代控制理论成果的基础上发展起来的一种多变量控制方法,它最初是由Doyle和Stein于1981年提出的。LQG-LTR在LQG方法的基础上增加了回路传递恢复(LTR)步骤,从而克服了LQG方法鲁棒性差的问题。20世纪80年代中后期,LQG-LTR方法在F100、T700航空发动机控制系统设计中得到了应用[28][29]。

H∞控制是G·Zames于1981年建立的一种方法,是一种将经典控制理论与现代控制理论相结合的现代鲁棒控制理论。到了 20 世纪 90 年代,线性矩阵不等式(LMI)受到了控制学科学者们的广泛关注并且很快被应用到控制的各个领域[30]。在 NASA 的短距离起飞和垂直降落(STOVL)计划中验证了 H∞ 控制技术在发动机非线性模型上的应用,并结合控制器降阶技术和简化增益调度技术设计出了改进 H∞ 控制方法[31]。2005 年 NASA 报道的 F135 发动机的飞-推综合控制上采用多变量控制方法,这是多变量控制方法在航空发动机上获得应用的首次官方报道。

为了使控制系统具有大范围适应性,以上各种鲁棒控制方法大多基于传统的变增益的思想,即通过对若干工作点处的线性控制器增益插值得到当前控制器增益。但由于这种调度方法过于依赖工程经验,须在多个工况反复试验,重复工作多,且全局控制器缺乏稳定性理论保证,复杂结构控制器调度困难,在调度参数变化时,闭环系统可能丧失稳定性。针对这一系列问题,Shamma 于 1988 年提出了线性变参数(LPV)模型,即将原本直接在控制器上的调度转移到模型上,并在此基础上提出了一种线性变参数控制器设计方法。

20 世纪 90 年代初国外许多学者便开始尝试使用基于 LPV 模型的增益调度控制来设计航空发动机控制系统。Balas 将 LPV 控制器用于涡扇发动机仿真,并与设计点处的 H∞ 控制器作对比。其仿真结果表明 LPV 控制器在设计点处的性能不如 H∞ 控制器,但在非设计点显示出了卓越的跟踪性能[32]。美国 NASA 格伦研究中心和军队研究实验室利用线性变参数二次李雅普洛夫函数(Linear Parameter Varying Quadratic Lyapunov Function,LPVQLF)设计方法来设计控制器。利用此方法获得的控制器不仅解决了发动机退化后的控制问题,同时该控制器是无条件稳定的[33]。Giarr 等人将 LPV 控制方法用于发动机喘振和旋转失速控制上,其设计的参数变化-预测控制器(PV-PC)包含离线的增益调度线性反馈和在线的非线性修正,且该控制器与参数变化率无关[34]。

另一种思路是采用自适应控制技术。自适应控制研究始于 20 世纪 50 年代初,现已成为一门成熟的学科,其在航空航天、机器人、化工、船舶操纵和生物工程等领域得到了广泛的应用。自适应控制系统通常可分为模型参考自适应控制系统、自校正控制系统和新型自适应控制系统等。模型参考自适应控制只需对象的结构,不需要对象的线性化模型,因此在航空发动机控制中得到不同程度的研究和应用[35][36]。

国内从"九五"期间开始进行航空发动机鲁棒控制和自适应控制研究,南京航空航天大学、西北工业大学、北京航空航天大学等高校和科研院所开展了增广 LQR 控制、LQR-LTR 方法、H∞ 控制、MRAC、自校正控制、LPV 控制、神经网络控制等控制算法的研究,南京航空航空大学率先在中国航发控制系统研究所进行了增广 LQR 控制、MRAC、H∞ 控制的半物理试验验证,取得了很好的控制效果[37-43]。

1.2.3 航空发动机分布式控制技术

航空发动机分布式控制的研究工作始于 20 世纪 80 年代末,NASA 的 Glenn 研究中心在本世纪初成立了分布式发动机控制工作组（DECWG），在 DECWG 的管理与推进下，分布式控制系统有了显著的发展与进步。其发展与进步主要体现在分布式控制系统结构、高温元器件、通信技术与智能传感器与智能执行机构等方面[44]。20 世纪 90 年代，Lewis 提出了分布式控制系统的结构，由于该控制系统中各个元部件不再以点到点的方式与 FADEC 相连，而是各自连接在一根共用总线上，因此有效地减少了导线长度和接头的个数，进而减少了系统重量[45]。

与安装在发动机上的传统的集中式控制器不同，由于分布式控制系统中部分元器件工作环境温度较高，如高压压气机出口温度达 650 ℃，高压涡轮出口处温度接近 1 000 ℃，因此传统电子元器件将无法长期稳定、可靠地工作。为此，美国展开了耐高温电子元件的研究[46,47]，并由 AFRL 成立了由 14 名企业和学术界成员组成的美国高温电子委员会，启动了军民用高温电子元件（HiTEC）计划。该举动的目的在于研究并商业化一批基于 SOI 高温（200 ℃）的集成电路元件。在 20 世纪 90 年代末及 21 世纪初，Johnston 等人提出使用绝缘硅（SOI）、碳化硅和氮化镓（GaN）来耐高温的方法[48]，但无源电子（电阻、电容等）限制其在这种温度环境中的使用[49]。

进入 21 世纪，在 NASA IHPTET 计划的推动下，分布式控制系统在系统结构、智能传感器与执行机构、高温电子元器件及通信技术等方面都获得了显著的成果。21 世纪初已经形成并进一步完善了航空发动机分布式控制系统结构[44,50]。从集中式控制向分布式控制发展经历了 3 个阶段，即从集中式控制经过渡期智能控制，向着部分分布式控制发展，最后发展形成完全分布式控制系统[52]（见图 1.2）。

美国佐治亚理工大学和 AFRL（美国空军研究实验室）开展了涡扇发动机部分分布式控制研究，设计了分布式自适应控制器。仿真结果显示分布式自适应控制器能够达到良好的控制效果[50][51]。NASA Glenn 研究中心与 Goodrich 公司和 AATD（航空应用技术委员会）开展了涡轴发动机分布式发动机控制应用研究，设计了涡轴发动机分布控制系统，FADEC、FDU、IVHM 和飞控系统之间通过数字通信相连，传感器和执行机构仍沿用传统集中式控制中的模式。研究表明，涡轴发动机分布式控制结构能减少控制系统约 10 % 的质量，但在高温元件、电源、传感器与执行机构安装固定所带来的质量增加等方面仍存在需要解决的难题[52]。

经过 HiTEC 计划的努力，到 20 世纪初，已经有一个有限的 SOI 元件商业生产线，这些元件包括微控制器、静态 RAM、门阵列、晶振和各种模拟元件，并能够工作在高达 225 ℃ 的环境下。此外，AFRL 在推进设备工作组（PIWG）计划中资助了高温动态压力传感器的研究。这项工作由罗·罗、威廉姆斯、西门子、普·惠、霍尼韦尔、Kulite 半导体产品公司和 Wright 州立大学共同参与。Kulite 半导体公司成功研制了硅基封装的传感器，它的工作温度可达 1 100 ℉。SiC 基传感器也初步研制成功，其工作温度预期超过 1 200 ℉。

NASA 开展高温电子元件的研究也取得了突破性的进展。中温级别的 SOI 元件长期工作温度可以达到 250 ℃。而 NASA 的科学家们研制的基于 SIC 的芯片，如

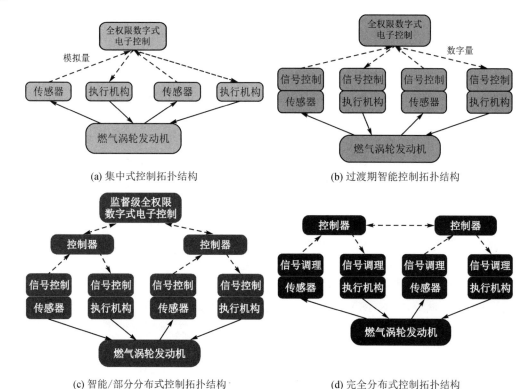

(a) 集中式控制拓扑结构

(b) 过渡期智能控制拓扑结构

(c) 智能/部分分布式控制拓扑结构

(d) 完全分布式控制拓扑结构

图 1.2　控制系统拓扑结构

放大器、晶振等,长期工作温度可以达 500 ℃,且持续工作时间可达 1 700 h,这是传统集成电路芯片高温下正常工作时间的 100 倍。NASA 表示这种新型 SIC 差动放大电路芯片可以长期工作在高温环境中,如喷气式发动机和汽车发动机中,从而减少由于传感器和电子元件散热所带来的金属附件、导线、性能降低等影响,或者避免由于高温影响将其放置在远离高温点所带来的效率降低。

这一时期,通信技术也得到飞速发展。着眼于未来部分分布式系统和完全分布式系统的通信要求,Gwaltny 和 Briscoe 对现有的几个通信结构进行了对比分析与评价,但迄今为止仍没有找到现成的通信协议能满足航空发动机分布式控制的要求[53]。从分布式控制系统中多个独立的处理器、数据流的协调和同步难题以及通信结构与功能软件之间接口规范等因素考虑,需要建立一个基于开放式系统标准明确、通用的接口,这将为分布式控制结构的模块化结构、可扩展性和可用性提供很多好处。此外,应用于发动机上的通信接口受发动机高温条件的限制,因此高温环境下的通信技术是发动机分布式控制系统的一项技术难题。

从这些需求出发,美国开展了多个相关研究计划。NASA 马歇尔航空飞行中心(MSFC)提出的 PHIAT 计划(推进高影响航空电子技术)对 MIL - STD - 1553、SAFEbus、TTP/C 协议、FlexRay、TTCAN、IEEE 1394b、SpaceWire 等 11 种现有通信协议进行了分析比较,并将其研究成果扩大到有人飞行系统和机器人遥控等应用领域。该研究提出采用 TTP/C 实现 PHIAT 要求的模块化实时控制系统。这种控制系统结构将称为用于通信和控制的综合安全关键先进航空电子(ISAACC)系统。

AFRL 的 Behbahani 提出基于 OSI(开放式系统标准)的发动机分布式控制系统。开放式系统接口标准能够满足所有的电气接口,尤其是分布式通信和电源。而且许多应用中从元件封装的形式上考虑商用接口标准是可行的。由于开放式系统标准仅影响接口规范而非功能,因此不同的发动机生产商和供应商可以通过提升产品功能来提升其价值,使其产品区别于其他产品,而不用纠结功能元件的接口规范。

除了军方的努力之外,工业界也着手准备分布式控制系统实现所需的通信技术。DECWG 正为发动机控制系统接口开展广泛的工业标准研究。最近研究的一项标准——IEEE 1451 为传感器提供了一个通用的智能变送接口[54]。该标准的目标是开发一种智能传感器接口标准,这样传感器制造商可以方便地开发智能设备并将其连接到网络控制器。IEEE 1451 包括 3 个部分,智能传感器接口模块(STIM)、传感器电器数据表(TEDS)和网络处理器(NCAP)。STIM 能够将传统的传感器输出转换为数字信号;TEDS 是个存储单元,其内存储传感器辨识、校准、修正量程、制造商信息等资料;NCAP 包含硬件和软件两部分,这两部分为 STIM 和网络之间提供通信。

由于传感器和执行机构的智能化到 21 世纪初有了长足的进步,因此智能传感器的定义更加明确,功能更为丰富。智能传感器和标准集成传感器的根本区别是它们的智能能力。例如,智能传感器中包含片上微处理器,它可以实现数字处理、AD 转换、频率转换、计算和接口功能,从而具有自诊断、自辨识或者自适应(决策)功能。

在 21 世纪初 NASA 资助 Stennis 航天中心开展智能传感器技术研究,研制并构建了由智能传感器、智能执行机构及其他设备构成的智能系统框架,目前该智能系统框架已应用到火箭系统的台架试验中,并计划进一步应用于系统智能监控管理中[55]。欧洲也开展了智能传感器研究,2002 年启动了为期 3 年的 EYES(高能效传感器网络)计划。该计划得到了阿尔卡特信息技术中心(即欧洲最大的通信方案提供商)的支持,开发出了智能传感器原型。

上述研究最终都以专利的形式出现。为了更好地推动该项研究的发展,美国DARPA(国防高级研究计划局)资助了 NEST(嵌入式网络软件技术)计划,该计划为智能传感器开发提供了一种开放式软硬件平台。在该平台上开发的微智能传感器,如压力传感器、温度传感器等已经应用于机器人技术、定位系统等方面。

目前,我国对航空发动机分布式控制已进行了初步研究。南京航空航天大学的黄金泉教授于 2003 年探究了航空发动机分布式控制系统结构[56],并开展了分布式控制的预研工作。其在分布式智能传感器、分布式电源及分布式系统总线布局等方面取得了大量的研究成果,研制了基于 DSP 的智能转速传感器、智能温度传感器、智能位置传感器和智能执行机构等实物装置[57,58];西北工业大学的郭迎清教授也在该领域开展了丰富的研究,主要包括确定分布式控制基本结构和控制方案、分布式总线通信研究,分布式控制算法设计,基于 CAN 总线的航空发动机分布式硬件在回路仿真平台[59-61];空军工程大学的谢寿生教授针对分布式控制系统仿真,建立了发动机燃油综合控制系统半物理仿真试验台,并在此基础上进行了分布式控制半物理仿真与控制算法验证[62-64]等方面的研究。近年来航空发动机分布式控制技术的研究得到学术界和行业界的许多关注,国内外学者对分布式控制中的关键技术问题进行了深入研究,并取得了突破,对发动机分布式控制系统未来发展方向有更清晰且坚定的认知。

1.2.4 航空发动机容错控制技术

随着发动机数字控制技术的发展,发动机容错控制系统的理论和应用逐步展开。硬件余度方面,20 世纪 80 年初期,GE 公司在工业用燃气轮机 LM2500 上采用了双通道数字控制结构,即两个控制通道独立进行自身健康的监视,且只有当自检测失效时才让步于第二个通道[65]。20 世纪 80 年代中期,FADEC 系统开始投入军用和民航发动机使用,发动机数控技术逐步实现了商品化和产业化,并形成了完整的设计规范和设计体系。Arriel 2C 和 PT6C – 67C 涡轴发动机是此控制系统架构的典型产品,Arriel 2C 控制系统由数控单通道-简单手动备份控制组成;PT6C – 67C 控制系统由数控单通道-液压机械备份组成。在波音 757 上装备的 PW2037 及 PW4000 系列发动机上都成功地采用了双通道数字控制系统。T700 – 701D 采用双通道 FADEC,基于 32 位处理器 MPC5545,带电子式超转保护,具有自诊断功能以及与飞机健康管理系统的接口。

21 世纪初,由 GE 和 P&W 共同研制的 GP7000 的 FADEC – Ⅲ 系统双通道处理器能全面管理所有的发动机控制系统,容许单参数故障和多种多参数组合故障,而不会对发动机的工作造成不利影响。在高精度的发动机性能模型中加入故障诊断逻辑,通过计算"虚拟传感器"值并与其他测得的发动机参数进行比较,可鉴别出是传感器失效还是其他部件的问题[66]。近年来,NASA 格林研究中心领导并参加了各种项目以发展智能发动机技术,其中一个重要部分就是基于智能传感器和执行机构的分布式自适应容错控制[67]。

软件余度方面,目前的发展主要集中在传感器故障诊断和信号重构上。20 世纪 80 年代开始,NASA 设计了提升发动机控制可靠性的解析余度方案,该方案可检测并区分控制系统的软/硬故障,并对传感器故障进行系统重构[68]。20 世纪 90 年代以来,以人工神经网络、自联想神经网络、极限学习机为代表的智能算法在涡扇、涡轴发动机的传感器故障诊断及容错控制系统中成功进行了验证[69,70]。近十几年,涌现了一批先进的观测器技术,如比例积分观测器、比例多积分观测器、自适应观测器、滑模观测器等。这些技术被用于传感器及发动机本体故障诊断及重构,通过引进相关故障作为附加状态来构建增广系统,然后对该增广状态量进行估计,从而得出相关故障信号以及原始系统状态的估计。美国第 3 代 FADEC 系统采用双-双余度和故障保护工作方式,如 F119 发动机配置了机载自适应模型,使得控制系统和发动机的可靠性和安全性都大大提高。

21 世纪初,基于模型的容错控制在 NASA 飞行安全与保障计划中应用,该项目的目标是开发和演示基于模型的飞机发动机故障容错控制策略,使其能够包容引起飞行中停机和放弃起飞的传感器故障、执行机构故障及气路部件故障,削弱故障的负面影响,确保飞行安全。基于模型的容错控制系统结构如图 1.3 所示,该项目对压气机出口压力传感器故障、风扇导叶执行机构故障、压气机及高压涡轮部件故障开展了容错控制研究[71]。

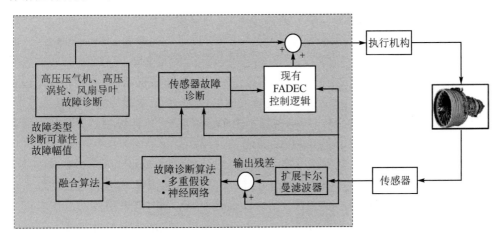

图 1.3　基于模型的容错控制系统结构

图 1.3 所示的诊断系统基于扩展卡尔曼滤波器(EKF)残差进行故障诊断,诊断算法包括多重假设方法(MHT)和神经网络(NN)方法,两者并行运算,并将其结果进行融合,给出最终的故障类型、诊断可靠性和故障幅值。控制系统通过查表的方式对不同故障进行容错控制,调整执行机构输入以削弱故障的负面影响。但是该项目由于受到部件级模型的制约,算法未能在真实 FADEC 上实时运行。

我国航空领域早在 20 世纪末就由郭锁凤、胡寿松、张平、陈宗基等团队开展了容错飞行控制系统执行机构故障诊断的研究工作,并建立了飞控系统的故障监控覆盖率评估方法[72-74]。几乎同时,邓建华、艾剑良、王美仙等针对飞行控制系统开发出容错控制仿真平台[67,75]。随后更多的飞控系统故障诊断方法与仿真平台被开发出来,理论研究向非线性容错飞行控制、智能容错飞行控制方向发展。我国航空发动机 FADEC 系统的研究起步于 20 世纪 80 年代[77],经过近 40 年的发展,FADEC 系统的稳定性和可靠性有了较大幅度的提高。目前,在我国研制的 FADEC 系统广泛采用基于硬件余度的容错控制思想,尽管其取得了较好的效果,但是国内面向航空发动机容错控制的研究缺乏系统性,究其原因主要是基于经验或参考国外设计进行余度配置,所以软余度技术还没有得到有效应用,软硬件余度相结合的容错方法研究还很不充分。

1.2.5　航空发动机直接性能量控制技术

　　航空发动机的主要作用是为飞行器提供所需的推力,而控制系统则是在安全限制范围内确保推力达到期望值。由于在飞行过程中推力不易测量,因此控制系统通过调节和推力密切相关的转速、压比等来间接控制推力,这属于基于传感器的控制方式。鉴于发动机强非线性及寿命期内的性能退化,难以在全包线、全状态用转速、压比等参数来准确控制推力大小,因此在设计过程中必须保留较大的安全裕度。

　　采用基于模型的直接推力控制方式,可以实现对喘振裕度、涡轮前温度的限制,其不但可以使发动机在寿命期内高效运行,而且可以延长发动机的使用寿命[78]。对于安装了多台发动机的飞行器,如果相同转速所产生的推力不同,那么容易引起偏航,这些都给传统的基于传感器的控制系统带来不利。随着发动机技术的进步,出现了变循环发动机、短距起飞/垂直降落飞机发动机、组合发动机等先进的推进装置,飞机对发动机性能要求也进一步提高,挖掘发动机性能潜力,直接控制感兴趣的性能量已经成为发动机控制系统的迫切需求。

　　美国在 20 世纪 90 年代初的智能发动机控制(IEC)项目中,提出了基于模型的直接推力控制概念[78]。美国空军和 GE 公司在 XTE46 发动机上开展了直接推力控制研究,采用部件级模型作为机载自适应模型计算推力,基于模型匹配设计了多变量 KQ 推力控制器(其中,K 代表动态矩阵补偿器参数,Q 代表期望闭环响应。)验证了直接推力控制可以降低温度裕度,相当于增大了超过 2% 的推力,而直接对风扇喘振裕度进行控制,可以有效地防止发动机进喘,等同于提高发动机推重比 1.5% 以上[79]。随后,美国还开展了基于卡尔曼滤波器的推力估计技术研究,并采用多变量 PID 推力控制方式[80]。2007 年,NASA 格伦研究中心的控制与动力组召开会议讨论智能发动机控制概念,指出性能退化缓解控制是提高发动机性能和自主性的一个重要研究方向[81]。性能退化缓解控制通过增加外回路调节原转速控制系统指令而获得推力跟踪能力[82][83]。2016 年在商用发动机模型 CMAPSS40k 上的研究报道指出,采用直接推力控制可以降低 1% 的发动机的耗油率,其机载模型采用的是分段线性化模型[84]。

　　直接推力控制的关键技术之一是推力估计。到目前为止,对推力估计方法的研究主要分为两大类,一类是基于机载自适应模型计算得到推力的估计值,另一类是基于智能映射方法利用可测参数估计推力值。基于机载自适应模型的方法大都采用卡尔曼滤波器来估计发动机健康参数退化,用以修正机载模型,再通过机载模型计算推力等不可测参数。如文献[85]针对某大涵道比涡扇发动机,通过离线设计多组卡尔曼状态估计器的方法对发动机性能退化进行估计。美国格伦研究中心针对涡扇发动机实际传感器个数少于待估计健康参数的个数问题,提出了一种基于正交分解/奇异值分解进行模型降阶的方法,该方法使得降阶之后的系统可观测。根据该方法设计了基于卡尔曼滤波器的推力估计器[86][87]。基于智能映射的推力估计方法中,比较经典的是基于神经网络的推力估计方法。文献[88]研究了基于相关分析对神经网络推力估计器输入进行筛选的方法,并基于稳态数据设计进行了推力估计器设计。文献[89]同样采用相关分析,设计了基于极端学习机的推力估计器。文献[90]则将神经网络和状态变量模型相结合进行了推力估计。

国内在推力估计上也大都采用这两种方法,在此基础上,为了解决基于卡尔曼滤波推力估计中,模型线性化误差对推力估计精度的影响,南京航空航天大学采用了改进的滤波器设计方法,即在滤波器输入端引入了积分环节,用来消除模型输出和发动机输出之间的偏差[91]。滤波器设计的思路是使模型输出跟踪发动机输出,为此南京航天航天大学还研究了基于控制器跟踪滤波器的推力估计方法,即将发动机健康退化估计问题视为控制系统输出跟踪问题,则可以通过控制器的积分环节,消除跟踪过程中的稳态误差[92]。在智能映射推力估计方面,焦洋等为了弥补基于稳态数据设计的神经网络推力估计器在动态应用中的误差和发动机性能退化对推力估计精度的影响,采用了动态误差神经网络补偿和性能退化误差的卡尔曼滤波补偿方法,进而提高了推力估计的精度[93]。

1.2.6　航空发动机性能寻优控制技术

性能模式是智能航空发动机控制的重要组成部分,该模式通常称为性能寻优控制(Performance Seeking Control,PSC)。NASA 早在 20 世纪 80 年代就对其进行了研究,提出了 HIDEC(Highly Integrated Digital Electronic Control)验证计划[94-96],该计划主要分为 5 个阶段,分别为:①1985 年开发数字电子飞行控制系统并进行飞行试验;②1986 年开展自适应发动机控制系统研究,在亚声速进行飞行试验,推力增加 12%,爬升时间明显减小;③开展油耗最小或飞行时间最短的轨迹制导研究;④在保证推力不变的情况下,充分降低涡轮叶片温度,从而提高发动机寿命;⑤该阶段主要进行性能寻优控制研究,根据性能寻优控制目标不同,NASA 将 PSC 划分为最大推力模式、最小油耗模式及最低涡轮温度模式,其中最大推力模式主要针对起飞、爬升和平飞加速等任务段,提高发动机的额外推力;最小耗油率主要应用于发动机巡航阶段,增加飞行航程;最低涡轮前温度主要降低涡轮叶片的工作温度以提高发动机寿命。由于 PSC 在不增加发动机质量的情况下挖掘发动机众多性能潜力,因此 NASA 将 PSC 列为先进航空发动机控制系统中的第二位,并在 90 年代开展了大量研究[97-99]和飞行试验[100-104],图 1.4 为 NASA20 世纪 90 年代在 F-15 战斗机试飞验证过的 PSC 结构图[102],图中的 PSC 主要分为 3 部分。发动机健康参数估计模块,利用卡尔曼滤波器实时计算出发动机退化情况,对机载模型进行修正从而提高模型精度;发动机机载模型模块,将推进系统分为进气道、发动机、尾喷管,该模型包括发动机稳态线性模型、进气道模型、发动机非线性模型和尾喷管模型,综合模型是对其他几个子模型进行整合;线性规划模块,该模块主要利用线性规划算法(Linear Programming,LP),在发动机满足限制约束的情况下,使发动机某个性能最优。美国在20世纪90年代进行了PSC的亚声速[103]和超声速飞行验证[105],仿真结果表明,在亚声速飞行状态下,发动机推力增加15%,在保持推力基本不变的情况下使单位耗油率下降1%~2%,涡轮前温度下降50 K,在超声速飞行状态下,发动机推力增加9%,耗油率下降8%,涡轮前温度降低48 K。

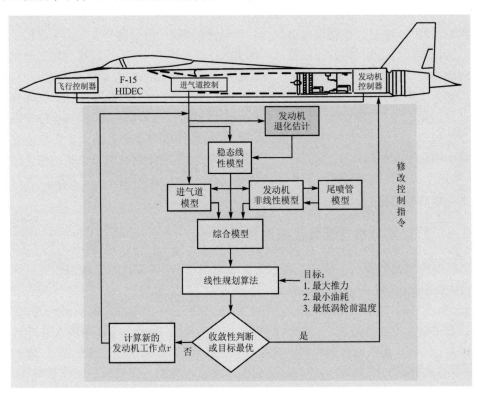

图 1.4 F100 发动机性能寻优结构

近年来,国内对性能寻优研究也开始兴起,孙健国等将LP应用于发动机,并在亚声速巡航进行半物理仿真试验,仿真试验表明,推力可以增加9%,耗油率降低1.5%[105]。樊思齐等利用线性鲁棒 Luebnerger 观测器估计发动机健康参数,将模型辅助模式搜索方法(Model Assisted Pattern Search,MAPS)应用于PSC,该方法采用直接搜索方法,不需要对非线性模型求偏导,从而加快优化速度[102]。张海波等通过改进LP算法,提出基于可行下降序列线性规划(Feasible Decent Sequential Linear Programming,FSLP)的性能寻优,该方法的解具有较好的可行性[105]。孙丰诚将SQP应用于PSC中,该仿真表明,SQP方法比LP具有更好的全局寻优能力[106]。王健康提出基于复合模型及FSQP的性能寻优控制,复合模型对发动机部件级模型进行简化,从而提高实时性,而FSQP在满足约束方面优于SQP[107]。黄金泉等对粒子群算法(Particle Swarm Optimization,PSO)进行改进,提出基于距离的自适应惯性权重粒子群改进算法,并应用于涡轴发动机性能寻优控制中[102]。此外还有学者将不同的优化算法,如自适应惯性权重粒子群改进算法 (Distance - Based Adaptive Inertia Weight - Particle Swarm Optimization,DAIW - PSO)[108]、Fibonacci 搜索方法[109]、序列二次约束二次规划算法(Sequential Quadratically Constrained Quadratic Programming,SQCQP)[110]应用于 PSC 中,取得一定研究成果。

1.2.7 航空发动机健康管理技术

国外已将航空发动机故障诊断系统广泛用于各类先进的航空和非航空燃气涡轮发动机。美国 GE 公司在 1969 年开始研制的 T700 - GE - 700 和 T700 - GE - 701 涡轴发动机上安装了状态监视系统(CMS),并从 1979 年开始为 F404 - GE - 400 涡扇发动机设计实时发动机监视和寿命跟踪系统(IECMS)[111]。该公司从 1985 年开始发展 ADEPT 系统,到 1994 年已从 6.1 版本发展到 10.1 版本。普·惠公司从 1970 年到 1983 年先后发展了 5 种状态监视和故障诊断系统,从 ECM1 到 TEAM3。5 种状态监视和故障诊断系统由有限监视到扩展监视,逐步完善。同时普·惠公司从 1982 年开始发展 F100 - PW - 200 发动机的 CMS 系统,到 1987 年该系统与飞机综合和后勤数据库兼容,从而使系统继续得到扩大和改进[112]。

美国空军的 ECMS 已可管理所有类型的军用发动机,其扩展型增加了发动机参数趋势分析,并向全世界 100 个空军基地提供发动机诊断和趋势分析功能软件。以查找故障为目的,美国空军近年还发展了发动机故障诊断的专家系统,如 XMAN 和 JET - X。

20 世纪 90 年代初,美国国防部和 NASA 联合推动实施了综合高性能涡轮发动机技术(IHPTET)计划[113],该计划提出了通过建立航空发动机性能监视和故障诊断系统,将发动机制造、维护费用降低 35%。随后 VAATE 计划(IHPTET 的后续计划)对航空发动机健康管理系统功能做了明确的说明,并提出了智能发动机的概念,其被称为 NASA 与美国国防部的一项具有革命性的技术[114]。

近十年来,美国同时进行了多项航空航天系统的健康管理技术研究。NASA 在飞行安全计划(Aviation Safety Program,AvSP)中,将基于模型的控制与故障诊断以及先进传感器等技术作为实现飞行安全计划的关键,提出了在 25 年内将现有飞行事故发生率降低 90% 的目标[115];NASA、美国国防部和美国联邦航空管理局成立专门的课题合作组,进行系统控制与健康管理项目(PCHM)推进的研究,内容涉及传感器、故障诊断与预测、控制与故障诊断集成等方面[116];NASA 目前在开展一项综合系统健康管理计划(ISHM),对于系统及其子系统(如动力、控制系统)的实时性能监视、故障诊断以及完成任务的能力评估方面提出了要求,在 ISHM 中包括基于模型、数据驱动和基于知识规则的 3 种主要故障诊断方法[117-119]。

英国在航空发动机健康管理方面以 MAAAP(Management,Affordability,

Availability, Airworthiness, and Performance)为目标进行了研究。1975 年,英国发展了发动机使用情况监视系统(EUMS)和低周疲劳计数器(LCFC)[120];20 世纪 80 年代,综合两者的经验英国发展了机群通用的单元体诊断系统。罗·罗公司的 COMPASS 系统在英国航空发动机故障诊断领域得到了广泛的应用。此外在航空发动机监测和诊断、摩擦和磨损等方面的研究英国也具有一定优势。

20 世纪 90 年代初,德国为了对液体火箭发动机进行故障诊断开发了基于模式识别的专家诊断系统。法国研究了一种用于阿丽娜-5 火箭发动机的监测系统,该监测系统具有诊断速度快、准确率高的特点。欧空局已提出了未来的运载火箭技术方案(LFTP),其中的系统健康监测系统很重要,该计划完成于 2007 年[121]。

俄罗斯空军将发动机性能跟踪评价与故障诊断结合在一起进行设备设计,该设计在米-8 直升机的动力装置 TB2-117A 等一些发动机上得到应用。AL-31F 发动机也装备了发动机状态监视系统。Katorgin 等人对大功率液体火箭发动机(RD-170)开发了健康监测和寿命评估与预测系统[122]。

国内在飞行器健康监控技术研究方面起步较晚,从 20 世纪 80 年代末起,国内的主要院校和科研院所开始对其进行了广泛的研究。1988 年,北京航空航天大学、中国民航学院、北京机械维修工程公司和东方航空公司 4 个单位研制了发动机监测和诊断系统(EMD),该系统具有趋势分析和故障诊断的功能。1992 年,国防科技大学研究了液体火箭发动机的健康管理系统 HMS,该系统具有早期故障检测功能[123]。近年来,对航空发动机故障诊断方面的研究有了新的进展,并取得了一定成果。北京航空航天大学与马里兰大学合作,完成了电子产品 PHM 软硬件系统的结构框图及关键技术、主要环节和实施方案的设计[124]。同时,北京航空航天大学与沈阳飞机设计研究所合作提出一种面向服务的开放式 PHM 体系结构。西北工业大学对可重复使用穿越大气层飞行器的健康管理系统开展了较深入的研究,在基于支持向量机和信息融合的旋转机械故障诊断方面进行了一定的研究[125]。中国民航大学通过数据挖掘技术对飞机飞行和维护的相关数据资源进行了分析,研制出一套具有监测、分类和预报故障的飞机健康管理系统。空军工程大学较早地研制了飞机发动机故障诊断专家系统。哈尔滨工业大学在航天器集成健康管理系统领域展开了颇有成效的研究[126]。南京航空航天大学在利用机载自适应模型进行故障诊断及模糊诊断方面研究较为成熟[26],同时开展了通过滑油磨粒分析实现发动机故障诊断的研究[127]。

| 1.3　现代航空发动机控制技术的发展趋势 |

航空发动机控制系统的发展与它的控制对象航空发动机本身的发展是密切相关的,未来航空发动机的发展方向是智能发动机。智能发动机最突出的特征是发动机智能控制系统,其研究工作始于 20 世纪 80 年代。当时,NASA 开展了可重复使用的空天推进系统的研究。20 世纪 90 年代末，NASA 实施了超级高效发动机技术（UEET）计划。其中 7 大技术领域之一就是推进系统智能控制技术，其目标是着重探索、开发和验证叶轮机、燃烧室部件和发动机系统级的智能控制技术，延长发动机部件寿命，提高发动机的安全性。

1988 年美国军方、国防部和 NASA 实施的综合高性能涡轮发动机技术（IHPTET）计划，其后续计划——多用途、经济可承受的先进涡轮发动机（VAATE）计划的 3 个重点领域之一就是智能发动机。所谓智能就是不仅能感受，而且能思考，既可按预定程序操作也可根据思维去操作。此过程用一个词描述就是"学习"。通过增加"学习"能力，造出超级智能发动机[128]。

十几年来，智能概念在航空发动机领域方兴未艾，其内涵也随着技术的发展有了极大的丰富。普·惠公司宣布推出服务品牌 EngineWise，以升级发动机维护策略。GE 公司基于物联网技术推出了 Predix 平台，并成立子公司负责该平台的开发运行。罗·罗公司提出了智能发动机愿景，将数字、智能技术融入航空发动机设计、测试和维修中，并进一步将发动机本身和发动机服务融合在一起。通过增强互联性、情境感知和理解力，智能发动机将逐步提高效率和可靠性，因此发动机将在更广泛的运营环境中采用人工智能技术不断互相学习，调整自身行为，实现更高性能[129]。

智能发动机是能够在整个寿命期内，通过智能控制系统，根据外部环境和自身状态，重新规划、优化、控制和管理自身性能、可靠性、任务、健康等状况的发动机。具体是指发动机主动控制系统和健康管理系统能够依靠传感器数据和专家模型全面了解发动机和（或）部件的工作环境与状态，依据这些信息调整或修改发动机的工作状态，实现对发动机性能和状态的主动和自我管理，并根据环境因素平衡任务要求，提高发动机性能、可操纵性和可靠性，延长发动机寿命，降低发动机的使用与维修成本，进而改善发动机的耐久性与经济可承受性[130]。

智能发动机的关键部分是发动机智能管理系统。该系统具有控制发动机性能和诊断发动机"健康"状况的能力，且这两种能力是相关的。性能控制器优化发动机性能的能力受发动机"健康"状况的限制，状态控制器评估发动机"健康"状况的方法之一是监视性能，即监视发动机在整个运转时间里性能的变化。

采集和监视的数据（如压力、温度、转速等）只能提供少量有关发动机"健康"状况的信息，主要还是通过性能和寿命等模型，利用已测得的数据来获得发动机总的"健康"状况及关键部件的剩余寿命等非常详细的信息。所以对智能发动机而言，首先要准确地测得发动机的相关数据，然后再利用这些信息提高性能，延长寿命。

因此，智能发动机的本质为：力求能监视性能和环境的变化，根据状态的变化做出正确的反应，并预先主动优化参数，使发动机始终在相应的最佳状态下工作。例如，对非智能发动机而言，如果飞行员想增加推力，则发动机的反应就是增加转子转速和提高燃烧室的温度。此时若风扇出现较大振动，飞行员又未采取相应的措施，则发动机将继续在这一推力状态下工作，直到风扇被毁坏。而智能发动机探测到这一问题时,则可通过对发动机转速的微量调节来避免共振,同时也保证了飞行员所要求的推力。总之,智能发动机通过"健康"管理,大大提高了发动机性能、可靠性、备战性,延长了发动机的寿命。

从智能发动机整机来讲,应提供更加灵活的整机和部件结构、更多可调的循环模式。从智能发动机控制角度来讲,关键技术包括:压气机、燃烧室、间隙和振动等的主动控制技术,发展智能部件,以提高性能、耐久性和生存性;带有智能传感器和智能执行机构的分布式控制系统技术,提供灵活的、利于升级的控制结构;基于模型的智能控制和综合优化技术,利用先进非线性技术,实现飞行任务的自适应;带有专门传感器的精确实时性能和寿命模型,并利用信息融合技术,实现自动故障诊断和维修预报。当然这些关键技术的突破和应用,离不开数字与数据技术,微机电传感器和作动器技术,高温电子装置、高温电子驱动和作动器及复合材料,磁性轴承、内装式整体起动/发电机等基础技术的发展。随着上述关键技术的发展和成熟,智能发动机的发展和应用前景也将更加广阔[131,132]。

| 参考文献 |

[1] LEHTINEN B, SOEDER J F. F100 multivariable control syntheses program: a review of full-scale engine altitude tests[J]. Propulsion Controls, 1979: 21-34.

[2] GILYARD G, ORME J. Subsonic flight test evaluation of a performance seeking control algorithm on an F-15 airplane: NASA/TM-TM-4400[R]. Washington: NASA, 1992.

[3] OTTO E W, TAYLOR B L. Dynamics of a turbojet engine considered as a quasi-static system: NACA TN-2091 [R]. Washington: NACA, 1950: 177-188.

[4] DELIO G J. Evaluation of three methods for determining dynamic characteristics of a turbojet engine: NACA TN-2634[R]. Washington: NACA, 1952.

[5] TAYLOR B L, OPPENHEIMER F L. Investigation of frequency-response characteristics of engine speed for a typical turbine-propeller engine: NACA TN-2184[R]. Washington: NACA, 1950: 279-289.

[6] KETCHUMJ R, CRAIG R T. Simulation of linearized dynamics of gas-turbine engines: NACA TN-2826[R]. Washington: NACA, 1952.

[7] MCKINNEY J S. Simulation of turbofan engine part I: description of method and balancing technique: AFAPL-TR-67-125 [R]. Air Force Aero-Propulsion Laboratory: Dayton, 1967.

[8] MCKINNEY J S. Simulation of turbofan engine part II: user's manual and

computer program listing：AFAPL-TR-67-125[R]. Air Force Aero-Propulsion Laboratory：Dayton，1967.

[9] KOENIG R W，FISBBACB L H. GENENG-A program for calculating design and off-design performance for turbojet and turbofan engines：NASA-TN-D-6552[R]. Washington：NACA，1972.

[10] FISBBACB L H，KOENIG R W. GENENG II-A program for calculating design and off-design performance of two- and three-spool turbofans with as many as three nozzles：NASA TN D-6553[R]. Washington：NASA，1972.

[11] SZUCH J R，BRUTON W M. Real-time simulation of the TF30-P-3 turbofan engine using a hybrid computer：NASA TM X-3106 [R]. Washington：NASA，1974.

[12] SELLERS J F，DANIELE C J. DYNGEN-A program for calculating steady-state and transient performance of turbojet and turbofan engines：NASA-TN-D-7901[R]. Washington：NASA，1975.

[13] EVANS A L，FOLLEN G，NAIMAN C，et al. Numerical propulsion system simulation's national cycle program[C]//34th AIAA/ASME/SAE/ASEE Joint Propulsion Conference and Exhibit. Reston，VA，USA：AIAA，1998：3113.

[14] REED J A，AFJEH A A. Development of an interactive graphical propulsion system simulator[C]//30th AIAA/ASME/SAE/ASEE Joint Propulsion Conference. Indianapolis，IN，USA：AIAA，1994：3216.

[15] REED J A，AFJEH A A. A java-enabled interactive graphical gas turbine propulsion system simulator[C]//35th Aerospace Sciences Meeting and Exhibit，Reno，NV，USA，1997.

[16] VISSER W P J，BROOMHEAD M J. GSP，A generic object-oriented gas turbine simulation：NLR-TP-2000-267[R]. Munich：National Aerospace Laboratory，2000.

[17] VISSER W P J，BROOMHEAD M J，VORST J V D. TERTS：A generic real-time gas turbine simulation environment[C]//ASME Turbo Expo2001：Power for Land，Sea，and Air. New Orleans，LA，USA：ASME，2001.

[18] KURZKE J. GasTurb 9：A program to calculate design and off-design performance of gas turbines[OL]. User's Manual. Available from Http://www. gasturb. de. 2001.

[19] 张世铮，逯根寿. 燃气轮机设计点和非设计点性能计算方法和计算机程序[J]. 工程热物理学报，1983，4(04)：321-323.

[20] 华清. 某型涡扇发动机全包线实时仿真模型[J].航空发动机，2002，(01)：47-52.

［21］潘永泉，陈大光. 涡轮喷气发动机动态过程的数学模型化研究［C］//中国航空学会（动力）第二届推进系统气动热力学学术讨论会，1986.

［22］周文祥. 航空发动机及控制系统建模与面向对象的仿真研究［D］. 南京：南京航空航天大学，2006.

［23］周文祥，黄金泉，黄开明. 航空发动机简化实时模型仿真研究［J］. 南京航空航天大学学报，2005，37(02)：251-255.

［24］CHENQ J，HUANG J Q，PAN M X，et al. A novel real-time mechanism modeling approach for turbofan engine［J］. Energies，2019，12(19)：3791.

［25］潘慕绚，陈强龙，周永权，等. 涡扇发动机多动力学建模方法［J］. 航空学报，2019，40(05)：99-110.

［26］鲁峰. 航空发动机故障诊断的融合技术研究［D］. 南京：南京航空航天大学，2009.

［27］SZUCH J R，SOEDER J F，SELDNER K，et al. F100 multivariable control synthesis program-evaluation of a multivariable control using a real-time engine simulation：NASA-TP-1056［R］. Washington：NASA，1977.

［28］ATHANS M，KAPASOURIS P，KAPPOS E，et al. Linear quadratic gaussian with loop-transfer recovery methodology for the F100 engine［J］. AIAA Journal of Guidance，Control and Dynamics，1986，9(1)：45-52.

［29］PFEIL W H，ATHANS M，SPANG H A. Multi-variable control of the GE T700 engine using the LQG/LTR design methodology［C］//Proceedings of American Control Conference. Seattle，WA，USA：IEEE，1986：1297-1312.

［30］HAREFORS M. Application of H∞ robust control to the RM12 jet engine［J］. Control Engineering Practice，1997，5(9)：1189-1201.

［31］ADIBHATLA S，COLLIER G J，ZHAO X，et al. H∞ control design for a jet engine［C］//34th AIAA/ASME/SAE/ASEE Joint Propulsion Conference and Exhibit. Reston，US：AIAA，1998：7-10.

［32］BALAS G J. Linear parameter-varying control and its application to a turbofan engine［J］. International Journal of Robust and Nonlinear Control，2002，12(9)：763-796.

［33］TURSO J，LITT J. Intelligent robust control of deteriorated turbofan engines via linear parameter varying quadratic Lyapunov function design：NASA TM-2004-213375［R］. Washington：NASA，2004.

［34］GIARR E L，BAUSO D，FALUGI P，et al. LPV model identification for gain scheduling control：an application to rotating stall and surge control problem［J］. Control Engineering Practice，2006，14(4)：351-361.

［35］GILL K F，SCHWARZENBACH J，HARLAND G E. Design analysis of model reference adaptive control system applied to a gas turbine aircraft engine[J]Proceedings of the IEEE, 1968, 115(3): 460-466.

[36] MONOPOLI R V. Model following control of gas turbine engines[J]. Journal of Dynamic Systems, Measurement, and Control, 1981,103(3): 285-289.

[37] 黄金泉, 孙健国. 涡喷发动机多变量自适应加速控制[J]. 航空动力学报, 1994, 9(02):98-101.

[38] HUANG J Q, SUN J G. Multivariable adaptive control using only input and output measurements for turbojet engines[J]. Journal of Engineering for Gas Turbines and Power, 1994, 117(2):314-319.

[39] FAN J, HUANG J Q, SUN J G, et al. Multivariable model reference adaptive control for a turbofan engine[J]. Chinese Journal of Aeronautics, 1996, 9(04):300-304.

[40] 梁春燕, 谢剑英, 樊丁. 新的参考模型自适应控制方法在航空发动机中的应用[J]. 航空动力学报, 2000, 15(01):93-95.

[41] 杨刚, 孙健国, 李秋红. 航空发动机控制系统中的增广 LQR 方法[J]. 航空动力学报, 2004, 19(01): 153-158.

[42] 孙立国, 孙健国, 张海波. 基于直升机/发动机非线性综合仿真模型的增广 LQR 控制器设计[J]. 航空动力学报, 2010, 25(02): 471-476.

[43] 王曦, 林永霖, 吴永康. H∞控制在飞行/推进综合控制系统中的应用[J]. 航空动力学报, 2004, 19(05): 695-702.

[44] PAKMEHR M, MOUNIER M, FITZGERALD N, et al. Distributed control of turbofan engines[C]//45th AIAA/ASME/SAE/ASEE Joint Propulsion Conference & Exhibit. American Institute of Aeronautics and Astronautics Inc, USA: AIAA, 2009.

[45] LEWIS T J. Distributed architectures for advanced engine control systems[C]//AGARD/PEP 86th Symposium on Advanced Aero-Engine Concepts and Controls, Seattle, WA, USA: [s. n.], 1995.

[46] GRZYBOWSKI R R. Long term behavior of passive components for high temperature applications-an update[C]//1998 Fourth International High Temperature Electronics Conference. Albuquerque, USA: IEEE, 1998: 207-214.

[47] GRZYBOWSKI R R. Advances in electronic packaging technologies to temperatures as high as 500℃[C]//High-Temperature Electronic Materials, Devices and Sensors Conference. San Diego, USA: IEEE, 1998: 207-215.

[48] JOHNSTON C, CROSSLEY A, SHARP R. The possibilities for high temperature electronics in combustion monitoring[C]//Advanced Sensors and Instrumentation

Systems for Combustion Processes. London，UK：[s. n.]，2000.

[49] GRZYBOWSKI R R. High temperature passive components for commercial and military applications[C]//Proceedings of the 32nd Intersociety Energy Conversion Engineering Conference. Honolulu，US：IEEE，1997.

[50] DENNIS C，THOMAS R，SAUS J. Concepts for distributed engine control：NASA TM-2007-214994[R]. Washington：NASA，2007.

[51] BEHBAHANI A，CULLEY D，CARPENTER S，et al. Status，vision，and challenges of an intelligent distributed engine control architecture：SAE2007-01-3859[R]. US：SAE ，2007.

[52] Culley D E，PALUSZEWSKI P J，STOREY W，et al. The case for distributed engine control in turbo-shaft engine systems：NASA/TM-2009-215654 [R]. Washington：NASA，2009.

[53] GWALTNY D A，BRISCOE J M. Comparison of communication architectures for spacecraft modular avionics systems：NASA TM-2006-214431[R]. Alabama：NASA，2006.

[54] LEE K C，KIM M H，LEE S，et al. IEEE 1451 based smart module for in-vehicle networking systems of intelligent vehicles[J]. IEEE Transactions on Industrial Electronics，2004，51(6)：1150-1158.

[55] KIRIANAKI N V，YURISH S Y，SHPAK N O，et al. Data acquisition and signal processing for smart sensors[M]. New York：Wiley，2002.

[56] 黄金泉，徐科. 航空发动机分布式控制系统结构分析[J].航空动力学报，2003 (05)：698-70.

[57] 宋军强，潘慕绚，黄金泉. 航空发动机分布式控制系统技术分析及系统方案 [J].航空动力学报，2013，28(10)：2391-2400.

[58] 梅满. 航空发动机分布式通信网络优化及应用研究[D].南京：南京航空航天大学，2019.

[59] 何鹄环，郭迎清. 基于 DSP 和 CAN 的航空发动机分布式控制系统设计[J].航空计算技术，2006，36(01)：30-32.

[60] 李光耀，郭迎清，王海泉. 基于 CAN 总线的航空发动机分布式控制系统通信研究[J].测控技术，2009，28(01)：62-66＋69.

[61] 李光耀，郭迎清，祁新杰. 航空发动机分布式控制系统原理样机研制[J].计算机测量与控制，2009，17(05)：865-868.

[62] 王海涛，张攻博，谢寿生，等. 基于分布式控制的航空发动机智能转速传感器[J].传感器与微系统，2008，27(10)：86-88.

[63] 胡金海，钱坤，谢寿生，等. 基于 CAN 总线的航空发动机智能执行机构的设计[J].传感技术学报，2006，19(06)：2617-2620.

[64] 任立通，谢寿生，王磊，等. 不确定航空发动机分布式控制系统自适应滑模控制[J]. 航空动力学报，2017，32(08)：2032-2040.

[65] SCHULKEW W. Redundant networked controls for industrial turbines[C]// Turbo Expo：Power for Land，Sea，and Air. Vienna，Austria：ASME，2004：759-763.

[66] ARTHASARTSRIS，REN H A. Case study of failure mode and effects analysis for aircraft turbine engine[C]//Thirteenth Australian International Aerospace Congress AIAC-13. Melbourne，Vienna，Austria：[s. n.]，2009：1-9.

[67] GARGS. Propulsion controls and diagnostics research in support of NASA aeronautics research mission programs[C]//46th AIAA/ASME/SAE/ASEE Joint Propulsion Conference & Exhibit. Nashville，TN，USA：AIAA，2010：6747.

[68] BROWNH，VIZZINI R W. Analytical redundancy technology for engine reliability improvement[J]. SAE transactions，1986：973-983.

[69] MERRILLW C，DELAAT J C，BRUTON W M. Advanced detection，isolation，and accommodation of sensor failures-real-time evaluation[J]. Journal of Guidance，Control，and Dynamics，1988，11(6)：517-526.

[70] DUYARA，ELDEM V，MERRILL W，et al. Fault detection and diagnosis in propulsion systems-a fault parameter estimation approach[J]. Journal of Guidance，Control，and Dynamics，1994，17(1)：104-108.

[71] RAUSCHR，VIASSOLO D，KUMAR A，et al. Towards in-flight detection and accommodation of faults in aircraft engines[C]//AIAA 1st Intelligent Systems Technical Conference. Chicago，Illinois，USA：AIAA，2004：6463.

[72] 李清，郭锁凤. 基于控制分配器的可重构飞行控制系统研究[J]. Transactions of Nanjing University of Aeronautics and Astronautics，1995(02)：180-184.

[73] 胡寿松，程炳. 飞机的模型参考容错控制[J]. 航空学报，1991(05)：279-286.

[74] 张平，陈宗基. 非线性飞机参数化模型与控制有效率的实时检测[J]. 飞行力学，2002(02)：27-30.

[75] 罗峰，丁凯峰，邓建华. 可重构飞行控制系统研究[J]. 飞行力学，2001(04)：6-10.

[76] 艾剑良，王美仙，艾玲英. 自修复飞控系统故障检测与隔离软件系统[J]. 系统工程与电子技术，2004(03)：375-377.

[77] 姚华. 航空发动机全权限数字电子控制系统[M]. 北京：航空工业出版社，2014.

[78] ADIBHATLAS，BROWN H，GASTINEAU Z. Intelligent engine control (IEC)[C]//28th Joint Propulsion Conference and Exhibit. Nashville，TN，USA：AIAA，1992：3484.

[79] ADIBHATLAS，LEWIS T J. Model-based intelligent digital engine control

(MoBIDEC) [C]//33rd Joint Propulsion Conference and Exhibit. American Institute of Aeronautics and Astronautics Inc, USA: AIAA, 1997: 3192.

[80] CHATTERJEES, LITT J. Online model parameter estimation of jet engine degradation for autonomous propulsion control[C]//AIAA Guidance, Navigation, and Control Conference and Exhibit. Austin, Texas, USA: AIAA, 2003: 5425.

[81] GARGS. Introduction to advanced engine control concepts: NASA-2007001-763[R]. Washington: NASA, 2007.

[82] JONATHANS L, SHANE S T, SANJAY G. A retro-fit control architecture to maintain engine performance with usage: NASA/TM-2007-214977 [R]. Washington: NASA, 2007.

[83] JONATHANS L, SHANE S T. Evaluation of outer loop retrofit architecture for intelligent turbofan engine thrust control: NASA/TM-2006-214460[R]. Washington: NASA, 2006.

[84] CONNOLLYJ W, CSANK J, CHICATELLI A. Advanced control considerations for turbofan engine design[C]//52nd AIAA/SAE/ASEE Joint Propulsion Conference. Salt Lake City, UT, USA: AIAA, 2016: 4653.

[85] TRINDELA M, GELNN B G, HEATHER H L. A preliminary evaluation of an F100 engine parameter estimation process using flight data: NASA/TM-4216[R]. California: NASA, 1990.

[86] KOBAYASHIT, SIMON D L, LITT J S. Application of a constant gain extended Kalman filter for in-flight estimation of aircraft engine performance parameters: NASA/TM-2005-213865[R]. Washington: NASA, 2005.

[87] LITTJ S. An optimal orthogonal decomposition method for Kalman filter-based turbofan engine thrust estimation: NASA/TM-2005-213864[R]. Washington: NASA, 2005.

[88] MANFREDIM, RAUL O, KEVIN M P, et al. Estimator design in jet engine applications[J]. Engineering Applications of Artificial Intelligence, 16(2003): 579 – 593.

[89] SONGH Q, LI B W, ZHU F X. Research on aero-engine thrust estimate based on extreme learning machine[C]//IEEE Advanced Information Management, Communicates, Electronic and Automation Control Conference (IMCEC). Xi'an, China: IEEE, 2016: 1170-1174.

[90] SHANKARP, YEDAVALLI R K. Neural-network-based observer for turbine engine parameter estimation[J]. Journal of Systems and Control Engineering, 2009, 223(6): 821-832.

[91] 陈廷昊. 发动机机载自适应模型与高稳定性控制技术研究[D]. 南京：南京航空航天大学，2010.

[92] 李秋红，孙健国，王前宇. 航空发动机推力估计新方法[J]. 控制理论与应用，2011，28(02)：185-191.

[93] 焦洋. 民用大涵道比涡扇发动机建模与控制研究[D]. 南京：南京航空航天大学，2016.

[94] GUO T H, LITT S L. Resilient propulsion control research for the NASA integrated resilient aircraft control (IRAC) Project：NASA/TM-2007-214940 [R]. Washington：NASA，2007.

[95] GUO T H, LITT J S. Risk management for intelligent fast engine response control[C]//AIAA Infotech@ Aerospace Conference and AIAA Unmanned. Seattle，WA，USA：AIAA，2009：1873.

[96] CSANK J T, CHIN J C, MAY R D, et al. Implementation of enhanced propulsion control modes for emergency flight operation：NASA/TM-2011-217038[R]. ，Washington：NASA，2011.

[97] STEWART J F. Integrated flight propulsion control research result using the NASA F-15 HIDEC flight research facility：AIAA-92-4106 [R]. California：NASA，1992.

[98] WURTH S, MAHONE T, HART J, et al. X-35B integrated flight propulsion control fault tolerance development [C]//2002 Biennial International Powered Lift Conference and Exhibit. Williamsburg，Virginia，USA：AIAA，2002：6019.

[99] SMITH R H, CHISHOLM J D, STEWART J F. Optimizing aircraft performance with adaptive, integrated flight/propulsion control[J]. Journal of Engineering for Gas Turbines and Power，1991,113(1)：88-94.

[100] NOBBS S G, JACOBS S W, DONAHUE D J. Development of the full-envelope performance seeking control algorithm[C]//28th joint propulsion conference and exhibit. Nashville，TN，USA：AIAA，1992：3748.

[101] ADIBHATLA S, JOHNSON K L. Evaluation of a nonlinear PSC algorithm on a variable cycle engine[C]//29th Joint Propulsion Conference and Exhibit. Monterey，CA，USA：AIAA，1993：2077.

[102] ORME J, GILYARD G. Subsonic flight test evaluation of a propulsion system parameter estimation process for the F100 engine：NASA/TM-4426 [R]. California：NASA，1992.

[103] ORME J S, GILYARD G B. Preliminary supersonic flight test evaluation of performance seeking control：NASA/TM-4494 [R]. California：

NASA，1993.

[104] 袁春飞，孙健国，熊智，等. 飞/推综合控制模式亚声速半物理仿真试验[J]. 推进技术，2003，24(04)：353-356.

[105] 张海波，孙健国. 可行 SLP 法在发动机在线优化中的应用[J]. 航空学报，2010. 31(04)：663-670.

[106] 孙丰诚. 航空发动机性能寻优控制技术研究[D]. 南京：南京航空航天大学，2007.

[107] 王健康，张海波，孙健国，等. 基于复合模型及 FSQP 算法的发动机性能寻优控制试验[J]. 推进技术，2012，33(04)：579-590.

[108] 王元，李秋红，黄向华. 基于 DMOM 算法的航空发动机性能寻优控制[J]. 航空动力学报，2016，31(04)：948-954.

[109] 杨旦旦. 基于 Fibonacci 搜索方法的航空发动机性能寻优[J]. 航空动力学报，2016，31(06)：1441-1449.

[110] 聂友伟，李秋红，王元，顾书文. 基于 SQCQP 算法的变循环发动机性能寻优控制研究[J]. 北京航空航天大学学报，2017，43(12)：2564-2572.

[111] JAWL C，FRIEND R. ICEMS：A platform for advanced condition-based health management[C]//2001 IEEE Aerospace Conference Proceedings. Big Sky，MT，USA：IEEE，2001，6：2909-2914.

[112] PETTIT C D，BARKHOUDARIAN S，DAUMANN A G. Reusable rocket engine advanced health management system architecture and technology e-valuation-summary[C]//35th Joint Propulsion Conference and Exhibit. Los Angeles，California，USA：AIAA，1999：2527.

[113] KOOPW. The integrated high performance turbine engine technology (IHPTET) program[J]. ISABE，1997，97：7175.

[114] ROEMERM J，GEORGE V. An overview of selected prognostic technologies with application to engine health management[P]. GT2006-90677.

[115] LITT J，SIMON D L，MEYER C，et al，NASA aviation safety program aircraft engine health management data mining tools roadmap：NASA/TM-2000-210030[R]. Washington：NASA，2000.

[116] SIMOND L，GARG S，VENTI M. Propulsion control and health management technology for flight test on the C-17 T-1 aircraft：NASA/TM-2004-213303[R]. Washington：NASA，2004.

[117] MACKEY R，IVERSON D，PISANICH G，et al. Integrated system health management（ISHM）Technology Demonstration Project Final Report：NASA/TM-2006-213482[R]. Washington：NASA，2005.

[118] SCHWABACHER M. A survey of data-driven prognostics[C]//Proceedings

of the AIAA Infotech Aerospace Conference. Reston，VA，USA：AIAA，2005：26-29.

[119] ZUNIGAF，MACLISE D，ROMANO D，et al. Integrated systems health management for exploration systems[C]//Proceedings 1st Space Exploration Conference. January 30-February 1，Orlando，Florida：AIAA，2005：1-16.

[120] AZZAMH，COOK J，DRIVER S. FUMS technologies for verifiable affordable prognostics health management（PHM）[C]//2004 IEEE Aerospace Conference Proceedings. March 6-13，2004，Montana：IEEE，2004：3764-3781.

[121] BONNALC ，CAPORICCI M. Future reusable launch vehicles in Europe：the FLTP（Future Launchers Technologies Programme)[J]. Acta Astronautica，2000，47（2/9）：113-118.

[122] KATORGINB I，STERNIN L E. Chief designer of rocket engines and systems[J]. Herald of the Russian Academy of Sciences，2008，78（4）：403-410,.

[123] 王克昌. 液体火箭发动机的健康管理系统[J]. 上海航天，1992(01)：27-35.

[124] 曾声奎，PECHT M，吴际，故障预测与健康管理(PHM)技术的现状与发展[J]. 航空学报，2005，26(05)：626-632.

[125] 赵冲冲. 基于支持向量机的旋转机械故障诊断[D]. 西安：西北工业大学，2005.

[126] 龙兵，孙振明，姜兴渭. 航天器集成健康管理系统研究[J]. 航天控制，2003(02)：56-61.

[127] 左洪福. 发动机磨损状态监控和故障诊断技术[M]. 北京：航空工业出版社，1996.

[128] 郭琦. VAATE 计划中的智能发动机概念[J]. 燃气涡轮试验与研究，2002(04)：44.

[129] 邵冬. 罗罗的智能发动机愿景分析[J]. 航空动力，2020(03)：27-30.

[130] 梁春华. 未来的航空涡扇发动机技术[J]. 航空发动机，2005，31(04)：54-58.

[131] 苗禾状，袁长波，李宁坤. 航空智能发动机发展需求及关键控制技术[J]. 航空科学技术，2015，26(05)：11-17.

[132] 姜晓莲，王斌. 浅析未来航空发动机技术的发展[J]. 航空科学技术，2010(02)：10-12.

第 2 章
航空发动机建模与仿真技术

航空发动机工作范围广,工作环境变化大、调节因素众多,是一个十分复杂的气动热力学系统,因此为了更好地对发动机实施控制、诊断及健康管理,必须建立一个高精度的发动机稳态及动态性能数学模型。本章主要讨论航空发动机建模与仿真技术,包括发动机非线性部件级模型、状态空间模型、机载自适应模型的建模方法以及面向对象的仿真方法。

2.1 概 述

2.1.1 航空发动机数学模型的功能

航空发动机数学模型用来描述发动机内部各个物理量之间的相互关系,其表现形式多种多样,如方程式、图标等。航空发动机数学模型的应用极为广泛,是发动机控制系统分析与设计、物理量预报、故障诊断和容错控制的基础。

航空发动机数学模型主要有以下 3 个方面的用途:

(1) 用于分析、设计发动机控制系统

在分析和设计发动机控制系统时,先要进行计算机仿真和半物理仿真试验,然后再进行台架试车、高空台试验和飞行试验。借助计算机数字仿真来分析或辅助设计发动机控制系统时,首要任务是建立一个精确的发动机模型,基于该模型,采用状态反馈、回路解耦、极点配置、极值原理、动态规划、自适应控制及智能控制等方法,可以设计各种各样的发动机控制算法。

(2) 用于预报发动机控制系统物理量

在分析和研究发动机控制系统时,需要知道发动机控制系统的一些物理量。但是有些物理量如发动机推力、喘振裕度、旋转部件效率和流量等是难以在线测量或测量不准的。因此,就要建立数学模型来预报这些物理量。另外,系统未来实际运行的变量都是未知的,对未知变量的预报是系统状态监视和趋势分析常用的手段。

（3）用于发动机的故障诊断和容错控制

发动机某些重要部件一旦发生故障,会影响整个飞机的安全飞行。为此,就必须在故障出现时,对故障部件迅速报警,尽快确定故障源,为故障隔离及容错控制提供依据。基于模型的故障检测、隔离及容错技术就是利用发动机数学模型来确定故障源,使得在某些部件发生故障的情况下,系统仍能按原定或接近原定的性能指标安全地完成控制任务。

2.1.2　航空发动机数学模型的分类

根据不同的目的研究航空发动机稳态性能、动态特性能时,需要推导不同形式的数学模型。发动机数学模型的形式有很多,一般可分为线性或非线性、定常或时变、静态或动态、连续或离散、输入输出或状态空间、实时或非实时等形式。

从研究发动机的物理特性出发,典型的发动机数学模型主要有非线性气动热力学模型和线性小偏差模型两类。

非线性气动热力学模型是根据发动机工作过程中所遵循的气动热力学原理而建立的数学模型,可以计算全飞行包线范围内发动机的稳态性能和动态性能。典型的发动机动态过程包括起动、加减速,接通/切断加力、模式切换等,对这些过程的动态性能模拟是开展发动机控制系统分析与设计的前提。当发动机处于起动、加减速等动态工况时由于发动机的特性和参数在较大范围内变化,线性关系式已经不再适用于描述这种变化过程。因此,必须采用非线性关系式进行描述。这样的模型简称为非线性部件级模型。

与非线性气动热力学模型适用于全飞行包线稳、动态性能计算不同,发动机线性小偏差模型主要用于计算发动机在特定飞行包线工作点以及特定工作状态点附近的动态特性,它是发动机控制系统分析与设计的基础。在推导这类模型时通常假设发动机飞行条件不变,控制输入量在很小范围内变化,发动机的动态特性可以用线性关系近似描述,由此得到的是简化的线性动态模型,简称线性模型。发动机线性模型通常由非线性模型或非线性方程组线性化得到,也可由系统辨识的方法求解,其形式有传递函数、状态方程等。

2.1.3　航空发动机数学模型的要求

由于数学模型是物理过程的一种近似数学描述,即用数学方程式、图表、函数曲线等来反映真实的物理系统,并研究其特性,因此数学模型应满足一定的要求。

航空发动机的数学模型应满足逼真度、简易性及明显性的要求。

所谓逼真度就是能以规定的精度对对象进行定性和定量的描述。如果模型没有足够的逼真度,模型就失去了实用意义。在建立发动机数学模型时,为满足逼真度要求往往需要考虑更多的影响因素,通过大量的微分方程和代数方程来描述真实发动机内部的气动热力过程。这样的模型非常复杂,建立起来非常困难,因此,尽管要考虑模型的逼真度,实际上仍须作适当的简化。

航空发动机数学模型的简化,在很多情况下是必要的,简化的程度根据模型的用途和所具备的条件而定。但是简化必须根据具体的研究目标,保留最本质的物理关系,进行合理简化。不适当的模型简化会严重地影响逼真度。例如,在建立发动机非线性部件级数学模型时,通常将气体工质通过发动机流道的过程简化为准一维流动,且在计算发动机流道内气路参数时,只关注部件进出口截面参数的变化,因此,用于控制系统分析与设计的发动机部件级数学模型一般被定义为零维模型。

模型的明显性要求可以理解为模型所揭示的物理特性应很直观,使用模型仿真对象的物理特性应很清晰。对航空发动机而言,典型的物理特性包括节流特性、高度特性、速度特性和温度特性等,这就要求模型能够直观、清晰地计算发动机在不同控制输入、飞行条件、大气环境下的输出参数,且当输入条件变化时,模型计算的输出参数变化趋势与实际物理系统高度一致。能够达到明显性要求的发动机数学模型种类不多,非线性部件级模型是其中的一种。

2.1.4 航空发动机数学建模的方法

建立发动机数学模型的方法有解析法和试验法。

解析法是根据航空发动机所遵循的气动热力学规律,利用有关定理、定律和原理,用数学方法建立数学模型,这种方法也称为理论建模。

试验法是基于对发动机试验数据进行处理,获取它的特性,从而得到数学模型的方法,这种方法也称为系统辨识法。

试验法相比解析法有一定的优点,即它不必深入地了解发动机的运行机理,但是这不是绝对的。试验法的关键之一是必须拟定合理的试验,以获取发动机最大的信息量。要做到这一点是很困难的。因此,两种建模方法各有所长。当理论建模得到的模型含有未知参数时,可用系统辨识法估计这些未知参数,这就是理论建模和系统辨识相结合的方法。实践表明,这是一种行之有效的方法。

2.2 航空发动机非线性部件级建模技术

2.2.1 引 言

非线性部件级模型是目前航空发动机总体性能仿真领域计算精度最高、适用范围最广、应用最为广泛的数学模型。非线性部件级模型,即采用部件法,根据发动机工作过程中所遵循的气动热力学规律,建立发动机各个部件的数学模型,在此基础上,采用流量连续、转速相等、静压平衡、功率平衡等条件,构建共同工作方程组,通过求解共同工作方程组,获得发动机整机性能及气路参数。

由于同类部件计算方法相同,因而部件法建模具有较好的通用性,特别是基于面向对象的建模语言所开发的航空发动机性能仿真程序,可以支持多种类型的发动机性能计算。这里以双轴混合排气加力式涡扇发动机为例,介绍航空发动机部件级建模的方法。

双轴混合排气加力式涡扇发动机结构和截面编号如图 2.1 所示。发动机按功能可划分为如下部件:进气道、风扇、外涵道、压气机、主燃烧室、高压涡轮、低压涡轮、加力燃烧室(混合室)、尾喷管等。

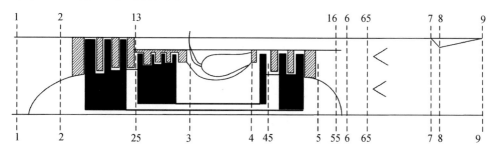

图 2.1　双轴混合排气加力式涡扇发动机结构和截面编号示意图[*]

由于航空发动机是十分复杂的气动热力学系统,建立精确的数学模型十分困难,因此需在建立其非线性部件级数学模型前,对其作以下两点适当简化:

① 忽略发动机燃烧延迟的影响,考虑转子惯量的影响;

② 气体流动按准一维流动处理,考虑油气比、温度、大气湿度对空气、燃气比热的影响。

热力学参数计算是发动机气路计算的重要环节,在已知气体油气比 f 和大气湿度 d 的情况下可以正向或反向计算气体热力学参数。

正向计算——由温度计算焓、熵、定压热容、比热比和热力学常数等参数,计算函数如下:定压比热 $c_p = f_{T2c_p}(f, d, T)$,比焓 $h = f_{T2h}(f, d, T)$,熵 $S = f_{T2S}(f, d, T)$,气体绝热指数 $k = f_{T2k}(f, d, T)$,热力学常数 $R = f_{T2R}(f, d, T)$,均为拟合函数。

反向计算——由油气比、大气湿度、焓、熵等参数计算气体温度。在反向计算过程中,由熵计算温度的函数为 $f_{S2T}(f, d, S)$,由熵计算焓的函数为 $f_{S2H}(f, d, S)$,由焓计算温度的函数为 $f_{H2T}(f, d, H)$,由焓计算熵的函数为 $f_{H2S}(f, d, H)$。

---

[*] 图中具体截面定义可查看文前"下标符号及其表示的含义"

2.2.2 航空发动机典型部件的数学模型

1. 进气道数学模型

进气道的功用主要有 3 个:一是将气流平滑地引入到发动机;二是降低气流的速度,使其压力增大;三是为压缩部件提供均匀的气流。在给定飞行马赫数、高度且规定地面大气压为标准大气压时,气流流经进气道后气体参数计算公式如下:

进气道进口气流(环境大气)的静温 T_{S0} 与静压 P_{S0} 为

$$T_{S0} = \begin{cases} 288.15 - 0.006\,5H, & 0 \leqslant H \leqslant 11\,000 \\ 216.65, & 11\,000 \leqslant H \leqslant 20\,000 \end{cases} \tag{2.1}$$

$$P_{S0} = \begin{cases} 101\,325 \left(1 - \dfrac{H}{44\,331}\right)^{5.255\,88}, & 0 \leqslant H \leqslant 11\,000 \\ 22\,632 e^{\frac{11\,000 - H}{5\,967}}, & H > 11\,000 \end{cases} \tag{2.2}$$

进气道进口气流总温 T_{t1}、总压 P_{t1} 分别为

$$T_{t1} = T_{S0} \left(1 + \frac{k-1}{2} M^2\right) \tag{2.3}$$

$$P_{t1} = P_{S0} \left(1 + \frac{k-1}{2} M^2\right)^{\frac{k}{k-1}} \tag{2.4}$$

出口气体总温 T_{t2}、总压 P_{t2} 分别为

$$T_{t2} = T_{t1} \tag{2.5}$$

$$P_{t2} = P_{t1}\sigma_I \tag{2.6}$$

式中,σ_I 为进气道总压恢复系数。

2. 风扇数学模型

风扇进口总压即进气道出口总压 P_{t2},进口总温即进气道出口总温 T_{t2}。如果已知风扇物理转速 n_F,根据风扇的相对换算转速 $n_{F,cor} = \dfrac{n_F / \sqrt{T_{t2}}}{n_{Fd} / \sqrt{T_{t2d}}}$ 和风扇压比 $\pi_F = P_{t21} / P_{t2}$,从风扇的压比、效率、流量等特性中通过二维插值得到当前转速下的风扇换算流量 $W_{aF,cor}$ 和风扇效率 η_F,即

$$\begin{cases} W_{aF,cor} = f_1(n_{F,cor}, \pi_F) \\ \eta_F = f_2(n_{F,cor}, \pi_F) \end{cases} \tag{2.7}$$

若考虑风扇进口导流叶片可调,则按可调导流叶片角度 α_F 对换算流量和效率进行修正。然后根据风扇换算流量 $W_{aF,cor}$ 和风扇效率 η_F 计算风扇出口参数。

$$W_{a21} = W_{a2} = W_{aF,cor} \frac{P_{t2}}{P_{t2d}} \sqrt{\frac{T_{t2d}}{T_{t2}}} \tag{2.8}$$

$$T_{t21} = T_{t2}\left(\frac{\pi_{\mathrm{F}}^{(k_2-1)/k_2} - 1}{\eta_{\mathrm{F}}} + 1\right) \tag{2.9}$$

$$N_{\mathrm{F}} = W_{a21}(h_{21} - h_2) \tag{2.10}$$

式中，h_2、h_{21} 分别为风扇进出口比焓，可根据风扇进出口总温、油气比和大气湿度计算（具体方法见 2.2.1 小节）。

根据中介机匣总压恢复系数 σ_{SP} 计算压气机进口总压，即

$$P_{t25} = \sigma_{\mathrm{SP}} P_{t21} \tag{2.11}$$

3. 压气机数学模型

压气机对从风扇流入的空气做功，进一步增加了气体的压力，使压气机出口（燃烧室进口）气体总压达到有利于燃烧的压力。

压气机进口总温等于风扇出口总温，即

$$T_{t25} = T_{t21} \tag{2.12}$$

压气机的已知通用特性可以表示为

$$\left.\begin{array}{l} W_{a\mathrm{C},\mathrm{cor}} = f_3(n_{\mathrm{C},\mathrm{cor}}, \pi_{\mathrm{C}}) \\ \eta_{\mathrm{C}} = f_4(n_{\mathrm{C},\mathrm{cor}}, \pi_{\mathrm{C}}) \end{array}\right\} \tag{2.13}$$

如果已知压气机物理转速 n_{H}，根据压气机相对换算转速 $n_{\mathrm{C},\mathrm{cor}} = \dfrac{n_{\mathrm{H}}/\sqrt{T_{t25}}}{n_{\mathrm{Hd}}/\sqrt{T_{t25d}}}$ 和压比 $\pi_{\mathrm{C}} = P_{t3}/P_{t25}$，由压气机特性线插值求得换算流量和效率。

若考虑压气机进口导流叶片可调，则按可调导流叶片角度 α_{C} 对换算流量和效率进行修正。然后根据压气机换算流量 $W_{a\mathrm{C},\mathrm{cor}}$ 和压气机效率 η_{C} 计算压气机出口参数，即

$$W_{a3} = W_{a25} = W_{a\mathrm{C},\mathrm{cor}} \frac{P_{t25}}{P_{t25d}} \sqrt{\frac{T_{t25d}}{T_{t25}}} \tag{2.14}$$

$$T_{t3} = T_{t25}\left(\frac{\pi_{\mathrm{C}}^{(k_{25}-1)/k_{25}} - 1}{\eta_{\mathrm{C}}} + 1\right) \tag{2.15}$$

$$N_{\mathrm{C}} = W_{a3}(h_3 - h_{25}) + N_{\mathrm{BL}} \tag{2.16}$$

若要从压气机抽出空气以冷却涡轮，还要考虑对压气机出口空气流量和功率作修正。

4. 燃烧室数学模型

通过进口空气质量流量 W_{a3}、主燃油流量 W_{f}、燃烧室效率 η_{B} 和总压恢复系数 σ_{B} 计算燃烧室出口的总温 T_{t4}、总压 P_{t4}。

燃烧室油气比、出口燃气流量和总压的计算公式为

$$f_a = W_{\mathrm{f}}/W_{a3} \tag{2.17}$$

$$W_{g4} = W_{a3} + W_f \tag{2.18}$$

$$P_4 = \sigma_B P_3 \tag{2.19}$$

根据燃烧室的能量平衡方程计算燃烧室出口温度 T_{t4}，即

$$W_f H_u \eta_B = W_{g4} c_p T_{t4} - W_{a3} c_p T_{t3} \tag{2.20}$$

式中，η_B 为主燃烧室效率，H_u 为燃油低热值。

5. 高压涡轮数学模型

高压涡轮的已知通用特性可以表示为

$$\left. \begin{aligned} W_{gH,cor} &= f_5(n_{HT,cor}, \pi_{HT}) \\ \eta_{HT} &= f_6(n_{HT,cor}, \pi_{HT}) \end{aligned} \right\} \tag{2.21}$$

如果已知高压涡轮物理转速 n_H，根据高压涡轮相对换算转速 $n_{HT,cor} = \dfrac{n_H / \sqrt{T_{t4}}}{n_{Hd} / \sqrt{T_{t4d}}}$ 和

落压比 $\pi_{HT} = P_{t4} / P_{t45}$，由高压涡轮特性线插值求得换算流量和效率。

然后根据高压涡轮换算流量 $W_{gH,cor}$ 和高压涡轮效率 η_{HT}，计算高压涡轮出口参数，即

$$W_{g45} = W_{gH,cor} \frac{P_{t4}}{P_{t4d}} \sqrt{\frac{T_{t4d}}{T_{t4}}} \tag{2.22}$$

$$T_{t45} = T_{t4} \left[1 - \left(1 - \pi_{HT}^{(1-k_4)/k_4} \right) \eta_{HT} \right] \tag{2.23}$$

$$N_{HT} = W_{g4}(h_4 - h_{45}) \tag{2.24}$$

如果考虑从压气机来的冷却空气，还要对高压涡轮出口燃气流量、总温和功率作修正。

6. 低压涡轮数学模型

低压涡轮的已知通用特性可以表示为

$$\left. \begin{aligned} W_{gL,cor} &= f_7(n_{LT,cor}, \pi_{LT}) \\ \eta_{LT} &= f_8(n_{LT,cor}, \pi_{LT}) \end{aligned} \right\} \tag{2.25}$$

如果已知低压涡轮物理转速 n_L，根据低压涡轮相对换算转速 $n_{LT,cor} = \dfrac{n_L / \sqrt{T_{t45}}}{n_{Ld} / \sqrt{T_{t45d}}}$ 和落压比 $\pi_{LT} = P_{t45} / P_{t5}$，由低压涡轮特性线插值求得换算流量和效率。

然后根据低压涡轮换算流量 $W_{gL,cor}$ 和低压涡轮效率 η_{LT} 计算低压涡轮出口参数，即

$$W_{g5} = W_{gL,cor} \frac{P_{t45}}{P_{t45d}} \sqrt{\frac{T_{t45d}}{T_{t45}}} \tag{2.26}$$

$$T_{t5} = T_{t45} \left[1 - \left(1 - \pi_{LT}^{(1-k_{45})/k_{45}} \right) \eta_{LT} \right] \tag{2.27}$$

$$N_{LT} = W_{g45}(h_{45} - h_5) \tag{2.28}$$

如果考虑从压气机来的冷却空气,还要对低压涡轮出口燃气流量、总温和功率作修正。

7. 外涵道数学模型

内涵喷管出口燃气总压和流量为

$$P_{t55} = P_{t5}\sigma_{AP} \tag{2.29}$$

$$W_{g55} = W_{g5} = K_{55}\frac{P_{t55}A_{55}q(Ma_{55})}{\sqrt{T_{t55}}} \tag{2.30}$$

式中,σ_{AP} 为内涵喷管总压恢复系数;

$$K_{55} = \sqrt{\frac{k_{55}}{R_{55}}\left(\frac{2}{k_{55}+1}\right)^{\frac{k_{55}+1}{k_{55}-1}}}$$

$q(Ma_{55})$ 为流量函数,即

$$q(Ma_{55}) = Ma_{55}\left[\frac{2}{k_{55}+1}\left(1+\frac{k_{55}-1}{2}\right)Ma_{55}^2\right]^{-\frac{k_{55}+1}{2(k_{55}-1)}}$$

由式(2.30)可以求出 $q(Ma_{55})$,进而可求出内涵气流马赫数 Ma_{55},由 Ma_{55} 即可求出内涵喷管出口燃气静压

$$P_{s55} = P_{t55}\Big/\left(1+\frac{k_{55}-1}{2}Ma_{55}^2\right)^{\frac{k_{55}}{k_{55}-1}} \tag{2.31}$$

外涵出口空气总压、总温为

$$P_{t16} = P_{t13}\sigma_{BP} = P_{t25}\sigma_{BP} \tag{2.32}$$

$$T_{t16} = T_{t13} = T_{t25} \tag{2.33}$$

式中,σ_{BP} 为外涵总压恢复系数。

基于内涵出口燃气与外涵出口空气静压相等的假设,可求得外涵气体出口马赫数 Ma_{16},进而求得外涵出口空气流量,即

$$P_{s16} = P_{t16}\Big/\left(1+\frac{k_{16}-1}{2}Ma_{16}^2\right)^{\frac{k_{16}}{k_{16}-1}} = P_{s55} \tag{2.34}$$

$$W_{a16} = K_{16}\frac{P_{t16}A_{16}q(Ma_{16})}{\sqrt{T_{t16}}} = W_{a13} \tag{2.35}$$

8. 混合室数学模型

混合室完成外涵气质量流量 W_{g16} 和内涵燃气质量流量 W_{g6} 的掺混,计算其出口处的温度和压力。

混合室出口燃气流量、压力为

$$W_{g6} = W_{g55} + W_{a16} \tag{2.36}$$

$$p_{t6} = \sigma_M \frac{p_{t55} W_{g55} + p_{t16} W_{a16}}{W_{g6}} \tag{2.37}$$

式中，σ_M 为混合室总压恢复系数。

由混合室出口燃气比焓 h_6 可以计算混合室出口温度 T_{t6}，即

$$h_6 = \frac{h_{16} W_{a16} + h_5 W_{g5}}{W_{g6}} \tag{2.38}$$

9. 加力燃烧室数学模型

加力燃烧室数学模型通过加力燃油流量 W_{fAB}，加力燃烧室效率 η_{AB}，总压恢复系数 σ_{AB} 计算加力燃烧室出口处的总温和总压。

加力燃烧室油气比、出口流量和总压为

$$f_{AB} = (W_{fAB} + W_f)/(W_{g6} - W_f) \tag{2.39}$$

$$W_{g7} = W_{g6} + W_{fAB} \tag{2.40}$$

$$P_{t7} = \sigma_{AB} P_{t6} \tag{2.41}$$

根据加力燃烧室的能量平衡计算加力燃烧室出口燃气比焓 h_7，进而计算加力燃烧室出口温度 T_{t7}，即

$$W_{fAB} H_u \eta_{AB} = W_{g7} h_7 - W_{a6} h_6 \tag{2.42}$$

10. 尾喷管数学模型

尾喷管的作用是将高压、高温气流的内能（或焓）转换为动能，并调整气流方向，使其沿发动机轴向排出。发动机正是通过这一转换过程获得推力。尾喷管有收敛型和收敛扩张型，对带加力的涡扇发动机而言，为充分发挥发动机的性能，一般采用收敛扩张型喷管（也称拉瓦尔喷管），以下简要介绍拉瓦尔喷管的计算过程。

由气体动力学理论，根据拉瓦尔喷管进口气流总压 P_{t7}、总温 T_{t7}、出口外界反压 P_b 和面积比 A_9/A_8 可确定尾喷管的工作状态。对于给定的喷口出口及喉道面积比 A_9/A_8，存在 3 个特征压比 $\pi_{NZ}^{(1)} = P_{b1}/P_{t7}$，$\pi_{NZ}^{(2)} = P_{b2}/P_{t7}$，$\pi_{NZ}^{(3)} = P_{b3}/P_{t7}$，将拉瓦尔喷管内的流动状态划分为以下 7 种工作状态：

① 当喷管的实际压比 $\pi_{NZ} = P_b/P_{t7} < \pi_{NZ}^{(1)}$，此时反压 P_b 较低，喷管出口出现膨胀波，喉道气流临界声速，扩张段及出口气流流速为超声速。

② 当喷管的实际压比 $\pi_{NZ} = \pi_{NZ}^{(1)}$，此时喷管工作在设计状态，喷管出口无激波，喉道气流临界声速，扩张段及出口气流流速为超声速。

③ 当喷管的实际压比 $\pi_{NZ}^{(1)} < \pi_{NZ} < \pi_{NZ}^{(2)}$，此时反压略有升高，喷管出口出现斜激波，喉道气流流速为临界声速，扩张段及出口气流流速为超声速。

④ 当喷管的实际压比 $\pi_{NZ} = \pi_{NZ}^{(2)}$，反压进一步增加，管外斜激波变为正激波贴口，喷管喉道气流流速为临界声速，扩张段气流流速为超声速，喷管出口正激波前气

流流速为超声速,正激波后气流流速为亚声速。

⑤ 当喷管的实际压比 $\pi_{NZ}^{(2)} < \pi_{NZ} < \pi_{NZ}^{(3)}$,反压继续增加,贴口正激波移至喷管扩张段,喷管喉道气流流速为临界声速,扩张段正激波前气流流速为超声速,正激波后直至喷口出口气流流速均为亚声速。

⑥ 当喷管的实际压比 $\pi_{NZ} = \pi_{NZ}^{(3)}$,反压继续增加,扩张段内正激波移至喉部,喷管喉道气流流速为临界声速,扩张段、出口气流流速均为亚声速。

⑦ 当喷管的实际压比 $\pi_{NZ}^{(3)} < \pi_{NZ} < 1$,反压继续增加,喉部正激波消失,喷管喉道、扩张段、出口气流流速为全亚声速。

由此可见,对拉瓦尔喷管做气体动力学计算时,必须首先确定喷管的 3 个特征压比,进而根据实际压比确定喷管工作状态及出口静压、总压,最终由总压、静压关系式计算出口马赫数,再由出口面积计算出口流量。

在计算拉瓦尔喷管 3 个特征压比之前,首先由面积比 A_9/A_8 确定当喷管工况为工况②、⑥时,喷管的出口马赫数 Ma_9。对于工况②、⑥,喷管扩张段无激波,可视为等熵绝热流动,对喷管喉道及出口采用流量连续方程

$$q_{m} = K_8 \frac{P_{t8}}{\sqrt{T_{t8}}} q(\lambda_8) A_8 = K_9 \frac{P_{t9}}{\sqrt{T_{t9}}} q(\lambda_9) A_9 \tag{2.43}$$

式中,$K_i = \sqrt{\dfrac{k_i}{R}\left(\dfrac{2}{k_i+1}\right)^{\frac{k_i+1}{k_i-1}}}$;$k_i$ 为气体绝热指数,下标 i 表示不同截面;R 为气体常数;$q(\lambda_i)$ 为气体流量函数;λ_i 为速度系数。

当喷管喉道气流流速为临界声速,且整个流动绝能等熵时,有

$$\left.\begin{array}{c} q(\lambda_8) = 1 \\ P_{t7} = P_{t8} = P_{t9} \\ T_{t7} = T_{t8} = T_{t9} \end{array}\right\} \tag{2.44}$$

由式(2.44)对式(2.43)进行简化,并根据气体流量函数 $q(\lambda_9)$ 定义可得下列方程:

$$q(\lambda_9) = \frac{A_9}{A_8} = \left(\frac{k_9+1}{2}\right)^{\frac{1}{k_9-1}} \lambda_9 \left(1 - \frac{k_9-1}{k_9+1}\lambda_9^2\right)^{\frac{1}{k_9-1}} \tag{2.45}$$

式(2.45)存在两个解,第一个解 $\lambda_9^{(1)}$ 对应于工况②,在该工况下喷管出口声速为超声速,第二个解 $\lambda_9^{(2)}$ 对应于工况⑥,在该工况下喷管出口声速为亚声速。

根据 $\lambda_9^{(1)}$ 和 $\lambda_9^{(2)}$,可由下式计算出口马赫数 $Ma_9^{(1)}$ 和 $Ma_9^{(2)}$:

$$Ma_9 = \lambda_9 \sqrt{\frac{2}{(k_9+1) - (k_9-1)\lambda_9^2}} \tag{2.46}$$

计算喷管 3 个特征压比 $\pi_{NZ}^{(1)}, \pi_{NZ}^{(2)}, \pi_{NZ}^{(3)}$,即

$$\pi_{NZ}^{(1)} = \frac{P_{b1}}{P_{t7}} = \frac{P_{s9}}{P_{t9i}} = \left[1 + \frac{k_9-1}{2}(Ma_9^{(1)})^2\right]^{\frac{k_9}{1-k_9}}$$

$$\pi_{NZ}^{(2)} = \frac{P_{b2}}{P_{t7}} = \frac{P_{b2}}{P_{b1}} \frac{P_{b1}}{P_{t7}} = \left[\frac{2k_9}{k_9+1} (Ma_9^{(1)})^2 - \frac{k_9-1}{k_9+1} \right] \pi_{NZ}^{(1)} \tag{2.47}$$

$$\pi_{NZ}^{(3)} = \frac{P_{b3}}{P_{t7}} = \frac{P_{s9}}{P_{t9i}^*} = \left[1 + \frac{k_9-1}{2} (Ma_9^{(2)})^2 \right]^{\frac{k_9}{1-k_9}}$$

式中，P_{s9} 为喷管出口静压；P_{t9i}^* 为考虑管内激波压力损失后喷管出口总压。

根据上述计算得出的 3 个特征压比及实际压比 $\pi_{NZ} = P_{t7}/P_b$ 判断喷管工作状态：

状态①：当喷管反压 P_b（环境压力 P_{s0}）$< P_{b1}$ 特征压力时，喷管工作在工况①；当 $P_b = P_{b1}$ 时，膨胀波消失，喷管处于设计状态（工况②）。对工况①与②，出口气流静压 $P_{s9} = P_{b1}$，出口气流理想总压 $P_{t9i} = P_{t7}$，出口气流理想速度 v_{9i} 可由下式计算：

$$v_{9i} = \sqrt{2c_p T_{t7} \left[1 - \left(\frac{P_{s9}}{P_{t9i}} \right)^{\frac{k_9-1}{k_9}} \right]} \tag{2.48}$$

考虑到实际流动存在损失（如压力损失），喷管实际出口气流速度 v_9 为

$$v_9 = \varphi_9 v_{9i} \tag{2.49}$$

式中，φ_9 为喷管出口气流速度损失系数。

因此，喷口实际出口总压 P_{t9} 为

$$P_{t9} = P_{s9} \left(1 - \frac{v_9^2}{2c_p T_{t9}} \right)^{\frac{k_9}{1-k_9}} = p_{b1} \left(1 - \frac{v_9^2}{2c_p T_{t7}} \right)^{\frac{k_9}{1-k_9}} \tag{2.50}$$

喷口总压恢复系数 σ_9 为

$$\sigma_9 = \frac{P_{t9}}{P_{t7}} \tag{2.51}$$

状态②：当 $P_{b1} < P_b < P_{b2}$ 时，此时喷管工作在工况③，管外斜激波，出口静压 $P_{s9} = P_{b1}$，理想出口总压 $P_{t9i} = P_{t7}$，出口气流参数计算方法同①；

状态③：当 $P_b = P_{b2}$ 时，管外斜激波转变为正激波贴口，此时喷管工作在工况④；当 $P_{b2} < P_b < P_{b3}$ 时，此时喷管工作在工况⑤，管内正激波；当 $P_b = P_{b3}$ 时，正激波移至喉道处消失，此时喷管工作在工况⑥。对于工况④、⑤、⑥，喷管出口静压 $P_{s9} = P_{s0}$，对喷管喉道及出口截面建立流量平衡方程，有

$$q_m = K_8 \frac{P_{t8}}{\sqrt{T_{t8}}} q(\lambda_8) A_8 = K_9 \frac{P_{s9}}{\sqrt{T_{t9}}} y(\lambda_9) A_9 \tag{2.52}$$

将式（2.44）代入式（2.52）得

$$y(\lambda_9) = \frac{P_{t7}}{P_{s9}} \frac{A_8}{A_9} \tag{2.53}$$

$$y(\lambda_9) = \frac{q(\lambda_9)}{\pi(\lambda_9)} = \frac{\left(\frac{k_9+1}{2} \right)^{\frac{1}{k_9-1}} \lambda_9}{1 - \frac{k_9-1}{k_9+1} (\lambda_9)^2} \tag{2.54}$$

联立式(2.53)与式(2.54),可得下列方程:

$$\frac{P_{t7}}{P_{s9}}\frac{A_8}{A_9}=\frac{\left(\dfrac{k_9+1}{2}\right)^{\frac{1}{k_9-1}}\lambda_9}{1-\dfrac{k_9-1}{k_9+1}(\lambda_9)^2} \tag{2.55}$$

与式(2.45)类似,式(2.55)也存在两个解,此处选取亚声速下的解 $\lambda_9^{(2)}$ 按式(2.46)求出口马赫数 $Ma_9^{(2)}$,则喷管出口理想速度 v_{9i} 为

$$v_{9i}=Ma_9^{(2)}\sqrt{\frac{k_9RT_{t7}}{1+\dfrac{k_9-1}{2}(Ma_9^{(2)})^2}} \tag{2.56}$$

再由式(2.49)计算出实际出口速度 v_9。其他出口气流参数计算方法与工况①相同。

状态④:当 $P_b>P_{b3}$ 时,此时喷管工作在工况⑦,出口静压 $P_{s9}=P_{s0}$,理想出口气流速度 v_{9i} 按式(2.48)计算,考虑损失后实际出口气流速度按式(2.49)计算,其他出口气流参数计算方法与工况①相同。

综上所述,上述工况①、②($P_{s0}<P_{b2}$),拉瓦尔喷管出口气流静压 $P_{s9}=P_{b1}$;而对于工况③、④($P_{s0}\geqslant P_{b2}$),喷管出口气流静压 $P_{s9}=P_{s0}$。由喷口出口总压 P_{t9} 及静压 P_{s9} 重新计算喷管出口气流马赫数 $\hat{Ma}_9$,即

$$\hat{Ma}_9=\sqrt{\frac{2}{k_9-1}\left[\left(\frac{P_{t9}}{P_{s9}}\right)^{\frac{k_9-1}{k_9}}-1\right]} \tag{2.57}$$

喷口出口燃气流量 W_{g9} 为

$$W_{g9}=K_9\frac{P_{t9}A_9}{\sqrt{T_{t9}}}q(\hat{Ma}_9) \tag{2.58}$$

发动机推力和单位耗油率为

$$F=W_{g9}(v_9-v_0)+(P_{s9}-P_{s0})A_9 \tag{2.59}$$

$$\text{sfc}=(W_f+W_{fAB})/F \tag{2.60}$$

2.2.3 航空发动机整机部件级模型构建

在了解航空发动机各典型部件的数学模型建立方法后,需要认识到各部件之间存在着密切的耦合作用,因此不能将它们视为独立的个体。以发动机稳态工作点为例进行分析时,随着燃烧室内燃油流量的变化,涡轮进口温度和压力都会随之改变,进而影响涡轮转速。由于涡轮与压气机同轴,涡轮转速的变化同时也会影响压气机的流量和压比,从而影响燃烧室的进口压力和流量。如此往复循环,最终导致发动机会达到一个新的稳态工作点。部件之间相互影响的方式以及它们各自的物理特性对整机工作点的影响被称为部件匹配,这也是构建整机部件级模型时所要考虑的关键问题。

在整机部件级模型中通过构建共同工作方程来解决发动机各部件联合工作时彼此之间的约束问题。共同工作方程主要从流量连续、静压平衡与各转动部件的功率平衡角度来建立。对于某型双轴混合排气加力式涡扇发动机来说,一般选用低压转速 n_L、高压转速 n_H、风扇压比 π_F、压气机压比 π_C、高压涡轮落压比 π_{HT}、低压涡轮落压比 π_{LT} 作为未知参数,因此需要联立 6 个共同工作方程求解,这里选取以下 4 个质量流量平衡方程和 2 个功率平衡方程:

① 风扇出口流量与压气机和外涵的进口流量之和的平衡方程为

$$W_{a21} - W_{a25} - W_{a13} = 0 \qquad (2.61)$$

② 高压涡轮进口流量与压气机出口流量和主燃油量之和的平衡方程为

$$W_{g4} - W_{a3} - W_f = 0 \qquad (2.62)$$

③ 低压涡轮进口流量与高压涡轮出口流量的平衡方程为

$$W_{g4} - W_{g45} = 0 \qquad (2.63)$$

④ 尾喷管出口流量与外涵、低压涡轮出口流量和加力燃油量之和的平衡方程为

$$W_{g9} - W_{a16} - W_{g5} - W_{fAB} = 0 \qquad (2.64)$$

⑤ 高压转子功率平衡方程为

$$\frac{\mathrm{d}n_H}{\mathrm{d}t} = \frac{\eta_{mH} L_{HT} - L_C - L_{EXT}}{n_H J_H \left(\dfrac{\pi}{30}\right)^2} \qquad (2.65)$$

式中,η_{mH} 为高压转子机械轴效率,L_{EXT} 为高压转子提取功率。

⑥ 低压转子功率平衡方程为

$$\frac{\mathrm{d}n_L}{\mathrm{d}t} = \frac{\eta_{mL} L_{LT} - L_F}{n_L J_L \left(\dfrac{\pi}{30}\right)^2} \qquad (2.66)$$

式中,η_{mL} 为低压转子机械轴效率。

对于发动机的部件级稳态模型,上述两个功率平衡方程简化为

$$\eta_{mH} L_{HT} - L_C = 0 \qquad (2.67)$$

$$\eta_{mL} L_{LT} - L_F = 0 \qquad (2.68)$$

共同工作方程是隐式非线性方程,每个变量的改变都会经过复杂的非线性运算影响方程残差,无法通过解析的方法直接求解,只能通过数值解法求出满足误差要求的解,常用的数值解法有牛顿-拉夫森(Newton - Raphson)法、$n+1$ 点残差法和布莱顿(Broyden)法等。利用牛顿-拉夫森法进行求解时,初猜值使用式(2.69)进行迭代更新。

$$\boldsymbol{x}_{k+1} = \boldsymbol{x}_k - \boldsymbol{J}^{-1} \boldsymbol{e}_k \qquad (2.69)$$

式中,$\boldsymbol{x}_k$ 是初猜值向量,$\boldsymbol{e}_k$ 是与 $\boldsymbol{x}_k$ 维数相同的共同工作方程组残差向量,$\boldsymbol{J}$ 为对初猜值进行修正的雅克比矩阵。

若已知发动机的各输入参数(包括飞行条件、燃油流量等)和初猜值,就可以对发

动机整机气动热力学模型进行求解。每进行一次发动机整机流路计算,就检查共同工作方程组残差满足的情况,当共同工作方程组残差不满足要求时,便对初猜值进行修正,再进行计算,通过反复迭代,直到共同工作方程组的残差满足要求的收敛误差精度(一般为 $1‰$ 或 $5‰$),停止计算。

2.2.4　航空发动机起动部件级建模技术

发动机从静止到慢车转速的起动阶段的建模是发动机建模的难点,这是由于起动过程是十分复杂的气动热力学过程,它涉及到化学、燃烧学、转子动力学、气体热力学、传热学和材料学等多个学科,要准确描述发动机的起动过程非常困难[1]。目前国内起动建模主要分两种:一种是采用神经网络、支持向量机等工具直接辨识出起动模型,但由于其无法计算发动机各截面参数,限制了工程应用。另一种建模思路是基于外推的起动部件特性,采用部件匹配技术建立起动模型;由于起动阶段部件特性无法通过试验获取,且燃烧室工作条件恶劣、起动初猜值难以选取等,这些都给建立起动部件级模型带来很大困难。本节以双转子涡扇发动机为研究对象,介绍基于部件匹配技术的地面及高空起动建模关键技术。

(1) 根据慢车以上部件特性外推低状态时发动机部件特性

在涡扇发动机起动过程数学模型研究中,一个非常困难的问题是获得发动机旋转部件如压气机、涡轮等在低转速状态下的特性。目前,几乎所有的部件特性试验或数值仿真都难以给出慢车转速以下的特性线,这是因为在低转速区域,压气机和涡轮内流场的气流速度和攻角变化范围都远远偏离设计状态,工作特性受外界随机因素的影响较大,无论是数值计算还是部件试验都很难获取其准确的通用特性[2]。本节介绍基于流动相似原理来外推部件特性的方法。在进行部件特性外推时,风扇、压气机以及高低压涡轮的流量、压比、效率按下列公式近似计算[3]:

$$\frac{W_{\text{cor·new}}}{W_{\text{cor·ref}}} = K_{\text{m}} \left(\frac{n_{\text{cor·new}}}{n_{\text{cor·ref}}} \right)^{q} \tag{2.70}$$

$$\frac{\pi_{\text{new}}^{\frac{k-1}{k}} - 1}{\pi_{\text{ref}}^{\frac{k-1}{k}} - 1} = K_{\pi} \left(\frac{n_{\text{cor·new}}}{n_{\text{cor·ref}}} \right)^{m} \tag{2.71}$$

$$\frac{\eta_{\text{new}}}{\eta_{\text{ref}}} = K_{\eta} \left(\frac{n_{\text{cor·new}}}{n_{\text{cor·ref}}} \right)^{n} \tag{2.72}$$

式中,W 为质量流量(kg/s),n 为相对转速(%),π 为压比,η 为效率(%),K_m、K_π、K_η 为修正系数,一般取 $0.9 \sim 1.1$,下标 cor 表示换算参数,new 表示待求点,ref 表示参考点。

特性外推时,首先根据已有的试验部件特性,选择合适的幂指数 q、m、n,然后以试验最低换算转速为参考点,即可外推出低换算转速下的部件特性。由此方法外推出的部件特性如图 2.2 所示[4]。

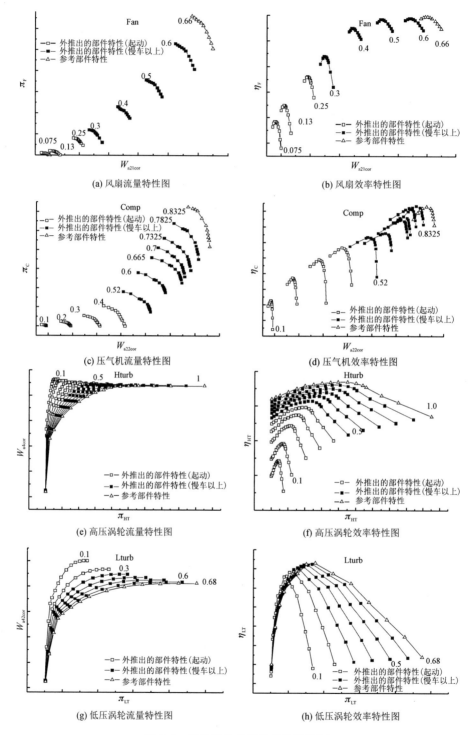

图 2.2　外推出的发动机部件特性图

（2）构建典型部件总压恢复系数随转速的变化关系

在慢车以上部件级模型中，为了简化计算，常取典型部件的总压恢复系数为定值。在起动过程中，转速低，流量小，各个旋转部件压比、落压比较小，发动机各个典型部件的总压恢复系数与慢车以上相比更接近 1，且随着转速的增大而逐渐减小。

起动模型中，对总压恢复系数的计算作了修正。点火前，各个部件的总压恢复系数可取略小于 1 的常数；点火至慢车阶段，各个部件的总压恢复系数随着转速的升高而逐渐减小；当发动机达到或超过慢车状态以后，总压恢复系数近似取常数，具体按照式（2.73）进行修正。

$$\sigma = \begin{cases} \sigma_a & n_H \leqslant n_{H_a} \\ \sigma_a + (n_H - n_{H_a}) \cdot (\sigma_b - \sigma_a)/(n_{H_b} - n_{H_a}) & n_{H_a} < n_H < n_{H_b} \\ \sigma_b & n_H \geqslant n_{H_b} \end{cases} \quad (2.73)$$

式中，σ 为总压恢复系数，n_H 为高压转速，次下标 a 代表点火瞬时状态，次下标 b 表示慢车状态。

（3）建立起动机模型

起动机特性即起动机扭矩与转速之间的关系，由试验测得，二者近似成线性关系。仿真计算时由高压转速根据扭矩试验数据插值计算扭矩，与转速相乘得到起动机功率。

（4）起动燃烧效率修正

在高空起动过程中，受大气压力、温度的影响，燃烧室进口压力、温度都很低，且点火前发动机处于风车状态，燃烧室进口气流速度大，需要选择合适的油气比才能成功点火。计算燃烧效率 η_B 时，考虑进口条件和油气比对燃烧效率的影响，计算公式如下[5]：

$$\eta_B = \eta_{B \cdot id}(\Omega) - \Delta\eta_B(f_a) \quad (2.74)$$

式中，$\eta_{B \cdot id}$ 是忽略油气比影响的燃烧室效率；燃烧室空气负荷函数 $\Omega = \left(p_{in}^{1.75} \cdot e^{\frac{T_{in}}{300}} \right)/$
W_{in}，W_{in}、p_m 和 T_{in} 分别为燃烧室进口质量流量、总压和总温，f_a 为油气比。

某型小涵道比涡扇发动机，燃烧室效率随进口条件及油气比变化的特性如图 2.3 和图 2.4 所示。

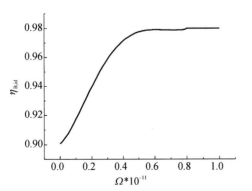

图 2.3　燃烧效率随进口条件变化特性

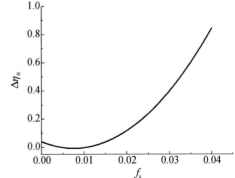

图 2.4　燃烧效率随油气比变化特性

2.3 航空发动机状态空间模型建模技术

2.3.1 引 言

在航空发动机多变量控制领域,较为完善和成熟的方法仍然是线性控制法,此方法需要被控对象为线性模型。发动机状态空间模型(或状态方程模型,SVM)广泛应用于发动机先进控制规律和故障诊断算法的设计,其建模思路是先通过摄动法(小扰动法)或拟合法获得飞行包线内发动机各个稳态工作点的状态方程模型,然后采用插值或拟合的方法形成全包线的非线性模型。其特点是只需进行插值或拟合,无需迭代,因而运算速度快,是一种简化的实时动态模型。

2.3.2 稳态点状态空间模型

设发动机的非线性模型为

$$\left.\begin{array}{l} \dot{\pmb{x}} = f(\pmb{x},\pmb{u}) \\ \pmb{y} = g(\pmb{x},\pmb{u}) \end{array}\right\} \tag{2.75}$$

式中,$\pmb{x}$ 为 n 维状态向量,$\pmb{y}$ 为 m 维输出向量;$\pmb{u}$ 为 r 维控制向量。

在某一稳态工作点附近按泰勒级数展开

$$\dot{\pmb{x}} = f(\pmb{x}_0,\pmb{u}_0) + \frac{\partial f}{\partial \pmb{x}}\bigg|_{\pmb{x}=\pmb{x}_0,\pmb{u}=\pmb{u}_0}(\pmb{x}-\pmb{x}_0) + \frac{\partial f}{\partial \pmb{u}}\bigg|_{\pmb{x}=\pmb{x}_0,\pmb{u}=\pmb{u}_0}(\pmb{u}-\pmb{u}_0) +$$

$$\frac{1}{2}\frac{\partial^2 f}{\partial \pmb{x}^2}\bigg|_{\pmb{x}=\pmb{x}_0,\pmb{u}=\pmb{u}_0}(\pmb{x}-\pmb{x}_0)^2 + \frac{1}{2}\frac{\partial^2 f}{\partial \pmb{u}^2}\bigg|_{\pmb{x}=\pmb{x}_0,\pmb{u}=\pmb{u}_0}(\pmb{u}-\pmb{u}_0)^2 + \cdots \tag{2.76}$$

在 $(\pmb{x}_0,\pmb{u}_0)$ 的邻域内,略去高阶项,可以得到该稳态工作点的状态更新模型

$$\Delta \dot{\pmb{x}} = \frac{\partial f}{\partial \pmb{x}}\bigg|_{\pmb{x}=\pmb{x}_0,\pmb{u}=\pmb{u}_0}\Delta \pmb{x} + \frac{\partial f}{\partial \pmb{u}}\bigg|_{\pmb{x}=\pmb{x}_0,\pmb{u}=\pmb{u}_0}\Delta \pmb{u} \tag{2.77}$$

式中,$\Delta \pmb{x} = \pmb{x}-\pmb{x}_0$,$\Delta \pmb{u} = \pmb{u}-\pmb{u}_0$。

根据同样的方法可以得到状态输出方程

$$\Delta \pmb{y} = \frac{\partial g}{\partial \pmb{x}}\bigg|_{\pmb{x}=\pmb{x}_0,\pmb{u}=\pmb{u}_0}\Delta \pmb{x} + \frac{\partial g}{\partial \pmb{u}}\bigg|_{\pmb{x}=\pmb{x}_0,\pmb{u}=\pmb{u}_0}\Delta \pmb{u} \tag{2.78}$$

式中,$\Delta \pmb{y} = \pmb{y}-\pmb{y}_0$。

令

$$\pmb{A} = \frac{\partial \dot{\pmb{x}}}{\partial \pmb{x}}\bigg|_{\pmb{x}=\pmb{x}_0,\pmb{u}=\pmb{u}_0}, \quad \pmb{B} = \frac{\partial \dot{\pmb{x}}}{\partial \pmb{u}}\bigg|_{\pmb{x}=\pmb{x}_0,\pmb{u}=\pmb{u}_0}, \quad \pmb{C} = \frac{\partial \pmb{y}}{\partial \pmb{x}}\bigg|_{\pmb{x}=\pmb{x}_0,\pmb{u}=\pmb{u}_0}, \quad \pmb{D} = \frac{\partial \pmb{y}}{\partial \pmb{u}}\bigg|_{\pmb{x}=\pmb{x}_0,\pmb{u}=\pmb{u}_0}$$

$$\tag{2.79}$$

则式(2.77)和式(2.78)变为

$$\left.\begin{array}{l} \Delta \dot{\boldsymbol{x}} = \boldsymbol{A}\Delta \boldsymbol{x} + \boldsymbol{B}\Delta \boldsymbol{u} \\ \Delta \boldsymbol{y} = \boldsymbol{C}\Delta \boldsymbol{x} + \boldsymbol{D}\Delta \boldsymbol{u} \end{array}\right\} \qquad (2.80)$$

以某涡扇发动机为例,选取低压转子转速 n_L 与高压转子转速 n_H 为状态变量,选择低压转子转速 n_L、高压转子转速 n_H 与高压压气机和低压涡轮出口压力比 P_{36} 为输出量,控制量为燃油流量 W_f 与尾喷管喉道面积 A_8,式(2.80)可以表示为

$$\begin{bmatrix} \Delta \dot{n}_L \\ \Delta \dot{n}_H \end{bmatrix} = \begin{bmatrix} a_{11} & a_{12} \\ a_{21} & a_{22} \end{bmatrix} \begin{bmatrix} \Delta n_L \\ \Delta n_H \end{bmatrix} + \begin{bmatrix} b_{11} & b_{12} \\ b_{21} & b_{22} \end{bmatrix} \begin{bmatrix} \Delta W_f \\ \Delta A_8 \end{bmatrix}$$

$$\begin{bmatrix} \Delta n_L \\ \Delta n_H \\ \Delta P_{36} \end{bmatrix} = \begin{bmatrix} 1 & 0 \\ 0 & 1 \\ c_{31} & c_{32} \end{bmatrix} \begin{bmatrix} \Delta n_L \\ \Delta n_H \end{bmatrix} + \begin{bmatrix} 0 & 0 \\ 0 & 0 \\ d_{31} & d_{32} \end{bmatrix} \begin{bmatrix} \Delta W_f \\ \Delta A_8 \end{bmatrix} \qquad (2.81)$$

式(2.81)中,变量通常采用无量纲相似参数,并以地面标准条件下的设计点做归一化处理,得到用相似归一化参数表示的状态变量方程。

(1) 偏导数法求解状态空间模型

用偏导数法求解状态空间模型的关键在于求出式(2.79)所示的各系数矩阵。求解的方法中常用的是小扰动法。小扰动法是通过在发动机稳态平衡点处施加小扰动,用非线性模型进行多步动态计算,当迭代运算至流量连续准平衡条件收敛指标满足后得到初始扰动时状态量的导数、输出量的增量,然后用它们与扰动量的比值求出状态空间模型系数矩阵。

由式(2.79)可知,矩阵 $\boldsymbol{A}$、$\boldsymbol{C}$ 用偏导数求取,即每次扰动一个状态量 $\boldsymbol{x}_i$,与此同时,保持其余的状态量 $\boldsymbol{x}_j (j \neq i)$ 及控制量 $\boldsymbol{u}$ 不变。例如在稳态点的某一时刻给 n_L 施加一个扰动量 Δn_L(一般取 1% 左右),同时令 $\Delta n_H = 0$,$\Delta W_f = 0$,$\Delta A_8 = 0$,模型在这一时刻流量、功率方程不平衡,但由于扰动在这一时刻后撤消,模型将在若干时间后回到原来的平衡点。这个动态过程中模型的各变量将随时间变化,根据 $\Delta \dot{n}_L$、$\Delta \dot{n}_H$、ΔP_{36} 初始变化量可以计算 a_{11}、a_{21} 和 c_{31}:

$$a_{11} = \frac{\Delta \dot{n}_L}{\Delta n_L}, \quad a_{21} = \frac{\Delta \dot{n}_H}{\Delta n_L}, \quad c_{31} = \frac{\Delta P_{36}}{\Delta n_L} \qquad (2.82)$$

同样,在稳态点扰动 n_H,可以求解 a_{21}、a_{22} 和 c_{32}。

求取 $\boldsymbol{B}$、$\boldsymbol{D}$ 时,扰动控制量。例如扰动 W_f,并令 $\Delta n_L = \Delta n_H = 0$,$\Delta A_8 = 0$,则有

$$b_{11} = \frac{\Delta \dot{n}_L}{\Delta W_f}, \quad b_{21} = \frac{\Delta \dot{n}_H}{\Delta W_f}, \quad d_{31} = \frac{\Delta P_{36}}{\Delta W_f} \qquad (2.83)$$

同样,在稳态点扰动 A_8,可以求解 b_{12}、b_{22} 和 d_{32}。

(2) 拟合法求解状态空间模型

利用偏导数法建立状态空间模型,求取 a_{ij} 与 c_{kj} 时,需要对状态量 $\boldsymbol{x}_i$ 增加扰动量,同时保证其余状态量不变 $\boldsymbol{x}_j (j \neq i)$。但实际上其他状态量必然也会变化,因此偏导数法虽然简单,但其建模精度较低。除了偏导数法以外,建立航空发动机线性模

型的常用方法还有拟合法,拟合法的基本思路是在发动机某稳态平衡点得到状态空间模型的小偏差响应曲线,应与同一点处的气动热力学模型的小偏差响应曲线相同,具体建模步骤如下:

① 确定状态空间模型的控制量、状态量和输出量;

② 求解线性模型的解析表达式。在给定稳态平衡点处求出状态空间模型在各控制量小阶跃作用下的动态响应解析表达式;

③ 获得非线性模型在小阶跃下的动态响应曲线。对发动机气动热力学模型各控制量进行同样幅值的小阶跃,获得模型的阶跃响应曲线;

④ 拟合求解系数矩阵。用已知的非线性动态响应数据来拟合线性动态响应式(2.81)中的动态系数矩阵元素。

2.3.3 大偏差状态空间模型

在不同工作状态下,可利用不同稳态点的 SVM 来描述相对于该稳态点附近的小偏差运动,将一系列的 SVM 进行适当地组合,便可描述发动机大偏差过渡态的加、减速运动。通过组合形成的模型称为大偏差状态变量模型。

由于 SVM 是小偏差模型,其状态及输出的响应是增量形式,因此,在应用 SVM 对发动机的大偏差过程建模时,需要加上该稳态点的值,才能得到状态量和输出量的绝对量。这些稳态点也是大偏差状态变量模型建模中不可或缺的,这些稳态点的 SVM 模型称为稳态基点模型。

通过若干个稳态点的 SVM 和稳态基点模型可以建立发动机大偏差状态变量模型。在大偏差状态变量模型的建立过程中,发动机工作状态的不断变化使得 SVM 和稳态基点模型也在不断变化,因此,在建模过程中,需要以某个参数例如风扇或压气机转速作为索引值,来得到这一索引值下所对应的 SVM 和稳态基点。建立大偏差状态变量模型通常采用插值法或拟合法。

1. 插值法

插值法的建模步骤:

① 给定 $t+1$ 时刻的输入 $\boldsymbol{u}(t+1)$,可以通过插值法求相应的 $n_{\mathrm{L}}(t+1)$,根据 $n_{\mathrm{L}}(t+1)$ 从稳态基点模型中插值得到 $\boldsymbol{A}$、$\boldsymbol{B}$、$\boldsymbol{C}$ 和 $\boldsymbol{D}$。将 $\Delta\boldsymbol{u}(t+1)=\boldsymbol{u}(t+1)-\boldsymbol{u}(t)$ 作为 $t+1$ 时刻 SVM 模型的输入,求出 $t+1$ 时刻 SVM 模型的状态和输出的偏差量;

② 根据 $n_{\mathrm{L}}(t+1)$ 从稳态基点模型中插值得到 $t+1$ 时刻状态和输出的稳态值,加上相应的偏差量,分别得到 $t+1$ 时刻状态和输出的绝对量;

③ 下一个采样时刻,回到步骤①。

2. 拟合法

将 n_L 作为自变量,分别对其他状态量和各输出量的稳态值进行拟合。同时将 n_L 作为自变量,对各稳态点的 SVM 中 A、B、C 和 D 矩阵的元素进行拟合。

例如对发动机模型,选用四阶多项式拟合,得到 W_f 和 n_H 的稳态基点拟合曲线和 A 矩阵元素 a_{12} 的拟合曲线分别如图 2.5 和图 2.6 所示。拟合曲线得到后,可以采用与插值法类似的步骤,仿真计算大偏差状态变量模型。

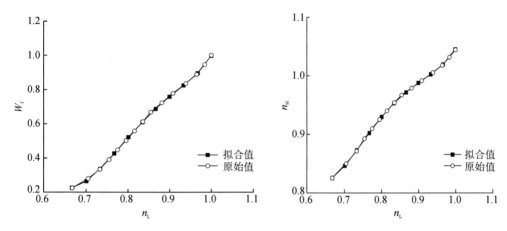

图 2.5 稳态基点模型的拟合曲线

应当指出,由于自变量不是稳态值,因此无论插值法还是拟合法都会存在建模误差,但仿真表明,这种建模误差较小。图 2.7 是大偏差状态变量模型与非线性模型加速过程 n_L 的比较,可以看出两者之间的误差小于 3%。

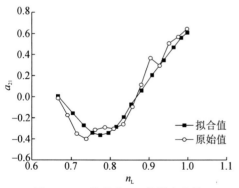

图 2.6 A 阵元素 a_{12} 的拟合曲线

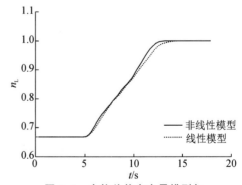

图 2.7 大偏差状态变量模型与
非线性模型输出响应比较

2.3.4 增广的状态空间模型

状态空间模型是分段线性化的发动机模型,该模型一般经过归一无量纲化处理。本节介绍的增广状态空间模型(ASVM)是包含表征发动机部件健康参数的状态空间模型。发动机部件健康参数主要选取 3 类:表征旋转部件效率下降程度的效率系数 SE_i;旋转部件流量减少或增加程度的流量系数 SW_i;流路通道几何面积(如尾喷管喉道面积)减少程度的面积系数 SS_i[6]。

$$SE_i = \frac{\eta_i}{\eta_i^*}$$

$$SW_i = \frac{m_i}{m_i^*} \qquad (2.84)$$

$$SS_i = \frac{s_i}{s_i^*}$$

其中 m_i,η_i,s_i 与 m_i^*,η_i^*,s_i^* 分别为部件的流量、效率与有效流路面积的实际值与标称值。部件健康参数相对标称值的偏离量 ΔSE_i,ΔSW_i,ΔSS_i 定义为

$$\Delta SE_i = SE_i - 1$$

$$\Delta SW_i = SW_i - 1 \qquad (2.85)$$

$$\Delta SS_i = SS_i - 1$$

式中,下标 i 为 2,25,4,45 时分别代表风扇、压气机、高压涡轮和低压涡轮部件。

由于发动机实际工作过程中受到各种噪声(机械噪声、热噪声、测量噪声等)因素的干扰,因此,考虑系统噪声与测量噪声的影响,得到描述真实发动机系统动态特性的线性模型为

$$\Delta \dot{x} = A\Delta x + B\Delta u + L\Delta p + \omega$$

$$\Delta y = C\Delta x + D\Delta u + M\Delta p + v \qquad (2.86)$$

式中,A,B,C,D,L,M 为确定的常数矩阵,$\Delta p = [\Delta SE_2, \Delta SE_{25}, \Delta SE_4, \Delta SE_{45}, \Delta SW_2, \Delta SW_{25}, \Delta SW_4, \Delta SW_{45}]^T$,$\omega$ 和 v 分别为系统噪声与测量噪声。在这里假定 ω 和 v 都是不相关的高斯白噪声,其强度分别为 Q 和 R。

$$E(\omega(t)\omega^T(\tau)) = Q\delta(t-\tau)$$

$$E(v(t)v^T(\tau)) = R\delta(t-\tau) \qquad (2.87)$$

$$E(\omega(t)v^T(\tau)) = 0$$

在发动机线性模型中增加了部件健康参数的变量 Δp。可以采用偏导数法或拟合法来求解如下线性模型中的系统矩阵 A,B,C,D,L,M。

$$\Delta \dot{x} = A\Delta x + \begin{bmatrix} B & L \end{bmatrix} \begin{bmatrix} \Delta u \\ \Delta p \end{bmatrix} + \omega$$

$$\Delta y = C\Delta x + \begin{bmatrix} D & M \end{bmatrix} \begin{bmatrix} \Delta u \\ \Delta p \end{bmatrix} + v \qquad (2.88)$$

上式(2.88)可记为新的状态空间模型式(2.89)。

$$\Delta \dot{x} = A' \Delta x + B' \Delta u' + \omega$$

$$\Delta y = C' \Delta x + D' \Delta u' + v$$

$$(2.89)$$

式中，$A' = A$，$B' = \begin{bmatrix} B & L \end{bmatrix}$，$C' = C$，$D' = \begin{bmatrix} D & M \end{bmatrix}$。

2.4　航空发动机机载自适应模型建模技术

2.4.1　引　言

按照发动机气动热力学特性和典型发动机试验数据建立的发动机数学模型一般只能表现额定特性，不能对发动机制造安装公差造成的个体性能差异和使用期内性能衰退等因素导致的发动机非额定特性进行计算。而目前一些先进的航空发动机控制、状态监视及诊断技术，如飞行/推进系统性能寻优控制、发动机在线故障诊断、解析裕度技术等，都是以高精度的机载发动机实时模型为基础的，因而能够反映非额定状态的发动机机载自适应模型非常重要。

机载自适应模型既需要满足实时性的需求，又需要满足在非额定状态的计算精度，即自适应的需求。建立发动机机载自适应模型主要有两种方法：基于数据的方法与基于模型的方法。本节主要介绍基于模型的方法，包括基于卡尔曼滤波器的机载自适应模型以及基于气动热力学原理的机载自适应模型。

2.4.2　基于线性状态空间模型的机载自适应模型

1. 发动机状态变量模型的建立

以涡轴发动机为例，发动机结构简图如图 2.8 所示，建立机载自适应模型。

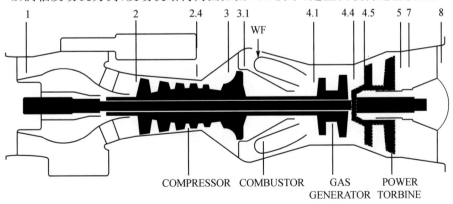

图 2.8　涡轴发动机结构简图

首先根据 2.3.2 节建立发动机状态变量模型。建立了状态变量模型表达形式后,下面将对其参数赋予具体物理量。涡轴发动机的 SVM 各变量选择如下:

① 状态变量:燃气涡轮转速 n_{gt}、动力涡轮转速 n_{pt}。

② 输出变量:燃气涡轮转速 n_{gt}、动力涡轮转速 n_{pt}、压气机出口压力 P_3、压气机出口温度 T_3,动力涡轮进口温度 T_{45}。

③ 控制变量:发动机供油量 W_f,总距角 α。

涡轴发动机 SVM 用物理参数具体表示的状态变量模型:

$$
\begin{bmatrix} \Delta \dot{n}_{gt} \\ \Delta \dot{n}_{pt} \end{bmatrix} = \begin{bmatrix} a_{11} & a_{12} \\ a_{21} & a_{22} \end{bmatrix} \begin{bmatrix} \Delta n_{gt} \\ \Delta n_{pt} \end{bmatrix} + \begin{bmatrix} b_{11} & b_{12} \\ b_{21} & b_{22} \end{bmatrix} \begin{bmatrix} \Delta W_f \\ \Delta \alpha \end{bmatrix}
$$

$$
\begin{bmatrix} \Delta n_{gt} \\ \Delta n_{pt} \\ \Delta T_3 \\ \Delta P_3 \\ \Delta T_{45} \end{bmatrix} = \begin{bmatrix} 1 & 0 \\ 0 & 1 \\ c_{31} & c_{32} \\ c_{41} & c_{42} \\ c_{51} & c_{52} \end{bmatrix} \begin{bmatrix} \Delta n_{gt} \\ \Delta n_{pt} \end{bmatrix} + \begin{bmatrix} 0 & 0 \\ 0 & 0 \\ d_{31} & d_{32} \\ d_{41} & d_{42} \\ d_{51} & d_{52} \end{bmatrix} \begin{bmatrix} \Delta W_f \\ \Delta \alpha \end{bmatrix} \tag{2.90}
$$

采用物理量参数建立 SVM 主要有两个缺点:

① 当飞行条件变化时,各系数矩阵也随之改变,这就使得线性化的模型需要在不同的飞行高度和马赫数下求取系数矩阵,应用不方便。

② 由于模型中各物理量的数量级不同,导致系数矩阵之间的数量级相差很大,进而使得系数矩阵的条件数大。这对于应用现代控制理论的算法来说是极为不利的。

采用归一化的无量纲相似参数建立的 SVM 可以克服上述缺点。在某一飞行条件下求取系数矩阵,通过相似换算覆盖全飞行包线,且归一化的处理可有效改善矩阵的条件数。以地面标况下的设计点相似参数来做归一化处理,即

$$
Pn_{gt} = \left[\frac{n_{gt}}{\sqrt{T_{t2}}} \bigg/ \left(\frac{n_{gt}}{\sqrt{T_{t2}}} \right)_{ds} \right] \times 100\%
$$

$$
Pn_{pt} = \left[\frac{n_{pt}}{\sqrt{T_{t2}}} \bigg/ \left(\frac{n_{pt}}{\sqrt{T_{t2}}} \right)_{ds} \right] \times 100\%
$$

$$
PT_3 = \left[\frac{T_3}{T_{t2}} \bigg/ \left(\frac{T_3}{T_{t2}} \right)_{ds} \right] \times 100\%
$$

$$
PT_{45} = \left[\left(\frac{T_{45}}{T_{t2}} \right) \bigg/ \left(\frac{T_{45}}{T_{t2}} \right)_{ds} \right] \times 100\% \tag{2.91}
$$

$$
PP_3 = \left[\left(\frac{P_3}{P_{t2}} \right) \bigg/ \left(\frac{P_3}{P_{t2}} \right)_{ds} \right] \times 100\%
$$

$$
PW_f = \left[\left(\frac{W_f}{P_2 \sqrt{T_2}} \right) \bigg/ \left(\frac{W_f}{P_2 \sqrt{T_2}} \right)_{ds} \right] \times 100\%
$$

$$
P\alpha = \left(\frac{\alpha}{\alpha_{ds}} \right) \times 100\%
$$

于是得到用相似归一化参数表示的 SVM：

$$\begin{bmatrix} \Delta P\dot{n}_{gt} \\ \Delta P\dot{n}_{pt} \end{bmatrix} = \begin{bmatrix} a_{11} & a_{12} \\ a_{21} & a_{22} \end{bmatrix} \begin{bmatrix} \Delta Pn_{gt} \\ \Delta Pn_{pt} \end{bmatrix} + \begin{bmatrix} b_{11} & b_{12} \\ b_{21} & b_{22} \end{bmatrix} \begin{bmatrix} \Delta PW_f \\ \Delta P\alpha \end{bmatrix}$$

$$\begin{bmatrix} \Delta Pn_{gt} \\ \Delta Pn_{pt} \\ \Delta PT_3 \\ \Delta PP \\ \Delta PT_{45} \end{bmatrix} = \begin{bmatrix} 1 & 0 \\ 0 & 1 \\ c_{31} & c_{32} \\ c_{41} & c_{42} \\ c_{51} & c_{52} \end{bmatrix} \begin{bmatrix} \Delta Pn_{gt} \\ \Delta Pn_{pt} \end{bmatrix} + \begin{bmatrix} 0 & 0 \\ 0 & 0 \\ d_{31} & d_{32} \\ d_{41} & d_{42} \\ d_{51} & d_{52} \end{bmatrix} \begin{bmatrix} \Delta PW_f \\ \Delta P\alpha \end{bmatrix} \tag{2.92}$$

式 (2.92) 为地面标准大气条件下用归一化参数表示的 SVM。因此,可在标准大气条件下,建立适合于全包线的用相似参数表示的 SVM;同时,也可以将任意环境条件下的发动机工作过程换算到标准大气条件下,用式 (2.92) 归一化的 SVM 计算,然后再换算得到真实条件下的发动机状态参数。

2. 发动机增广状态变量模型的建立

非线性部件级模型和上面所建立的状态变量模型都是对发动机额定工作状态进行建模的,由于发动机在任何非额定工作状态下都会导致其相对于额定工作状态的输出参数发生变化,因此可以通过发动机输出参数变化来获取发动机非额定工作特性。选取涡轴发动机的 5 个健康参数,包括压气机效率、流量,燃气涡轮效率、流量以及动力涡轮效率,来表征发动机非额定工作特性。为了得到发动机的健康参数与输出量之间的关系,就需要将健康参数作为"控制量"增广到状态变量方程中。此外考虑噪声的影响,描述真实发动机系统的模型方程如下:

$$\Delta \dot{x} = A \Delta x + B \Delta u + L \Delta \eta + \omega$$
$$\Delta y = C \Delta x + D \Delta u + M \Delta \eta + v \tag{2.93}$$

式中, $\Delta u = \begin{bmatrix} \Delta PW_f & \Delta P\alpha \end{bmatrix}^T$, $\Delta \eta = \begin{bmatrix} \Delta \eta_c & \Delta W_c & \Delta \eta_{gt} & \Delta W_{gt} & \Delta \eta_{pt} \end{bmatrix}^T$, $\Delta x = \begin{bmatrix} \Delta Pn_{gt} & \Delta Pn_{pt} \end{bmatrix}^T$, $\Delta y = \begin{bmatrix} \Delta Pn_{gt} & \Delta Pn_{pt} & \Delta PT_3 & \Delta PP_3 & \Delta PT_{45} \end{bmatrix}^T$, A、B、C、D、L、M 均为常值矩阵, ω 和 v 分别为系统噪声和测量噪声,其协方差阵分别为 Q 和 R,根据工程经验,假设系统噪声和传感器测量噪声均为不相关正态分布的零均值白噪声,所以 Q 和 R 都为对角阵。

求取上述增广状态变量模型系数矩阵的方法主要有小扰动法和拟合法,小扰动法操作方便,但精度无法满足故障诊断要求。拟合法在动态部分和稳态部分的吻合程度均较高。但拟合法对于解的初猜值十分敏感,在拟合过程中甚至会出现发散的现象,而且随着拟合的状态矩阵元素增多,拟合精度就会大大降低。状态变量中的 A、C 矩阵决定了系统的动态响应过程,而 B、D(L、M) 矩阵则决定了状态变量模型最终的稳态响应。因此,为了使得状态变量模型的稳态终值响应与非线性模型稳态终值响应完全一致,可以通过解析计算的方法求出 B、D(L、M) 矩阵元素。通过 A、

C 矩阵求取 B、$D(L、M)$ 矩阵元素的公式如下(限于篇幅,这里仅仅给出有关压气机效率矩阵元素计算公式):

$$\begin{bmatrix} l_{11} \\ l_{21} \end{bmatrix} = \begin{bmatrix} -a_{22} & a_{12} \\ a_{21} & -a_{11} \end{bmatrix}^{-1} \begin{bmatrix} \Delta Pn_{gt}/\Delta\eta_c \\ \Delta Pn_{pt}/\Delta\eta_c \end{bmatrix} (a_{11}a_{22} - a_{12}a_{21})$$

$$\begin{bmatrix} m_{31} \\ m_{41} \\ m_{51} \end{bmatrix} = \begin{bmatrix} \Delta T_{t3}/\Delta\eta_c \\ \Delta P_{t3}/\Delta\eta_c \\ \Delta T_{t45}/\Delta\eta_c \end{bmatrix} - \begin{bmatrix} c_{31} & c_{32} \\ c_{41} & c_{42} \\ c_{51} & c_{52} \end{bmatrix} \begin{bmatrix} \Delta Pn_{gt}/\Delta\eta_c \\ \Delta Pn_{pt}/\Delta\eta_c \end{bmatrix} \quad (2.94)$$

但这种方法并不能保证状态变量模型的动态过程与非线性模型的动态过程具有良好的吻合。因此选择稳态终值修正和动态过程拟合相结合的方法来求取状态变量模型,利用稳态终值修正方法保证状态变量模型稳态响应与非线性模型稳态输出始终一致,而用拟合法保证状态变量模型的动态响应与非线性模型动态变化无限接近,这种方法比单一的拟合法方便,精度相比拟合法更高。下面是这种混合方法的步骤:

① 采用小扰动算法,初步求出系统矩阵 A、C 的初始解。

② 对发动机非线性模型分别作 r 个控制量(增广状态变量模型中健康参数也采用同样方法计算)的小阶跃 $\{\Delta u(t)\}$

$$\Delta u^1(t) = \begin{bmatrix} \delta u_1 \\ 0 \\ \vdots \\ 0 \end{bmatrix} \quad \Delta u^2(t) = \begin{bmatrix} 0 \\ \delta u_2 \\ \vdots \\ 0 \end{bmatrix} \cdots \Delta u^r(t) = \begin{bmatrix} 0 \\ 0 \\ \vdots \\ \delta u_r \end{bmatrix} \quad (2.95)$$

计算得到非线性模型的动态响应偏差序列为 $\{\Delta x(t)\}$,$\{\Delta y(t)\}$,其中 $t = 0$,T,$\cdots$,nT,T 为采样周期。

③ 通过公式(2.94)求出矩阵 B、$D(L、M)$,以 A、B、C、D、L、M 构建发动机增广状态变量模型,得到与非线性模型相同的控制量阶跃输入 $\{\Delta u(t)\}$ 情况下的动态响应序列 $\{\Delta\tilde{x}(t)\}$,$\{\Delta\tilde{y}(t)\}$,$t = 0$,T,$\cdots$,nT。

④ 以所得到的非线性和线性模型全部的动态响应数据为样本,采用 MATLAB 优化工具箱中的非线性最小二乘优化函数 lsqnonlin,优化目标函数为(2.96),即计算非线性模型响应偏差平方和最小的线性模型系统矩阵最优解 $(A、B、C、D、L、M)_{opt}$。

$$\min J = \sum_{t=0}^{nT} [\Delta y(t) - \Delta\tilde{y}(t)][\Delta y(t) - \Delta\tilde{y}(t)] \quad (2.96)$$

3. 卡尔曼滤波器设计

卡尔曼滤波器是发动机自适应模型的重要组成部分,滤波器根据发动机与机载模型输出参数之间的残差,估计出状态变量与不可测的部件健康参数,并将其用于修正线性模型中对应参数,从而使得线性模型跟踪上发动机的输出。

增广状态变量模型描述了健康参数、发动机线性模型与输出参数之间的关系。为了通过卡尔曼滤波器方法估计发动机健康参数,需要将健康参数增广为系统的状态量,对于发动机而言,如果不考虑突发故障,那么健康参数的变化是一个缓慢的过程,因此可以假设 $\Delta\dot\eta = 0$。从而得到发动机增广状态变量模型:

$$\begin{bmatrix} \Delta\dot{x} \\ \Delta\dot{\eta} \end{bmatrix} = \begin{bmatrix} A & L \\ 0 & 0 \end{bmatrix}\begin{bmatrix} \Delta x \\ \Delta\eta \end{bmatrix} + \begin{bmatrix} B \\ 0 \end{bmatrix}\Delta u + w$$

$$\Delta y = \begin{bmatrix} C & M \end{bmatrix}\begin{bmatrix} \Delta x \\ \Delta\eta \end{bmatrix} + D\Delta u + v \tag{2.97}$$

根据上式可得到卡尔曼滤波器可观测性方程:

$$\begin{bmatrix} \Delta\dot{\widetilde{x}} \\ \Delta\dot{\widetilde{\eta}} \end{bmatrix} = \begin{bmatrix} A & L \\ 0 & 0 \end{bmatrix}\begin{bmatrix} \Delta\widetilde{x} \\ \Delta\widetilde{\eta} \end{bmatrix} + \begin{bmatrix} B \\ 0 \end{bmatrix}\Delta u + K\begin{bmatrix} \Delta y - \Delta\widetilde{y} \end{bmatrix}$$

$$\Delta\widetilde{y} = \begin{bmatrix} C & M \end{bmatrix}\begin{bmatrix} \Delta\widetilde{x} \\ \Delta\widetilde{\eta} \end{bmatrix} + D\Delta u \tag{2.98}$$

其中,卡尔曼滤波器增益:

$$K = \begin{bmatrix} K_x \\ K_\eta \end{bmatrix} = P\begin{bmatrix} C & M \end{bmatrix}^{\mathrm{T}}R^{-1} \tag{2.99}$$

P 为如下 Riccati 方程的解:

$$\begin{bmatrix} A & L \\ 0 & 0 \end{bmatrix}P + P\begin{bmatrix} A & L \\ 0 & 0 \end{bmatrix}^{\mathrm{T}} + Q - P\begin{bmatrix} C & M \end{bmatrix}^{\mathrm{T}}R^{-1}\begin{bmatrix} C & M \end{bmatrix}P = 0 \tag{2.100}$$

为了使得利用卡尔曼滤波器所建立的自适应模型能够在标况下所有工作状态上进行健康参数估计,首先利用 MATLAB 将各个典型状态点的增益矩阵 K 求出,与前面所求得的 A、B、C、D、L、M 矩阵以及相应的稳态点存储起来,然后利用相似转速 np_{cor} 和旋翼角度 α 作为索引求出当前卡尔曼滤波器的系数矩阵和稳态点。标况下的自适应模型结构如图 2.9 所示,为了估计全包线中的工作状态,只要通过相似转换将参数转换到标况下再利用自适应模型进行健康参数估计即可。

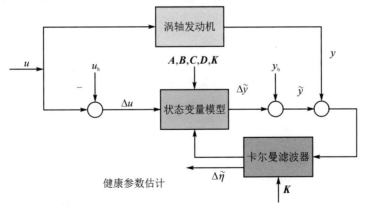

图 2.9　涡轴发动机自适应模型结构原理图

2.4.3 基于气动热力学原理的机载自适应模型

基于气动热力学原理的机载自适应模型是通过部件级模型实现机载的需求,采用离线自适应的方法实现对非额定状态性能精准计算的需求。本小节分别介绍提高部件级模型的实时性以及部件级模型稳态计算精度的自适应修正方法。

1. 提高部件级模型实时性

针对通过迭代方法进行求解的部件级模型,本节主要介绍提高模型实时性的两种方法,一种为优化发动机各部件的计算过程,通过减少单次流路计算耗时来提高模型的实时性;另一种为优化部件级模型的迭代方法,通过减少求解非线性方程组过程中的发动机流路计算次数来提高模型的实时性。

(1) 减少单次流路计算耗时方法

a) 降低计算复杂性,减少计算量

在进气道部件模型中,总压计算公式(2.4)中含有幂指数,而幂指数的计算将花费较长的时间,可以直接将进气道模型视为外界条件,从而让发动机模型直接感受压气机进口的总温与总压。

在变比热法构建的部件级模型中,涉及大量的气体热力学属性计算过程,既包含已知温度求解焓和已知温度求解熵的正向计算过程,也包含已知熵求解焓与已知焓求解温度的反向计算过程,若直接根据气体温度与熵、气体温度与焓的高阶拟合多项式进行求解,会增加一些小迭代计算过程,这种计算方法耗时长,显著影响程序的计算效率[7]。

若要同时兼顾算法的简单性和通用性,可以采取线性插值法的气体热力学属性计算改进方案。具体为:以温度为索引,建立气体定压比热容、焓、熵以及相关其他气体热力属性参数的插值表。在已知油气比的条件下,首先由温度查找和插值计算空气定压比热容、焓、熵及相关其他气体热力学属性参数,进而采用质量加权法求得给定油气比条件下燃气的气体热力学属性参数。反向求解时,同样采用插值法计算。为确保插值计算精度和效率,样本数据中应尽量选用较小的温度间隔。

b) 使用分段线性函数或多项式函数对部件特性计算过程进行拟合

航空发动机部件特性一般都具有很强的非线性特性,可以把部件特性的求解过程转换为线性函数或者使用多项式函数进行拟合来提高模型计算的实时性。以燃烧室计算过程为例说明该方法[8]。

当燃烧室计算模型使用式(2.101)所示进行计算时,若已知油气比与燃烧室进口气流的焓 h_3,由于燃烧室的效率 η_B 也是 T_{t4} 的函数,在求解相应的 h_4 时必然需要迭代,而计算速度取决于初始值以及迭代步长的合理选择,即使这样,在每一次迭代过程中需要不断地查焓值表,因此可以使用将 T_{t4} 和油气比 f_a 的关系拟合成一个复合线性函数,如式(2.102)所示。

的一阶偏导数,求解过程需要对各

航空发动机建模与仿真技术

$$f_a = \frac{h_4 - h_3}{\eta_B H_u - h_4 + h_f}$$
$$\eta_B = g(P_{t3}, T_{t4} - T_{t3}) \tag{2.101}$$

式中,f_a 为燃烧室油气比,η_B 为燃烧室效率,h_f 为燃油进口比焓。

$$T'_{t4} = K_0 + K_1 T_{t3} + K_2 f$$
$$T_{t4} = T'_{t4} \eta_B(T'_{t4}, P_{t3}) \tag{2.102}$$

可以看出,采用这种方法既可以避免通过插值表求取焓值的时间,也取消了迭代,可以减少模型的计算时间。这种方法也可用于发动机压气机等部件的气动热力学计算[9]。类似地,针对涡扇发动机外涵道静压的计算过程中包含着计算速度系数(或马赫数)的小迭代,也可以将该计算过程通过多项式拟合的方法代替[10],从而提高发动机模型的实时性。

c) 部件特性图的坐标变换[9,12]

涡扇发动机 F404-GE-400 的风扇特性如图 2.10 所示,若将其横坐标由风扇部件进口换算流量转换为风扇部件出口换算流量,风扇特性几乎转变为直线如图 2.11 所示,因此可以用线性方程来代替原风扇特性进行简化计算。值得注意的是,不同发动机的各部件特性会存在差异,此方法对 F404-GE-400 涡扇发动机有效,对其他发动机并不一定有效。

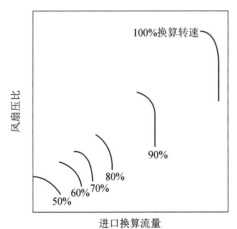

图 2.10 F404-GE-400 涡扇发动机风扇部件特性图

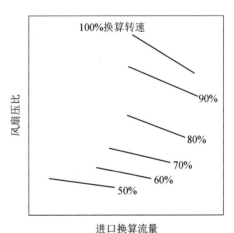

图 2.11 坐标变换之后风扇部件特性图

(2) 减少单步流路计算次数

a) 基于牛顿-拉夫森法的一次通过算法

在使用牛顿-拉夫森求解共同工作方程组时,单个计算步长中使用式(2.69)来对发动机初猜值进行修正。每次对初猜值进行修正时,均需计算雅克比矩阵 J,而 J 矩阵中的元素是各平衡方程残差对初猜值变化量的一阶偏导数,求解过程需要对各初猜值进行增量扰动与发动机的流路计算。此外还需对雅克比矩阵求逆 J^{-1},运算量非常大且迭代次数无法预先确定,很难达到对模型实时性的要求。

在动态计算中,由于发动机模型的计算步长非常小,在计算步长内,发动机工作状态及参数转移变化较小,如果以 k 时刻的共同工作方程的解作为 $k+1$ 时刻的初猜值,经过一次修正后,就能使平衡方程基本满足[10]。一次通过算法的含义就是在每步动态计算过程中,使用式(2.69)对各初猜参数修正一次。在使用该算法时需要注意保证稳态计算结果或 k 时刻初猜值须足够准确,另外若一次通过算法不能达到对模型的精度需求,则可适当增加迭代次数,即 n 次通过算法 $n \geqslant 2$。

b) 基于拟牛顿法的迭代求解

拟牛顿法是基于牛顿法发展而来的,是非线性方程组的重要方法之一,它克服了牛顿法需要求导、求逆等缺点,把雅克比矩阵简化为矩阵递推关系式[11]。利用拟牛顿法求解共同工作方程,不仅可以避免在每次迭代过程中重新计算雅克比矩阵以及矩阵求逆过程,同时还可明显减少气动热力学模型的流路计算次数,且具有超线性的收敛速度。

Broyden 秩 1 拟牛顿校正方法如式(2.103)所示。

$$\left.\begin{array}{l} \boldsymbol{x}_{k+1} = \boldsymbol{x}_k - \alpha_k \boldsymbol{B}_k^{-1} \boldsymbol{e}_k \\ \boldsymbol{B}_{k+1} = \boldsymbol{B}_k + \beta_k \left[(\boldsymbol{y}_k - \boldsymbol{B}_k \boldsymbol{s}_k) \boldsymbol{s}_k^{\mathrm{T}} \right] / (\boldsymbol{s}_k^{\mathrm{T}} \boldsymbol{s}_k) \end{array}\right\} \quad (2.103)$$

式中,α_k 为步长因子,$\boldsymbol{y}_k = \boldsymbol{e}_{k+1} - \boldsymbol{e}_k$,$\boldsymbol{s}_k = \boldsymbol{x}_{k+1} - \boldsymbol{x}_k$,$\beta_k$ 为阻尼因子,$\boldsymbol{B}_0$ 一般取点 x_0 处的雅克比矩阵 $\boldsymbol{J}$。

c) 基于修正牛顿法(平行弦方法)的迭代求解

另一种减少雅克比矩阵计算量的方法为修正牛顿法,即在某次牛顿-拉夫森法迭代计算过程中保持雅克比矩阵不变。式(2.104)为修正牛顿法的计算公式。

$$\boldsymbol{x}_{k+1} = \boldsymbol{x}_k - \boldsymbol{J}_0^{-1} \boldsymbol{e}_k, \qquad k = 0, 1, 2 \cdots \quad (2.104)$$

值得注意的是式(2.104)只是减少了计算量,但收敛速度会受到很大影响,所以式(2.104)还有其他的变形如式(2.105)所示,可以保证在不增加求逆次数的前提下,提高迭代程序的收敛速度。

$$\left.\begin{array}{l} \boldsymbol{x}_{k,0} = \boldsymbol{x}_k \\ \boldsymbol{x}_{k,1} = \boldsymbol{x}_{k,0} - \boldsymbol{J}_k^{-1} \boldsymbol{e}_{k,0} \\ \boldsymbol{x}_{k+1} = \boldsymbol{x}_{k,2} = \boldsymbol{x}_{k,1} - \boldsymbol{J}_k^{-1} \boldsymbol{e}_{k,1} \end{array}\right\} \quad (2.105)$$

式(2.105)中只求解一次雅克比矩阵,完成了迭代过程中初猜值的两次修正,故在求解发动机共同工作方程时,此方法可以提高模型的实时性。

2. 部件级模型自适应

部件级模型的自适应原理与基于线性状态空间模型的机载自适应模型原理类似,希望寻找能够反映发动机各部件效率、流量以及气体流路有效面积的组合,使得模型能够跟踪非额定状态下发动机真实的性能。若将 2.3.4 节式(2.84)定义的效率系数 SE_i、流量系数 SW_i 以及面积系数 SS_i 统称为修正系数,其本质是对部件特性图的缩放,因此进行部件级模型自适应的方法往往是通过修正各部件的特性图来完成。

若直接使用一组修正系数对各部件特性图进行修正,本质上是对部件特性图进行整体的缩放,并不能用来代替特性图的更新。这是由于在修正不同的稳态工作点时,修正系数的整体缩放会对已修正过的工作点造成影响,即在修正某一个工作点时,上一次已修正过的工作点会因为本次修正时的整体缩放变得不再准确。针对这一问题,需要对特性图不同区域进行不同程度的修正。本文介绍一种“下赶法”的模型修正方法[13]。

由稳态共同工作线在压气机特性图上的分布规律可知,发动机从慢车到最大工作状态过程中,稳态工作点在压气机特性图上分布区域较广,需要在多个工作点处对压气机特性图进行修正。以图 2.12 压气机流量压比特性图为例,详细阐述修正压气机特性图的方法。

所谓“下赶法”即修正部件特性图时依据相对换算转速由高到低的顺序依次进行修正。首先根据相对换算转速最高的 A 点(设计点)的优化结果对整个部件特性图所有曲线进行整体移动,即用修正前的压气机换算流量乘以压气机流量修正系数,用修正前的压气机效率乘以压气机效率修正系数。设计点修正后的压气机流量压比如图 2.13 所示。

在模型中用修正后的部件特性图更新原有的部件特性图继续修正 B' 点,采用优化算法得到 B' 点的流量特性修正系数 SW',将修正 B' 点所得流量特性修正系数反映在流量压比图上就是要对包夹 B' 点的特性曲线 $L1'$ 和 $L2'$ 左右平移 SW' 倍。但是为了保证已经修正的 A' 点不受 B' 点修正的影响,必须要保持特性曲线 $L1'$ 及其右上方特性曲线位置不变。因此只能通过移动特性曲线 $L2'$ 达到对 B' 点的修正。于是可以将其转化为一个数学问题:保持曲线 $L1'$ 位置不变,求曲线 $L2'$ 的左右移动倍数 SW'',使 B' 点的换算流量放大 SW' 倍。

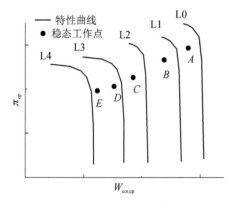

图 2.12　原始压气机流量压比图

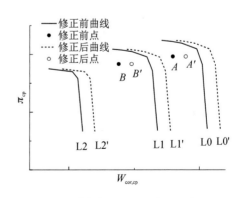

图 2.13　设计点修正前后压气机流量压比图

在求取 SW″ 之后，保持特性曲线 L1′ 及其右上方的特性曲线位置不变，对特性曲线 L2′ 及其左下方的特性曲线进行整体左右平移 SW″ 倍，即可得到新的部件特性图。修正 B′ 点以后的特性图如图 2.14 所示。用同样的方法修正 C′ 点，即保持曲线 L2″ 及其右上方特性曲线位置不变，移动曲线 L3′ 及左下方特性曲线，使 C′ 点满足精度要求。依此类推，根据稳态工作点相对换算转速由高到低的顺序，依次完成部件特性图的修正工作。

用"下赶法"修正压气机部件特性图时要求每两条相邻特性曲线之间只能有一个工作点，但是实际工程中经常会出现两条相邻特性曲线之间有两个点或者多个点的情况。"下赶法"无法继续使用，这时在两个点中间插值新增一条流量压比特性曲线，如图 2.15 所示。这样就能够再次保证每两条相邻的曲线之间仅有一个工作点，"下赶法"修正部件特性图的方法仍然可以继续使用。

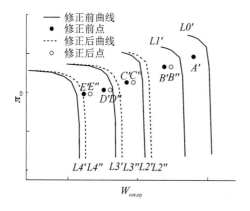

图 2.14　B′ 点修正前后压气机流量压比图

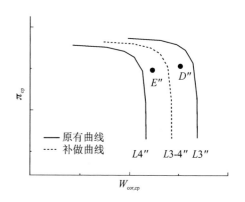

图 2.15　新增流量压比特性曲线示意图

2.4.4　机载自适应模型的典型应用举例

在涡轴发动机飞行包线内选取地面设计点（$H=0,Ma=0,\alpha=9.85°$），模拟 4 000 个工作循环周期内发动机气路部件性能变化数据，对发动机气路性能进行估计和自适应模型验证。

发动机在地面点性能渐变退化气路状态估计仿真如图 2.16 所示，发动机经过 4 000 个工作循环周期发生了较大的性能衰退。但由图 2.17 可知经过卡尔曼滤波器补偿的自适应模型的输出始终都与真实发动机输出保持一致，说明在发动机性能退化过程中，自适应模型能够准确地跟踪真实发动机输出参数的变化情况。

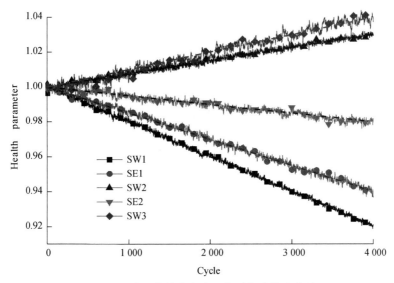

图 2.16　地面点性能渐变退化时气路状态估计

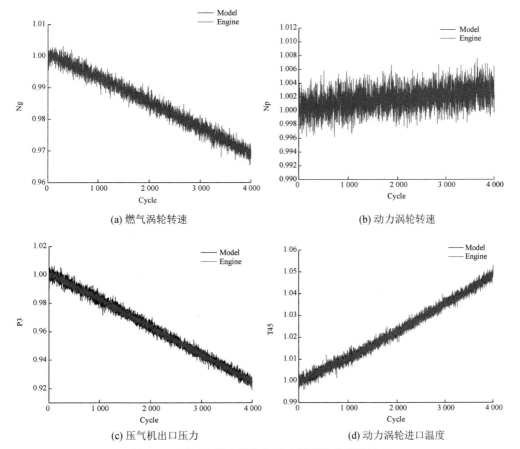

图 2.17　地面点渐变退化自适应模型输出跟踪情况

由以上仿真结果可知机载自适应模型能够在线实时修正从而准确反映发动机真实的工作状态和健康情况,在此基础上可以对关键部件进行实时状态监测与故障诊断,从而为发动机故障诊断和优化控制提供依据。

2.5 航空发动机数学模型仿真技术

2.5.1 引 言

早期发动机非线性部件级模型一般采用面向过程的方法建立,采用 Fortran 或 C 语言编写,程序中包含有大量的全局变量,程序不易理解,可读性、维护性都较差,当发动机型号改变,往往需要重新编写仿真程序。自 90 年代以来,面向对象技术逐渐代替面向过程方法成为发动机性能仿真的主流技术,国外涌现出一大批面向对象的航空发动机及控制系统通用性能仿真平台。

采用面向对象技术建立发动机仿真模型,不是发动机各个部件子程序的简单"堆砌",而是通过面向对象的"封装""继承""多态"等技术,实现仿真系统的更高层次的"模块化"。而要使该仿真系统容易扩充且达到最高的代码重用率,合理设计类层次结构是关键[14],本节以基于 C++语言与 Simulink 平台重点介绍航空发动机模型的设计结构层次。

2.5.2 基于标准程序语言的仿真模型开发技术

利用 C++语言,设计的涡扇发动机性能仿真类库层次结构如图 2.18 所示,位于最顶层的 CEngElement 是所有类的父类,它派生出发动机性能仿真流路计算时所需的三个最基本的类:端口类 CPort、部件类 CComponent 以及连接器类 CConnector。

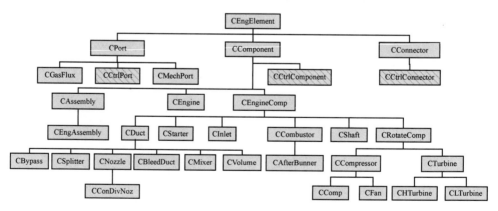

图 2.18 涡扇发动机性能仿真类库结构图

1. 端口类 CPort

CPort 类主要负责仿真模块的数据存储、查询、读取。

依据功能不同，端口类 CPort 又派生出气态端口类 CGasFlux、机械端口类 CMechPort 以及控制器端口类 CCtrlPort。气态端口类处理各个部件压力、温度、流量等气体参数，机械端口类处理各个部件转速、功率、扭矩等机械参数。

2. 连接器类 CConnector

CConnector 类主要负责两个端口之间的数据传递，用来将上游端口关联的数据链表地址复制到下游端口关联的数据链表指针中，从而实现上下游仿真模块之间的数据传送。它的子类 CCtrlConnector 负责控制器端口类 CCtrlPort 之间的数据传递。

3. 部件类 CComponent

CComponent 类是一切仿真模块的父类，由它派生出广义发动机部件父类 CEngComp、发动机整机类 CEngine、仿真组织类 CAssembly 以及控制系统部件类 CCtrlComponent。

(1) 广义部件父类 CEngComp

CEngComp 之所以被称作"广义"发动机部件类，是因为它不仅派生出发动机物理部件类 CFan、CCombustor、CHTurbine 等，还派生出用于发动机流路计算的容积部件类 CVolume 以及中间层父类 CRotateComp、CDuct 等。此类是完成气动热力学计算的主体。

(2) 发动机整机类 CEngine

CEngine 类将发动机各个物理部件类对象，连同端口类、连接器类对象一起合并"组装"成一台整体发动机，并提供发动机性能仿真的组织方法。如初始化组成发动机的各个物理部件、初始化发动机设计点参数及部件特性文件名、执行发动机流路计算和发动机容积动力学仿真计算等。

(3) 仿真组织类 CAssembly

CAssembly 类是发动机性能仿真的组织类，它不仅定义了常用的发动机稳态仿真、慢车以上动态仿真、起动仿真、总体仿真函数，还定义了仿真数据保存、仿真界面交互、消息映射等函数，它是整个性能仿真的主类。

除了上述几个主要类外，图 2.18 中其余各个类都具备特定的功能。例如：CShaft 类中封装了根据轴剩余功率计算轴转子加速度的函数，CVolume 类中封装了根据部件进出口流量差及容腔体积计算出口压力的函数，CNozzle 类中封装了根据可用压力降计算排气速度的函数。CRotateComp 类中封装了发动机旋转部件常用的一些功能函数，如读取特性数据，计算喘振裕度等。

4. 辅助工具类设计

仿真系统类库中除了以上的结构性类以外,还定义了一些辅助的工具类,用于处理旋转部件的特性图插值、气体热力学属性计算以及非线性方程组求解等。

在构建完以上模型中必要的性能仿真类后,仿真平台应还具有良好的人机交互界面,除参数设置外,绝大多数操作均应通过轻点鼠标完成。详细的仿真流程图如图 2.19 所示,首先用户从模型库中选择部件搭建仿真系统,设置仿真参数,接着程序自动进行模型校验,检查仿真系统是否构建完全,经确认无误后,执行稳、动态仿真计算,最后通过界面查看仿真结果,程序关闭后所有数据将保存到数据文件中。

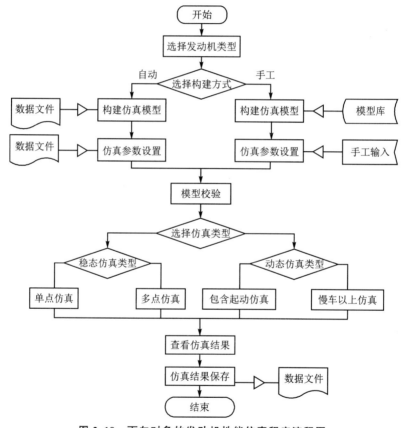

图 2.19　面向对象的发动机性能仿真程序流程图

在仿真主程序中,发动机各个部件都封装成一个图标存于模型库中,每个图标由部件和一个或更多的端口构成(见图 2.20)。以压气机为例,图标前后两侧各包含一个气流进、出端口,顶部有一个机械能端口(见图 2.21)。仿真时,用户将左边模块库中的部件拖入到右边仿真主窗口中,用实线(连接器)将各个物理部件端口连接起来,就构成了整个仿真系统,整个流程类似于 Simulink 仿真操作。

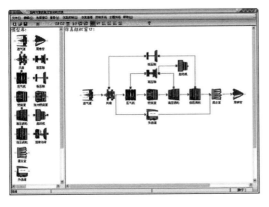

图 2.20   航空发动机性能仿真程序界面

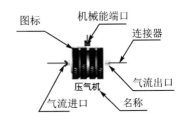

图 2.21   压气机部件图标

　　模型构建好后,需要对发动机各个部件及总体仿真参数进行设置,针对模型库中每一个部件,都编写了参数设置和部件仿真对话框,用户通过它来完成该部件参数的设置或独立进行仿真计算。

　　构建好仿真系统并且设置好仿真参数以后,则可以进行稳、动态仿真计算。稳态仿真具有两种功能:单点稳态仿真(见图 2.22)和多点稳态仿真。动态仿真参数设置对话框如图 2.23 所示,既可以选择"无显示界面",程序直接执行动态仿真,也可以选择实时动态仿真界面(见图 2.24),仿真过程中,发动机各状态参数计算结果以数字、曲线的形式直观地显示在界面中。仿真完毕后,除输出数据文件外,曲线绘制对话框可用来查看仿真计算结果。部件特性查看对话框可用来查看特性图上的稳态仿真工作点或动态仿真工作线(见图 2.25)。

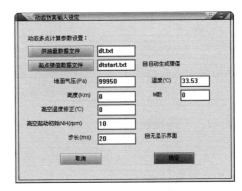

图 2.22   单点稳态仿真界面　　　　　　图 2.23   动态仿真参数设置对话框

　　就面向对象的航空发动机建模而言,仿真类库层次结构设计的合理性对提高程序的代码重用率、可修改性和可维护性至关重要。此仿真平台基本类库层次结构图,能够最大程度地提高代码重用率。

本节介绍了模块化快速构建仿真系统的思路,各个仿真模块既可独立进行仿真,亦可用于构建总体仿真系统。

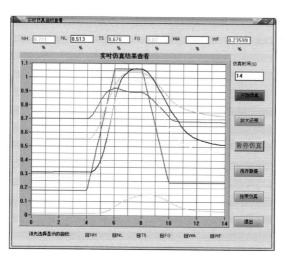

图 2.24　实时动态仿真界面

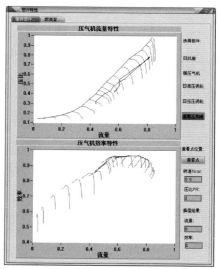

图 2.25　查看部件特性图动态工作线

2.5.3　基于第三方商用软件的仿真模型开发技术

20 世纪九十年代美国开展的 NPSS 计划提出了建立一个可重用的、扩展灵活、能提供交互式图形仿真界面的航空发动机性能仿真软件,对发动机的建模和仿真提出了更高的要求。本小节根据 Simulink 建模的"自上而下"的模型设计原则,即概念、功能、系统、子系统、元部件的层次关系,分别介绍发动机模型的四层结构形式:发动机层、发动机部件层、气动热力模块层和最基本的数值计算层。在建立发动机通用部件模块库的基础上,构建发动机模型的层次化框架,之后可输入特定型号发动机的部件数据和设计参数,建立发动机模型[15]。

1. 发动机层

发动机层,也称仿真层,是整个发动机仿真平台的最顶层。如图 2.26 所示,仿真层的功能有以下几方面:环境参数包括环境压力 P_0 和温度 T_0 的输入;飞行参数包括高度 H、马赫数 Ma 的输入;控制量即燃烧室供油量 W_f 的输入;模型全局变量管理,包括全局仿真标志位设定、全局变量暂存空间管理等;仿真起始、结束时间,动态步长,算法选择等仿真参数的设置(即 Simulink 仿真设置);以及仿真结果的保存与显示。

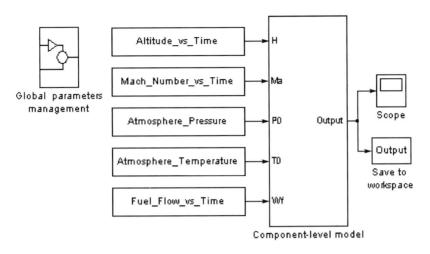

图 2.26　发动机层结构示意图

2. 发动机部件层

发动机部件层,是连接发动机各部件模块进行流路计算的一层,如图 2.27 所示。该层中所包含的部件模块为:进气道(Inlet)、风扇(Fan)、压气机(Compressor)、燃烧室(Combustor)、高压涡轮(HP Turbine)、低压涡轮(LP Turbine)、外涵道(Bypass Duct)、混合室(Mixer)、尾喷管(Nozzle)等,组成了典型双轴涡扇发动机部件模型的模块库。发动机各部件的数学模型被封装成独立的部件模块,模块间的信息传递由节点及连线完成。部件层的输入端是接受上层即仿真层传递的信息,然后传到各部件模块参与流路计算;部件层的输出端将该层计算得到的发动机各截面参数再传递给上层仿真层。图 2.27 中的控制量 W_f 和系统变量 $n_H, n_L, \pi_F, \pi_C, \pi_{HT}, \pi_{LT}$ 组成了变量流(Variable Stream),贯穿整个发动机各部件模块进行流路计算。

3. 气动热力学模块层

气动热力模块层,即部件层的下一层,是根据发动机各部件的气动热力特点,将发动机各部件典型气动热力参数的数学模型进行独立模块化,每个子模块封装一类气动热力的计算过程。这种模型结构方式可以方便地对部件模型进行修改和扩展,提高了建模的灵活性,对部件模块的通用性起到一定作用。以进气道为例介绍这一层的结构特点。

在给定飞行马赫数与高度下,气流经进气道模型进行气体参数计算得到出口截面的气流参数。图 2.28 为进气道气动热力模块层的各计算子模块,各子模块有不同的计算功能,具体见表 2.1。

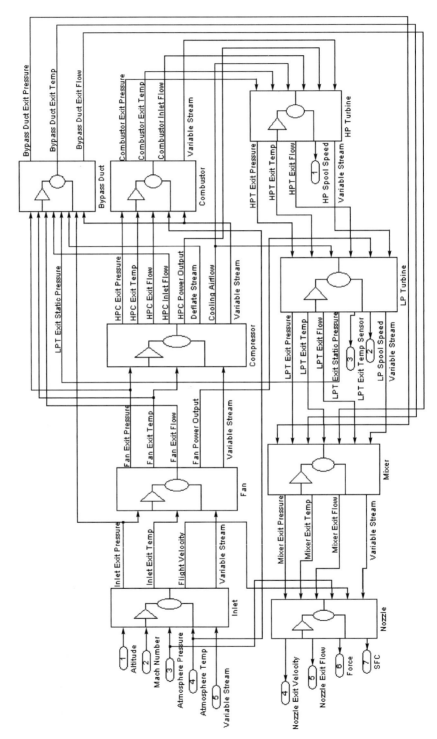

图 2.27　发动机部件层模型

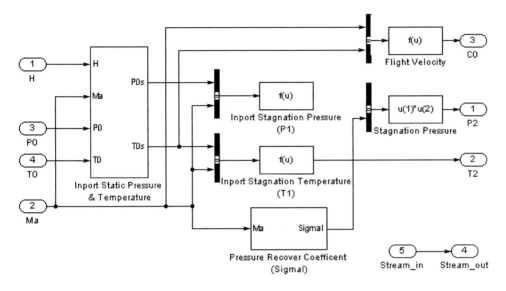

图 2.28　进气道气动热力模块层模型

表 2.1　进气道气动热力学计算模块层

序　号	名　称	气动热力学计算内容
1	进气道进口静温和静压 Inport Static Pressure & Temperature 子模块	根据飞行高度与马赫数计算进气道进口静温和静压
2	进气道进口气流速度 Flight Velocity 子模块	根据马赫数与进气道进口静温计算飞行速度
3	进气道进口气流总温 Inport Stagnation Temperature 子模块	根据进气道静温与马赫数计算进气道进口总温
4	进气道进口气流总压 Inport Stagnation Pressure 子模块	根据进气道静压与马赫数计算进气道进口总压
5	进气道总压恢复系数 σ_1 经验公式 Pressure Recover Coefficient 子模块	根据经验公式计算进气道总压恢复系数
6	进气道出口总压 Stagnation Pressure 子模块	根据进气道进口总压与总压恢复系数计算进气道出口总压
7	进气道出口气体总参	将进气道出口总温与总压传递到风扇部件

4. 数值计算层

数值计算层是整个模型的最底层,主要完成各气动热力模块内部的数学模型的数值计算。简单的数值计算可以拖拉 Simulink 图形模块库中各种数值计算模块搭建而成。但是遇到更复杂的问题,例如数值迭代、分段函数等;或者 Simulink 不能解决的函数问题,就要用到 S 函数(System Function)。S 函数是 Simulink 提供的一种模板,可以使用 C 语言或 MATLAB 语言编程,然后形成 S 函数模块嵌入到 Simulink 模型中参与计算,为数学建模提供了更加灵活的、更加广泛的方法。以压气机中的相似转速数值计算层为例介绍该层的结构特点。

相似转速数值计算层模型包含相似转速(Normalized Spool Speed)子模块与 NHcor Error Judgment 子模块。其中相似转速(Normalized Spool Speed)子模块为使用 MATLAB 函数计算模块,如图 2.29 所示,这种模块可以调用大部分 MATLAB 函数指令。相似转速警告(NHcor Error Judgment)子模块为 Simulink 警告模块(WarningBox),具有对发动机重要参数提示错误的功能,一旦被监视参数的数值超出设定范围,立即弹出对话框提醒用户。

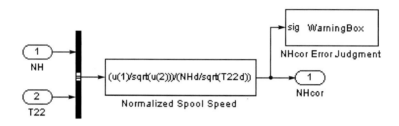

图 2.29 相似转速数值计算层模型

利用 Simulink 层次模块化建模的优势进行模型框架和模型模块的内部结构设计,将发动机数学模型与 Simulink 模块相对应,整合优化模型模块,可以实现部件模块的可重用性和扩展性。发动机模型的四层次结构设计属于 Simulink 建模中的"自上而下"的设计流程,从发动机概念、功能出发,到发动机系统(即发动机各部件),到子系统(即发动机部件的数学模型),最下面为器件(即基本的数学过程)。这种设计方法最突出的优点是模型层次清晰,结构灵活,能完全体现面向图形化对象建模的特点。

| 参考文献 |

[1] 黄开明,周剑波,刘杰,等. 涡轴发动机起动过程的一种气动热力学实时模型[J]. 航空动力学报,2004(05):703-707 [2023-2-27].

[2] 骆广琦,桑增产,等. 航空燃气涡轮发动机数值仿真[M]. 北京:国防工业出版社,2007.

[3] Sexton W R. A New Method to Control Turbofan Engine Starting by Varying Compressor Surge Valve Bleed[D]. Blacksburg, USA:Virginia Polytechnic

Institute and State University，2001：14-66［2023-2-27］.

［4］周文祥. 航空发动机及控制系统建模与面向对象的仿真研究［D/OL］. 南京：南京航空航天大学，2007［引用日期］. https://cdmd. cnki. com. cn/Article/CD-MD-10287-2007194026. htm.

［5］Agrawal R K，Yunis M. A Generalized Mathematical Model to Estimate Gas Turbine Starting Characteristics［J］. ASME 81-GT-202，1982，104（1）：194-201［2023-2-27］.

［6］张鹏. 基于卡尔曼滤波的航空发动机故障诊断技术研究［D/OL］. 南京：南京航空航天大学，2009［2023-2-27］. https://cdmd. cnki. com. cn/Article/CDMD-10287-2010079957. htm.

［7］殷锴，周文祥，乔坤，等. 航空发动机部件级模型实时性提高方法研究［J］. 推进技术，2017，38（1）：199-206［2023-2-27］.

［8］刘尚明，王雪瑜，朱行健. 双轴涡喷发动机的实时数字模拟［J］. 航空动力学报，1991，6（3）：254-258＋286［2023-2-27］.

［9］孙健国，李秋红，杨刚，等. 航空燃气涡轮发动机控制［M］. 上海：上海交通大学出版社，2014.

［10］肖伟. 某型涡扇发动机实时建模与仿真研究［D/OL］. 南京：南京航空航天大学，2008［2023-2-27］. https://cdmd. cnki. com. cn/Article/CDMD-10287-2009053668. htm.

［11］范金燕，袁亚湘. 非线性方程组数值方法［M］. 北京：科学出版社，2018.

［12］French M W. Development of a Compact Real-Time Turbofan Engine Dynamic Simulation［C］. SAE Technical Paper，1982. https://www. sae. org/publications/technical-papers/content/821401/.

［13］张淏源. 涡轴发动机模型修正技术研究［D/OL］. 南京：南京航空航天大学，2015［2023-2-27］. https://cdmd. cnki. com. cn/Article/CDMD-10287-1015952235. htm.

［14］Reed J A. Onyx：An Objected-Oriented Framework for Computational Simulation of Gas Turbine Systems［D］. Toledo，USA：The University of Toledo，1998.

［15］夏飞. 基于 MATLAB/SIMULINK 的航空发动机建模与仿真研究［D/OL］. 南京：南京航空航天大学，2007［2023-2-27］. https://cdmd. cnki. com. cn/Article/CDMD-10287-2007194355. htm.

第 3 章
航空发动机先进控制律

先进的现代控制理论应用于航空发动机控制的研究较多,本章主要阐述几种典型的航空发动机先进控制方法,包括航空发动机自适应控制、多变量鲁棒控制和线性变参数控制等,分别从研究概况、设计模型、算法设计、仿真验证等几个方面进行介绍。

3.1 航空发动机自适应控制

3.1.1 航空发动机模型参考自适应控制

1. 数学模型

考虑单输入被控对象

$$\dot{\boldsymbol{x}}_p = \boldsymbol{A}_p \boldsymbol{x}_p + \boldsymbol{b}_p u \tag{3.1}$$

式中,$\boldsymbol{x}_p \in \boldsymbol{R}^n$ 为状态向量,$u \in R$ 为控制变量,$\boldsymbol{A}_p \in \boldsymbol{R}^{n \times n}$ 为未知的常数矩阵,$\boldsymbol{b}_p \in \boldsymbol{R}^n$ 为未知的常数向量。

参考模型为

$$\dot{\boldsymbol{x}}_m = \boldsymbol{A}_m \boldsymbol{x}_m + \boldsymbol{b}_m r \tag{3.2}$$

式中,$\boldsymbol{x}_m \in \boldsymbol{R}^n$ 为参考模型状态向量,$r \in R$ 参考输入,$\boldsymbol{A}_m \in \boldsymbol{R}^{n \times n}$,$\boldsymbol{b}_m \in \boldsymbol{R}^n$。设参考模型是稳定的,则对任意给定的对称正定矩阵 $\boldsymbol{Q}$,存在唯一的对称正定阵 $\boldsymbol{P}$,满足

$$\boldsymbol{A}_m^T \boldsymbol{P} + \boldsymbol{P} \boldsymbol{A}_m = -\boldsymbol{Q} \tag{3.3}$$

选择控制规律

$$u = \boldsymbol{k}^T \boldsymbol{x}_p + k_0 r \tag{3.4}$$

式中,k_0,$\boldsymbol{k}$ 为自适应可调参数。于是式(3.1)成为

$$\dot{\boldsymbol{x}}_p = (\boldsymbol{A}_p + \boldsymbol{b}_p \boldsymbol{k}^T) \boldsymbol{x}_p + \boldsymbol{b}_p k_0 r \tag{3.5}$$

如果存在常数向量 $\boldsymbol{k}^*$ 和常数 k_0^*,使下式成立:

$$\left.\begin{array}{r} \boldsymbol{A}_p + \boldsymbol{b}_p \boldsymbol{k}^{*\mathrm{T}} = \boldsymbol{A}_m \\[2mm] \boldsymbol{b}_p k_0^* = \boldsymbol{b}_m \end{array}\right\} \tag{3.6}$$

则当 $\boldsymbol{k} = \boldsymbol{k}^*$, $k_0 = k_0^*$ 时,可调系统和参考模型完全匹配,称式(3.6)为完全匹配条件。设 $\boldsymbol{b}_p$ 的符号已知,不失一般性,可假设 $k_0^* > 0$。

定义增广状态向量

$$\boldsymbol{\omega} = \left[\boldsymbol{x}_p^{\mathrm{T}}, r\right]^{\mathrm{T}} \tag{3.7}$$

可调参数向量

$$\boldsymbol{\theta} = \left[\boldsymbol{k}^{\mathrm{T}}, k_0\right]^{\mathrm{T}} \tag{3.8}$$

则控制规律式(3.4)为

$$u = \boldsymbol{\theta}^{\mathrm{T}} \boldsymbol{\omega} \tag{3.9}$$

定义参数误差向量

$$\boldsymbol{\phi} = \boldsymbol{\theta} - \boldsymbol{\theta}^* \tag{3.10}$$

式中,$\boldsymbol{\theta}^* = \left[\boldsymbol{k}^{*\mathrm{T}}, k_0^*\right]^{\mathrm{T}}$。

定义误差为

$$e = \boldsymbol{x}_p - \boldsymbol{x}_m \tag{3.11}$$

则状态误差方程为

$$\dot{e} = \boldsymbol{A}_m e + \boldsymbol{b}_p \boldsymbol{\phi}^{\mathrm{T}} \boldsymbol{\omega} \tag{3.12}$$

2. 参数自适应律

(1) 积分型自适应律

考虑误差方程式(3.12),控制规律式(3.9),若选择积分型自适应律

$$\dot{\boldsymbol{\theta}} = \dot{\boldsymbol{\phi}} = -\boldsymbol{\Gamma} \boldsymbol{b}_m^{\mathrm{T}} \boldsymbol{P} \boldsymbol{\omega} \tag{3.13}$$

式中,$\boldsymbol{\Gamma}$ 为正定矩阵。则系统一致稳定,且当 $t \to \infty$,$e \to \boldsymbol{0}$[1]。系统结构如图 3.1 所示。

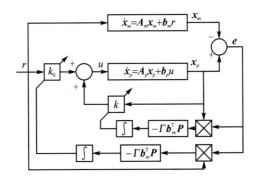

图 3.1　积分型参数自适应律的模型参考自适应控制系统

（2）比例-积分型自适应律

积分型自适应律式(3.13)与积分型控制器一样,是一种随时间的积累过程,为了加快自适应调整过程,可以通过提高 $\boldsymbol{\Gamma}$ 来加快误差收敛速度。但是提高 $\boldsymbol{\Gamma}$ 会导致自适应增益增大,从而易引起系统振荡。为了加快自适应调整过程,可以在积分调整的基础上,再加上一路与状态偏差成比例的调整项,构成式(3.14)的比例-积分型自适应律[2]。

$$\dot{\boldsymbol{\theta}} = \dot{\boldsymbol{\phi}} = -\boldsymbol{\Gamma} \boldsymbol{b}_m^{\mathrm{T}} \boldsymbol{P} \boldsymbol{e} \boldsymbol{\omega} - \boldsymbol{\Delta} \frac{\mathrm{d}}{\mathrm{d}t} (\boldsymbol{b}_m^{\mathrm{T}} \boldsymbol{P} \boldsymbol{e} \boldsymbol{\omega}) \tag{3.14}$$

式中, $\boldsymbol{\Gamma}, \boldsymbol{\Delta}$ 为正定矩阵。

选择准李雅普诺夫函数

$$L(\boldsymbol{e}, \boldsymbol{\phi}) = k_0^* \boldsymbol{e}^{\mathrm{T}} \boldsymbol{P} \boldsymbol{e} + (\boldsymbol{\phi} + \Delta \boldsymbol{b}_m^{\mathrm{T}} \boldsymbol{P} \boldsymbol{e} \boldsymbol{\omega})^{\mathrm{T}} \boldsymbol{\Gamma}^{-1} (\boldsymbol{\phi} + \Delta \boldsymbol{b}_m^{\mathrm{T}} \boldsymbol{P} \boldsymbol{e} \boldsymbol{\omega}) \tag{3.15}$$

运用误差方程式(3.12), $\dot{L}$ 的表达式为

$$\dot{L}(\boldsymbol{e}, \boldsymbol{\phi}) = -k_0^* \boldsymbol{e}^{\mathrm{T}} \boldsymbol{Q} \boldsymbol{e} - (\boldsymbol{b}_m^{\mathrm{T}} \boldsymbol{P} \boldsymbol{e})^2 \boldsymbol{\omega}^{\mathrm{T}} \boldsymbol{\Delta} \boldsymbol{\omega} \leqslant 0 \tag{3.16}$$

由李雅普诺夫稳定理论可知,闭环系统是李雅普诺夫稳定的,闭环系统结构如图3.2所示。

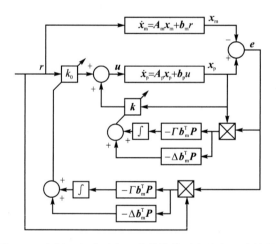

图 3.2　比例－积分型自适应律的模型参考自适应控制

采用比例-积分型自适应律,不仅可以加快自适应收敛速度,而且可以提高自适应过程的动态品质。在积分型自适应律中,可以通过加大 $\boldsymbol{\Gamma}$ 加快误差收敛速度,但大的 $\boldsymbol{\Gamma}$ 导致高的自适应增益,从而易引起振荡。由于式(3.14)中比例项的引入,可以通过加大 $\boldsymbol{\Delta}$ 来加快误差收敛速度,从而避免高增益引起的振荡。另外,当动态性能相同时,积分型自适应律得到的控制输入比比例-积分型自适应律得到的控制输入大。因此,采用比例-积分型自适应律可以避免控制输入信号的饱和。

3. 鲁棒自适应控制

在无外界干扰和建模误差的假设下,积分型模型参考自适应律能保证全局一致渐近稳定性。实际工程问题中往往存在外界干扰和建模误差,本节介绍两种鲁棒自适应控制方案:死区鲁棒自适应控制和 σ 修正鲁棒自适应控制,以解决有限的外界干扰和建模误差的自适应控制的鲁棒性。

若考虑系统受到一外界干扰,则被控对象式(3.1)变为

$$\dot{\boldsymbol{x}}_p = \boldsymbol{A}_p \boldsymbol{x}_p + \boldsymbol{b}_p u + \boldsymbol{b}_p z \tag{3.17}$$

式中,z 为有界的外干扰,即存在 b_z,使 $|z| \leqslant b_z$。

选择控制规律为

$$u = \boldsymbol{\theta}^\mathrm{T} \boldsymbol{v} \tag{3.18}$$

式中,$\boldsymbol{v} = [\boldsymbol{e}^\mathrm{T}, r]^\mathrm{T}$,$\boldsymbol{e} = \boldsymbol{x}_p - \boldsymbol{x}_m$。

(1) 死区鲁棒自适应控制

死区鲁棒自适应控制,或称有界误差自适应控制是利用跟踪误差的界来修正自适应律。只有当误差超过某设定值,自适应律才进行调整。带死区的比例-积分型参数自适应律为

$$
\left.
\begin{aligned}
\dot{\boldsymbol{\theta}} &= -\boldsymbol{\Gamma} \boldsymbol{b}_m^\mathrm{T} \boldsymbol{P} \boldsymbol{e} \boldsymbol{v} - \boldsymbol{\Delta} \frac{\mathrm{d}}{\mathrm{d}t} (\boldsymbol{b}_m^\mathrm{T} \boldsymbol{P} \boldsymbol{e} \boldsymbol{v}) \quad \boldsymbol{e}^\mathrm{T} \boldsymbol{P} \boldsymbol{e} > e_0 \\
\dot{\boldsymbol{\theta}} &= 0 > \boldsymbol{e}^\mathrm{T} \boldsymbol{P} \boldsymbol{e} \leqslant e_0
\end{aligned}
\right\}
\tag{3.19}
$$

式中,$\boldsymbol{\Gamma}, \boldsymbol{\Delta}$ 为对称正定矩阵,$e_0 = \dfrac{4\bar{\sigma}(\boldsymbol{P}) b_z^2 \|\boldsymbol{b}_m^\mathrm{T} \boldsymbol{P}\|^2}{k_0^{*2} \underline{\sigma}^2(\boldsymbol{Q})} + \delta$,$\delta > 0$。则系统全局一致最终有界[3]。

(2) σ 修正的鲁棒自适应控制

σ 修正的鲁棒自适应方案由 Ioannou 首先提出,该方案在自适应律中增加 $-\sigma\boldsymbol{\theta}$ 项来调整参数向量 $\boldsymbol{\theta}$,使自适应控制具有鲁棒性。具有 σ 修正的比例-积分型自适应律为

$$\dot{\boldsymbol{\theta}} = -\boldsymbol{\Gamma} \boldsymbol{b}_m^\mathrm{T} \boldsymbol{P} \boldsymbol{e} \boldsymbol{v} - \boldsymbol{\Delta} \frac{\mathrm{d}}{\mathrm{d}t} (\boldsymbol{b}_m^\mathrm{T} \boldsymbol{P} \boldsymbol{e} \boldsymbol{v}) - \sigma \boldsymbol{\Gamma} \boldsymbol{\theta} \tag{3.20}$$

式中,$\boldsymbol{\Gamma}, \boldsymbol{\Delta}$ 为对称正定矩阵,$\sigma > 0$,且 $\|\boldsymbol{\Delta}\| < \dfrac{2}{\sigma}$,则系统全局一致最终有界[3]。

4. 设计举例

控制对象是某涡扇发动机,数学模型为简化的部件级模型,包括低压风扇、高压压气机、燃烧室、高压涡轮、低压涡轮、加力燃烧室和尾喷口。该模型仅考虑转子转动惯量,忽略部件气容、热惯性及燃烧延迟的影响,按照准一元绝热气体流动处理,但考虑空气(或燃气)变比热的影响。该模型能进行飞行包线内各点的稳态和瞬态的模拟

计算。模型中主燃油量和喷口执行机构的数学模型采用一阶惯性环节近似,主燃油量执行机构的数学模型为 $\dfrac{1}{0.2s+1}$,喷口执行机构数学模型为 $\dfrac{1}{0.3s+1}$。

发动机全包线范围内不同点(不同高度,不同马赫数)和不同工作状态(中间状态及加力状态)的动态特性变化很大。对于这样一个时变非线性多变量控制系统,传统的 PID 控制无法满足要求,而模型参考自适应控制能适应对象和环境的不确定性。本节基于分散控制概念,分别设计主燃油 W_f 控制高压转子转速 n_2 或主燃油 W_f 控制低压转子转速 n_1、尾喷口面积 A_8 控制压比 P_i 的自适应控制系统。

设分系统被控对象模型为

$$\dot{\boldsymbol{x}}_{pi} = \boldsymbol{A}_{pi}\boldsymbol{x}_i + \boldsymbol{b}_{pi}u_i + \boldsymbol{z}_{pi}(t), \qquad i = 1,2,3 \tag{3.21}$$

式中,

$$\boldsymbol{x}_{pi} = \begin{bmatrix} x_{pi1}, x_{pi2} \end{bmatrix}^{\mathrm{T}} = \begin{bmatrix} x_{pi1}, \dot{x}_{pi1} \end{bmatrix}^{\mathrm{T}}, \quad \boldsymbol{A}_{pi} = \begin{bmatrix} 0 & 1 \\ -a_{pi1} & -a_{pi2} \end{bmatrix}, \quad \boldsymbol{b}_{pi} = \begin{bmatrix} 0 \\ k_{pi} \end{bmatrix}$$

$$x_{p11} = n_1, \quad x_{p21} = n_2, \quad x_{p31} = P_i, \quad u_1 = u_2 = W_f, \quad u_3 = A_8$$

参考模型为

$$\dot{\boldsymbol{x}}_{mi} = \boldsymbol{A}_{mi}\boldsymbol{x}_{mi} + \boldsymbol{b}_{mi}r_i \tag{3.22}$$

式中,$\boldsymbol{x}_{mi}$ 为参考模型状态量,r_i 为参考模型输入量,即

$$\boldsymbol{x}_{mi} = \begin{bmatrix} x_{mi1}, x_{mi2} \end{bmatrix}^{\mathrm{T}} = \begin{bmatrix} x_{mi1}, \dot{x}_{mi1} \end{bmatrix}^{\mathrm{T}}, \quad \boldsymbol{A}_{mi} = \begin{bmatrix} 0 & 1 \\ -a_{mi1} & -a_{mi2} \end{bmatrix}, \quad \boldsymbol{b}_{mi} = \begin{bmatrix} 0 \\ k_{mi} \end{bmatrix}$$

$$x_{m11} = n_{1m}, \quad x_{m21} = n_{2m}, \quad x_{m31} = P_i, \quad r_1 = n_{1r}, \quad r_2 = n_{2r}, \quad r_3 = P_i$$

设参考模型是稳定的,则对任意给定的对称正定矩阵 $\boldsymbol{Q}_i$,存在唯一的对称正定阵 $\boldsymbol{P}_i$,满足

$$\boldsymbol{A}_{mi}^{\mathrm{T}}\boldsymbol{P}_i + \boldsymbol{P}_i\boldsymbol{A}_{mi} = -\boldsymbol{Q}_i \tag{3.23}$$

式中,$\boldsymbol{P}_i = \{ p_{ijk} \mid j,k = 1,2 \}$。

定义控制误差为

$$\boldsymbol{e}_i = \boldsymbol{x}_i - \boldsymbol{x}_{mi} \tag{3.24}$$

控制规律为

$$u_i = \boldsymbol{\theta}_i^{\mathrm{T}}\boldsymbol{v} \tag{3.25}$$

式中,$\boldsymbol{v} = \begin{bmatrix} \boldsymbol{e}_i^{\mathrm{T}}, r_i \end{bmatrix}^{\mathrm{T}}$。

采用 σ 修正鲁棒自适应控制,参数自适应律为

$$\dot{\boldsymbol{\theta}}_i = -\sigma_i \boldsymbol{\Gamma}_i \boldsymbol{\theta}_i - \gamma_i (\boldsymbol{b}_{mi}^{\mathrm{T}} \boldsymbol{P}_i \boldsymbol{e}_i) \boldsymbol{v}_i - \delta_i \frac{\mathrm{d}}{\mathrm{d}t} \left[(\boldsymbol{b}_{mi}^{\mathrm{T}} \boldsymbol{P}_i \boldsymbol{e}_i) \boldsymbol{v}_i \right], \qquad i = 1,2,3 \tag{3.26}$$

自适应控制系统的性能取决于自适应可调参数的选取。为了便于自适应可调参数的选取,对自适应控制系统的变量作归一化处理。归一化处理有多种方法,这里采用发动机变量除以设计点相应参数值的方法来进行归一化处理。

根据低压转速回路带宽为 5 rad/s 的要求,为避免系统动态响应的超调,取

$a_{m12}=21.748,a_{m11}=k_{m1}=118.24$。取 $\boldsymbol{Q}_1=\mathrm{diag}\{1\,000,100\}$，则 $p_{112}=42.267$，$p_{122}=4.242$。选取 $\sigma_i=0.001,\gamma_1=1,\delta_1=0.5$，采样周期 $T=0.02\,\mathrm{s}$。

根据高压转速回路带宽的要求同低压转速控制回路带宽要求相同，因而取 $a_{m22}=21.748,a_{m21}=k_{m2}=118.24$。取 $\boldsymbol{Q}_2=\mathrm{diag}\{10\,000,100\}$，则 $p_{212}=42.267$，$p_{222}=4.242$。选取 $\sigma=0.001,\gamma_2=20,\delta_2=2$。

根据压比回路带宽为 10 rad/s 的要求，选取 $a_{m32}=54,a_{31}=k_{m3}=729$。取 $\boldsymbol{Q}_3=\mathrm{diag}\{10\,000,100\}$，则 $p_{312}=6.85,p_{322}=1.05$。选取 $\sigma_3=0.001,\gamma_3=2,\delta_3=0.5$。

自适应控制系统如图 3.3 所示。

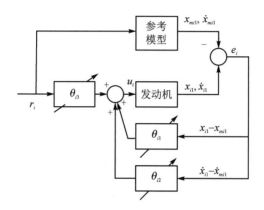

图 3.3　发动机自适应控制系统

5. 数字仿真

为了考察系统的动态性能及自适应可调参数在全包线范围内的适应能力，在飞行包线不同点作阶跃响应试验。经过试验发现，对同一组参数（$\gamma_i、\delta_i$），闭环控制系统在整个飞行包线内都具有很强的自适应能力。图 3.4 是不同高度和不同马赫数下的阶跃响应曲线。仿真过程为 2 s～5 s，转速阶跃（$\Delta n_{1r}=5\%$），8 s～11 s 压比阶跃（$\Delta P_i=5\%$）。从图中可以看出，在飞行包线内各点，控制系统均具有良好的动、静态性能。

为了考察自适应控制对模型参数的适应性，必须进行模型拉偏仿真。采用改变发动机开环增益来进行稳态拉偏，图 3.5 为 $H=0,Ma=0.2$，稳态增益加大 50% 控制系统闭环阶跃响应。采用改变发动机时间常数，进行动态拉偏。图 3.6 为 $H=0$，$Ma=0.2$，动态拉偏 100% 的控制系统闭环阶跃响应。从图中可以看出，稳态和动态拉偏，系统是稳定的，闭环系统的带宽基本不变，说明多变量控制对模型参数的变化具有适应性。

3.1.2　基于神经网络非线性补偿的 MRAC

为了简化计算，将航空发动机看成一阶惯性环节，这样不可避免地会产生建模误

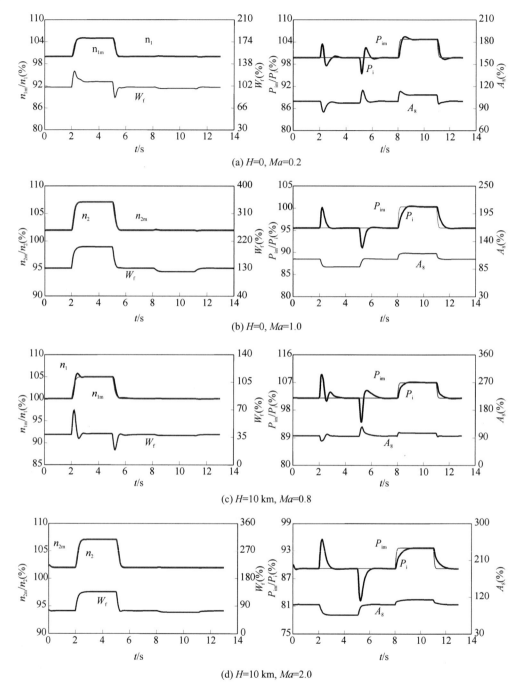

图 3.4　闭环控制系统阶跃响应

差,利用神经网络的非线性逼近能力来补偿建模误差以及不确定性,即系统的线性部分采用模型参考自适应控制,非线性及不确定部分利用神经网络的非线性逼近能力来补偿,自适应控制的参数和神经网络的权重均在线调整。神经网络采用函数连接型神经网络(FLNN),相较于 RBF 网络,网络结构更为简单,运算规模小,能够满足实时性要求,易于工程实现。

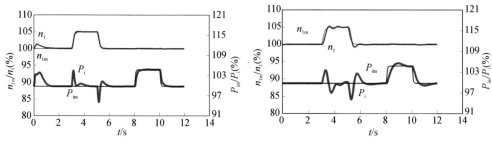

图 3.5　稳态拉偏仿真结果　　　　　　　　图 3.6　动态拉偏仿真结果

1. 算法描述

设被控对象状态方程为

$$\dot{x}_p = A_p x_p + b_p \left[f(x_p) + u + d \right] \tag{3.27}$$

式中,$x_p \in \mathbf{R}^n$ 为状态向量,$u \in R$ 为控制输入,$A_p \in \mathbf{R}^{n \times n}$ 为未知常数矩阵,$b_p \in \mathbf{R}^n$ 为未知常数向量,$f:R^n \rightarrow R$ 为未知的光滑函数,$d \in R$ 为未知有界扰动,设 $|d| \leqslant b_d$,b_d 为一常数。

参考模型为

$$\dot{x}_m = A_m x_m + b_m r \tag{3.28}$$

式中,$x_m \in R^n$ 为参考模型状态向量,$r \in R$ 为参考指令输入,$A_m \in \mathbf{R}^{n \times n}$ 为常数矩阵,$b_m \in \mathbf{R}^n$ 为常数向量。

设 A_m 为稳定的常数矩阵,则对任意给定的正定矩阵 $Q > 0$,存在唯一的正定矩阵 $P > 0$,使得

$$A_m^{\mathrm{T}} P + P A_m = -Q \tag{3.29}$$

未知的非线性函数 $f(x_p)$ 可以采用神经网络在线学习。定义控制输入为

$$u = \boldsymbol{\theta}^{\mathrm{T}} \boldsymbol{v} - \hat{f}(x) \tag{3.30}$$

式中,$\boldsymbol{v} = [x_p^{\mathrm{T}}, r]^{\mathrm{T}}$,$\boldsymbol{\theta} = [\boldsymbol{k}^{\mathrm{T}}, k_0]^{\mathrm{T}}$,$\hat{f}(x_p)$ 为 $f(x_p)$ 的估值。

选择 e 修正自适应律

$$\dot{\boldsymbol{\theta}} = -\boldsymbol{\Gamma}(b_m^{\mathrm{T}} P e) \boldsymbol{v} - \eta \boldsymbol{\Gamma} \frac{\mathrm{d}(b_m^{\mathrm{T}} P e \omega)}{\mathrm{d}t} - \sigma \boldsymbol{\Gamma} \parallel e \parallel \boldsymbol{\theta} \tag{3.31}$$

式中,$\boldsymbol{\Gamma}$ 为对称正定矩阵,$\eta > 0$,$\sigma > 0$,$e = x_p - x_m$。

$f(x)$ 的估值由 FLNN 给出

$$\hat{f}(x) = \hat{\boldsymbol{W}}^{\mathrm{T}} \boldsymbol{\Psi}(x) \tag{3.32}$$

式中,$\hat{W}$ 为神经网络权重的估值,$\Psi(x)$ 为采用幂级数的广义基函数。

选择权重调整律

$$\dot{\hat{W}} = F\Psi(b_m^{\mathrm{T}}Pe) - k_wF \parallel e \parallel \hat{W} \tag{3.33}$$

可以看到式(3.33)中也存在一个 e 修正项,其作用是避免权重训练饱和。由李雅普诺夫稳定性原理可以证明该闭环系统一致最终有界[3],控制系统结构如图 3.7 所示。

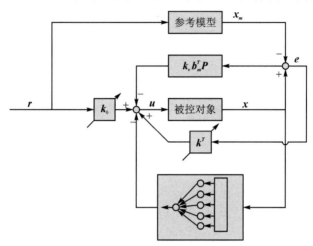

图 3.7 控制器结构图

2. 控制器设计

基于分散控制原理,分别设计 4 个控制器:低压转子转速控制器,高压转子转速控制器,涡轮后温度控制器和涡轮落压比控制器。

一阶对象模型为

$$\frac{x_i(s)}{u_i(s)} = \frac{K_i}{1 + T_i s} \tag{3.34}$$

式中,x_i,$i=1,2,3,4$ 分别为低压转子转速 n_1、高压转子转速 n_2、涡轮后温度 T_6 和涡轮落压比 π,u_i,$i=1,2,3,4$ 分别为低压转子转速控制器、高压转子转速控制器、涡轮后温度控制器和涡轮落压比控制器对应的控制变量,即燃油量。

参考模型传递函数为

$$\frac{x_{mi}(s)}{r_i(s)} = \frac{1}{1 + T_{mi} s} \tag{3.35}$$

式中,x_{mi}、r_i 分别为低压转子转速控制、高压转子转速控制、涡轮后温度控制和涡轮落压比控制的参考模型对应的状态变量和指令输入。

控制律为

$$u_i = (\theta_{1i}x_i + \theta_{2i}r_i) - (\hat{W}_{1i} + \hat{W}_{2i}e_i + \hat{W}_{3i}e_i^2) \tag{3.36}$$

式中,$e_i = x_i - x_{mi}$,自适应律为

$$\begin{aligned}
\dot{\theta}_{1i} &= -\delta_i e_i x_i - \eta_i \frac{\mathrm{d}}{\mathrm{d}t}(e_i x_i) - \sigma_i |e_i| \theta_{1i} \\
\dot{\theta}_{2i} &= -\delta_i e_i r_i - \eta_i \frac{\mathrm{d}}{\mathrm{d}t}(e_i r_i) - \sigma_i |e_i| \theta_{2i}
\end{aligned} \right\} \tag{3.37}$$

神经网络权重调整律为

$$\dot{\hat{W}}_{1i} = \mu_i e_i - \gamma_i |e_i| \hat{W}_{1i}$$

$$\dot{\hat{W}}_{2i} = \mu_i e_i^2 - \gamma_i |e_i| \hat{W}_{2i} \tag{3.38}$$

$$\dot{\hat{W}}_{3i} = \mu_i e_i^3 - \gamma_i |e_i| \hat{W}_{3i}$$

自适应律及权重调整律实际使用时可以先进行归一化及离散化处理,取采样周期 $T_s = 20$ ms,参考模型时间常数分别为 0.2 s,0.2 s,0.5 s,0.1 s。

3. 实物在回路仿真试验

某涡扇发动机从慢车到中间及以上状态的控制采用主燃油和喷口面积控制,控制逻辑如图 3.8 所示。

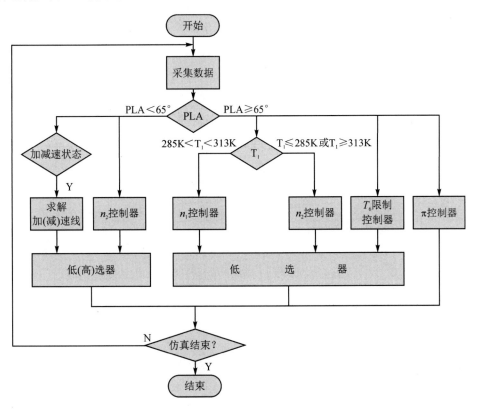

图 3.8　控制逻辑

试验中的控制系统是一个多变量控制系统,包含了多个独立的控制回路,在不同的时刻分别闭环。在转速控制器中采用了 FLNN 补偿的模型参考自适应算法,压比和温度控制器采用模型参考自适应算法。为了验证控制算法的鲁棒性和瞬态、稳态性能,选取同一组控制器参数(如表 3.1 所列),在全包线内典型点处作以下 HIL 试验。

表 3.1　各控制器参数

控制器	参　数				
	δ_i	η_i	σ_i	μ_i	γ_i
n_1 控制器	6	1	1	5	1
n_2 控制器	4	3	1	5	1
T_6 控制器	1	0	10	0	0
π 控制器	5	0	1	0	0

图 3.9 是在 $H=5$ km,$Ma=0.7$ 处,在慢车到中间状态之间推拉油门杆,n_2 的控制效果。对比图 3.9(a)和图 3.9(b),加入神经网络补偿后的 n_2 控制器跟踪迅速,无超调,可以看出 FLNN 补偿器对于非线性对象的补偿效果。

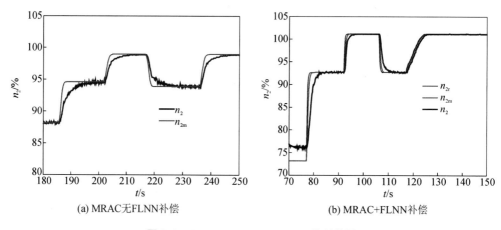

(a) MRAC无FLNN补偿　　　　　　　　　　(b) MRAC+FLNN补偿

图 3.9　$H=5$ km,$Ma=0.7$,N_2 控制效果

中间状态(油门杆 65°)附近,$H=2$ km,$Ma=0.4$,阶跃响应试验如图 3.10 所示。由图可以看出在阶跃响应过渡态时 n_1 能够较快地跟踪 n_{1m},达到稳定后 n_1 和 n_{1m} 之间无稳态误差。π 能够较快地跟踪 π_m,达到稳定后 π 和 π_m 之间无稳态误差。n_1 阶跃时,由于系统的耦合作用,对 π 有一个扰动,但是 π 控制器很快消除扰动,使得 π 恢复到 π_m。由于转速系统的惯性较大,当 π 阶跃时,对 n_1 的扰动由 n_1 系统本身削弱了一些,产生的小扰动很快就由 n_1 控制器消除了。由此可以看出,该多变量控制器不仅具有良好的动静态性能,还具有一定的解耦能力。

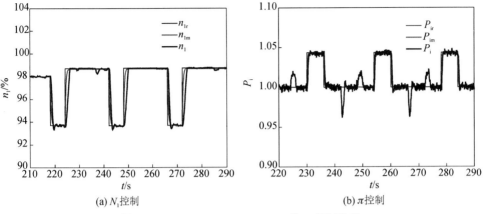

(a) N_1 控制　　　　　　　(b) π 控制

图 3.10　$H = 2\ \text{km}, Ma = 0.4, n_1$ 和 π 控制效果

4. 半物理仿真试验验证

采用基于 FLNN 补偿的 MRAC 算法所涉及的 n_2 控制器开展半物理模拟试验。对于 n_2 控制器,通过初期半物理仿真试验与全数字仿真结果对比发现对象的非线性更为强烈,因此固定一组的 n_2 控制器自适应律调节参数不能满足包线内不同转速下的加减速控制性能,因此通过试验调整获得 8 组自适应率调整参数,控制过程中按照换算转速插值获取当前自适应律调整参数值。具体参数如表 3.2 所列。采用表中参数开展了包线内典型点的发动机加减速试验,全包线的稳态试验,飞机爬升/下降试验、飞机加速/减速试验。

表 3.2　n_2 控制回路自适应率调整参数表

$n_{2,\text{cor}}/\%$	70	75	80	85	90	95	100	120
δ	0.47	0.8	1.0	2.5	5.0	8.0	9.0	9.0
η	1.5	1.5	1.5	2.0	2.0	2.0	2.0	2.0

采用 n_2 控制器,在包线内不同点,油门杆推拉范围:$13° \sim 64°$,进行不同幅度推拉油门杆阶跃试验。此时,喷口处于开环控制状态。包线内典型点的试验结果如图 3.11 和图 3.12 所示。

由图 3.11 可以看出:在 (0,0) 点油门杆从慢车状态阶跃到中间状态再返回慢车状态的过程中,转速跟踪比较快,同时不存在超调,动态性能较好,且没有稳态误差,稳态性能较好。图 3.12 给出在 $H = 5\ \text{km}, Ma = 1$ 点推拉油门杆试验的结果,由图中可以看出:在 $H = 5\ \text{km}, Ma = 1$ 点处油门杆作不同幅度的推拉时,没有稳态误差,稳定性能较好,动态性能满足要求。

3.1.3　航空发动机自校正控制

在自适应控制系统中,控制器的参数未知且随着被控参数的变化而不断地调整。

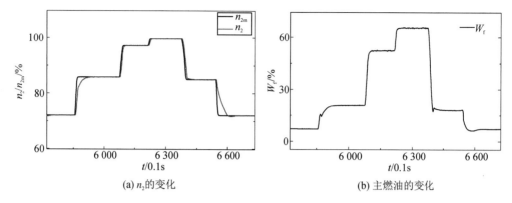

(a) n_2 的变化　　　　　　　(b) 主燃油的变化

图 3.11　$H=0, Ma=0$ 点油门杆阶跃试验

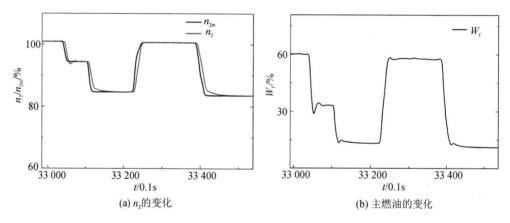

(a) n_2 的变化　　　　　　　(b) 主燃油的变化

图 3.12　$H=5$ km, $Ma=1$ 油门杆阶跃试验

因此,可以假定对象的参数恒定且未知,即对象可以用某一类模型来描述,根据对象提供的信息,不断的对假定模型进行辨识,利用辨识结果,并根据某种性能指标设计控制器对模型进行控制,使对象输出趋向期望值。这样的控制过程便是自校正控制。就目前而言,自校正控制主要分为两类。一类是基于优化控制策略的自校正控制[4][5],如最小方差自校正控制、广义最小方差自校正控制、加权最小方差自校正控制、LQG 自校正控制和长期预测自校正控制等。另一类是基于常规控制策略的自校正控制,如极点配置自校正控制、自校正 PID 控制[6]、自适应 Dahlin 数字控制等。其中应用较广泛的是最小方差自校正控制。

最小方差控制方案是指对于在随机扰动作用下的一个已知被控对象,按照使系统输出的方差最小的准则来设计控制器的方案。自校正控制系统可由图 3.13 所示。

上述自校正控制系统的一个主要特点是控制系统中包括一个在线辨识环节,它估计的是对象参数,而控制器参数还要通过解决一定的设计问题才能获得,即系统中还包括一个控制器参数计算环节。通过理论推导,将图 3.13 中的虚线框中部分去

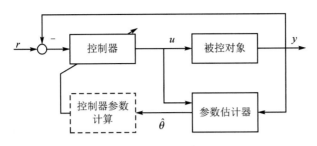

图 3.13　自校正系统结构图

掉,直接由估计的参数来获得控制器参数,这种自校正控制称为直接获得控制器参数的自校正控制。

　　由理论分析和应用结果可知,自校正控制特别适用于结构已知或部分已知,参数未知而恒定或渐进变化的被控对象。根据大量的先验知识可知,航空发动机低压转速在稳态点附近其性能可以用带一阶时延的二阶输入输出模型来描述,但是其非线性和时变性使得二阶模型的参数未知,在此自校正控制不失为一种良好的控制方案。因此,本节将在线的最小二乘参数估和最小方差自校正控制相结合,应用于航空发动机转速控制系统中[5]。

　　自校正控制因其算法简单易行,对对象模型依赖性小,适用于非线性对象等特点而得到广泛的应用。本节介绍一种航空发动机自校正控制方法,采用隐式最小方差自校正控制算法,即控制器参数直接来自于对象参数的估计值,该算法既避免了控制量对对象估计参数收敛速度的影响,又保证了闭环系统的可辨识性。对象参数则采用带遗忘因子的最小二乘参数估计算法,较好地解决了辨识过程中数据饱和的现象。

1. 控制器设计

　　以某型涡扇发动机为控制对象,设低压转速系统和压比系统的数学模型分别表示为
$$A_i(q^{-1})y_i(k)=q^{-1}B_i(q^{-1})u_i(k)+C_i(q^{-1})\omega_i(k), \qquad i=1,2 \quad (3.39)$$
式中,$u_1(k)=W_f(k)$为燃油量,$y_1(k)=n_1(k)$为低压转速,$u_2(k)=A_8(k)$为发动机尾喷口面积,$y_2(k)=P_i(k)$为涡轮落压比,$\{\omega_2(k)\}$、$\{\omega_1(k)\}$为白噪声序列,且$A_i(q^{-1})=1+a_{i1}q^{-1}+a_{i2}q^{-2}$,$B_i(q^{-1})=b_{i0}+b_{i1}q^{-1}$,$C_i(q^{-1})=1$。

　　采用直接获得控制器参数的最小方差自校正控制,控制系统结构如图 3.14所示。

　　根据恒等式
$$\frac{C(q^{-1})}{A(q^{-1})}=D(q^{-1})+\frac{q^{-1}E(q^{-1})}{A(q^{-1})} \quad (3.40)$$
式(3.39)可写为
$$y_i(k)=A_{pi}(q^{-1})y_i(k-1)+B_{pi}(q^{-1})u_i(k-1)+\xi_i(k) \quad (3.41)$$
式中,$A_{pi}(q^{-1})=a_{pi0}+a_{pi1}q^{-1}$,$B_{pi}(q^{-1})=b_{pi0}+b_{pi1}q^{-1}$。

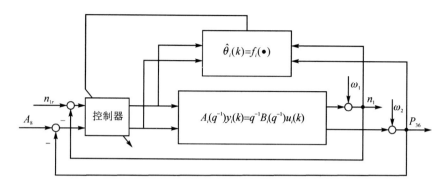

图 3.14　伺服器类型的低压转速和压比自校正控制系统结构

为保证预定模型的可辨识性,可以假定 b_{p10} 和 b_{p20} 为估计值 $\hat{b}_{p10}$ 和 $\hat{b}_{p20}$,并定义

$$\boldsymbol{\phi}_{pi}(k) = [y_i(k),\ y_i(k-1),\ u_i(k-1)]^{\mathrm{T}}$$
$$\boldsymbol{\theta}_{pi} = [a_{pi0},\ a_{pi1},\ b_{pi1}]^{\mathrm{T}}$$

则式(3.41)可写为

$$y_i(k) - \hat{b}_{pi0} u_i(k) = \boldsymbol{\phi}_{pi}(k-1)^{\mathrm{T}} \boldsymbol{\theta}_{pi} \tag{3.42}$$

根据伺服器型的最小方差性能指标

$$J = E\{[y_i(k+d) - y_{ir}]^2\}$$

式中,$y_{1r} = n_{1r}$ 为低压转速给定输入,$y_{2r} = P_{ir}$ 涡轮落压比给定输入。

经过推导,直接获得控制器参数的最小方差自校正控制算法为

$$u_i(k) = -\frac{1}{\hat{b}_{pi0}} [\boldsymbol{\phi}_{pi}^{\mathrm{T}}(k) \boldsymbol{\theta}_{pi} - y_{ir}] \tag{3.43}$$

由于 $\hat{b}_{pi0}$ 为预先假定已知的,式(3.43)所得的控制器阶次与所辨识模型的阶次都为2,满足闭环系统可辨识条件[7],所以各开环辨识方法都可以直接用于闭环系统中参数 $\boldsymbol{\theta}_{pi}$ 的估计。

针对式(3.42)所描述的低压转速控制系统和压比控制系统,并且考虑到两系统的时变性和避免数据饱和现象,采用带遗忘因子的最小二乘递推算法[8]在线估计该二阶模型参数

$$\hat{\boldsymbol{\theta}}_{pi}(k) = \hat{\boldsymbol{\theta}}_{pi}(k-1) + \frac{\boldsymbol{P}_{pi}(k-1)\boldsymbol{\phi}_{pi}(k-1)}{\mu + \boldsymbol{\phi}_{pi}(k-1)^{\mathrm{T}}\boldsymbol{P}_{pi}(k-1)\boldsymbol{\phi}_{pi}(k-1)}$$
$$\times \{[y_i(k) - \hat{b}_{pi0}u_i(k)] - \boldsymbol{\phi}_{pi}(k-1)^{\mathrm{T}}\hat{\boldsymbol{\theta}}_{pi}(k-1)\}$$
$$\boldsymbol{P}_{pi}(k) = \mu^{-1}\boldsymbol{P}_{pi}(k-1) - \frac{\boldsymbol{P}_{pi}(k-1)\boldsymbol{\phi}_{pi}(k-1)\boldsymbol{\phi}_{pi}(k-1)^{\mathrm{T}}\boldsymbol{P}_{pi}(k-1)}{\mu + \boldsymbol{\phi}_{pi}(k-1)^{\mathrm{T}}\boldsymbol{P}_{p1}(k-1)\boldsymbol{\phi}_{pi}(k-1)}$$

$$\tag{3.44}$$

2. 系统仿真

为了验证辨识模型的有效性,首先以某型涡扇发动机大偏差非线性模型为对象,根据控制系统性能指标的要求(低压转速回路带宽 $\omega_{b1}=5$ rad/s,压比回路带宽 $\omega_{b2}=10$ rad/s),取采样周期为 0.02 s,运用式(3.44),在海平面标准状态下分别对低压转速系统和压比系统进行开环系统的辨识仿真。仿真过程中,在设计点处将两控制系统的控制量 u_i 和输出量 y_i 归一化到区间 $[-1,1]$ 内。为了充分激励对象特性,以循环周期为 (2^7-1) bit 的 M 序列分别作为燃油量和尾喷口面积输入,取 $\boldsymbol{P}_{10}=10^5\times\boldsymbol{I}_{4\times4}$,$\boldsymbol{P}_{20}=10^5\times\boldsymbol{I}_{4\times4}$,并通过辨识试验确定 $\hat{b}_{p10}=0.02$,$\hat{b}_{p20}=0.06$。

图 3.15 中(a)和(b)分别描述了对象输出和模型输出的对比。图 3.16 描述了上述辨识过程中 $\hat{\boldsymbol{\theta}}_{p1}$ 和 $\hat{\boldsymbol{\theta}}_{p2}$ 的变化过程。由图可知,采用带遗忘因子的最小二乘参数估计算法获得的发动机转速系统和压比系统辨识模型有效,且估计参数收敛速度快。

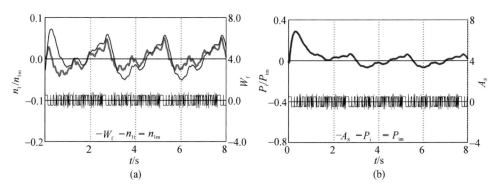

图 3.15　开环参数估计仿真结果

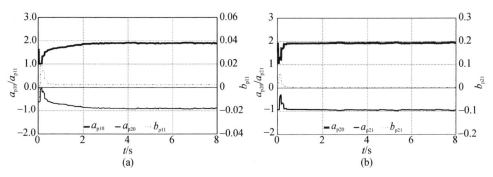

图 3.16　开环 $\hat{\boldsymbol{\theta}}_{p1}$ 和 $\hat{\boldsymbol{\theta}}_{p2}$ 变化曲线

以上述开环系统辨识为基础,进一步进行自校正控制仿真。为了减少在线辨识时间,改善控制速度,辨识过程中观察 $\boldsymbol{P}_i$ 矩阵的变化,当其基本保持稳定时选取此时的参数 $\hat{\boldsymbol{\theta}}_{pi}$ 作为式(3.43)中控制器参数 $\hat{\boldsymbol{\theta}}_{pi}$ 的初值 $\hat{\boldsymbol{\theta}}_{pi0}$。系统给定量 n_{1r} 和 P_{36} 都为在相应额定值处的周期为 12 s、幅值为额定值的 0.05 倍的方波信号。图 3.17 中(a)(b)分别为系统输出量 n_1 和 P_{36} 跟踪对应给定量 n_{1r} 和 P_{36r} 的变化过程,以及相应控制量 W_f 和 A_8 的变化情况。由图可知,采用直接获得控制器参数的低压转速和压比闭环自校正控制系统具有良好的动静态性能。图 3.18 为在此控制过程中 $\hat{\boldsymbol{\theta}}_{pi}$ 的变化曲线。可以看出,当系统性能发生变化时 $\hat{\boldsymbol{\theta}}_{pi}$ 能够以较快的速度收敛,说明带遗忘因子的最小二乘估计算法不仅消除了系统辨识过程中数据饱和的现象,而且辨识速度快。

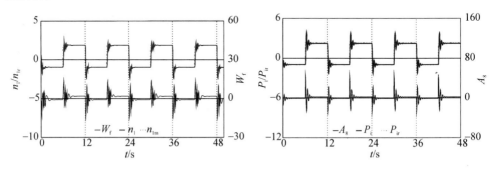

图 3.17　闭环自校正控制仿真结果

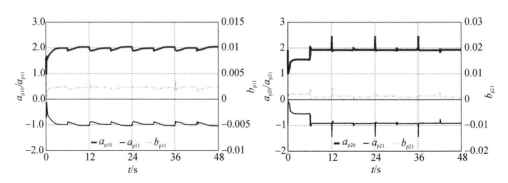

图 3.18　闭环自校正控制 $\hat{\boldsymbol{\theta}}_{p1}$ 和 $\hat{\boldsymbol{\theta}}_{p2}$ 变化曲线

3.2　航空发动机多变量鲁棒控制

3.2.1　线性二次型调节器(LQR)

1. LQR 方法

对于一个线性定常系统

$$\dot{x} = Ax + Bu \tag{3.45}$$

式中，$x(0) = x_0$，$x \in R^n$，$u \in R^r$，$A \in R^{n \times n}$，$B \in R^{n \times r}$。

其二次型性能指标为

$$J = \int_0^\infty (x^T Q x + u^T R u) dt \tag{3.46}$$

式中，$Q = Q^T \geqslant 0$，$Q \in R^{n \times n}$，$R = R^T > 0$，$R \in R^{r \times r}$。

则具有最优控制

$$u^*(t) = -R^{-1} B^T P x^*(t) = -Kx^*(t) \tag{3.47}$$

使二次型性能指标最小，即 $J^* = \min_u [J(u)]$，式中 $K = R^{-1} B^T P$，P 是下面 Riccati 代数方程的对称正定解

$$A^T P + PA - PBR^{-1}B^T P + Q = 0 \tag{3.48}$$

可以证明 LQR 具有无穷大的幅值裕度和大于 $60°$ 的相位裕度，因此具有很强的鲁棒性。

2. LQR 设计

因为 LQR 是状态反馈调节器问题，针对航空发动机指令跟踪的控制要求，可以通过增广的方法设计带有积分器的 LQR 控制器[9,10]，使其能够消除稳态误差。

考虑对阶跃类的输入具有鲁棒跟踪和干扰抑制能力，使系统的输出 y 跟踪上给定的信号 $r(t) = a \cdot 1(t)$，其中 a 为常向量。则误差为 $e = r - y$。对于含执行机构的发动机被控对象，其数学模型为严格正则的系统

$$\left. \begin{array}{l} \dot{x} = Ax + Bu \\ y = Cx \end{array} \right\} \tag{3.49}$$

对误差 e 求导可得

$$\dot{e} = \frac{d(r - y)}{dt} = -\dot{y} = -C\dot{x} \tag{3.50}$$

可知，若要将误差 e 增广为状态量，则需 $\dot{x}$ 为状态变量，相应的状态方程为

$$\ddot{x} = A\dot{x} + B\dot{u} \tag{3.51}$$

增广后的状态向量为 $\bar{x} = [\dot{x}^T \quad e^T]^T$，得到增广状态方程为

$$\dot{\bar{x}} = \bar{A}\bar{x} + \bar{B}\bar{u} \tag{3.52}$$

式中，$\bar{u} = \dot{u}$，$\bar{A} = \begin{bmatrix} A & 0 \\ -C & 0 \end{bmatrix}$，$\bar{B} = \begin{bmatrix} B \\ 0 \end{bmatrix}$。

对式(3.52)所描述的系统设计 LQR，使得当时间 t 趋于无穷时，所有的状态量都保持为零：$\bar{x} = [\dot{x}^T \quad e^T]^T = 0$，即稳态误差为零。只要系统稳定，即便存在建模误差，依据模型所设计的控制器依然能保证系统的鲁棒跟踪能力。这样就既能保持良好的鲁棒性，在进行指令跟踪时，又能消除稳态误差。具体控制规律可推导如下。

针对增广系统式(3.52)，给定 Q、R 矩阵，求解式(3.48)的 Riccati 代数方程，获

得状态反馈增益矩阵,记为 $\bar{\boldsymbol{K}}$。将 $\bar{\boldsymbol{K}}$ 按 $\dot{\boldsymbol{x}}$ 和 e 表示为分块矩阵:$\bar{\boldsymbol{K}} = \begin{bmatrix} \boldsymbol{K}_{\dot{x}} & \boldsymbol{K}_e \end{bmatrix}$,则

$$\dot{\boldsymbol{u}} = -\bar{\boldsymbol{K}}\bar{\boldsymbol{x}} = -\begin{bmatrix} \boldsymbol{K}_{\dot{x}} & \boldsymbol{K}_e \end{bmatrix} \begin{bmatrix} \dot{\boldsymbol{x}} \\ e \end{bmatrix} = -\boldsymbol{K}_{\dot{x}}\dot{\boldsymbol{x}} - \boldsymbol{K}_e e \tag{3.53}$$

对式(3.53)求拉氏变换,得原系统的控制器为

$$u = -\boldsymbol{K}_{\dot{x}}x - \frac{\boldsymbol{K}_e e}{s} \tag{3.54}$$

闭环系统结构如图 3.19 所示。

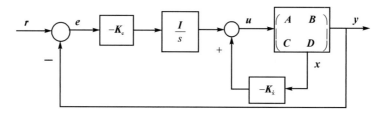

图 3.19 LQR 控制系统结构图

3. LQR 设计举例

以高涵道比发动机模型为对象,在 0 高度、0 马赫数下,以燃油流量指令为输入,高、低压转子转速以及实际燃油为状态,低压转子转速为输出,建立线性化状态变量模型,得到

$$\dot{\boldsymbol{x}} = \begin{bmatrix} -1.11 & -0.03 & 0 \\ 0.00 & -3.15 & 0 \\ 0 & 0 & -10 \end{bmatrix} \boldsymbol{x} + \begin{bmatrix} 0.61 \\ 0.48 \\ 10 \end{bmatrix} \boldsymbol{u}$$

$$\boldsymbol{y} = \begin{bmatrix} 1 & 0 & 0 \end{bmatrix} \boldsymbol{x}$$

则按式(3.52)增广后的设计对象模型为

$$\bar{\boldsymbol{A}} = \begin{bmatrix} -1.11 & -0.03 & 0 & 0 \\ 0.00 & -3.15 & 0 & 0 \\ 0 & 0 & -10 & 0 \\ -1 & 0 & 0 & 0 \end{bmatrix}, \quad \bar{\boldsymbol{B}} = \begin{bmatrix} 0.61 \\ 0.48 \\ 10 \\ 0 \end{bmatrix}$$

设计过程中只需要设置式(3.46)中的状态加权矩阵 $\boldsymbol{Q}$ 和输入加权矩阵 $\boldsymbol{R}$。为了便于调整参数,选 $\boldsymbol{Q}$、$\boldsymbol{R}$ 为对角阵,因模型为通过相对增量建立的无量纲小偏差状态变量模型,各状态量的数量级基本相同,可采用试凑方法调整 $\boldsymbol{Q}$、$\boldsymbol{R}$,可取 $\boldsymbol{Q} = \mathrm{diag}\{1,1,1,10\}$,其中最后一个元素对应增广状态量中误差分量的加权,为提高系统响应速度,消除稳态误差,可适当将其加大,本例取为 10。取 $R=1$。可以获得

$$\bar{\boldsymbol{K}} = \begin{bmatrix} 2.13 & 0.03 & 0.38 & -3.16 \end{bmatrix}$$

则按式(5.16)分块后有

$$\boldsymbol{K}_x = \begin{bmatrix} 2.13 & 0.03 & 0.38 \end{bmatrix}, \quad K_e = -3.16$$

在 1 s 时给转速信号做单位阶跃,仿真结果如图 3.20 所示,由图可见,系统具有很好的动静态品质,取得了良好的控制效果。

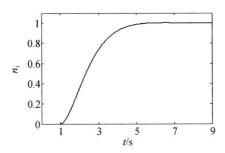

图 3.20　ALQR 闭环输出响应曲线

3.2.2　航空发动机 LQG/LTR 控制

1. 设计对象模型

设发动机基于某工作点的线性模型为

$$\left.\begin{aligned} \dot{\boldsymbol{x}}_p &= \boldsymbol{A}_p \boldsymbol{x}_p + \boldsymbol{B}_p \boldsymbol{u}_p \\ \boldsymbol{y}_p &= \boldsymbol{C}_p \boldsymbol{x}_p + \boldsymbol{D}_p \boldsymbol{u}_p \end{aligned}\right\} \tag{3.55}$$

式中,$\boldsymbol{x}_p$、$\boldsymbol{u}_p$、$\boldsymbol{y}_p$ 分别为 n_1、m、m 维状态、输入及输出向量,$\boldsymbol{A}_p$、$\boldsymbol{B}_p$、$\boldsymbol{C}_p$、$\boldsymbol{D}_p$ 为适维矩阵。

设执行机构数学模型为

$$\left.\begin{aligned} \dot{\boldsymbol{x}}_c &= \boldsymbol{A}_c \boldsymbol{x}_c + \boldsymbol{B}_c \boldsymbol{u}_c \\ \boldsymbol{u}_p &= \boldsymbol{C}_c \boldsymbol{x}_c \end{aligned}\right\} \tag{3.56}$$

式中,$\boldsymbol{u}_c$ 为 m 维输入,$\boldsymbol{x}_c$ 为 n_2 维状态向量,$\boldsymbol{A}_c$、$\boldsymbol{B}_c$、$\boldsymbol{C}_c$ 为适维矩阵。

由执行机构与发动机线性化模型串联而成的被控对象如图 3.21 虚线框所示。实际上执行机构是由 m 个单输入单输出子执行机构(每个控制通道对应一个)构成的,且它们之间不存在关联,因而 $\boldsymbol{A}_c = \mathrm{diag}\{\boldsymbol{A}_{c1}, \boldsymbol{A}_{c2}, \cdots, \boldsymbol{A}_{cm}\}$,$\boldsymbol{B}_c = \mathrm{diag}\{\boldsymbol{B}_{c1}, \boldsymbol{B}_{c2}, \cdots, \boldsymbol{B}_{cm}\}$,$\boldsymbol{C}_c = \mathrm{diag}\{\boldsymbol{c}_{c1}, \boldsymbol{c}_{c2}, \cdots, \boldsymbol{c}_{cm}\}$,$\boldsymbol{A}_{ci}(i = 1, 2, \cdots, m)$ 为 $p_i \times p_i$ 矩阵,$\boldsymbol{b}_{ci}(i = 1, 2, \cdots, m)$ 为 p_i 维列向量,$\boldsymbol{c}_{ci}(i = 1, 2, \cdots, m)$ 为 p_i 维行向量,且 $p_1 + p_2 + \cdots + p_m = n_2$。

设执行机构能控,对式(3.56)的 m 个子系统(子执行机构)分别做状态反馈进行极点配置,使每个子系统均有一个极点位于原点处,于是每个控制通道均有积分特性,从而控制回路在阶跃输入下的稳态误差为 0。

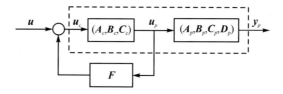

图 3.21 设计对象模型

考虑第 i 个子系统

$$\left. \begin{array}{l} \dot{\boldsymbol{x}}_{ci} = \boldsymbol{A}_{ci}\boldsymbol{x}_{ci} + \boldsymbol{b}_{ci}u_{ci} \\ u_{pi} = \boldsymbol{c}_{ci}\boldsymbol{x}_{ci} \end{array} \right\} \tag{3.57}$$

令

$$u_{ci} = \boldsymbol{K}_i\boldsymbol{x}_{ci} + u_i \tag{3.58}$$

反馈后的子系统为

$$\left. \begin{array}{l} \dot{\boldsymbol{x}}_{ci} = (\boldsymbol{A}_{ci} + \boldsymbol{b}_{ci}\boldsymbol{K}_i)\boldsymbol{x}_{ci} + \boldsymbol{b}_{ci}u_i \\ u_{pi} = \boldsymbol{c}_{ci}\boldsymbol{x}_{ci} \end{array} \right\} \tag{3.59}$$

设计 $\boldsymbol{K}_i$ 使得

$$\lambda(\boldsymbol{A}_{ci} + \boldsymbol{b}_{ci}\boldsymbol{K}_i) = \{0, * \} \tag{3.60}$$

式中，λ 表示矩阵特征值，$*$ 表示其余位于 $[s]$ 左半平面的极点。

如满足如下相容性条件

$$\boldsymbol{K}_i\boldsymbol{c}_{ci}^+\boldsymbol{c}_{ci} = \boldsymbol{K}_i \tag{3.61}$$

式中，$\boldsymbol{c}_{ci}^+$ 为 $\boldsymbol{c}_{ci}$ 的广义逆。则可以用输出反馈取代(3.58)中的状态反馈，即

$$u_{ci} = \boldsymbol{F}_iu_{pi} + u_i \tag{3.62}$$

式中，$\boldsymbol{F}_i = \boldsymbol{K}_i\boldsymbol{c}_{ci}^+$。

根据上述分析，对执行机构(3.56)进行输出反馈

$$\boldsymbol{u}_c = \boldsymbol{F}\boldsymbol{u}_p + \boldsymbol{u} \tag{3.63}$$

式中，$\boldsymbol{F} = \mathrm{diag}\{\boldsymbol{F}_1, \boldsymbol{F}_2, \cdots, \boldsymbol{F}_m\}$。

经过输出反馈后的执行机构状态变量模型为

$$\left. \begin{array}{l} \dot{\boldsymbol{x}}_c = (\boldsymbol{A}_c + \boldsymbol{B}_c\boldsymbol{F}\boldsymbol{C}_c)\boldsymbol{x}_c + \boldsymbol{B}_c\boldsymbol{u} \\ \boldsymbol{u}_p = \boldsymbol{C}_c\boldsymbol{x}_c \end{array} \right\} \tag{3.64}$$

其传递函数为

$$\boldsymbol{G}_c(s) = \boldsymbol{C}_c(s\boldsymbol{I} - \boldsymbol{A}_c - \boldsymbol{B}_c\boldsymbol{F}\boldsymbol{C}_c)^{-1}\boldsymbol{B}_c \tag{3.65}$$

由于经过反馈后在每个控制通道上均有一个积分环节，所以 $\boldsymbol{G}_c(s) = \dfrac{1}{s}\boldsymbol{G}_0(s)$。

设 $\boldsymbol{G}_0(s)$ 的一个实现为 $(\boldsymbol{A}_0, \boldsymbol{B}_0, \boldsymbol{C}_0, \boldsymbol{D}_0)$，即 $\boldsymbol{G}_0(s) = \boldsymbol{C}_0(s\boldsymbol{I} - \boldsymbol{A}_0)^{-1}\boldsymbol{B}_0 + \boldsymbol{D}_0$，则与式(3.65)对应的状态变量模型为

$$\left. \begin{array}{l} \dot{\boldsymbol{v}} = \boldsymbol{A}_v\boldsymbol{v} + \boldsymbol{B}_v\boldsymbol{u} \\ \boldsymbol{u}_p = \boldsymbol{C}_v\boldsymbol{v} \end{array} \right\} \tag{3.66}$$

式中，$v = \begin{bmatrix} x_c \\ u_I \end{bmatrix}$，$\dot{u}_I = u$，$A_v = \begin{bmatrix} A_0 & B_0 \\ 0 & 0 \end{bmatrix}$，$B_v = \begin{bmatrix} 0 \\ I \end{bmatrix}$，$C_v = \begin{bmatrix} C_0 & D_0 \end{bmatrix}$。

由式(3.66)执行机构与发动机状态变量模型式(3.55)串联，则经过输出反馈处理后的被控对象模型为

$$\left. \begin{array}{l} \dot{x} = Ax + Bu \\ y_p = Cx \end{array} \right\} \tag{3.67}$$

式中，$x = \begin{bmatrix} x_p^T & v^T \end{bmatrix}^T$，$A = \begin{bmatrix} A_p & B_p C_v \\ 0 & A_v \end{bmatrix}$，$B = \begin{bmatrix} 0 \\ B_v \end{bmatrix}$，$C = \begin{bmatrix} C_p & D_p C_v \end{bmatrix}$。

2. LQG/LTR 控制器设计

LQG/LTR 设计方法分为两步，首先是设计目标反馈回路，其次是设计控制器来恢复目标反馈回路的特性。

(1) 目标反馈回路设计

根据设计对象模型式(3.67)设计基于卡尔曼滤波器的目标反馈回路如下

$$G_{KF}(s) = C(sI - A)^{-1} K_f \tag{3.68}$$

式中，K_f 为卡尔曼滤波增益矩阵，且

$$K_f = PC^T \tag{3.69}$$

式中，P 为半正定矩阵，且满足代数 Ricatti 方程

$$AP + PA^T + LL^T - PC^TCP = 0 \tag{3.70}$$

选取[11]

$$L = \begin{bmatrix} C_1^T (C_1 C_1^T)^{-1} \\ (D_1 - C_1 A_1^{-1} B_1)^{-1} \end{bmatrix} BW \tag{3.71}$$

式中，$A_1 = \begin{bmatrix} A_p & B_p C_0 \\ 0 & A_0 \end{bmatrix}$，$B_1 = \begin{bmatrix} B_p D_0 \\ B_0 \end{bmatrix}$，$C_1 = \begin{bmatrix} C_p & D_p C_0 \end{bmatrix}$，$D_1 = D_p D_0$，$BW = \mathrm{diag}$

$(BW_1, BW_2, \cdots, BW_m)$，$BW_i (i = 1, 2, \cdots, m)$ 为各控制回路的带宽。

(2) LQG/LTR 补偿器设计

设计 LQR 调节器状态反馈增益阵为

$$K_c = B^T M \tag{3.72}$$

式中，M 为半正定矩阵，且满足代数 Ricatti 方程

$$MA + A^T M + qC^TC - MBB^T M = 0 \tag{3.73}$$

式中，q 称为恢复系数。

在工程实际中，往往希望跟踪误差要小，故希望回路增益在误差处恢复，即在输出端恢复。根据目标反馈回路，按标准程序设计 LQG/LTR 补偿器为[12][13]

$$G_{\mathrm{LQG/LTR}}(s) = K_c(sI - A + BK_c + K_f C)^{-1} K_f \tag{3.74}$$

具有以下的恢复特性

$$\lim_{q \to \infty} \boldsymbol{C}(s\boldsymbol{I} - \boldsymbol{A})^{-1}\boldsymbol{B}\boldsymbol{G}_{\mathrm{LQG/LTR}}(s) = \boldsymbol{C}(s\boldsymbol{I} - \boldsymbol{A})^{-1}\boldsymbol{K}_{\mathrm{f}} \qquad (3.75)$$

即随着恢复系数的不断增大,开环系统的传递函数将逐渐逼近目标机反馈回路的传递函数矩阵,这就是回路传递恢复(LTR)。

(3) LQG/LTR 控制器

根据式(3.74),LQG/LTR 控制器的状态变量形式(见图 3.22)为

$$\left.\begin{aligned} \dot{\boldsymbol{x}}_{\mathrm{ltr}} &= \boldsymbol{A}_{\mathrm{ltr}}\boldsymbol{x}_{\mathrm{ltr}} + \boldsymbol{B}_{\mathrm{ltr}}\boldsymbol{e} \\ \boldsymbol{u} &= \boldsymbol{C}_{\mathrm{ltr}}\boldsymbol{x}_{\mathrm{ltr}} \\ \boldsymbol{u}_{\mathrm{c}} &= \boldsymbol{u} + \boldsymbol{F}\boldsymbol{u}_{p} \end{aligned}\right\} \qquad (3.76)$$

式中,$\boldsymbol{A}_{\mathrm{ltr}} = \boldsymbol{A} - \boldsymbol{B}\boldsymbol{K}_{\mathrm{c}} - \boldsymbol{K}_{\mathrm{f}}\boldsymbol{C}$,$\boldsymbol{B}_{\mathrm{ltr}} = \boldsymbol{K}_{\mathrm{f}}$,$\boldsymbol{C}_{\mathrm{ltr}} = \boldsymbol{K}_{\mathrm{c}}$。

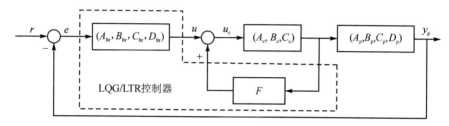

图 3.22　LQG/LTR 闭环控制系统

3. 涡扇发动机 LQG/LTR 控制仿真

某型涡扇发动机在工作点$(\boldsymbol{x}_{p0}, \boldsymbol{u}_{p0}, \boldsymbol{y}_{p0})$处的线性化模型为

$$\left.\begin{aligned} \Delta \dot{\boldsymbol{x}}_{p} &= \boldsymbol{A}_{p}\Delta \boldsymbol{x}_{p} + \boldsymbol{B}_{p}\Delta \boldsymbol{u}_{p} \\ \Delta \boldsymbol{y}_{p} &= \boldsymbol{C}_{p}\Delta \boldsymbol{x}_{p} + \boldsymbol{D}_{p}\Delta \boldsymbol{u}_{p} \end{aligned}\right\} \qquad (3.77)$$

式中,$\boldsymbol{x}_{p} = [n_1, n_{\mathrm{h}}]^{\mathrm{T}}$,$\boldsymbol{u}_{p} = [W_{\mathrm{f}}, A_8]^{\mathrm{T}}$,$\boldsymbol{y}_{p} = [n_1, P_{\mathrm{i}}]^{\mathrm{T}}$,$\Delta \boldsymbol{x}_{p} = \boldsymbol{x}_{p} - \boldsymbol{x}_{p0}$,$\Delta \boldsymbol{u}_{p} = \boldsymbol{u}_{p} - \boldsymbol{u}_{p0}$,$\Delta \boldsymbol{y}_{p} = \boldsymbol{y}_{p} - \boldsymbol{y}_{p0}$。$n_1$、$n_{\mathrm{h}}$ 和 P_{i} 分别为低压、高压转速以及压比,W_{f} 和 A_8 分别为主供油量及尾喷口面积。系统矩阵为

$$\boldsymbol{A}_{p} = \begin{bmatrix} -5.74 & 3.04 \\ -0.51 & -2.22 \end{bmatrix}, \boldsymbol{B}_{p} = \begin{bmatrix} 0.12 & 0.96 \\ 0.09 & 0.15 \end{bmatrix}$$

$$\boldsymbol{C}_{p} = \begin{bmatrix} 1 & 0 \\ -0.87 & 1.21 \end{bmatrix}, \boldsymbol{D}_{p} = \begin{bmatrix} 0 & 0 \\ 0.02 & 0.57 \end{bmatrix}$$

已知主供油量执行机构和喷口执行机构均为惯性环节,令其时间常数分别为 0.2 秒和 0.3 秒,即

$$\left.\begin{aligned} \Delta \dot{\boldsymbol{x}}_{\mathrm{c}} &= \boldsymbol{A}_{\mathrm{c}}\Delta \boldsymbol{x}_{\mathrm{c}} + \boldsymbol{B}_{\mathrm{c}}\Delta \boldsymbol{u}_{\mathrm{c}} \\ \Delta \boldsymbol{u}_{p} &= \boldsymbol{C}_{\mathrm{c}}\Delta \boldsymbol{x}_{\mathrm{c}} \end{aligned}\right\} \qquad (3.78)$$

式中,$\boldsymbol{A}_{\mathrm{c}} = \begin{bmatrix} -5 & 0 \\ 0 & -10/3 \end{bmatrix}$,$\boldsymbol{B}_{\mathrm{c}} = \begin{bmatrix} 5 & 0 \\ 0 & 10/3 \end{bmatrix}$,$\boldsymbol{C}_{\mathrm{c}} = \begin{bmatrix} 1 & 0 \\ 0 & 1 \end{bmatrix}$。

对执行机构输出反馈 $\Delta u_c = \Delta u + F \Delta u_p$，其中 $F = \begin{bmatrix} 1 & 0 \\ 0 & 1 \end{bmatrix}$，使每个控制通道中的执行机构均为积分特性。此时，执行机构传递函数（从 u 到 u_p）为 $G_c(s) = C_c(sI - A_c - B_c F_c C_c)^{-1} B_c = \dfrac{1}{s} G_0$，其中 $G_0 = \begin{bmatrix} 5 & 0 \\ 0 & 10/3 \end{bmatrix}$。

又由于 $G_0(s) = C_0(sI - A_0)^{-1} B_0 + D_0$，所以 A_0，B_0，C_0 蜕化为零维，且 $G_0 = D_0$。它与发动机线性模型(3.77)构成数学模型为

$$\left. \begin{array}{l} \Delta \dot{x} = A \Delta x + B \Delta u \\ \Delta y_p = C \Delta x \end{array} \right\} \tag{3.79}$$

式中，$A = \begin{bmatrix} A_1 & B_1 \\ 0 & 0 \end{bmatrix}$，$B = \begin{bmatrix} 0 \\ I \end{bmatrix}$，$C = \begin{bmatrix} C_1 & D_1 \end{bmatrix}$，$A_1 = \begin{bmatrix} A_p & 0 \\ 0 & 0 \end{bmatrix}$，$B_1 = \begin{bmatrix} B_p G_0 \\ 0 \end{bmatrix}$，$C_1 = \begin{bmatrix} C_p & 0 \end{bmatrix}$，$D_1 = D_p G_0$。

设两个控制回路的带宽要求分别为 10 rad/s 和 20 rad/s，即 BW = diag(10,20)，按式(3.68)—(3.73)所示的实际步骤，通过 MATLAB 工具箱求得基于卡尔曼滤波器的目标反馈回路的滤波增益阵为

$$K_f = \begin{bmatrix} 8.267 & 1.226 \\ 6.341 & 11.649 \\ 137.724 & -72.513 \\ -3.663 & 14.851 \\ 352.620 & -326.441 \\ -17.517 & 64.153 \end{bmatrix}$$

为了使闭环系统具有良好的复现能力、干扰抑制能力、低功率消耗水平。因此，应使开环特性的最小奇异值和最大奇异值在对系统稳定性、动态性能的各种矛盾的要求中进行平衡，其设计准则为：(1)在低频段，应对参考输入具有良好的复现能力、干扰抑制能力、低功率消耗水平。因此，应使开环特性的最小奇异值尽可能大；(2)在中频段，应根据系统带宽、稳定裕度和鲁棒稳定性要求，使开环特性的最大奇异值和最小奇异值的对数频率特性穿越零分贝线的频率尽可能大，同时在其附近频率特性衰减应缓慢；(3)在高频段，为实现干扰抑制，满足稳定性和必要的稳定裕度，最大奇异值的频率特性曲线衰减要快。

取恢复系数分别为 $q = 10^5, 10^8, 10^{15}$，其目标反馈回路及经回路恢复后回路增益的奇异值曲线如图 3.23 所示，图中点画线和实线分别代表回路恢复后回路增益奇异值和目标反馈回路的奇异值。

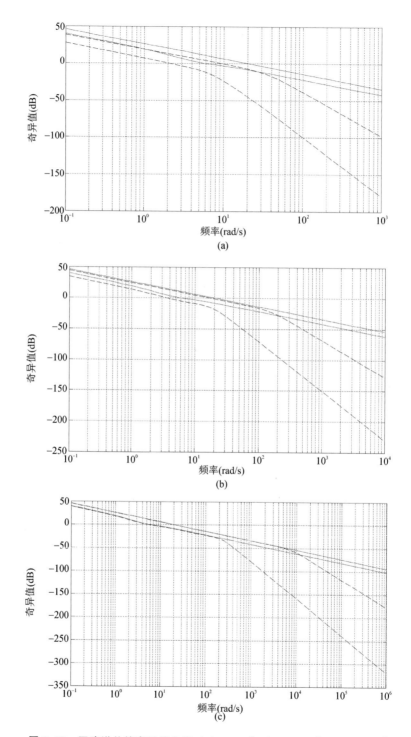

图 3.23 回路增益的奇异值曲线：(a) $q=10^5$；(b) $q=10^8$；(c) $q=10^{15}$

由图可见,当 $q=10^5$ 时,经回路传递恢复后的系统增益在带宽频率内及频率外的较大范围内,其奇异值曲线与目标反馈回路差别较大,没有表现出良好的恢复特性。当 $q=10^8$ 时,回路传递恢复后的系统增益在低频段与目标反馈回路基本相同,在高频段则表现出更好的衰减特性。当 $q=10^{15}$ 时,回路传递恢复后的系统增益表现出较之前者更好的恢复特性,但是由于恢复系数过大,将会导致卡尔曼滤波增益矩阵以及 LQR 状态反馈增益矩阵数值过大,因此设计出的控制器使得反馈控制系统对测量噪声,模型参数变化及某些未建模动态特性很敏感,且高控制器增益容易使控制信号饱和,这些都是实际系统设计不希望的。所以选择 $q=10^8$ 进行控制器设计,求得的状态反馈增益阵为

$$\boldsymbol{K}_{\mathrm{c}}=\begin{bmatrix} 5\ 347.3 & 1\ 528.4 & 74.4 & 348.7 & 35.4 & 10.0 \\ -7\ 420.1 & 11\ 613.3 & 198.3 & 5\ 423.1 & 10.0 & 189.9 \end{bmatrix}$$

闭环系统的单位阶跃响应曲线如图 3.24 所示,由图可见,系统获得了较快的响应速度和无静差跟踪能力。

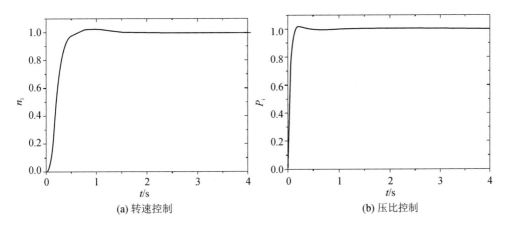

(a) 转速控制　　　　　　　　　　(b) 压比控制

图 3.24　跟踪控制响应曲线

3.2.3　航空发动机 H_∞ 控制

1. H_∞ 标准控制问题

许多有关控制系统的鲁棒性分析和综合问题均可以转化为 H_∞ 优化设计问题。输出反馈的 H_∞ 控制问题结构如图 3.25 所示。

图 3.25 中,w 为外部输入向量,包括指令信号、干扰和传感器噪声,z 为评价向量,通常包括跟踪误差、调节误差和执行机构输出,u 为控制向量,即控制器的输出,y 为系统测量输出向量,$P(s)$ 为广义被控对象的传递函数矩

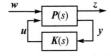

图 3.25　输出反馈的
H_∞ 控制问题结构

阵,$K(s)$为控制器传递函数矩阵。

系统对应的状态方程描述为:

$$\left.\begin{aligned}\dot{x} &= Ax + B_1 w + B_2 u \\ z &= C_1 x + D_{11} w + D_{12} u \\ y &= C_2 x + D_{21} w + D_{22} u \\ u &= Ky\end{aligned}\right\} \tag{3.80}$$

式中,$x \in R^n$ 是状态向量,$w \in R^{m_1}$,$u \in R^{m_2}$,$z \in R^{p_1}$,$y \in R^{p_2}$。

按 w、z、u 和 y 的维数将 $P(s)$ 分块

$$P(s) = \begin{bmatrix} P_{11}(s) & P_{12}(s) \\ P_{21}(s) & P_{22}(s) \end{bmatrix} \triangleq \begin{bmatrix} A & B_1 & B_2 \\ C_1 & D_{11} & D_{12} \\ C_2 & D_{21} & D_{22} \end{bmatrix} \tag{3.81}$$

式中,

$$\left.\begin{aligned} z(s) &= P_{11}(s)w(s) + P_{12}(s)u(s) \\ y(s) &= P_{21}(s)w(s) + P_{22}(s)u(s) \end{aligned}\right\} \tag{3.82}$$

由图 3.25 知,$u(s) = K(s)y(s)$。如果 $[I - P_{22}K]$ 是可逆的真实有理矩阵,则

$$z(s) = \{P_{11}(s) + P_{12}(s)K(s)[I - P_{22}(s)K(s)]^{-1}P_{21}(s)\}w(s) \tag{3.83}$$

由 w 到 z 的传递函数矩阵 $T_{zw}(s)$ 为

$$T_{zw}(s) = T(P,K) = P_{11}(s) + P_{12}(s)K(s)[I - P_{22}(s)K(s)]^{-1}P_{21}(s) \tag{3.84}$$

H_∞ **最优控制问题**:对于一个给定的广义被控对象 $P(s)$,寻找一个真实有理控制器 $K(s)$,使闭环控制系统内部稳定,而且最小化闭环传递函数矩阵 $T_{zw}(s)$ 的 H_∞ 范数达到极小,即

$$\min_K \| T_{zw}(s) \|_\infty \tag{3.85}$$

H_∞ **次优控制问题(称为 H_∞ 标准控制问题)**:对于一个给定的广义被控对象 $P(s)$,给定一个常数 $\gamma > 0$,寻找所有真实有理控制器 $K(s)$,使闭环系统内部稳定,而且闭环传递函数矩阵 $T_{zw}(s)$ 的 H_∞ 范数小于一个给定的正常数 γ,即

$$\| T_{zw}(s) \|_\infty < \gamma \tag{3.86}$$

2. H_∞ 控制器设计

将标准 H_∞ 控制问题转化为加权灵敏度函数的双端子控制问题[14],则系统的结构如图 3.26 所示,图中 $P_0(s)$ 为对象传递函数矩阵,$W_1(s)$、$W_2(s)$、$W_3(s)$ 为加权函数矩阵且当 $s \to \infty$ 时是有界的。

假定被控对象 $P_0(s)$ 的状态方程为 (A, B, C, D),加权函数 $W_1(s)$ 的状态方程模型为 $(A_{w1}, B_{w1}, C_{w1}, D_{w1})$,加权函数 $W_2(s)$ 的状态方程模型为 $(A_{w2}, B_{w2}, C_{w2}, D_{w2})$,加权函数 $W_3(s)$ 的状态方程模型为 $(A_{w3}, B_{w3}, C_{w3}, D_{w3})$,则由输入 $[r^T, u^T]^T$ 到输出 $[z_1^T, z_2^T, z_3^T, e^T]^T$ 的广义被控对象为

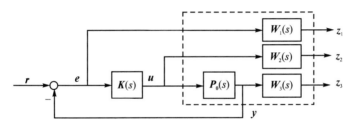

图 3.26　加权灵敏度 H_∞ 控制问题

$$
P = \begin{bmatrix}
A & 0 & 0 & 0 & 0 & B \\
-B_{w1}C & A_{w1} & 0 & 0 & B_{w1} & -B_{w1}D \\
0 & 0 & A_{w2} & 0 & 0 & B_{w2} \\
B_{w3}C & 0 & 0 & A_{w3} & 0 & B_{w3}D \\
-D_{w1}C & C_{w1} & 0 & 0 & D_{w1} & -D_{w1}D \\
0 & 0 & C_{w2} & 0 & 0 & D_{w2} \\
D_{w3}C & 0 & 0 & C_{w3} & 0 & D_{w3}D \\
-C & 0 & 0 & 0 & I & -D
\end{bmatrix}
\tag{3.87}
$$

鲁棒控制问题可以分成下面 3 种形式来研究:

① 灵敏度问题。在灵敏度问题中, W_2 与 W_3 为空,控制器 K 应镇定被控对象 P,并且使 r 到 z_1 之间的 H_∞ 范数最小。通过适当地选择加权函数 W_1,可以在控制器 K 中包含积分器,是消除系统在阶跃输入信号下稳态误差的有效手段,因此灵敏度问题可以视为对误差的加权约束问题。

② 稳定性与品质的混合鲁棒问题。此时 W_3 为空,则除了具有灵敏度问题的功能之外,还包含对控制量 u 的加权约束,起到限制控制能量的作用。

③ 一般的混合灵敏度问题。要求 3 个加权矩阵都不能为空,即对误差 e,控制量 u,输出量 y 均进行约束,如式(3.88),对 T_{zw} 的 H_∞ 范数加以限制。

一般混合灵敏度情况下,从外部信号 r 到受控对象 $z = [z_1^{\mathrm{T}}, z_2^{\mathrm{T}}, z_3^{\mathrm{T}}]^{\mathrm{T}}$ 的传递函数可表示为:

$$
T_{zw}(s) = \begin{bmatrix}
W_1(s)S(s) \\
W_2(s)K(s)S(s) \\
W_3(s)T(s)
\end{bmatrix}
\tag{3.88}
$$

式中,S 为灵敏度函数

$$
S(s) = [1 + P(s)K(s)]^{-1}
\tag{3.89}
$$

T 为补灵敏度函数

$$
T(s) = I - S(s) = P(s)K(s)[1 + P(s)K(s)]^{-1}
\tag{3.90}
$$

H_∞ 标准控制问题可以转换为线性矩阵不等式问题进行求解。

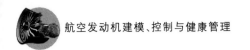

3. 设计举例

设航空发动机包含执行机构的被控对象状态变量模型为$(\boldsymbol{A}, \boldsymbol{B}, \boldsymbol{C}, \boldsymbol{D})$，采用稳定性与品质的混合鲁棒问题解法[15][16]，即输出的加权$\boldsymbol{W}_3$为空，则

$$\| \boldsymbol{T}_{zw} \|_\infty = \left\| \begin{matrix} \boldsymbol{W}_1 \boldsymbol{S} \\ \boldsymbol{W}_2 \boldsymbol{KS} \end{matrix} \right\|_\infty \qquad (3.91)$$

H_∞优化问题转化为寻找真实有理$\boldsymbol{K}$使$\boldsymbol{P}$稳定，且使系统的误差和控制能量最小，同时对噪声具有抑制能力。

为了实现无静差跟踪，当$\omega \to 0$时，$\| \boldsymbol{W}_1 \|_\infty \gg \| \boldsymbol{W}_2 \|_\infty$，同时$\boldsymbol{W}_1(s)$也必须包含一个积分环节。当频率增加时，系统抗噪声的要求逐渐增加，这时就要求当$\omega \to \infty$时，$\| \boldsymbol{W}_2 \|_\infty \gg \| \boldsymbol{W}_1 \|_\infty$。

取

$$W_{1i} = \frac{s + b_{1i}}{a_{1i} s}, \quad W_{2i} = \frac{b_{2i} s}{s + a_{2i}} \qquad (3.92)$$

式中，a_{1i}，b_{1i}，a_{2i}，b_{2i}，为大于零的常数，$i =$ 输入量的个数。可以看出，当$s = j\omega \to 0$时，$W_{1i} \approx \frac{b_{1i}}{a_{1i} s} \propto \frac{1}{s}$，$W_{2i} \approx \frac{b_{2i} s}{a_{2i}} \propto s$，满足当$\omega \to 0$时，$\| \boldsymbol{W}_1 \|_\infty \gg \| \boldsymbol{W}_2 \|_\infty$；当$s = j\omega \to \infty$时，$W_{1i} \approx \frac{1}{a_{1i}}$，$W_{2i} \approx b_{2i}$，因此，当$a_{1i} b_{2i} \gg 1$时，即有$\| \boldsymbol{W}_2 \|_\infty \gg \| \boldsymbol{W}_1 \|_\infty$。所以，按上述结构，合理选取参数$a_{1i}$，$b_{1i}$，$a_{2i}$，$b_{2i}$就可以找到满足要求的权阵。

下面以某涡扇发动机四输入四输出控制系统设计为例，选择风扇导叶角G_{vf}、压气机导叶角G_{vc}、主燃油流量W_f、尾喷口面积A_8为输入，低压转子转速n_1、高压转子转速n_2低压涡轮出口温度T_{46}、涡轮落压比P_i、喷口进口温度T_7为输出，系统的状态量则包含了4个控制量的执行机构及高、低压转子转速，形成6阶的被控对象模型。

取加权矩阵$W_{1i} = \frac{5s + 30}{s}$，$W_{2i} = \frac{s}{s + 15}$，$i = 1, 2, 3, 4$。则$\boldsymbol{W}_1$、$\boldsymbol{W}_2$均为4阶，被控对象6阶，所以式(3.87)的广义被控对象为$6 + 4 + 4 = 14$阶，所以设计出的控制器也是14阶。线性系统的阶跃响应曲线如图3.27所示，由图可见，系统具有较快的响应速度，能够很好地跟踪指令信号。

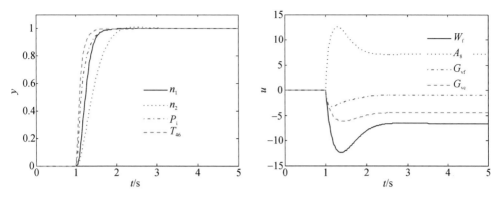

图 3.27　线性系统阶跃响应曲线

3.3　航空发动机线性变参数(LPV)控制

3.3.1　LPV 模型

LPV 模型可以看成是多 LTI 模型的连结,形式上也类似于 LTI 系统,区别在于系数矩阵随着调度参数变化而变化。用于调度参数通常选取能够反映外界环境或工作状态的参数[17,18],如高度、马赫数、海平面温度、发动机转速等。LPV 模型需要先求出在不同调度参数下的线性化模型,再通过建立映射关系形成一个由调度参数映射到线性模型的调度表。这些映射关系中,最简单的映射关系是线性映射。利用线性映射所建立的 LPV 模型会形成一个多胞结构,如式(3.93)所示:

$$
\left.\begin{array}{l}
\dot{x} = A(\theta)x + B(\theta)u \\
y = C(\theta)x + D(\theta)u
\end{array}\right\}
\tag{3.93}
$$

$$
\left[\begin{array}{c:c}
A(\theta) & B(\theta) \\ \hdashline
C(\theta) & D(\theta)
\end{array}\right] = \sum_{i=0}^{N_d} \theta_i \left[\begin{array}{c:c}
A_i & B_i \\ \hdashline
C_i & D_i
\end{array}\right]
\tag{3.94}
$$

$$
\sum \theta_i = 1, \quad \theta_i \in [0,1]
\tag{3.95}
$$

式中,A_i,B_i,C_i,D_i 为第 i 个调度参数所对应的线性系统的系数矩阵,N_d 表示多胞顶点个数,θ_i 为与调度参数相关的权重系数,工况越接近第 i 个顶点,θ_i 越接近 1,反之越接近 0。例如,$\theta_i = \dfrac{1/d_i}{\sum\limits_{j=1}^{N_d} 1/d_j} = \dfrac{\prod\limits_{j=1, j\neq i}^{N_d} d_j}{\sum\limits_{m=1}^{N_d} \prod\limits_{j=1, j\neq m}^{N_d} d_j}$,式中 d_i 表示当前工作点离第 i 个

顶点的距离。

LPV 模型使得发动机在每一个工作状态都能快速得到小偏差线性系统,其中 LPV 模型的输入 u、状态 x 和输出 y 都与 LTI 系统一样为偏差量。需要通过 LPV 模型获得实际输入输出时,这些偏差量还需要加上对应工作点的平衡点信息:

$$
\left.
\begin{aligned}
u_p &= u + u_e(\theta) = u + \sum_1^{N_e} \theta_i u_{ei} \\
x_p &= x + x_e(\theta) = x + \sum_1^{N_e} \theta_i x_{ei} \\
y_p &= y + y_e(\theta) = y + \sum_1^{N_e} \theta_i y_{ei}
\end{aligned}
\right\}
\tag{3.96}
$$

式中,u_p,x_p,y_p 为实际物理量,$u_e(\theta)$,$x_e(\theta)$,$y_e(\theta)$ 为当前工作状态的平衡点信息,这些信息由各顶点的平衡点信息通过调度得出当前状态对应平衡点的近似值。

LPV 控制器的设计过程基本上可以沿用 LTI 的控制理论,但是用于求解的 LMI 更加复杂,因而需要使用一些专用的求解器。目前基于线性矩阵不等式(LMI)的 LPV 控制器求解问题可以利用 LPVTOOL、YALMIP、SOSTOOL 等 MATLAB 开源工具箱求解。

3.3.2　LPV 控制器设计

传统变增益控制器设计时,先忽略控制器全局稳定性,从工程便利角度直接调度控制器,再通过大量实验验证来保证调度控制器的有效性[19,20]。而 LPV 控制器则需要在设计时就考虑全局稳定性以期减少不必要的实验验证次数。所以设计的控制器需要满足所有调度参数下 LPV 系统的稳定性。考虑式(3.93)的系统的增广系统如下

$$
\dot{\bar{x}} = \bar{A}(\theta)\bar{x} + \bar{B}(\theta)\bar{u}, \bar{x} = \bar{x}_0
\tag{3.97}
$$

式中,$\bar{x} = \begin{bmatrix} \dot{x} \\ e \end{bmatrix}$,$\bar{u} = \dot{u}$,$e = r - y$,$\bar{A}(\theta) = \begin{bmatrix} A(\theta) & 0 \\ -C(\theta) & 0 \end{bmatrix}$,$\bar{B}(\theta) = \begin{bmatrix} B(\theta) \\ -D(\theta) \end{bmatrix}$,$r = a \cdot 1(t)$ 为系统输出的跟踪信号。设控制器 $\bar{u} = K\bar{x}$ 能满足式(3.97)的稳定性和二次型性能指标

$$
J = \int_0^\infty \bar{x}^{\mathrm{T}} Q \bar{x} + \bar{u}^{\mathrm{T}} R \bar{u} \, \mathrm{d}t
\tag{3.98}
$$

设 Lyapunov 函数为 $V = \bar{x}^{\mathrm{T}} P(\theta) \bar{x}$,$P(\theta) = P(\theta)^{\mathrm{T}} > 0$,令

$$
\dot{V} = \bar{x}^{\mathrm{T}} \left[(\bar{A}(\theta) + \bar{B}(\theta)K)^{\mathrm{T}} P(\theta) + P(\theta)(\bar{A}(\theta) + \bar{B}(\theta)K) + \mathrm{d}P/\mathrm{d}t \right] \bar{x}
$$

$$
< -\bar{x}^{\mathrm{T}} Q \bar{x} - \bar{u}^{\mathrm{T}} R \bar{u} = -\bar{x}^{\mathrm{T}} [Q + K^{\mathrm{T}} R K] \bar{x} \leqslant 0
$$

对等式两边从 $t = 0$ 到 ∞ 时刻进行积分,可得

$$\int_0^{\infty} \dot{V} \mathrm{d}t < -\int_0^{\infty} \bar{\boldsymbol{x}}^{\mathrm{T}} \boldsymbol{Q} \bar{\boldsymbol{x}} + \bar{\boldsymbol{u}}^{\mathrm{T}} \boldsymbol{R} \bar{\boldsymbol{u}} \, \mathrm{d}t = -J$$

又因为 $V > 0, \dot{V} < 0$ 系统稳定,所以可以认为 $V(\infty) = 0$,故

$$J < V(0) - V(\infty) = V(0) = \bar{\boldsymbol{x}}_0^{\mathrm{T}} \boldsymbol{P}(\theta) \bar{\boldsymbol{x}}_0 < \lambda_{\max}(\boldsymbol{P}(\theta)) \bar{\boldsymbol{x}}_0^{\mathrm{T}} \bar{\boldsymbol{x}}_0 < tr(\boldsymbol{P}(\theta)) \bar{\boldsymbol{x}}_0^{\mathrm{T}} \bar{\boldsymbol{x}}_0$$

式中,$\lambda_{\max}(\boldsymbol{P}(\theta))$ 表示 $\boldsymbol{P}(\theta)$ 的最大特征值,$tr(\boldsymbol{P}(\theta))$ 表示 $\boldsymbol{P}(\theta)$ 的迹。系统式(3.97)的控制器求解问题变成如下优化问题

$$\min tr(\boldsymbol{P}(\theta))$$

$$(\bar{\boldsymbol{A}}(\theta) + \bar{\boldsymbol{B}}(\theta)\boldsymbol{K})^{\mathrm{T}} \boldsymbol{P}(\theta) + \boldsymbol{P}(\theta)(\bar{\boldsymbol{A}}(\theta) + \bar{\boldsymbol{B}}(\theta)\boldsymbol{K}) + \mathrm{d}\boldsymbol{P}(\theta)/\mathrm{d}t + \boldsymbol{Q} + \boldsymbol{K}^{\mathrm{T}} \boldsymbol{R} \boldsymbol{K} < 0$$

$$(3.99)$$

假设调度参数变化足够缓慢,使得其变化率可以忽略,则有 $\mathrm{d}\boldsymbol{P}/\mathrm{d}t = (\partial \boldsymbol{P}/\partial \theta) \cdot \dot{\theta} = 0$。令 $\boldsymbol{Y} = \boldsymbol{P}(\theta)^{-1}, \boldsymbol{L} = \boldsymbol{K}\boldsymbol{Y}$,对式(1.6)中的不等式两边分别左乘 $\boldsymbol{Y}$ 再右乘 $\boldsymbol{Y}$,再利用 Schur 补引理可得

$$\min tr(-\boldsymbol{Y})$$

$$\begin{bmatrix} (\bar{\boldsymbol{A}}(\theta)\boldsymbol{Y} + \bar{\boldsymbol{B}}(\theta)\boldsymbol{L})^{\mathrm{T}} + (\bar{\boldsymbol{A}}(\theta)\boldsymbol{Y} + \bar{\boldsymbol{B}}(\theta)\boldsymbol{L}) & \boldsymbol{Y} & \boldsymbol{L}^{\mathrm{T}} \\ \boldsymbol{Y} & -\boldsymbol{Q}^{-1} & \boldsymbol{0} \\ \boldsymbol{L} & 0 & -\boldsymbol{R}^{-1} \end{bmatrix} < \boldsymbol{0} \quad (3.100)$$

最后,求得状态反馈控制器 $\bar{\boldsymbol{u}} = \boldsymbol{K}\bar{\boldsymbol{x}} = \boldsymbol{L}\boldsymbol{Y}^{-1}\bar{\boldsymbol{x}}$。

3.3.3　设计举例

以某小涵道比涡扇发动机模型为对象,在 0 高度 0 马赫数下,以燃油指令为输入,高、底压转子转速为状态,高压转子转速为输出,建立在高压转速为 0.9,0.95 和 1 的 3 个工作点的线化模型如下

$$\boldsymbol{A}_1 = \begin{bmatrix} -4.674\,7 & 8.722\,6 \\ -0.194\,0 & -3.787\,6 \end{bmatrix}$$

$$\boldsymbol{A}_2 = \begin{bmatrix} -9.501\,0 & 4.518\,8 \\ -0.590\,4 & -3.496\,9 \end{bmatrix}$$

$$\boldsymbol{A}_3 = \begin{bmatrix} -5.985\,9 & 3.381\,4 \\ -0.514\,2 & -2.341\,7 \end{bmatrix}$$

$$\boldsymbol{B}_1 = \begin{bmatrix} 0.937\,4 \\ 0.802\,6 \end{bmatrix}, \quad \boldsymbol{B}_2 = \begin{bmatrix} 1.159\,2 \\ 0.800\,8 \end{bmatrix}, \quad \boldsymbol{B}_3 = \begin{bmatrix} 1.085\,2 \\ 0.806\,6 \end{bmatrix}$$

$$\boldsymbol{C}_1 = \boldsymbol{C}_2 = \boldsymbol{C}_3 = \begin{bmatrix} 1 & 0 \\ 0 & 1 \end{bmatrix}, \quad \boldsymbol{D}_1 = \boldsymbol{D}_2 = \boldsymbol{D}_3 = \boldsymbol{0}$$

$$u_{e1}=1, \quad u_{e2}=0.723, \quad u_{e1}=0.513$$

$$\boldsymbol{x}_{e1}=[0.998\ 5 \quad 1]^{T}, \quad \boldsymbol{x}_{e2}=[0.889 \quad 0.95]^{T}, \quad \boldsymbol{x}_{e3}=[0.838 \quad 0.900\ 1]^{T}$$

选取 $\boldsymbol{Q}=\mathrm{diag}(1,1,10)$，$\boldsymbol{R}=1$，$\boldsymbol{Y}$ 和 $\boldsymbol{L}$ 调为与 θ 无关的矩阵，可以求得控制器

$$\boldsymbol{L}=[-0.964\ 1 \quad -0.768\ 9 \quad 0.007\ 4]$$

$$\boldsymbol{Y}=\begin{bmatrix} 9.826\ 3 & -0.549\ 1 & -0.364\ 2 \\ -0.549\ 1 & 1.214\ 6 & 0.364\ 0 \\ -0.364\ 2 & 0.354\ 0 & 0.115\ 4 \end{bmatrix}$$

$$\boldsymbol{K}=\boldsymbol{LY}^{-1}=[0.409\ 5 \quad -7.919\ 1 \quad 25.636\ 8]$$

如图 3.28 所示，利用所求得的控制器可以分别进行转子转速的 10% 和 5% 的阶跃响应，系统跟踪响应效果良好。此外，通过 LPV 模型获得的实际物理量能够很好地反映非线性模型的运行情况。

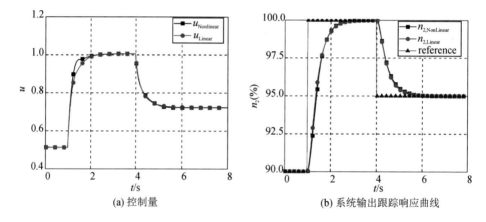

(a) 控制量　　　　　　　　　　　　(b) 系统输出跟踪响应曲线

图 3.28　闭环系统阶跃响应仿真曲线

| 参考文献 |

[1] NARENDRAK S, ANNASWAMY A M. Stable adaptive systems[M]. Prentice Hall, Englewood Cliffs, 1989.

[2] Huang J Q, Sun J G. Multivariable Adaptive Control for Turbojet Engines [C]//The International Gas Turbine and Aeroengine Congress and Exposition. Cincinnati, Ohio, USA: ASME, 1993.

[3] 黄金泉. 航空发动机神经网络自适应控制[D]. 南京：南京航空航天大学, 1998.

[4] PRAGER D L. Application of self-tuning to gas turbine control[C]//Colloquium on Current Developments in Self-Tuning Control Systems. [S. l.]:[s. n.] 1980.

[5] HUANG J Q, SUN J G. Multivariable adaptive control using only input and output measurements for turbojetengines[J]. Journal of Engineering for Gas Turbines and Power, 1995, 117(2): 314-319.

[6] 方中祥, 黄万伟, 张嘉桢, 等. 一种双变量模糊 PI 控制在航空发动机控制中的应用[J]. 航空动力学报, 1998(01):42-45.

[7] 潘慕绚, 黄金泉. 航空发动机多变量自校正控制研究[J]. 航空动力学报, 2005(05): 868-872.

[8] 史维祥, 李天石, 郑滇. 系统辨识[M]. 北京: 机械工业出版社, 1989.

[9] 杨刚, 孙健国, 李秋红. 航空发动机控制系统中的增广 LQR 方法[J]. 航空动力学报, 2004(01): 153-158.

[10] 李秋红, 孙健国. 航空发动机解耦控制器设计[J]. 航空学报, 2006(06): 1046-1050.

[11] GARGS. Turbofan engine control system design using the LQG/LTR methodology[C]//American Control Conference, Pittsburgh, PA, USA: IEEE, 1989: 134-141.

[12] ATHANSM, KAPASOURIS P, KAPPOS E, et al. Multivariable control for the F100 engine using the LQG/LTR methodology[C]//17th Fluid Dynamics, Plasma Dynamics, and Lasers Conference. [S. l.]: AIAA, 1984: 1910.

[13] 李秋红, 孙健国, 许光华. 基于优化拟形的航空发动机控制器降阶方法[J]. 航空动力学报, 2006(06): 1103-1108.

[14] HÄREFORSM. Application of H robust control to the RM12 jet engine[J]. Control Engineering Practice, 1997, 5(9): 1189-1201.

[15] FREDERICKD K, GARG S, ADIBHATLA S. Turbofan engine control design using robust multivariable control technologies[J]. IEEE Transactions on Control Systems Technology, 2000, 8(6): 961-970.

[16] ABIDHATLAS, COLLIER G, ZHAO X, et al. H-infinity control design for a jet engine[C]//34th AIAA Joint Propulsion Conference and Exhibit. Cleveland, OH, USA: AIAA, 1998: 3753.

[17] WANGC, HUANG J, LU F, et al. Research on LPV-based model of a turbofan engine[C]//2015 12th International Bhurban Conference on Applied Sciences and Technology. Islamabad, Pakistan:IEEE, 2015: 141-145.

[18] LUF, QIAN J, HUANG J, et al. In-flight adaptive modeling using polynomial LPV approach for turbofan engine dynamic behavior[J]. Aerospace Science and Technology, 2017, 64: 223-236.

[19] 吴斌, 黄金泉. 航空发动机全包线鲁棒变增益 LPV 控制律设计[J]. 南京航空航天大学学报, 2014, 46(02): 252-258.

[20] 吴斌, 黄金泉. 航空发动机增益调度控制的多项式平方和规划方法[J]. 航空动力学报, 2016, 31(06): 1460-1468.

第 4 章
航空发动机分布式控制系统

本章主要阐述航空发动机分布式控制系统基本概念、关键技术及其发展现状,针对分布式控制系统关键技术之一的拓扑结构设计,研究分布式控制系统拓扑结构优化方法,阐述基于 TTCAN 总线协议的分布式控制系统总线容错调度方法,阐述基于时间触发型总线的发动机分布式控制时延系统鲁棒控制方法。

4.1 航空发动机分布式控制系统概述

国际上通常将航空发动机分布式控制系统关键技术分为高温电子技术和通信技术两大类。考虑到我国在该领域研究工作起步晚、底子薄的客观原因及未来自主创新的军事需求,依据我国航空发动机分布式控制系统具体情况,学术界和工业界将航空发动机分布式控制系统关键技术分为控制系统结构、高温电子元器件、通信系统、智能传感器与智能执行机构、分布式电源技术、分布式控制系统控制方法等关键技术。

1. 分布式控制系统结构

分布式控制系统的一个最大特点是传感器及执行机构就近位于其工作环境,且 FADEC 可以位于有利于其工作的某个位置。智能化的传感器及执行机构中已对模拟信号进行调理和 AD 转换,因此它们的输出为数字信号。这样系统数据可以通过串行数字通信传输到系统各个部分。串行数字通信有星形、环形和线形等几种连接形式,如图 4.1 所示。由于水平线形和垂直线形结构在减重方面性能不够突出,且星形结构在减重和容错上性能都较差,因此,相较而言,环形结构具有最小导线重量和最优的可靠性[1]。

航空发动机控制系统从集中式结构向分布式结构发展有 4 个不同发展水平:集中式控制系统、过渡期智能控制系统、部分分布式控制系统和完全分布式控制系统。

航空发动机集中式控制系统拓扑结构如图 4.2 所示。在集中式控制系统中,传感器、执行机构通过导线与 FADEC 相连。其中,FADEC 要完成控制规律处理、针对

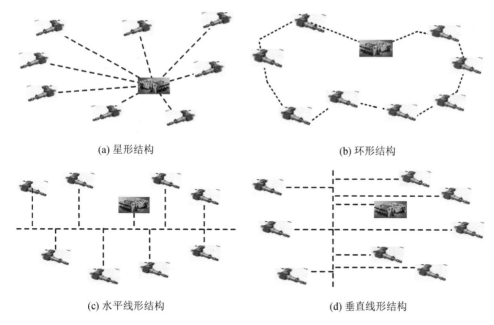

(a) 星形结构　　　　　　　　　　(b) 环形结构

(c) 水平线形结构　　　　　　　　(d) 垂直线形结构

图 4.1　不同分布式控制系统拓扑结构

传感器和执行机构还要完成其电源调理及分配、AD/DA 转换、信号限幅、量级转换等功能。

　　航空发动机过渡期智能控制系统拓扑结构如图 4.3 所示。在过渡期智能结构中,FADEC 将传感器与执行机构的电源调理及分配、AD/DA 转换、信号限幅、量级转换等功能打包在 GEM 模块中,从而与 FADEC 分离。一个 GEM 模块负责位置相近的一些传感器与执行机构的工作。此外,GEM 模块具有自己的时钟,因而与 FADEC 之间交换数据时需解决时钟同步的问题。这种结构在一定程度上减少了系统连接导线的数量和重量,但还不是真正意义上的分布式控制,因为 FADEC 与传感器、执行机构之间仍然是点到点的结构,只不过 GEM 模块将几个节点合并成一个节点与 FADEC 相连,因而这种结构是由集中式控制结构向分布式控制结构发展的过渡期结构。

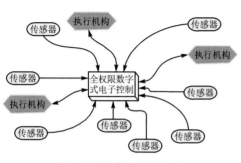

图 4.2 航空发动机集中式控制系统拓扑结构

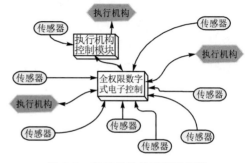

图 4.3　航空发动机过渡期智能控制系统拓扑结构

航空发动机部分分布式控制系统拓扑结构如图 4.4 所示,这种结构中,智能传感器具有专用传感器电路和通用通信模块,能够实现传感器信号的 A/D 转换、信号限幅、量级转换等功能。智能执行机构具有专用电路和通用通信模块,能够实现执行机构信号的闭环控制、信号限幅、量级转换、D/A 转换等功能。智能传感器和智能执行机构通过通用接口与 FADEC 交换信息。FADEC 仍然起到核心控制发动机、监视发动机状态的功能。

　　图 4.5 为航空发动机完全分布式控制系统拓扑结构,在这种结构中,发动机实现控制结构和控制规律的完全分布式,发动机被划分为若干个功能子系统,每个子系统都具有控制器能实现自身调节规律,完成自身变量控制。发动机运行情况由 IVHM (飞行器综合健康管理)模块监视管理。在这种情况下,发动机控制系统看作一个网络,每个智能传感器、智能执行机构控制器和 IVHM 都是网络中的一个节点,并且发动机控制系统网络通过网关与飞机网络系统相链接。

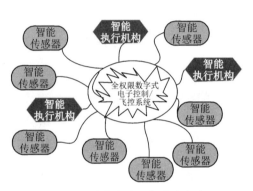

图 4.4　航空发动机部分分布式
控制系统拓扑结构

图 4.5　航空发动机完全分布式
控制系统拓扑结构

　　上述从集中式结构向分布式结构发展的 3 个不同发展水平的分布式结构中都存在需要研究的内容。对于过渡期智能结构,基于 GEM 节点的系统划分技术、对该结构在控制系统减重和可靠性方面的评估技术、其工程应用价值的评估技术等是现阶段研究的关键技术。对于部分分布式控制系统,其在系统重量、可靠性、设计维护成本、技术的成熟度等约束情况下,部分分布式控制实现形式的多目标优化技术将是现阶段研究的一项关键技术;对于完全分布式控制系统,同样需要对其具体实现形式开展研究,并需对不同实现形式开展对比分析技术。根据现有技术成熟度及其发展趋势,对完全分布式结构进行评估技术是需要开展的关键研究技术。

2. 高温电子元器件

　　分布式控制系统中高温电子元器件按照工作温度可以划分为中温和高温。中温电子元器件的工作温度为 $125 \sim 250\ ℃$。对于这一温度范围内电子元器件,研究的关键技术集中在 SOI 技术的研究上。但现在只有部分 SOI 器件可以用于发动机分布式控制系统研究。但须注意,发动机整体工作温度范围要高于 SOI 的工作范围,尤其是温度上限。

高温电子元器件的工作范围为 250~500 ℃。对于这一温度范围内电子元器件关键技术的研究集中在高温下可靠的集成电子技术,包括基于 SiC 的高温电子元器件技术和高温传感器技术。这其中关键技术包括稳定的高温晶体管技术、复杂集成电路中的多级连接结构、恶劣环境中的高性能封装和互连技术等,例如基于 SiC 的场效应管(JFET)。最新研究表明,基于 SiC 的 JFET 在 500 ℃ 下持续工作时间已超过 500 小时,且通断性能表现出色[2]。

3. 分布式控制通信系统

适当的通信系统是成功实现航空发动机分布式控制的关键因素之一,针对分布式控制系统通信技术的研究包括通信标准、容错和高温通信元器件等。

在工业控制领域和航空航天领域存在许多通信标准,如 FlexRay、MIL‐STD‐1553、SAFEbus、TTP/C 协议、FlexRay、TTCAN、IEEE 1394b、SpaceWire[3]、IEEE‐1451[4] 等。每种标准的数据结构、触发模式、传输模式、传输速率、限制条件、适用范围各不相同,因此需要针对航空发动机分布式控制系统具体情况开展上述通信标准具体内容的研究。在数据结构中要考虑数据中需要包含的信息,且需根据分布式控制系统中各个传感器、执行机构、子系统数据量、数据精度、传输速率的要求定义合适的数据结构。例如,IEEE‐1451 中传感器数据结构如表 4.1 所列[5]。

表 4.1　传感器数据结构

位	符　号	小数点	半　数	5 BCD	量　级	备　份	合　计
	1	3	1	20	3	8	36

通信系统数据传输的触发模式通常包括事件触发和时间触发两种。分布式系统通信中需要根据实时控制需求及传输速率的限制开展触发模式的对比研究,用以确定数据传输的触发模式。传输速率的研究中需要考虑现有硬件的限制和实时控制的要求。就目前集中式系统向分布式系统转变过程中,数字串行通信介质的改变对通信速度的影响非常小。但是从长远看,随着系统新功能模块的加入,完全实时通信将使得数据量巨大,甚至不可限。因此,传输速率研究中还需重点开展实时数据和非实时数据传输策略的关键技术研究。限制条件中需要考虑发动机工作环境中通信距离、温度、电磁辐射、水、磨损等的影响。

通信总线的冗余及基于此的系统重构是分布式控制通信技术研究中的一项关键技术。在绝大多数系统中,高可靠性通过系统冗余来实现,而冗余是容错的基础。高可靠性分布式系统通信系统设计中,首先需要开展总线冗余技术研究,这包括传感器、执行机构、导线和计算单元等的冗余,基于此来克服不可避免的系统故障。而系统各子系统、智能元件和控制器共用通信总线故障是它们共同的故障来源,为解决这个问题通常对总线进行冗余。而当两个总线都出现故障时,则需要开展利用剩余部件通过解析冗余来重构系统的关键技术研究。

4. 智能传感器及智能执行机构

根据智能传感器及智能执行机构的定义可知其研究中涉及 AD/DA 转换、输入/输出信号调理、信号处理与存储、输出设备驱动、自校正、BIT、自进化、通信总线接口等方面[6,7]。在这其中自校正、BIT、自进化和通信总线接口是智能传感器与执行机构研究的关键技术。

自校正中涉及了传感器如何根据工作时间增长、工作环境的变化而自校正测量数据使传感器能够适应环境对自身特性影响。传感器 BIT 是通过智能传感器或执行机构内的软硬件周期性或连续性在线监控传感器工作状态并进行故障检测,从而提高智能设备的可测试性,进而提高它们的可靠性。由于智能传感器与执行机构种类较多,因此在其 BIT 技术研究中包括针对不同传感器和执行机构的 BIT 方法研究、BIT 测试硬件设计以及 BIT 与控制系统容错重构技术的结合等。自进化技术研究主要是自进化算法研究,以保证随着工作时间的增长传感器与执行机构的工作状态更好。通信总线接口技术研究主要是智能传感器、执行机构与 FADEC 或者智能控制器之间的接口技术。需要特别指出的是,有些智能传感器和执行机构工作位置靠近发动机高温部件,因此其高温通信接口硬件是其本小结所述通信总线接口技术中的一项关键技术。

5. 分布式电源技术

分布式电源技术研究是航空发动机控制系统由集中式向分布式转变中面临的重大挑战之一,它直接影响发动机控制系统的 3 大关键评估标准,即系统成本、重量和可靠性。分布式电源中的关键技术主要包括:电源高温元器件、分布式电源拓扑结构、高温电源设计技术。

电源高温元器件技术隶属于高温电子元器件技术,在此不做赘述。

分布式电源拓扑结构是分布式控制系统总体结构中的一部分,它决定着系统工作可靠性和有效性。候选的分布式电源拓扑结构有直流开关电源(28 V),线性直流稳压电源、单相交流电源和三相交流电源 4 种。4 种电源在结构、功耗、体积、重量、可靠性、电磁干扰、高温下的可行性、复杂性等方面的对比评估将是分布式电源研究的一项关键技术。

高温为分布式电源设计带来前所未有的挑战,因此高温下电源设计技术是分布式电源研究的一项关键技术。这其中重点要考虑设计中高温下电容和电磁元件的大小、电磁干扰、损失保护、基于高温元器件的电路设计方法和高温下的设备封装。开关电源频率的选择必须权衡考虑电容和电磁元件的整体尺寸大小。对于电磁干扰,要尽量最小化每个远程终端的发射量,从而减少由于考虑电磁干扰而带来的系统复杂性。此外 FADEC 中预调理直流电源必须具有足够的瞬态保护,且能抵抗发动机和永磁电机产生的电源总线瞬态冲击。在 SOI 设计电源电路中,由于 SOI 能够在高温下限制设备的漏电,因此需要采用新的设计方法来保证电路的正常工作,例如传统设计的金属覆层中利用交叉区域和减少电流密度来避免电迁移的设计可适当减少。此外,由于高温导致金属氧化物失效,因此高温下的电源封装也是一项非常重要的研究。

6. 分布式控制系统控制方法

分布式控制系统是一种通过实时网络构成的闭环控制系统。其中,控制器、传感器、执行器各节点通过一条共享的网络来交换信息。与传统的点对点控制系统相比,分布式控制系统具有连线少,资源共享,易于系统安装维护,灵活性高等优点,因此广泛地应用于航空航天、汽车制造、工业等诸多领域。然而网络在通信过程中不可避免地存在时延,即系统的演化趋势不仅依赖系统当前的状态,也依赖于过去某个时刻或若干时刻的状态。因此面向分布式控制系统的控制方法主要集中在解决网络时延问题上。对于含时延的系统普遍地定义为时延系统。

自 18 世纪在弦振动中提出了时延系统的概念以来,该系统便获得了广泛地关注和深入地研究。时延系统被重视的主要原因有两个。一是时延现象普遍存在于实际应用中。例如,生物、经济、机械、人口、工程学等均包含时延环节。二是由于含时延的控制系统特征方程是超越方程,属于无穷维系统,因此其数学求解是非常困难的,但是却有很高的理论价值。此外,通过经典控制理论设计出来的控制器对时延系统很难有良好的控制效果[8]。正因为这些挑战激发了人们探索的热情和深度。

当系统中考虑时延因素后,其动态性能则变得复杂,并且可能出现不稳定的情况。所以时延系统鲁棒控制作为控制理论和控制工程领域的热点问题,在过去数十年里得到了许多学者的关注[9,10]。时延系统鲁棒控制的研究非常活跃,并发展了很多个分支,如时延相关稳定性分析与设计、H_∞ 控制、可靠控制、保成本控制以及随机控制等。不管哪个分支,稳定性都是基础,都要对时延系统进行稳定性分析[11-13],从稳定性入手探索新的研究方法对于推动时延系统这一领域向前发展具有重要意义。对于时延系统的稳定性分析主要有频域和时域两种方法。频域方法是最早的稳定性方法,Nikiforuk 于 1965 年提出一种简单的双轨迹法的图解方法[14],该方法能够运用双轨迹法进行时延系统稳定性分析。另一种方法是利用解析法进行研究,通过解超越特征方程得到特征根的分布来得到稳定的充分条件[15]。然而,时延系统的特征方程是超越方程,超越方程的求解非常困难,尤其当时延随时间变化或含有不确定性时,超越方程的求解更为困难,所以用频域方法分析时延系统具有较强的局限性。时域方法是目前时延系统分析和综合的主流方法,时域方法主要是基于 Lyapunov - Krasovskii 稳定性定理和 Razumikhin 稳定性定理,其主要思想是构造一个合适的 Lyapunov - Krasovskii 泛函(LKF),来求取系统的稳定性条件[16]。一般得到的稳定性条件分为两类:时延无关条件和时延相关条件。时延无关条件优点是简单易验证,易于控制器设计,缺点是对于小时延系统具有较强的保守性。而时延相关稳定性条件假设时延为零时,系统是稳定的,则由系统解对时延 h 的连续依赖性质,一定存在一个时延上界 $\bar{h}$ 对于 $\forall h \in [0, \bar{h}]$,系统均是稳定的,所以,最大允许时延上界 $\bar{h}$ 就成为了衡量时延相关条件保守性的主要指标。减小保守性主要有 3 种方法:交叉项界定法,模型变换法以及 LKF 的适当选取[17]法。

对于稳定性及稳定性估计问题有几种处理方法:① 选取双积分的 LKF 对时延系统的渐进稳定性判据做出改进,给出依赖于时延的鲁棒稳定性条件[18]。② 利用 Lyapunov 与 LMI 方法[19]对含有时延的神经网络的全局渐进稳定性和全局鲁棒稳定性进行研究,给出全局渐进稳定的新判据,讨论了全局鲁棒稳定性的充分条件。③ 创建一个适当的 Lyapunov 函数对一类时延混沌系统的稳定性给出一种新的控制方法[20]。④ 利用 Lyapunov 函数和 LMI 方法,讨论线性时延系统指数稳定性的指数估计方法及其充分条件[21]。⑤ 研究一致有界不确定线性时延系统的鲁棒稳定域的估计稳定性,所得稳定性标准对稳定域的估计做出了很大的改进[22]。

然而针对网络控制系统,由于传感器到控制器间的时延 τ_{sc} 和控制器到执行机构间的时延 τ_{ca} 的同时存在,往往把它考虑为双时延系统 $\dot{x}(t) = \boldsymbol{A}x(t) + \boldsymbol{A}_d x(t - \tau_1(t) - \tau_2(t))$。文献[23]选取双积分形式的 Lyapunov - Krasovskii 泛函结合 LMI 方法得到双时延系统的时延上界;文献[24]采用了在文献[23]的基础上,对双积分形式泛函的积分区间作出了些许变动,采用了时延的极值来作为积分的上限,并利用 Newton - Leibniz 公式及自由权矩阵方法得到了更好保守性的稳定性定理。之后文献[25]再次在泛函上作出改动,仍然取时延的实际值作为积分的上下限,并减少[23]中泛函的项数,并且采用不同的模型变换法和交叉项界定方法,得出稳定性定理,分别求取出时延的上界,数据表明较大程度地减少了保守性,故可以看出此方法具有更好保守性的稳定性条件。

目前时延 NCS 控制的主流控制方法是基于 Lyapunov - Krasovskii 理论和 Lyapunov - Razumikhin 理论分析系统稳定性。近年来有关时延建模、NCS 稳定性分析和控制器设计也取得了一些研究成果[26,27]。在 NCS 领域,涌现出基于鲁棒控制思想的控制方法,并得到了广泛应用,这些控制方法包括针对非线性对象或线性对象,采用连续系统或离散系统或奇异系统,针对长时延或短时延或混合时延,结合 LMI 方法或神经网路控制方法或模糊控制理论,通过构造不同的 LKF,推导获得可变时延 NCS 的稳定性判据、状态反馈鲁棒控制器、输出反馈鲁棒控制器、基于状态观测器的鲁棒控制器以及鲁棒模型预测控制器。

4.2 分布式控制系统拓扑结构优化

控制系统作为未来先进发动机控制系统的重要发展方向已被国内外大量科学

家、工程技术人员的广泛而热烈地研究。本节针对发动机分布式控制系统通信总线开展信号链路的拓扑结构优化方法研究,从理论上探讨分布式控制系统的减重优势,为后来系统重量变化的总体评估提供一定理论依据。

4.2.1　基于单目标遗传算法的分布式控制系统拓扑结构优化

拓扑结构优化研究的基本思想是按照一定规则改变发动机中各智能节点(含控制器、智能传感器和智能执行机构)的连接方式,获取线束最短的连接可能。航空发动机作为一种复杂的系统,它的智能节点(尤其是传感器和执行机构)众多。要对含所有智能节点的拓扑结构进行优化设计,列举法工作量大且难以获得最优拓扑结构,因而不可取。近年来,随着对智能优化算法的不断深入研究,这类问题的解决有了更为有效的方法,其中遗传算法作为典型的群智能优化算法[28],对于非线性目标寻优具有易于找到全局最优点的显著特点,因而在几乎所有的科学和工程问题中得到良好的应用,所以本节采用遗传算法开展发动机分布式控制系统拓扑结构优化研究。

遗传算法是一种基于自然选择和群体遗传机理的搜索算法,它模拟了自然选择和自然遗传过程中的繁殖、杂交和突变现象。在利用遗传算法求解问题时,问题的每个可能解都被编码成一个“染色体”,即个体,若干个个体构成了群体(所有可能解)。在遗传算法开始时,总是随机地产生一些个体(即初始解)。根据预定的目标函数对每个个体进行评估,给出了一个适应度值。基于此适应度值,选择个体来复制下一代。选择操作体现了“适者生存”的原理,“好”的个体被用来复制,而“坏”的个体则被淘汰。然后选择出来的个体经过交叉和变异算子进行再组合生成新的一代。这一群新个体由于继承了上一代的优良性状,因而在性能上要优于上一代,这样逐步朝着更优解的方向进化。

依据单目标遗传算法,探索发动机分布式控制系统的网络拓扑结构的优化策略。首先,构建某型涡扇发动机三维网格模型并确定优化节点。其次,基于图论和遗传算法针对三维网格模型中节点进行网络拓扑结构优化。

遗传算法优化拓扑结构具体过程如下:

(1) 个体的选择和编码

双环型网络意味着网络中有两个节点其连接的线束为 3,也称节点度数为 3,而其他剩余节点度数为 2。通常,实际系统中节点重要性并非相同,例如发动机控制系统中具有控制功能的节点相较于具有硬件冗余的传感器节点更为重要。为了保证重要节点具有更高的可靠性,其度数应设计得较普通节点高。针对双环网络结构中节点的特点,对个体重新选取和编码。个体选取节点 1~10 的排列组合,度数为 3 的节点对提前指定。假设某个个体为(9,10 ,1 ,2,3,7,8,6,5,4),其中度数为 3 的节点:节点 2、节点 8,则度数为 3 的节点对为(2,8),其表示的 10 个节点间的连接形式如图 4.6 所示。每代的种群仍取 100 个个体。

（2）目标函数的选取和适应度值的计算

设某个个体 p

$$p = (i_1, i_2, \cdots, i_{10}) \qquad (4.1)$$

式中，$i_k (k=1\sim10)$ 表示节点的编号。

设度数为 3 的节点为 i_2 和 i_5。则目标函数 l 表示为

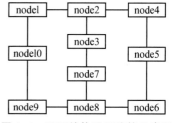

图 4.6　双环结构平面连接示意图

$$L = d(V_{i5}, V_{i1}) + d(V_{i1}, V_{i2}) +$$
$$d(V_{i2}, V_{i3}) + d(V_{i3}, V_{i4}) +, \cdots, + d(V_{i9}, V_{i10}) + d(V_{i10}, V_{i2}) \qquad (4.2)$$

个体的适应度值即相应的目标函数值。

（3）优化流程图

优化步骤（1）中指出度数为 3 的节点对是提前指定，在此，采用循环策略穷举 10 个节点组成节点对的所有可能。优化的流程如图 4.7 所示。由图可以看出每次优化

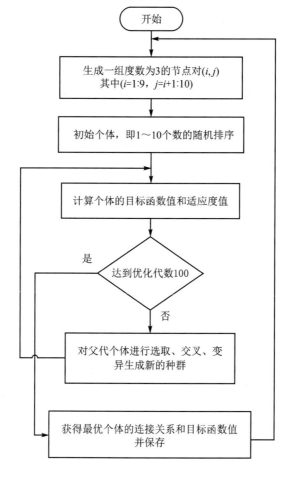

图 4.7　双环拓扑结构优化算的流程图

得到的最终结果为最优个体的连接关系、最优个体的目标函数值和对应的度数为 3 的节点对。因而,搜索针对 10 个节点所有连接的可能优化结果中目标函数最小值,进而获得对应的连接关系和度数为 3 的节点编号,即可得到最优拓扑结构。

采用上述优化方法获得最优个体的连接关系为 $5-6-4-3-7-10-9-8-2-1$,度数为 3 的节点对为 $(2,3)$。最小线束总长度 $L_{min}=34.294\ 8\ m$。循环穷举法一定程度上导致循环次数较多,增加了计算时间,但是由计算可知,遗传算法优化一代的时间 $t=54.316\ s$,10 个节点共需循环 $(1+(10-1))\times 10/2=50$ 次,所需的总时间 t_{sum} 为

$$t_{sum}\approx 50\times 54.316=2\ 715.8\ s\approx 45.26\ min \tag{4.3}$$

由式(4.3)可以看出,该优化的计算时间不到 1 h。从计算结果和计算时间来看,本小节研究的优化算法对于解决发动机分布式控制系统通信总线双环结构的优化具有可行性。优化的平面连接图如图 4.8 所示,立体效果图如图 4.9 所示。

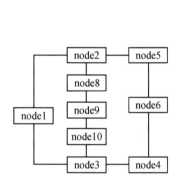

图 4.8　双环拓扑结构平面连接图

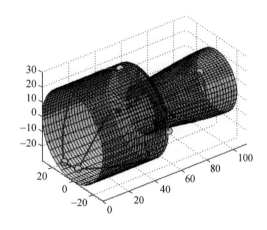

图 4.9　双环拓扑结构立体图

4.2.2　基于多目标遗传算法的分布式控制系统拓扑结构优化

上节内容介绍了基于单目标遗传算法的拓扑结构优化方法,然而发动机分布式控制系统性能是多方因素权衡后的最优结果,而非某一因素独立决定,如对于发动机分布式控制系统通信总线最优拓扑结构的确定需要同时考虑系统重量(节点连接线束总长度)、可靠性、可维护性、成本等各方面因素。本节研究侧重于优化方法的探索,鉴于可靠性在系统设计中的重要性,同时考虑所能获取的数据信息,在上述诸多影响因素中选取线束总长度和可靠性作为优化目标,开展基于多目标遗传算法的通信总线拓扑结构优化研究。

发动机分布式控制系统通信总线的可靠性决定了控制系统的性能,而对可靠性的评估不仅可以在网络结构的规划阶段提供拓扑方案选择依据,还可以在网络的运

行验收阶段提供评价网络"好坏"的指标,更可以在优化设计阶段提供指导,所以对可靠性的研究显得尤为重要。网络的可靠性评估主要分为 3 类:① 网络连通可靠性评估;② 网络容量可靠性评估;③ 网络性能可靠性评估。本节仅从网络连通的角度对发动机分布式控制系统通信总线的可靠性进行评估。

发动机分布式控制系统通信总线的重量的优化与其连通可靠性的优化之间存在一定的矛盾,连通可靠性的提高是以增加线束为条件的,即连通可靠性的提高意味着通信总线重量的增加。由此可以看出,这个问题就涉及到同时优化两个具有不同量纲并且是相互竞争的目标函数,对于这样的多目标优化问题,传统优化算法和简单的单目标遗传算法很难使其获得令人满意的优化效果[29],因此本节开展面向拓扑结构优化的多目标优化算法研究。

多目标遗传算法的基本流程与单目标遗传算法基本相同,一般来说,其遵循下述基本流程:

① 个体的选取和编码

按照一定的编码方式随机初始化具有一定个体数目的种群。

② 目标函数的选取和适应度的计算

确定个体的目标函数,分别计算每个个体所对应的各个目标函数值。采取一定的算法,将每个个体向量形式的目标函数值标量化为一个单一的适应度值,然后按照这一适应度值选择一定数目的个体,作为父代。

③ 个体的交叉、变异

按照一定的概率对父代进行交叉、变异等遗传操作,从而形成新的子代种群。接下来,重新计算子代种群中每个个体的目标函数值,并将子代个体插入到父代个体中,形成新的种群,返回(2),进行循环,直到满足优化指标为止。

多目标遗传算法和单目标遗传算法的最大区别在于选择过程前的适应度值的计算。在单目标遗传算法中,从单个目标函数值到适应度函数值的映射是很方便的,只要给定的单个目标函数值达到最大或最小,就达到了最优。而在多目标遗传算法中,为了进行选择操作,必须采用一定的算法将向量形式的目标函数值标量化,从而得到每个个体对应的单个适应度函数值。遗传算法的优化过程利用的唯一信息就是适应度函数,其选取将直接影响算法的收敛速度以及最终能否找到最优解。因此,不同的多目标遗传算法也着力对这一过程进行研究与改进,以尽可能提高整个算法的搜索效率。

目前国际上先进的多目标遗传算法有 NSGA - II[30] 和 SPEA2[31] 两种,相较而言,NSGA - II 选择的种群排序方法计算量更低,更为合理与先进,所以本节中采用 NSGA - II 算法进行多目标优化的研究。

NSGA - II 遗传算法是通过对个体适应度函数值的比较,将个体分为不同的等级,然后比较相同等级中个体的密集程度,最终得到优质的个体。其在个体选择和编码、目标函数选取、适应度值分配等具有下述特点。

① 个体的选择和编码

在 NSGA – Ⅱ多目标遗传算法中,每个个体所携带的信息很多,并不能简单用一个数组来表征,在此,每个个体用结构体表示,形式为

$$[P_p \; P_c \; P_r \; P_{cd} \; P_d \; P_s]^{\mathrm{T}} \qquad (4.4)$$

式中 P_p 存储了每个个体的基本信息;P_c 表示个体的目标函数值;P_r 表示个体的等级;P_{cd} 表示个体的密集程度;P_d 为支配该个体的个体总数;P_s 为该个体所支配个体的编号数组。而对个体的编码就是对 P_c 进行编码。

② 目标函数的计算

多目标遗传算法中目标函数是一个函数组,数组中每个元素表示优化后多目标中的每个目标度量大小。

③ 适应度值分配

适应度值分配是多目标遗传算法与单目标遗传算法的最大的区别。首先,NSGA – Ⅱ采用一种名为快速无支配性排序的算法对整个种群进行排序。设两个体 p_1,p_2,如果个体 p_1 的每个目标函数值都不小于 p_2 的相应目标函数值,说明 p_1 支配 p_2,则有

$$P_{1,s} = [P_{1,s} \; P_2]^{\mathrm{T}}$$
$$P_{2,s} = P_{2,s} + 1 \qquad (4.5)$$

如果 $P_{1,d} = 0$,则说明个体 p_1 是无支配个体,$P_{1,r} = 1$。在此基础上,如果个体 p_2 仅被个体 p_1 所支配,则 $P_{2,r} = 1$。如果个体 p_2 同时被个体 p_1,p_3 所支配,且 $P_{3,r} = 1$,则 $P_{2,r} = 3$。以此类推,将整个种群划分为多个等级,即多个无支配前沿,每个无支配前沿中的个体具有相同的无支配性。经过这一过程,种群中的每一个体都得到了一个对应于其无支配程度的序号存于 P_r 中,初步标识了个体间的优劣。其次,为了进一步区分个体间的优劣,NSGA – Ⅱ采用了密度估计的方法,即通过计算与指定个体相邻的两个体间目标函数的距离来评估种群在指定个体处的密集程度。这一方法保证了在整个搜索过程中兼顾种群的多样性。显然,在指定个体处种群的分布越稀疏,越有利于保持种群的多样性。最后,将以上两种方法所得的数值相结合,即对于不同无支配前沿中的个体,无支配程度序号低的个体为优,如果两个体属于同一无支配前沿,那么密度估计值较大的个体为优。这样就完成了个体的适应度值分配。

④ 选取新父代种群

在③适应度值分配的基础上,选取前 100 个个体作为父代种群。

⑤ 个体交叉、变异

NSGA – Ⅱ算法中个体的交叉、变异实际上是对个体中的 P_p 进行交叉、变异,其过程同于 4.2.1 小节,在此不再赘述。父代个体经过交叉、变异操作产生新的个体,新的个体与父代个体合并,产生新的种群,返回②,开始新一轮循环。整个多目标遗传算法的流程图如图 4.10 所示。

NSGA-Ⅱ采用的快速无支配性排序方法,其计算量更低,更为先进、合理,使得整个搜索过程更加有效。此外,NSGA-Ⅱ将个体密度信息加入到适应度值中,更好地保持了种群的多样性。NSGA-Ⅱ适应度值分配过程中评判个体的优劣使用的准则,不仅有利于保持种群的多样性,而且避免了由优化者主观设定一些算法参数所带来的麻烦。由此可见,NSGA-Ⅱ采取的各种有利措施,使得整个算法更加完善,具有更加优越的优化性能[32]。

针对某型涡扇发动机,采用 NSGA-Ⅱ算法优化其分布式控制通信总线拓扑结构。

① 个体选取和编码

选取 4.2.1 节中的 10 个节点作为 NSGA-Ⅱ算法中个体,其中每个个体的 P_p 存储了每个个体的邻接矩阵,其编码同于 4.2.1 小节中对个体的编码。

考虑到遗传算法的计算和收敛性问题,同样选取每代种群的个数为 100。每代个体数目相同的情况下,多目标遗传算法的收敛性要劣于单目标遗传算法的收敛性,故取遗传代数为 300。

② 目标函数计算

针对发动机分布式控制系统通信总线,选择线束总长度和网络连通可靠性作为优

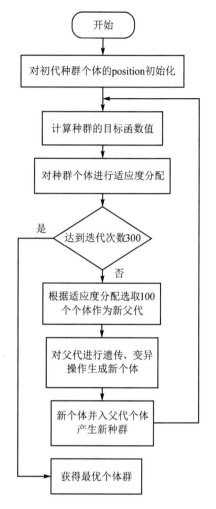

图 4.10　NSGA-Ⅱ多目标遗传算法流程图

化目标。而针对网络连通可靠性的量度与评估,主要分为 3 种方法:基于链路重要性的评估指标;基于网络连通度的评估指标;基于最短路径数的评估指标。本节采用第 3 种评估方法计算拓扑结构连通可靠性,对发动机分布式控制系统通信总线进行优化设计。

③ 适应度值分配

对发动机分布式控制系统通信总线结构进行优化时,个体的目标函数包含 2 个值:P_c^1 表征网络结构的线束总长度、P_c^2 是网络结构的连通可靠性评估指标。当 p_1 的 2 个目标函数值都不小于 p_2 的目标函数值时,p_1 优于 p_2。实际意义中,p_1 优于 p_2 表示如果 2 个体的线束总长度相同,p_1 的可靠性优于 p_2 或者如果 2 个个体的可靠性相同时,p_1 的线束总长度小于 p_2。由上述分析可定义 P_c^1 为

$$P_c^1 = 50/L \qquad\qquad (4.6)$$

其中,L 的定义同公式(4.2)。

④ 选取新父代种群

在③适应度值分配的基础上,选取前 100 个个体作为新父代种群。

⑤ 个体交叉、变异

按照一定的概率对父代进行交叉、变异等遗传操作,从而形成新的子代种群。接下来,重新计算子代种群中每个个体的目标函数值,并将子代个体插入到父代个体中,形成新的种群,返回②,进行循环,直到满足优化指标为止。

从最优个体种群中随机抽取四个个体,得到它们的平面连接,如图 4.11～图 4.14 所示。其中图 4.14 所示个体的立体效果图如图 4.15。

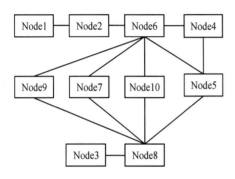

图 4.11　$L = 39.98$ m 个体的平面连接图

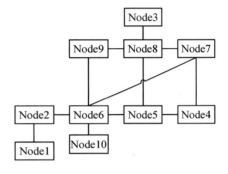

图 4.12　$L = 35.81$ m 个体的平面连接图

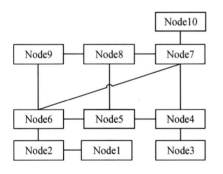

图 4.13　$L = 34.57$ m 个体的平面连接图

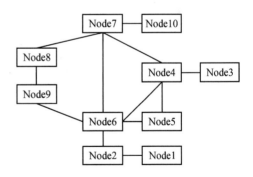

图 4.14　$L = 26.58$ m 个体的平面连接图

由图 4.11～图 4.15 可知,最优个体的网络拓扑结构都不是单一的总线型结构或者星形结构,而是一种混合式结构,即结构中既有环形结构也有星形结构,这种混合式结构更符合实际。发动机分布式控制系统通信总线中,智能节点众多,对于相对比较集中的智能节点,可以选择用星形结构连接;对于相对比较疏远的节点,则可以选择用总线型结构进行连接。这种混合式结构的可靠性高,并且结构连接的线束总长度短。

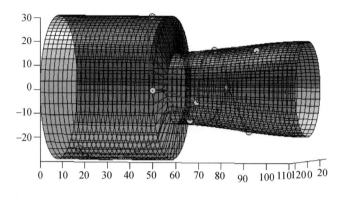

图 4.15 $L = 26.58\ \mathrm{m}$ 个体的立体效果图

4.2.3   基于粒子群算法的分布式控制系统拓扑结构优化

分布式控制系统将集中式控制系统划分为单独的子系统,包括智能传感器、智能执行机构和智能控制器。每个单独的子系统称为智能节点,并具有任务处理能力。智能节点的物理位置与各自的处理任务有关,通过共享数据总线进行节点间的通信。传感器和作动器可以作为独立的网络节点存在或者直接耦合到控制器节点。灵活的分布式控制系统允许出现集中式和分布式混合的拓扑结构,其控制架构如图 4.16 所示。智能节点被称为智能中央节点以表示该节点是其所在的集中式架构中的中央控制器,各智能中央节点之间通过数据总线进行通信,组成混合拓扑结构的分布式控制架构,实现环形(或总线型)与星形的综合利用。

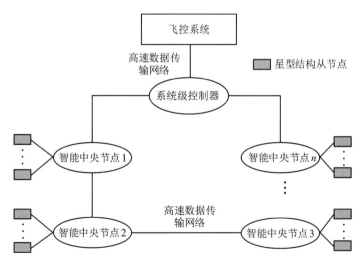

图 4.16   混合拓扑结构示意图

本节提出一种基于分布式混合拓扑结构的优化方法,以重量和可靠性为优化目标,以期获得分布式控制系统的最优拓扑结构。分步使用利用遗传算法和粒子群算法得到总线的最优拓扑结构,优化过程如图 4.17 所示。

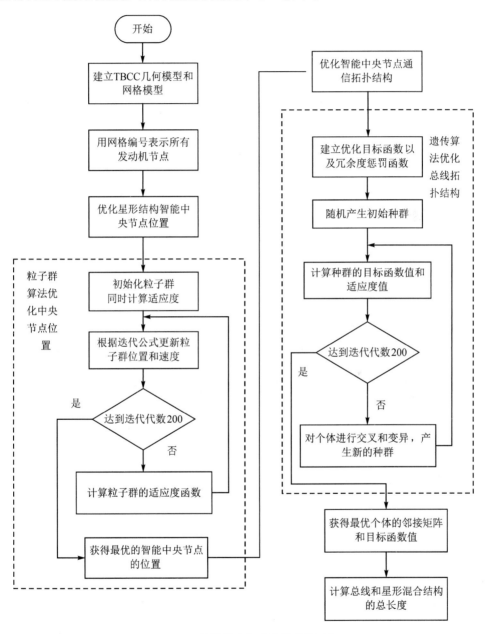

图 4.17　总线混合拓扑结构优化过程

涡扇发动机的机匣形状一般如图 4.18 所示,在复杂的空间曲面上计算两点的距离是非常困难的。为方便计算,将发动机机匣表面进行网格划分,图 4.19 所示。

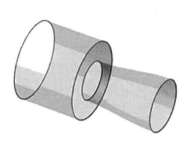

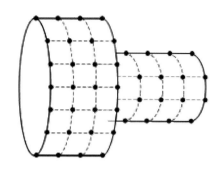

图 4.18　涡扇发动机机匣形状　　　　图 4.19　涡扇机匣网格模型

　　机匣表面网格划分的方式为沿着轴向位置每隔一段相同距离取一个截面圆,间隔的距离一般与所要求精度和计算机计算能力有关。沿着上述截面圆的周向方向将每个截面圆的圆柱面再划分为若干等份近似平面矩形的网格。以一点为起始点,对机匣表面上所有的网格点进行编号。每个网格点周围会有 8 个相邻的网格点,也就意味着如果一条曲线经过一个网格点也就必定经过与其相邻的 8 个网格点中的一个,在此基础上提出邻接矩阵的概念。如果 i 和 j 这两个网格点之间是相邻的,则邻接矩阵 $M(i,j)$ 的值为 i 和 j 网格点之间的距离。如果 i 和 j 这两个网格点之间是不相邻的,则邻接矩阵 $M(i,j)$ 的值为 0(距离值为 0 表示两个节点不能直接相连),最终得到稀疏邻接矩阵 M。在发动机上常常会出现一些区域因为工作状况恶劣或者专门用来安装机械设备,所以是不允许电子设备以及电子线束通过的。这给空间线束的计算带来相当大的困难,但对于网格模型来说,只要在邻接矩阵 M 中对这块不可行区域所有节点与其相邻节点的距离值进行置零,也就表示这块区域的节点不与其相邻的 8 个节点连接,因此是一个不可通行区域。

　　将发动机上的智能节点、传感器、执行机构的位置用上述发动机网格模型的编号表示。基于网格模型和邻接矩阵,通过 Floyd 最短路径算法计算任意两节点之间的距离。Floyd 最短路径算法的基本过程:在邻接矩阵中找到两个待优化连接路径节点的位置,将其中一个作为起始节点,在稀疏矩阵中找到一条最短路径,同时还引入一个节点矩阵 path 用来记录两节点间的最短路径。Floyd 算法将空间几何问题转化为图论中一个图的权值矩阵求最短路径矩阵的代数问题,借助计算机科学可以很方便地得到结果。建立网格模型可以轻松地解决复杂空间曲面上两节点最短连线问题,简化了空间两点最短连线的长度计算,但缺点是计算速度较慢。所以对于简单的空间曲面,可以转化为平面计算以及公式推导来提高计算效率。

　　粒子群优化算法(PSO)最初由 Kennedy 和 Eberhart 开发的[33],是一种元启发式全局优化方法,属于基于群体智能算法概念族。类似于鸟群和鱼群的觅食行为,PSO 优化中解被定义为一群粒子,它们可以在参数空间中根据自己的探索规则寻找到最优值。实际上,与其他自然启发算法不同,PSO 进化是基于个体之间的合作和竞争(迭代),粒子之间的信息是流动的,可以局限于局部邻域(部分 PSO)或扩展到整群(全局 PSO)。特别适用于解决最优解是参数多维空间中的点的问题。

将粒子群算法应用到分布式架构智能中央节点的位置优化问题上,每个 PSO 粒子都携带了一个位置量和速度量,其中位置信息为发动机表面机匣网格模型中的网格编号,速度信息为指引粒子在优化迭代过程中的位置变化,通常速度信息由全局搜索和局部搜索找到的最优解决定。全局搜索是指一个PSO 算法中所有的优化粒子群寻找全局最优解,局部搜索表示当前单个粒子寻找到的局部最优解。在每次迭代中,每个粒子根据当前解、局部最优解和全局最优解来计算出速度量,在下次迭代中再利用速度量来更新粒子的位置量,粒子群优化智能中央节点位置的过程如图 4.20 所示。

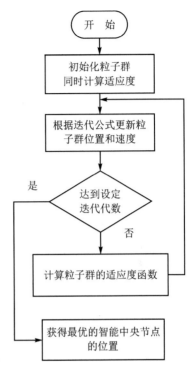

图 4.20　粒子群优化过程流程图

① 粒子位置和速度的选取与初始化。假设发动机需要 n 个智能中央节点,则对粒子群中的每个粒子位置量的编码为

$$x = [z_1, \theta_1, r_1, \cdots, z_i, \theta_i, r_i, \cdots, z_n, \theta_n, r_n] \qquad (4.7)$$

式中,z_i, θ_i, r_i 表示第 i 个智能中央节点的轴向位置、周向位置、径向位置,由这 3 个位置量可以确定节点的空间位置。相应的对速度量的编码为

$$x = [\dot{z}_1, \dot{\theta}_1, \dot{r}_1, \cdots, \dot{z}_i, \dot{\theta}_i, \dot{r}_i, \cdots, \dot{z}_n, \dot{\theta}_n, \dot{r}_n] \qquad (4.8)$$

作为迭代算法,PSO 需要对粒子的位置和速度进行初值估计,并且位置和速度初始化方式对优化性能起决定性作用。在不知道最优解大致位置时,在全局搜索空间均匀分布的方式是最好的选择,该方式能确保参数空间的良好初始覆盖,促进算法的探索能力,产生相对高的收敛速度[34]。此外,对粒子群初始值的选取方法已经有大量的研究,但均需要结合使用背景条件进行选择。

② 优化系数的选择。粒子群算法寻找最优解的本质是使用迭代方程来更新PSO 粒子位置量。而速度量是利用粒子群已寻找到的全局以及局部最优解来更新的。其中迭代方程为

$$\left.\begin{array}{l} x_{k,l} = x_{k,l-1} + v_{k,l-1} \\ v_{k,l} = v_{k,l-1} + \phi_p r_p (P_{k,l} - x_{k,l}) + \phi_g r_g (g_l - x_{k,l}) \end{array}\right\} \qquad (4.9)$$

式中,k 是粒子标识代号;l 标识当前迭代的代数;$P_{k,l}$ 是 k 粒子在迭代 l 代之前的局部最优解;g_l 表示粒子群在迭代 l 代之前的全局最优解。值得注意的是,在迭代方

程(4.9)的第二个等式中有 5 个参数,其中 ϕ_p 和 ϕ_g 分别称为"认知系数"以及"社会系数",可以调节当前粒子分别朝着局部最优和全局最优的方向发展,统称为加速度常数;r_p 和 r_g 是在 $[0,1]$ 之间均匀分布的随机数,它们可以对两个加速度常数进行随机加权,使得粒子搜索的轨迹本质上是一个半随机过程,有利于避免粒子陷入局部最优;w 被称为惯性常数,其作用为克服粒子由于随机性超出搜索范围或者在搜索空间上振荡无法收敛的问题。在多数情况下,当加速度常数 ϕ_p 和 ϕ_g 均取常数 2 时,则粒子群优化结果更好。惯性系数的取值可以采用非线性权值递减策略[35],取值公式为

$$w = (W_{\text{max}} - W_{\text{min}}) \left(\frac{C_{\text{cur}}}{C_{\text{loop}}} \right)^2 + 2(-W_{\text{max}}) \left(\frac{C_{\text{cur}}}{C_{\text{loop}}} \right) + W_{\text{max}} \qquad (4.10)$$

式中,W_{max} 是最大的惯性权重值,也就是初代粒子群优化的惯性权重 w 的值,相应的 W_{min} 是最小的惯性权重值,即最后一代粒子群优化的惯性权重 w 的值;cur 表示当前种群所在的迭代次数;loop 表示粒子群算法总共所需迭代的次数。

③ 优化目标的选取。适应度函数是评价一个粒子搜索出的结果好坏的标准,智能中央节点位置选择的最基本的目标是使得分布式混合拓扑结构所需的线束最短,其次需要保证控制系统的可靠性,即节点的位置选择应该远离高温区。基于上述目标,选取适应度函数为

$$f = \sum_{k=1}^{\eta} \min(d_k) + d_z + p \qquad (4.11)$$

式中,η 为所有星形结构从节点的个数;d_k 表示每个从节点到当前迭代算出的 n 个智能中央节点位置的距离集合,距离值由基于网格模型的 Floyed 最短路径算法得到;$\min(\cdot)$ 表示该集合中最小的值;d_z 为当前智能中央节点总线连接所需的线束长度;p 为用来驱赶粒子远离高温区的温度惩罚函数。对于总线拓扑线束长度的计算可以使用遗传算法优化 d_z。但是由于嵌套算法计算时间较长,单优化结果不佳,因此采用分步优化的方法。分步优化的步骤为

步骤 1:优化星形结构中央节点位置使得星形结构所需线束长度最短;

步骤 2:优化智能中央节点环形总线拓扑结构,即粒子群算法的目标函数暂不考虑 d_z 的影响。

由于中央节点的位置要避开高温区,因此优化中当节点位置在高温区时,惩罚函数 p 取 100,即 $p=100$。所以此适应度函数只以线束长度和节点可靠性作为评价标准,若对其他条件进行限制,可以在适应度函数上加上相应惩罚值。

运用图论分析方法,将得到的发动机智能中央节点与其他智能节点之间的传输线路组合成抽象图,各智能节点的关系可以由抽象图的边和顶点之间的关系来表示。设抽象图 $G=(V,E)$ 为发动机分布式控制系统通信总线,假设发动机上的 n 个总线节点的集合为

$$V = \{V_1, V_2, V_3, \cdots, V_n\} \qquad (4.12)$$

式中,$V_i(i=1,2,\cdots,n)$表示总线上的各个节点。将抽象图中边的集合描述为

$$E = \{(V_1,V_2),(V_1,V_3),\cdots,(V_1,V_n),\cdots,$$
$$(V_n,V_1),\cdots,(V_n,V_{n-1}),(V_n,V_n)\} \tag{4.13}$$

式中,(V_1,V_2)表示节点V_1与节点V_2所构成的边。用数据结构方法将抽象图转化为矩阵,是将复杂的空间关系简单表达,这样有利于优化算法的实施。为了表示出抽象图 G 中节点之间的邻接关系,定义抽象图邻接矩阵

$$\boldsymbol{X} = [X(V_i,V_j)]_{n\times n} \tag{4.14}$$

其中

$$\left.\begin{aligned} x(V_i,V_j) &= \begin{cases} 1, & 节点\ V_i\ 和\ V_j\ 邻接 \\ 0, & 节点\ V_i\ 和\ V_j\ 不邻接 \end{cases} \quad (i\neq j;i,j=1,2,\cdots,n) \\ x(V_i,V_j) &= 0, \quad (i=j;i,j=1,2,\cdots,n) \end{aligned}\right\} \tag{4.15}$$

由于邻接矩阵只表示各个节点之间的连接关系和拓扑特性,在实现优化的过程中还需对每条边赋予一个实数权值,以得到能够表示线路长度大小的加权图。此时,由权值得到的对称矩阵 $\boldsymbol{D} = [d(V_i,V_j)]_{n\times n}$ 被称为距离矩阵。采用图论的方法将发动机模型网格化便于计算距离矩阵 $\boldsymbol{D}$,利用最短路径法计算出节点 $V_i\sim$ 节点 V_j 的最短长度 $d(V_i,V_j)$。

分布式控制通信网络上智能中央节点的位置由粒子群优化算法得到,本节采用遗传算法优化中央节点之间的总线拓扑结构,优化流程如图 4.21 所示。

① 个体的选择及编码。由于邻接矩阵是对称矩阵,$x(V_i,V_i)=0,\ i=1\sim n$,所以选择个体 p 为

$$p = \left\{\begin{aligned} &x(V_1,V_2),x(V_1,V_3),\cdots,x(V_1,V_n) \\ &x(V_2,V_3),\cdots,x(V_2,V_n),\cdots,x(V_{n-1},V_n) \end{aligned}\right\} \tag{4.16}$$

这种选取方式可以表示出分布式控制中所有可能的总线拓扑结构。对个体的编码方式如图 4.22 所示。个体中的每个基因 $x(V_i,V_j)$ 都代表着相应的邻接关系,因此这样的个体不需要编码,仅需要随机 0 和 1 的一组产生序列,0 表示对应的两个节点不相连,1 表示对应的两个节点相连。这样的个体的选择将几何问题转化为 0 或 1 的逻辑关系,有利于遗传算法的实现。从计算时间和收敛程度的角度考虑,当所有基因得到的最优适应值收

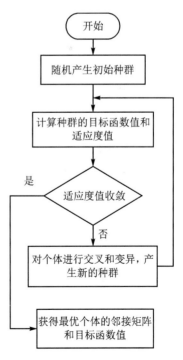

图 4.21　遗传算法优化流程图

敛达到 30 代以上,认为优化已经结束。

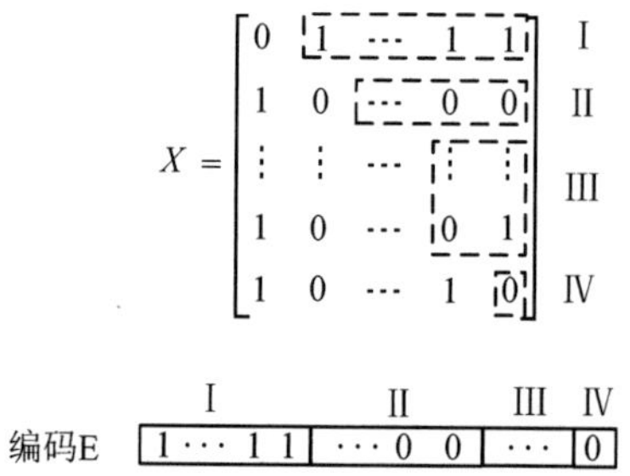

$$X = \begin{bmatrix} 0 & 1 & \cdots & 1 & 1 \\ 1 & 0 & \cdots & 0 & 0 \\ \vdots & \vdots & \cdots & 1 & \vdots \\ 1 & 0 & \cdots & 0 & 1 \\ 1 & 0 & \cdots & 1 & 0 \end{bmatrix} \begin{matrix} \mathrm{I} \\ \mathrm{II} \\ \mathrm{III} \\ \\ \mathrm{IV} \end{matrix}$$

编码E $\boxed{1\cdots11\quad\cdots\quad00\quad\cdots\quad0}$

I　　　　II　　III　IV

图 4.22　总线拓扑结构编码方式

② 优化目标的选取及适应度的计算。在优化中,将线束总长度作为目标函数,即

$$L = \frac{1}{2} \sum_{j=1}^{n} \sum_{i=1}^{n} x(V_i, V_j) d(V_i, V_j) \tag{4.17}$$

环形总线任意两个智能节点之间存在两条独立路径(即两条独立路径没有交集),环形总线相比于总线形具有更高的可靠性。为保证拓扑结构各个节点间连接可靠性,需要对可靠性目标进行一定的约束。因此,判断是否存在两条独立的路径,若不满足约束条件,则对个体施以惩罚值 p_u,惩罚系数为 ϕ_p,则有

$$p_u = \phi_p L \tag{4.18}$$

则每个个体的适应度值表示为

$$F = L + p_u \tag{4.19}$$

最后,对种群中的每个基因信息进行解码并计算目标函数,判断是否满足约束条件,再计算个体的适应度值。

③ 选择操作。按照个体适应度值与所有群体适应度值总和的比值大小决定其相关基因信息遗留的可能性。若某个体 i(即某种网络拓扑结构)的适应度值为 f_i,则其基因信息被选取的概率表示为

$$p_i = \frac{f_i}{\sum_{i=1}^{N_g} f_i} \tag{4.20}$$

④ 交叉与变异。控制参数的选取对遗传算法优化效果起着决定性的作用。遗传优化算法中控制参数的选取将影响优化速度和优化效果,在综合考虑算法的计算速度和收敛程度情况下,选择交叉概率为 0.8,变异概率为 0.3 的参数进行基因染色体交叉、变异运算,交叉、变异过程如下。

设发生交叉的两个父代个体为 p_1^f 和 p_2^f,两个个体的长度都为 $n \times (n-1)/2$(n 表示节点数)。随机生成两个不大于个体长度的整数 c_1 和 c_2,其中 $c_1 < c_2$。对 p_1^f 和 p_2^f 进行交叉操作,生成的新个体是 p_1^s 和 p_2^s

$$p_1^s = \left[p_1^f(1:c_1-1), p_2^f(c_1:c_2), p_1^f(c_2+1:n \times (n-1)/2)\right] \Big\} \quad (4.21)$$
$$p_2^s = \left[p_2^f(1:c_1-1), p_1^f(c_1:c_2), p_2^f(c_2+1:n \times (n-1)/2)\right] \Big\}$$

设发生变异的父代个体为 p_3^f，个体的长度为 $n \times (n-1)/2$，也是随机生成两个不大于个体长度的整数 m_1 和 m_2，其中 $m_1+1 < m_2$，个体变异生成的新个体为 p_3^s

$$p_3^s = \left[p_3^f(1:m_1-1), p_3^f(m_2), p_3^f(m_1+1:m_2-1), \right.$$
$$\left. p_3^f(m_1), p_3^f(m_2+1:n \times (n-1)/2)\right] \quad (4.22)$$

其中对拓扑结构编码交叉的过程如图 4.23 所示。对父代个体进行交叉和变异运算产生新的个体，新的个体和父代个体合并成新的个体群。

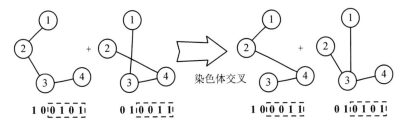

图 4.23　拓扑结构编码交叉示意图

⑤ 优化流程。重复步骤①～⑤直到遗传算法的适应度函数收敛。

考虑到航空发动机控制节点较多，而拓扑结构优化的研究重点在于优化算法与策略方面的探索，故本节选取某涡轮基组合循环发动机上具有代表性的执行机构节点以及传感器节点以开展数据总线拓扑结构优化研究，节点信息如表 4.2 所列。

表 4.2　涡轮基组合循环发动机重要节点信息

节点编号	节点功能	节点位置编号	节点轴向位置/cm	节点周向角度/°
Node 1	进气作动器	5 300	530	0
Node 2	进气道总压 1	11 600	1 160	0
Node 3	进气道总温	11 600	1 160	0
Node 4	进气道总压 2	11 650	1 160	180
Node 5	风扇进口作动器	12 010	1 200	36
Node 6	涵道选择作动器	12 600	1 260	0
Node 7	一级风扇出口作动器	13 810	1 380	36
Node 8	级间放气阀作动器	14 710	1 470	36
Node 9	一级风扇出口总压 1	14 800	1 480	0
Node 10	一级风扇出口总压 2	14 850	1 480	180

节点编号	节点功能	节点位置编号	节点轴向位置/cm	节点周向角度/°
Node 11	二级风扇出口总压 1	17 200	1 720	0
Node 12	二级风扇出口总压 2	17 250	1 720	180
Node 13	高压转子转速传感器	17 900	1 790	0
Node 14	低压转子转速传感器 1	18 450	1 840	180
Node 15	压气机出口总压 1	22 100	2 210	0
Node 16	压气机出口总压 2	22 150	2 210	180
Node 17	主燃烧室切换阀	22 400	2 240	0
Node 18	燃烧室电动燃油泵	22 450	2 240	180
Node 19	燃烧室燃油调节装置	22 450	2 240	180
Node 20	冲压涵道总温	23 800	2 380	0
Node 21	冲压涵道静压 1	23 800	2 380	0
Node 22	冲压涵道总压 1	23 800	2 380	0
Node 23	冲压涵道静压 2	23 850	2 380	180
Node 24	冲压涵道总压 2	23 850	2 380	180
Node 25	油路切换阀 1	24 200	2 420	0
Node 26	油路切换阀 2	24 220	2 420	72
Node 27	油路切换阀 3	24 240	2 420	144
Node 28	润滑系统电动滑油泵	24 250	2 420	180
Node 29	高压涡轮后总压	26 800	2 680	0
Node 30	低压涡轮出口总压 1	28 600	2 860	0
Node 31	低压涡轮出口总温 1	28 600	2 860	0
Node 32	低压涡轮出口总温 2	28 633	2 860	120
Node 33	低压涡轮出口总压 2	28 650	2 860	180
Node 34	低压涡轮出口总温 3	28 666	2 860	240
Node 35	外涵道出口总压 1	29 500	2 950	0
Node 36	外涵道出口静压 1	29 500	2 950	0
Node 37	外涵道出口总温 1	29 500	2 950	0
Node 38	外涵道出口总温 2	29 533	2 950	120
Node 39	外涵道出口总压 2	29 550	2 950	180
Node 40	外涵道出口静压 2	29 550	2 950	180

续表 4.2

节点编号	节点功能	节点位置编号	节点轴向位置/cm	节点周向角度/°
Node 41	外涵道出口总温 3	29 566	2 950	240
Node 42	紫外火焰传感器 2	30 850	3 080	180
Node 43	冲压燃烧室电动燃油泵 1	37 900	3 790	0
Node 44	冲压燃烧室燃油调节装置 1	37 900	3 790	0
Node 45	冲压燃烧室燃油切换阀 1	37 900	3 790	0
Node 46	冲压燃烧室残油放泄阀 1	37 900	3 790	0
Node 47	冲压燃烧室电动燃油泵 2	37 950	3 790	180
Node 48	冲压燃烧室燃油调节装置 2	37 950	3 790	180
Node 49	冲压燃烧室燃油切换阀 2	37 950	3 790	180
Node 50	冲压燃烧室残油放泄阀 2	37 950	3 790	180
Node 51	燃油供油温度传感器	48 100	4 810	0
Node 52	紫外火焰传感器 1	48 450	4 840	180
Node 53	冲压燃烧室出口总压	51 400	5 140	0
Node 54	可调喷管作动系统	54 750	5 470	180

　　涡轮基组合循环发动机机匣表面一般存在两个高温区,分别为涡轮燃烧室已经冲压燃烧室所在的区域。将涡轮基组合循环机匣表面简化为圆柱面,建立空间网格模型,由两个高温区将发动机机匣分为 3 个区域,红色为高温区,如图 4.24 所示。

　　利用粒子群算法优化智能节点位置的迭代过程如图 4.25 所示,优化后得到各智能中央节点的位置如表 4.3 所列,以及各智能中央节点所连接的从节点如表 4.4 所列。

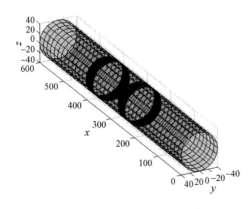

图 4.24　发动机机匣网格模型及高温区

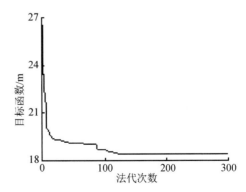

图 4.25　粒子群优化迭代过程

表 4.3　智能中央节点

节点编号	节点名称	节点所在位置编号	节点横坐标/mm	节点周向角度/°
N1	智能中央节点 1	13 103	1 310	10
N2	智能中央节点 2	22 450	2 240	180
N3	智能中央节点 3	27 000	2 700	0
N4	智能中央节点 4	30 850	3 080	180
N5	智能中央节点 5	37 500	3 750	0
N6	智能中央节点 6	50 118	5 010	64

表 4.4　智能中央节点优化后的信息

节点编号	节点名称	智能中央节点连接的从节点
N1	智能中央节点 1	Node1，Node2，Node3，Node5，Node6，Node7，Node8，Node9，Node11，Node13
N2	智能中央节点 2	Node4，Node10 Node12，Node14 ，Node16，Node18 ，Node19，Node23，Node24，Node27，Node28
N3	智能中央节点 3	Node15， Node17 ，Node20，Node21，Node22， Node25，Node26，Node29，Node30，Node31，Node35 ，Node36，Node37
N4	智能中央节点 4	Node32， Node33， Node34， Node38， Node39， Node40，Node41，Node42，Node47，Node48，Node49，Node50
N5	智能中央节点 5	Node43，Node44，Node45，Node46
N6	智能中央节点 6	Node51，Node52，Node53，Node54

　　利用粒子群算法优化获得智能中央节点的位置信息。在最优星形结构的基础上，进一步利用遗传算法优化环形拓扑结构，优化过程如图 4.26 所示，优化得到环形总线拓扑结构如图 4.27 所示。

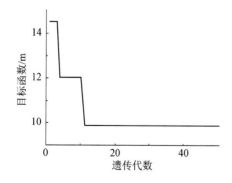

图 4.26　遗传算法优化过程目标函数曲线

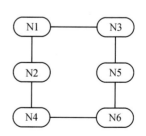

图 4.27　智能中央节点环形总线拓扑结构

在环型总线拓扑结构中,虽然系统级控制器与飞控系统进行通信并且具有动力控制系统的控制权。但是系统级控制器的位置并没有限制,因此不妨将系统级控制器与智能中央节点 1 放置在同样的位置,以减少线束长度。由上述步骤所述,利用粒子群算法和遗传算法优化得到的混合拓扑结构示意图如图 4.28 所示,立体图如图 4.29 所示。

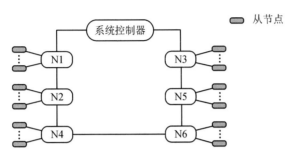

图 4.28　TBCC 优化后混合拓扑结构示意图

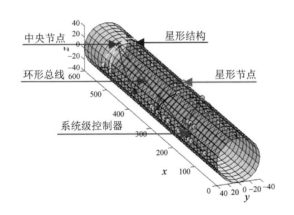

图 4.29　TBCC 优化后混合拓扑结构立体图

　　图 4.29 中红点代表智能中央节点,绿点代表发动机节点,红线代表环形总线,紫线、青线、蓝线、绿线、黑线,黄线分别代表智能中央节点 1、2、3、4、5、6 所在的星形结构的连线。

　　混合拓扑结构所需线束的长度为 6 个星型结构线束长度以及环形总线线束长度之和,由上述优化结果可以得到线束总长为 28.3 m。单一星形结构的拓扑结构的最优中央节点编号为 25 724,即轴向 257 cm,周向 86 ℃,所需线束总长为 58.8 m。对比上述结果,在线束一致的前提下线束长度与重量成正比,混合结构其重量比单一星形结构降低了 52.2%。

4.3 基于 TTCAN 的分布式总线容错调度方法研究

在航空发动机分布式控制系统中,依据各个实时应用任务对时间要求的紧迫程度,将不同的消息划分为不同的优先级,在这种多任务并行的控制系统中,对其消息的合理调度直接关系整个系统实时性的优劣,因此对调度算法的研究至关重要。在现有的调度算法中,有经典的装箱算法、遗传算法、优先级提升算法等经典调度算法。本节将基于装箱算法和遗传算法对 TTCAN 总线周期性消息进行调度优化,采用优先级提升算法对 TTCAN 总线非周期事件性消息进行调度优化。

4.3.1 TTCAN 总线周期性消息调度算法

TTCAN 调度矩阵由基本周期循环组成,周期性消息在独占窗中传输,事件性消息在仲裁时间窗中传输,针对这一机制,本节将 TTCAN 总线基本周期划分为同步相和异步相,分别进行调度算法设计。同步相由所有独占时间窗构成,用于传输周期性消息;异步相由所有仲裁时间窗构成,用于传输事件性消息,如图 4.30 所示。其中 E 为独占窗,A 为仲裁窗,a 表示同步相与异步相之间的隔离窗口,用以避免非周期的事件性消息的传输对周期性消息传输造成的影响。

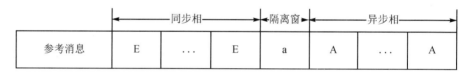

图 4.30 基本周期结构图

周期性消息的传输是在独占窗同步相中进行的,只需确定消息的生成时刻、发送时刻和采样周期,就可以对该消息进行调度。TTCAN 总线调度算法的研究实际上就是对系统调度矩阵的确定以及优化的过程,构建 TTCAN 总线系统调度矩阵的步骤如下:

① 确定调度矩阵的基本信息,如节点参数、周期性和非周期性报文的数目、总线波特率、周期性报文的发送周期、非周期性报文产生的频率等;

② 确定调度矩阵的基本周期和矩阵周期,即确定调度矩阵的大小,得到待优化的初始矩阵,根据基本周期和矩阵周期确定每个基本周期传输周期性报文和非周期性报文的数目,然后通过 FFI 装箱算法将各个周期性报文装入系统调度矩阵,得到初始调度矩阵;

③ 利用遗传算法对初始调度矩阵进行优化,即在保证各周期性报文传输实时性的前提下,尽量使独占窗的时间总和小,为非周期的事件性报文调度提供足够的

时间。

④ 在此基础上通过添加容错窗进行容错设计。

调度矩阵基本信息主要包括节点参数、周期性和非周期性报文的数目、总线波特率、周期性报文的发送周期、非周期性报文产生的频率等。初始化待优化矩阵主要确定初始待优化矩阵的行数 R 和列数 C。

(1) 初始矩阵行数 R 的确定

在确定调度矩阵的基本信息之后,首先需要确定调度矩阵基本循环和系统矩阵循环的时间 T_{BC} 和 T_{MC}。将输入的周期性节点的周期按升序顺序进行排列得到

$$T = \{T_1^1, \cdots, T_1^{k_1}, T_2^1, \cdots, T_2^{k_2}, \cdots, T_N^1, \cdots, T_N^{k_n}\} \tag{4.23}$$

此时周期性节点消息按(4.23)进行对应排列可得到消息集合为

$$M = \{M_1^1, \cdots, M_1^{k_1}, M_2^1, \cdots, M_2^{k_2}, \cdots, M_N^1, \cdots, M_N^{k_n}\} \tag{4.24}$$

在这里采用最小周期法,取 $T_{BC} = T_1$,T_{MC} 取所有报文传输周期的最小公倍数,即

$$T_{MC} = [T_1^1, \cdots, T_1^{k_1}, T_2^1, \cdots, T_2^{k_2}, \cdots, T_N^1, \cdots, T_N^{k_n}] \tag{4.25}$$

式中,符号[ ]表示求取最小公倍数。确定 T_{BC} 和 T_{MC} 之后,系统调度矩阵的行数为

$$R = T_{MC} / T_{BC} \tag{4.26}$$

(2) 初始矩阵列数 C 的确定

根据总线所选取的总线波特率 B 和周期性报文的传输字数,可知一个基本周期循环内传输的最大消息数目 $C_{\max}$ 为

$$C_{\max} = [(T_{BC} - a - L_R) / L_{\max}] \tag{4.27}$$

式中,a 为独占窗和仲裁窗之间的隔离窗口时间;L_R 为参考报文的传输时间;$L_{\max}$ 为所有周期性消息中最大的传输时间,而周期性报文传输所需的时间即为传输时延,由式(4.28)或式(4.29)计算得到。

$$L = T_{TTCAN\_t} = [8N + 44 + (8N + 34)/5] T_{bit} \tag{4.28}$$

式中,T_{bit} 为总线传输一位所需要的时间,由总线波特率决定,

$$T_{bit} = 1/B \tag{4.29}$$

矩阵周期循环中可以传递的总的周期性报文个数除以矩阵行数,即可得到传输的周期性报文个数,即

$$E = \left[\frac{\sum_{i=1}^{N} \left(k_i \dfrac{T_{MC}}{T_i} \right)}{\dfrac{T_{MC}}{T_{BC}}} \right] = \left[\sum_{i=1}^{N} \left(k_i \dfrac{T_{BC}}{T_i} \right) \right] \tag{4.30}$$

将调度矩阵的设计优化看成一个装箱问题,每个消息即为待装箱的物品,系统矩阵即为所需的箱子,同时式(4.30)形式也是装箱问题最优解的形式。在得到每个基本周期传输的周期性消息个数之后,判断若 $E < C_{\max}$,则满足要求,且仲裁容错窗的总个数为 $C_{\max} - E$;若 $E \geqslant C_{\max}$,则不满足要求,增大波特率,重新计算直至满足

$E < C_{\max}$。

（3）确定系统的行数和列数之后，运用 FFI 装箱算法，将消息组 M 装入调度矩阵，得到待优化的初始矩阵。在装填时，结合系统调度表，需要遵循以下原则：

① 系统矩阵中同一列中的每一个时间窗口大小要相等；

② 系统矩阵周期的行数必须是 2^n（$n = 1,2,3,4,5,6$），也就是矩阵周期的行数在满足 2^n 的条件下，并且不能超过 64；

③ 装填时按照消息发送周期的大小的顺序，优先装填周期短的消息；

④ 一列中装不下的消息，按顺序在下一列继续装填，同时注意消息的发送周期；

⑤ 周期性消息装填在独占窗中，非周期性消息装填在独占窗中。

依据上述步骤确定初始待优化系统矩阵，按照装箱算法装填总线利用率低，总线带宽资源浪费严重，因此需要进一步优化，而遗传算法是解决装箱问题中总线利用率低的一个有效的方法。优化的目的是在保证各周期性报文传输实时性的前提下，尽量使独占窗时间总和小，以便提高总线传输周期性报文的总线利用率；同时也为仲裁窗提供更多传输非周期性报文的时间，更大限度地确保非周期事件性报文的实时性。

本节采用整数编码方式，这种编码方式是浮点数编码方式的一种，它的每一位基因上的数值均为一个整数。在周期性消息中，若消息的调度周期等于基本周期，即每个基本周期循环都需要调度一次该信息，对于这类信息，在系统矩阵里安排某一整列都是该信息，因此该列没有总线带宽的浪费，无需优化，直接由装箱算法决定即可。因此需要对调度周期大于基本周期的报文进行优化。在本节设计中，一条染色体 $(1,2,\cdots,n)$ 的 n 个基因代表需要调度的 n 个周期性报文，其中染色体字符串中第 i（$i = 1,2,\cdots,n$）个基因位置代表第 i（$i = 1,2,\cdots,n$）个报文；第 i 个基因上的整数值表示第 i 个报文在系统调度矩阵中对应的列数。如染色体字符串为 12 123 233，第一位表示第一个需要调度的报文，第一位上的数字 1 代表该处于第一列；第二位表示第二个需要调度的报文，第二位上的数字为 2 代表该报文处于第二列，以此类推，这 8 个报文对应的调度表如图 4.31 所示。

对于整个系统调度矩阵，最终需要实现的目标是把消息组中 n 个周期性消息分配到独占窗中；对于调度矩阵中的某一列（时间窗），它的宽度为在本列传输的所有消息中所需传输时间最长的消息传输时间。在调度矩阵中，要求独占窗所占用时间之和尽量小，这里选取目标函数 P 为

$$\left.\begin{aligned} P &= \min\left(\sum_{i=1}^{R}\sum_{j=1}^{E} W_{ij}\right) \\ \text{s. t. } &|t_i^j - t_i^{j-1}| \leqslant T_i, \quad j = 1,\cdots,k_i \end{aligned}\right\} \tag{4.31}$$

式中，W_{ij} 表示第 i 行第 j 列的时间窗的宽度，E 为每一个基本周期中独占窗的个数，t_{ij} 表示第 i 个消息第 j 次发送时刻。

系统调度矩阵设计完成，开展相应的系统容错设计。TTCAN 系统是主从时间触发系统，如果时间主节点发生故障，则系统就会立刻瘫痪。为了提高容错性，系统

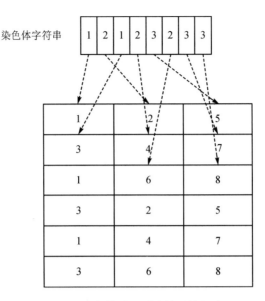

图 4.31　染色体编码对应的系统矩阵

可以设定为多主的系统。在系统初始化时,有若干个时间主节点,每个时间主节点都有优先权。当系统正常工作时,优先权最高的那个主节点成为实际主节点,其他的主节点成为预备主节点。预备主节点在系统正常工作时的作用与从节点相同,当实际主节点发生错误时优先级最高的预备主节点就会自动成为实际主节点。TTCAN 协议通过提供冗余时间主节点的方式为网络同步提供了基本的容错机制,但由于其屏蔽掉了独占窗期间内的自动重发机制,因此将导致同步相调度期间系统容错性能降低。一旦同步相中发生错误就会造成信息丢失,这在很大程度上影响了通信的安全性和可靠性。

本节在每个基本周期尾部均设计了一个容错窗,来进行容错处理。该容错窗在结构上与其他时间窗相同,其作用是使任何一个在这个基本周期内发送失败的报文都可以在这个容错窗口中重新进行发送传输。其工作原理是若周期性消息传输失败,则检测器就把传输失败的消息存储在传输缓存区中,然后在容错时间窗传输时刻把这个发送失败的消息重新传输。该容错策略在结构上增加了一个收发缓存区,正常运行情况下,该容错窗不参与系统调度;但在检测到错误情况后,检测到检测节点首先向总线发送一个错误帧,然后把该传输出错的消息放入收发缓存区,当容错窗到来时,第一个发生错误的消息将在容错窗内重新发送。

假设所发生的错误为非致命性错误,并且 TTCAN 周期性消息在时间 t 内发生错误的次数服从参数为 λ 的泊松分布,则

$$P\{X=k\}=\frac{e^{-\lambda t}(\lambda t)^{k}}{k!} \tag{4.32}$$

式中,k 为发送失败的次数,λ 为每秒传输失败消息的平均个数。因此传输成功时为

$k=0$,则发送成功的概率为

$$P_s = \mathrm{e}^{-\lambda t} \tag{4.33}$$

发送失败的概率为

$$P_f = 1 - \mathrm{e}^{-\lambda t} \tag{4.34}$$

考虑最坏的情况,即 t 为一个基本周期。在使用本方法后的 TTCAN 系统在基本周期内,由于每个基本周期末尾都有容错窗的存在,若一个周期里有 N 个独占窗,则每个独占窗传输失败重新发送的机会为 $1/N$。此时传输失败的概率为

$$P_{fm} = \left(1 - \mathrm{e}^{-\lambda T_{BC}}\right)^{1+\frac{1}{N}} \tag{4.35}$$

$P_{fm}<P_f$,加入容错设计之后,发送失败概率降低。当容错窗个数增加到 N 个时,

$$P_{fm} = \left(1 - \mathrm{e}^{-\lambda T_{BC}}\right)^2 \tag{4.36}$$

下面分析在这种情况下,发生错误的这个消息的传输时延,在一个基本周期内,第 i 个时间窗口的长度为 W_i,如果一个错误发生在基本周期的第 j 个窗口,按容错设计,该消息会在容错窗内重新发送,则时延为

$$T = \sum_{i=j+1}^{N} W_i \tag{4.37}$$

4.3.2　TTCAN 总线事件性消息调度算法

仲裁窗异步相中传输的消息主要为非实时的事件性消息,对航空发动机而言,事件性报文的传输同样具有一定实时性要求。由于总线一旦开始传输除非出错否则不会终止传输的特点,非周期性消息会造成对周期性消息传输的影响,出现时延抖动现象,因此在进行系统调度矩阵设计时必须控制事件性报文的生成概率低于某个值,在一定程度上以满足事件性报文的实时性要求。在对仲裁窗异步相中的事件性报文进行调度时,由于事件性报文产生时刻的不确定性,无法对其传输时刻进行具体预先调度安排。只有生成事件性报文之后,在随后的仲裁窗异步相内,事件性报文通过 CAN 总线中 CSMA/CA 仲裁机制竞争获得总线使用权。但是 CAN 数据报文的标识符是预先确定的且跟随报文一起进行传输的,这就会出现某类事件性报文频繁出现,进而仲裁竞争总线,导致了比这类报文优先级低的事件性报文将无法通过仲裁访问总线,即出现消息"死锁"现象[36]。

基于上述原因,本节对事件性消息的调度采用优先级提升调度算法。在航空发动机中事件性消息通常是智能传感器或智能执行机构的异常状态信息或者错误警报信息,这类消息的产生在某种程度上服从一定的概率分布。传统的静态调度算法一般将这类事件性消息转化为周期性消息进行处理,这极大地浪费了系统带宽资源。而在 TTCAN 总线协议中,由于底层 CAN 总线的 CSMA/CA 机制可以满足事件性

消息的调度,因此在仲裁窗口中可以利用基于截止期算法的优先级提升算法对事件性消息进行调度。

在优先级提升算法中,截止优先级和时延优先级共同决定每个非周期性消息的优先级[37]。截止优先级是由截止期决定的,截止期是指节点消息从发送节点产生到抵达接收节点过程中所能允许的最大延迟时间。截止优先级与消息的截止期成反比,截止期越小优先级越高。时延优先级就是该消息仲裁失败的次数,即从消息请求发送到该消息开始在总线中传输这段时间内,在总线中传输的其他数据消息的总个数。

本节采用优先级提升调度算法,针对可能出现的“死锁”现象,在消息截止优先级相同时由时延优先级决定信号的优先级。时延优先级在信号标识符的高位,而截止优先级处于低位,仲裁失败后通过提高时延优先级进而提高整个报文优先级。其具体算法如下:

输入参数:第 i 个消息截止优先级、时延优先级和时延提升量;

输出参数:第 i 个消息的优先级;

算法步骤:

① 异步相系统的初始化,截止优先级和时延优先级置初值,该节点优先级由时延优先级和截止优先级共同决定;

② 节点请求发送消息:判断当前时间窗类型,若当前状态为独占窗同步相,则该事件性消息等待;若当前状态为仲裁窗异步相,且该消息仲裁失败,则时延优先级的值加上时延提升量,该消息重新请求发送,直到该消息发送成功;

③ 重设优先级,等待再次发送。

4.4　航空发动机分布式控制时延系统鲁棒控制方法

分布式控制系统中从传感器至控制器,再从控制器到执行机构通过通信网络进行数据的传输,由于网络特性,分布式控制系统中不可避免地存在传输时延,传输时延的存在会破坏控制系统的控制品质与性能。因此,本节针对随机性的有界时变时延开展鲁棒控制方法研究。首先针对航空发动机分布式控制时延系统开展具备强鲁棒性的 H_∞ 控制方法研究,基于该控制理论分别开展多性能(H_2/H_∞)鲁棒控制方法及 H_∞/Leitmann 控制方法探索。此外基于分布式控制系统中各子控制器空间分散的概念,研究基于分散控制理论的航空发动机分布式控制时延系统最优保性能分散控制方法。

4.4.1　航空发动机分布式控制时延系统 H_∞ 鲁棒跟踪控制

考虑如下线性不确定网络时延控制系统:

$$\dot{x}(t) = (A + \Delta A)x(t) + (B + \Delta B)Kx(t - d(t)) + Gw(t) \\ z(t) = C_1 x(t) + D_1 Kx(t - d(t)) + G_1 w(t) \tag{4.38}$$

式中，$x(t) \in R^n$ 是状态向量，$z(t) \in R^n$ 是控制输出，$w(t) \in L_2$ 是系统扰动，A，B，G，C_1，D_1 和 G_1 是具有适当维数的已知常数矩阵，ΔA 和 ΔB 是具有适当维数的不确定参数矩阵函数，表示系统模型中的参数不确定性。假设所考虑的参数不确定性是范数有界的，且满足

$$[\Delta A \quad \Delta B] = DF(t)[E_1 \quad E_2] \tag{4.39}$$

式中，D、E_1 和 E_2 是具有适当维数的已知常数矩阵，它们反映了不确定性的结构信息，$F(t) \in R^{i \times j}$ 是满足 $F^T(t)F(t) \leqslant I$ 的不确定参数矩阵。$d(t)$ 代表整个控制回路时延，且

$$d(t) = \tau_{sc} + \tau_{ca} \tag{4.40}$$

定义 h 是时延上界。

定理 4.1[38]   给定标量 $h > 0$，$\gamma > 0$，如果存在标量 $\varepsilon > 0$，矩阵 $L = L^T > 0$，$\bar{Z} = \bar{Z}^T > 0$，$\bar{S} = \begin{bmatrix} \bar{S}_{11} & \bar{S}_{12} \\ * & \bar{S}_{22} \end{bmatrix} \geqslant 0$，以及适合维数的矩阵 W，$\bar{N}_1$ 和 $\bar{N}_2$，使得

$$\bar{\lambda} = \begin{bmatrix} \bar{\Phi}_{11} + \varepsilon DD^T & \bar{\Phi}_{12} & G & hLA^T + \varepsilon DD^T & LE_1^T & LC_1^T \\ * & \bar{\Phi}_{22} & 0 & hW^T B^T & W^T E_2^T & W^T D_1^T \\ * & * & -\gamma^2 I & 0 & 0 & G_1^T \\ * & * & * & h(\bar{Z} - 2L) + \varepsilon DD^T & 0 & 0 \\ * & * & * & * & -\varepsilon I & 0 \\ * & * & * & * & * & -I \end{bmatrix} < 0 \tag{4.41}$$

$$\bar{H} = \begin{bmatrix} \bar{S}_{11} & \bar{S}_{12} & \bar{N}_1 \\ * & \bar{S}_{22} & \bar{N}_2 \\ * & * & Z \end{bmatrix} \geqslant 0 \tag{4.42}$$

成立，则

$$\hat{u}(t) = WL^{-1}\hat{x}(t) \tag{4.43}$$

是系统(4.38)的一个 H_∞ 控制律，系统(4.38)在无干扰时渐进稳定，且对所有的不确定性都具有给定的 H_∞ 扰动抑制水平 γ。这里，

$$\bar{\Phi}_{11} = AL + LA^T + \bar{N}_1^T + h\bar{S}_{11}$$

$$\bar{\Phi}_{12} = BW - \bar{N}_1^T + \bar{N}_2^T + h\bar{S}_{12} \tag{4.44}$$

$$\bar{\Phi}_{22} = -\bar{N}_2 - \bar{N}_2^T + h\bar{S}_{22}$$

针对某加力涡扇发动机分布式控制系统转速系统,将误差的积分增广到状态空间方程里,则发动机转速控制系统的跟踪增广系统为

$$\dot{\bar{x}}(t) = (\bar{A} + \bar{D}F(t)\bar{E}_1)\bar{x}(t) + (\bar{B} + \bar{D}F(t)\bar{E}_2)K\bar{x}(t - \mathrm{d}(t)) + \bar{G}w(t)$$

$$\bar{z}(t) = \bar{C}\bar{x}(t)$$

$$(4.45)$$

其中,

$$\bar{x} = \begin{bmatrix} \Delta N_L \\ \Delta N_H \\ \int_0^t e_1(\tau)\,\mathrm{d}\tau \\ \int_0^t e_2(\tau)\,\mathrm{d}\tau \end{bmatrix}, \quad \bar{u} = \begin{bmatrix} \Delta W_f \\ \Delta A_8 \end{bmatrix}, \quad \bar{z} = \begin{bmatrix} \Delta N_L \\ \Delta N_H \\ \int_0^t e_1(\tau)\,\mathrm{d}\tau \\ \int_0^t e_2(\tau)\,\mathrm{d}\tau \end{bmatrix}, \quad w = \begin{bmatrix} \theta(t) \\ \Delta N_{L,r} \\ \Delta N_{H,r} \end{bmatrix}$$

$$(4.46)$$

ΔN_L 是线性模型的低压转子转速,ΔN_H 是高压转子转速,$\Delta N_{L,r}$ 是低压转子转速指令信号,$\Delta N_{H,r}$ 是高压转子转速指令信号,$e_1 = \Delta N_L - \Delta N_{L,r}, e_2 = \Delta N_H - \Delta N_{H,r}$。

将由于网络时延存在造成的控制器积分残差 $\theta(t)$ 与指令信号 $r(t)$ 视作一种对系统的扰动 $w(t)$,由定理 4.1 可求得增广系统(4.45)的 H_∞ 鲁棒控制器 K,且系统(4.45)具有给定的 H_∞ 扰动抑制水平 γ。需要指出的是,通过上述设计,系统(4.38)的 H_∞ 鲁棒跟踪控制器设计问题,转化成了系统(4.45)的鲁棒状态反馈控制器设计问题。

某型带加力涡扇发动机在 $H = 0$ km, $Ma = 0$ 处,中间状态线性转速控制系统含误差积分的增广状态空间模型参数矩阵如下:

$$\bar{A} = \begin{bmatrix} -2.604\,8 & 2.448\,9 & 0 & 0 \\ -0.302\,3 & -3.627\,8 & 0 & 0 \\ 1 & 0 & 0 & 0 \\ 0 & 1 & 0 & 0 \end{bmatrix}, \quad \bar{B} = \begin{bmatrix} 0.867\,4 & 1.014\,0 \\ 0.836\,2 & 0.598\,4 \\ 0 & 0 \\ 0 & 0 \end{bmatrix}, \quad \bar{D} = \begin{bmatrix} 1 & 0 & 0 & 0 \\ 0 & 1 & 0 & 0 \\ 0 & 0 & 1 & 0 \\ 0 & 0 & 0 & 1 \end{bmatrix}$$

$$(4.47)$$

$$G = \begin{bmatrix} 1 & 0 & 0 & 0 \\ 0 & 1 & 0 & 0 \\ 0 & 0 & -1 & 0 \\ 0 & 0 & 0 & -1 \end{bmatrix}, \quad \bar{E}_1 = 0.05\bar{A}, \quad \bar{E}_2 = 0.05\bar{B} \qquad (4.48)$$

假设发动机分布式系统时延上界 $h = 0.1$ s,$\gamma = 1$。利用定理 4.1,由 MATLAB 中的 LMI 工具箱可算得控制器增益

$$K1 = \begin{bmatrix} -4.788\,7 & -8.381\,7 \\ -7.070\,9 & 6.792\,1 \end{bmatrix}, \quad K2 = \begin{bmatrix} 24.208\,0 & -60.596\,2 \\ -36.269\,4 & 56.600\,0 \end{bmatrix} \qquad (4.49)$$

以发动机部件级气动热力学模型为被控对象,开展全数字仿真研究。仿真结果

如图 4.32 所示。

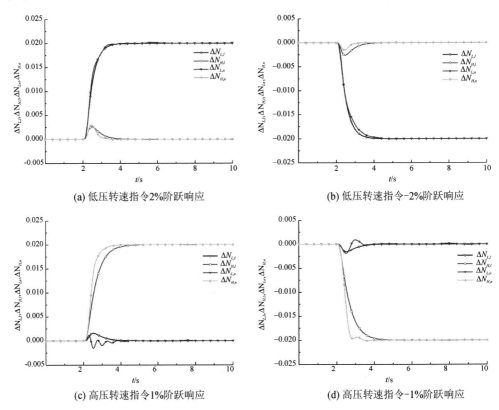

(a) 低压转速指令2%阶跃响应

(b) 低压转速指令-2%阶跃响应

(c) 高压转速指令1%阶跃响应

(d) 高压转速指令-1%阶跃响应

图 4.32　航空发动机 H_∞ 鲁棒控制仿真结果

　　由仿真结果可以看出,本节设计的控制器,对于航空动机非线性转速系统具备良好的控制作用。对于双输入双输出跟踪控制,设计的控制器具备良好的解耦效果,调节时间在 2 s 以内,没有稳态误差。

4.4.2　航空发动机分布式控制时延系统多性能鲁棒跟踪控制

　　考虑如下线性不确定系统:

$$\left.\begin{aligned}\dot{x}(t) &= (\boldsymbol{A} + \Delta \boldsymbol{A})\,\boldsymbol{x}(t) + (\boldsymbol{B} + \Delta \boldsymbol{B})\,\boldsymbol{u}(t) + \boldsymbol{G}\boldsymbol{w}(t)\\ \boldsymbol{z}(t) &= \boldsymbol{C}_1\boldsymbol{x}(t) + \boldsymbol{D}_1\boldsymbol{u}(t) + \boldsymbol{G}_1\boldsymbol{w}(t)\end{aligned}\right\} \tag{4.50}$$

式中 $\boldsymbol{x}(t) \in R^n$ 是状态向量,$\boldsymbol{u}(t) \in R^m$ 是控制输入,$\boldsymbol{w}(t) \in R^m$ 是系统扰动,$\boldsymbol{z}(t) \in R^s$ 是系统的受控输出。$\boldsymbol{A}$、$\boldsymbol{B}$ 和 $\boldsymbol{G}$ 是具有适当维数的已知常数矩阵,$\Delta \boldsymbol{A}$ 和 $\Delta \boldsymbol{B}$ 是具有适当维数的不确定参数矩阵函数,表示了系统模型中的参数不确定性。假定所考虑的参数不确定性是范数有界的,且具有以下形式:

$$[\Delta \boldsymbol{A} \quad \Delta \boldsymbol{B}] = \boldsymbol{D}\boldsymbol{F}(t)[\boldsymbol{E}_1 \quad \boldsymbol{E}_2] \tag{4.51}$$

式中 $\boldsymbol{D}$、$\boldsymbol{E}_1$ 和 $\boldsymbol{E}_2$ 是具有适当维数的已知常数矩阵,它们反映了不确定性的结构信息,$\boldsymbol{F}(t)\in R^{i\times j}$ 是满足 $\boldsymbol{F}^{\mathrm{T}}(t)\boldsymbol{F}(t)\leqslant \boldsymbol{I}$ 的不确定参数矩阵,它可能是时变的。假设 $w(t)$ 满足以下条件:

$$w(t)=\begin{cases}w_1(t), & 0\leqslant t\leqslant t_1\\ 0, & t>t_1\end{cases} \qquad (4.52)$$

式中,$w(t)$ 实际上是一种构造的检验系统性能的检测信号。期望在有扰动 $w_1(t)$ 存在时,系统有比较好的抗干扰性能,当扰动消除后,系统能够渐进稳定,且收敛过程动态性能良好,输入代价小。基于以上考虑,对系统(4.50)定义以下 2 个性能指标

① H_∞ 性能指标

$$J_1=\frac{\parallel z_1(t)\parallel_2}{\parallel w_1(t)\parallel_2}<\gamma \qquad (4.53)$$

② 二次型性能指标

$$J_2=\int_{t_1}^{\infty}[x^{\mathrm{T}}(t)\boldsymbol{Q}x(t)+u^{\mathrm{T}}(t)\boldsymbol{R}u(t)]\,\mathrm{d}t \qquad (4.54)$$

式中 $\boldsymbol{Q}$ 和 $\boldsymbol{R}$ 是给定的对称正定加权矩阵。

综合考虑假定系统的状态是可测,采用状态反馈控制器

$$\hat{\boldsymbol{u}}(t)=\boldsymbol{K}\hat{\boldsymbol{x}}(t) \qquad (4.55)$$

式中 $\hat{\boldsymbol{x}}$ 和 $\hat{\boldsymbol{u}}$ 是控制器端的输入和输出。整个控制回路时延

$$\mathrm{d}(t)=\tau_{sc}+\tau_{ca}, \quad 0<\mathrm{d}(t)\leqslant h \qquad (4.56)$$

式中 τ_{sc} 表示传感器到控制器的时延,τ_{ca} 表示控制器到执行机构的时延。由(4.55)和(4.56),系统(4.52)可表示为

$$\left.\begin{array}{l}\dot{x}(t)=(\boldsymbol{A}+\Delta\boldsymbol{A})x(t)+(\boldsymbol{B}+\Delta\boldsymbol{B})\boldsymbol{K}x(t-\mathrm{d}(t))+Gw(t)\\ z(t)=\boldsymbol{C}_1x(t)+\boldsymbol{D}_1\boldsymbol{K}x(t-\mathrm{d}(t))+\boldsymbol{G}_1w(t)\end{array}\right\} \qquad (4.57)$$

定义闭环二次型性能指标为

$$J_2=\int_{t_1}^{\infty}[x^{\mathrm{T}}(t)\boldsymbol{Q}x(t)+x^{\mathrm{T}}(t-\mathrm{d}(t))\boldsymbol{K}^{\mathrm{T}}\boldsymbol{R}\boldsymbol{K}x(t-\mathrm{d}(t))]\,\mathrm{d}t \qquad (4.58)$$

定理 4.2[39] 给定标量 $h>0$ 和 $\gamma>0$,如果存在 $\varepsilon>0$,$\boldsymbol{L}=\boldsymbol{L}^{\mathrm{T}}>0$,$\bar{\boldsymbol{Z}}=\bar{\boldsymbol{Z}}^{\mathrm{T}}>0$,$\bar{S}=\begin{bmatrix}\bar{S}_{11} & \bar{S}_{12}\\ * & \bar{S}_{22}\end{bmatrix}\geqslant 0$,以及适合维数的矩阵 $\boldsymbol{W}$,$\bar{\boldsymbol{N}}_1$ 和 $\bar{\boldsymbol{N}}_2$,使得如下的 LMI 成立:

$$\bar{\lambda}=\begin{bmatrix}\bar{\Phi}_{11}+\varepsilon DD^{\mathrm{T}} & \bar{\Phi}_{12} & G & hLA^{\mathrm{T}}+\varepsilon DD^{\mathrm{T}} & LE_1^{\mathrm{T}} & LC_1^{\mathrm{T}} & L & 0\\ * & \bar{\Phi}_{22} & 0 & h\boldsymbol{W}^{\mathrm{T}}B^{\mathrm{T}} & \boldsymbol{W}^{\mathrm{T}}E_2^{\mathrm{T}} & \boldsymbol{W}^{\mathrm{T}}D_1^{\mathrm{T}} & 0 & \boldsymbol{W}^{\mathrm{T}}\\ * & * & -\gamma^2 I & 0 & 0 & G_1^{\mathrm{T}} & 0 & 0\\ * & * & * & h(Z-2L)+\varepsilon DD^{\mathrm{T}} & 0 & 0 & 0 & 0\\ * & * & * & * & -\varepsilon I & 0 & 0 & 0\\ * & * & * & * & * & -I & 0 & 0\\ * & * & * & * & * & * & -Q^{-1} & 0\\ * & * & * & * & * & * & * & -R^{-1}\end{bmatrix}<0$$

$$(4.59)$$

$$\bar{H} = \begin{bmatrix} \bar{S}_{11} & \bar{S}_{12} & \bar{N}_1 \\ * & \bar{S}_{22} & \bar{N}_2 \\ * & * & Z \end{bmatrix} \geqslant 0 \qquad (4.60)$$

其中

$$\left. \begin{aligned} \bar{\Phi}_{11} &= AL + LA^{\mathrm{T}} + \bar{N}_1 + \bar{N}_1^{\mathrm{T}} + h\bar{S}_{11} \\ \bar{\Phi}_{12} &= BW - \bar{N}_1^{\mathrm{T}} + \bar{N}_2^{\mathrm{T}} + h\bar{S}_{12} \\ \bar{\Phi}_{22} &= -\bar{N}_2 - \bar{N}_2^{\mathrm{T}} + h\bar{S}_{22} \end{aligned} \right\} \qquad (4.61)$$

则 $u(t) = WL^{-1}x(t)$ 是系统(4.50)的一个多性能指标鲁棒控制律,且在该控制律作用下,闭环系统(4.57)具有如下性能

① 当 $t > t_1$ 即 $w(t) = 0$ 时,闭环系统渐进稳定,且闭环系统性能指标

$$J_2 \leqslant J_2^* = x^{\mathrm{T}}(t_1)L^{-1}x(t_1) +$$
$$\int_{-h}^{0}\int_{t_1+\theta}^{t_1} \dot{x}^{\mathrm{T}}(s)L^{-1}\bar{Z}L^{-1}\dot{x}(s)\,\mathrm{d}s\,\mathrm{d}\theta \qquad (4.62)$$

② 当 $t \leqslant t_1$ 即有扰动 $w_1(t)$ 存在时,闭环系统满足 H_∞ 性能指标,即式(4.62)成立。

注意到由定理 4.2 得到的性能上界依赖系统的状态 $x(t_1)$ 以及 $[0, t_1]$ 时间内的 $\dot{x}(s)$。而在实际应用中,我们很难精确确定系统的 $x(t_1)$ 和 $\dot{x}(s)$。为了克服这一困难,本节作出如下假设:

假设 $x(t_1)$ 满足 $E\{x(t_1)x^{\mathrm{T}}(t_1)\} = I$ 且 $s = [t_1 - h, t_1]$ 时,$\dot{x}(s)$ 满足 $E\{\dot{x}(s)\dot{x}^{\mathrm{T}}(s)\} \leqslant cI$。

通过考虑二次型性能指标 J_2^* 的期望值,得到

$$J_2 = E\{J_2^*\}$$
$$\leqslant E\left\{x^{\mathrm{T}}(t_1)L^{-1}x(t_1) + \int_{-h}^{0}\int_{t_1+\theta}^{t_1} \dot{x}^{\mathrm{T}}(s)L^{-1}\bar{Z}L^{-1}\dot{x}(s)\,\mathrm{d}s\,\mathrm{d}\theta\right\} \qquad (4.63)$$
$$\leqslant \mathrm{Trace}(L^{-1}) + \frac{1}{2}ch^2\mathrm{Trace}(L^{-1}\bar{Z}L^{-1})$$

定理 4.3　对给定的系统(4.50)和网络时延(4.56),如果以下的优化问题

$$\min_{\varepsilon, L, W, \bar{Z}, \bar{S}, \bar{N}_1, \bar{N}_2, M_1, M_2} \mathrm{Trance}(M_1) + \frac{1}{2}ch^2\mathrm{Trance}(M_2) + \mathrm{Trance}(\gamma) \qquad (4.64)$$

$$\text{s.t. } \lambda = \bar\lambda = \begin{bmatrix} \bar\Phi_{11}+\varepsilon DD^{\mathrm T} & \bar\Phi_{12} & G & hLA^{\mathrm T}+\varepsilon \boldsymbol{DD}^{\mathrm T} & \boldsymbol{LE}_1^{\mathrm T} & \boldsymbol{LC}_1^{\mathrm T} & L & 0 \\ * & \bar\Phi_{22} & 0 & h\boldsymbol{W}^{\mathrm T}\boldsymbol{B}^{\mathrm T} & \boldsymbol{W}^{\mathrm T}E_2^{\mathrm T} & \boldsymbol{W}^{\mathrm T}D_1^{\mathrm T} & 0 & \boldsymbol{W}^{\mathrm T} \\ * & * & -\gamma^2 I & 0 & 0 & G_1^{\mathrm T} & 0 & 0 \\ * & * & * & h(\bar Z-2L)+\varepsilon DD^{\mathrm T} & 0 & 0 & 0 & 0 \\ * & * & * & * & -\varepsilon I & 0 & 0 & 0 \\ * & * & * & * & * & -I & 0 & 0 \\ * & * & * & * & * & * & -Q^{-1} & 0 \\ * & * & * & * & * & * & * & -R^{-1} \end{bmatrix} < 0$$

$$\begin{bmatrix} \bar S_{11} & \bar S_{12} & \bar{\boldsymbol N}_1 \\ * & \bar S_{22} & \bar{\boldsymbol N}_2 \\ * & * & \bar Z \end{bmatrix} \geqslant 0$$

$$\begin{bmatrix} M_1 & I \\ I & L \end{bmatrix} > 0$$

$$\begin{bmatrix} M_2 & I \\ I & 2L-\bar Z \end{bmatrix} > 0$$

有解$(\tilde\varepsilon,\tilde L,\tilde W,\tilde{\bar Z},\tilde{\bar S},\tilde{\bar N}_1,\tilde{\bar N}_2,\tilde M_1,\tilde M_2)$，则$u^*(t)=\tilde W\tilde L^{-1}x(t)$是系统的最优状态反馈控制律。

某带加力涡扇发动机在$H=0$ km，$Ma=0$处，中间状态线性转速控制系统含误差积分的增广状态空间模型参数矩阵如下：

$$\bar{\boldsymbol A}=\begin{bmatrix} -2.604\,8 & 2.448\,9 & 0 & 0 \\ -0.302\,3 & -3.627\,8 & 0 & 0 \\ 1 & 0 & 0 & 0 \\ 0 & 1 & 0 & 0 \end{bmatrix}, \quad \bar{\boldsymbol B}=\begin{bmatrix} 0.867\,4 & 1.014\,0 \\ 0.836\,2 & 0.598\,4 \\ 0 & 0 \\ 0 & 0 \end{bmatrix} \tag{4.65}$$

$$\bar{\boldsymbol D}=\begin{bmatrix} 1 & 0 & 0 & 0 \\ 0 & 1 & 0 & 0 \\ 0 & 0 & 1 & 0 \\ 0 & 0 & 0 & 1 \end{bmatrix}, \quad \boldsymbol G=\begin{bmatrix} 1 & 0 & 0 & 0 \\ 0 & 1 & 0 & 0 \\ 0 & 0 & -1 & 0 \\ 0 & 0 & 0 & -1 \end{bmatrix} \tag{4.66}$$

假设发动机分布式系统时延上界$h=0.1$ s，不确定性边界$\alpha=5\%$，选定加权矩阵

$$\boldsymbol Q=\begin{bmatrix} 1\,000 & 0 & 0 & 0 \\ 0 & 1\,000 & 0 & 0 \\ 0 & 0 & 10\,000 & 0 \\ 0 & 0 & 0 & 10\,000 \end{bmatrix}, \quad \boldsymbol R=\begin{bmatrix} 1 & 0 \\ 0 & 1 \end{bmatrix} \tag{4.67}$$

利用定理 4.3，由 MATLAB 中的 LMI 工具箱可算得多性能跟踪控制器增益

$$\pmb{K}_1 = \begin{bmatrix} -4.788\ 7 & -8.381\ 7 \\ -7.070\ 9 & 6.792\ 1 \end{bmatrix}, \quad \pmb{K}_2 = \begin{bmatrix} 24.208\ 0 & -60.596\ 2 \\ -36.269\ 4 & 56.600\ 0 \end{bmatrix}, \quad \pmb{R} = \begin{bmatrix} 1 & 0 \\ 0 & 1 \end{bmatrix}$$
$$(4.68)$$

将本节设计的多性能控制器应用于航空发动机转速部件级模型,可以得到如图 4.33 所示的仿真曲线。

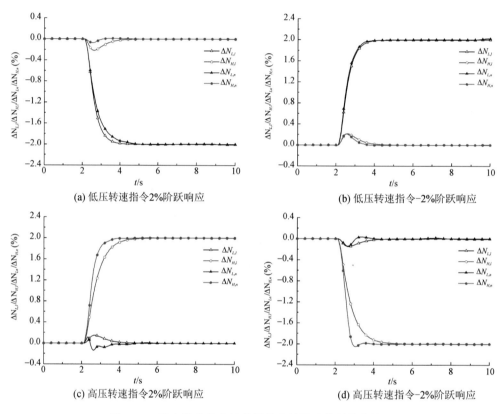

图 4.33　航空发动机多性能最优鲁棒跟踪控制仿真结果

由图 4.33 中的仿真结果可知,多性能控制器对于非线性模型具有良好的解耦效果,调节时间在 2 s 以内,没有稳态误差。本节设计的控制器,对于航空发动机非线性转速系统具有良好的鲁棒性、动、静态性能和解耦效果。

4.4.3　航空发动机分布式控制时延系统 H_∞/Leitmann 控制

考虑如下输出变量即为状态变量的系统,那么系统可以写成[40]
$$\left.\begin{aligned} \dot{\pmb{x}}(t) &= (\pmb{A} + \Delta\pmb{A}(\pmb{x}(t), \pmb{\alpha}(t), t))\pmb{x}(t) + \pmb{B}\pmb{u}(t - \mathrm{d}(t)) + \pmb{B}_0\pmb{w}(t) \\ \pmb{y}(t) &= \pmb{x}(t) \\ \pmb{x}(0) &= \pmb{x}_0 \end{aligned}\right\}$$
$$(4.69)$$

考虑参考模型

$$\left.\begin{aligned}\dot{x}_{ss}(t) &= Ax_{ss}(t) + Bu_{ss}(t-\mathrm{d}(t))\\ y_{ss}(t) &= x_{ss}(t)\end{aligned}\right\} \qquad (4.70)$$

式中 $x_{ss}(t)\in \boldsymbol{R}^n, u_{ss}(t-\mathrm{d}(t))\in \boldsymbol{R}^m, y_{ss}(t)\in \boldsymbol{R}^l$ 分别是参考模型的状态,控制和输出。由系统(4.69)和(4.70),可得动态跟踪系统模型

$$\left.\begin{aligned}\dot{\tilde{x}}(t) &= A\tilde{x}(t) + \Delta A(t)x(t) + B\tilde{u}(t-\mathrm{d}(t)) + B_1 w(t)\\ \tilde{y}(t) &= \tilde{x}(t)\\ \tilde{x}(0) &= x_0 - x_{ss0}\end{aligned}\right\} \qquad (4.71)$$

式中, $\tilde{x}(t)=x(t)-x_{ss}(t), \tilde{u}(t-\mathrm{d}(t))=u(t-\mathrm{d}(t))-u_{ss}(t-\mathrm{d}(t)), \tilde{y}(t)=y(t)-y_{ss}(t)$ 分别是新系统(4.71)的状态,控制和输出。

系统(4.71)的标称系统可以表示为

$$\left.\begin{aligned}\dot{\tilde{x}}_n(t) &= A\tilde{x}_n(t) + B\tilde{q}_n(t-\mathrm{d}(t)) + B_0 w_n(t)\\ \tilde{y}_n(t) &= \tilde{x}_n(t)\\ \tilde{x}_n(0) &= x_{n0} - x_{nss0}\end{aligned}\right\} \qquad (4.72)$$

式中 $\tilde{x}_n(t)=x_n(t)-x_{ss}(t), \tilde{q}_n(t-\mathrm{d}(t))=q_n(t-\mathrm{d}(t))-q_{ss}(t-\mathrm{d}(t)), \tilde{y}_n(t)=y_n(t)-y_{ss}(t)$ 是系统(4.72)的状态变量,控制变量和输出变量; $x_n(t)\in \boldsymbol{R}^n$, $q_n(t-\mathrm{d}(t))\in \boldsymbol{R}^m, y_{nss}(t)\in \boldsymbol{R}^l$ 是系统(4.69)的标称系统的状态变量,控制变量和输出变量; $W_n(t)\in \boldsymbol{R}^k$ 是系统(4.72)的噪声干扰。

定理 4.4[41] 给定标量 $\rho>0, h>0$,如果存在矩阵 $\boldsymbol{L}=\boldsymbol{L}^\mathrm{T}>0, \bar{\boldsymbol{Z}}=\bar{\boldsymbol{Z}}^\mathrm{T}>0, \bar{\boldsymbol{S}}=\begin{bmatrix}\bar{S}_{11} & \bar{S}_{12}\\ * & \bar{S}_{22}\end{bmatrix}$,以及合适维数的矩阵 $\boldsymbol{W}, \bar{\boldsymbol{N}}_1, \bar{\boldsymbol{N}}_2$ 使得

$$\overline{\boldsymbol{\Omega}} = \begin{bmatrix}\bar{\boldsymbol{\Phi}}_{11} & \bar{\boldsymbol{\Phi}}_{12} & \boldsymbol{B}_0 & h\boldsymbol{LA}^\mathrm{T} & 0 & \boldsymbol{LC}^\mathrm{T}\\ * & \bar{\boldsymbol{\Phi}}_{22} & 0 & h\boldsymbol{W}^\mathrm{T}\boldsymbol{B}^\mathrm{T} & 0 & \boldsymbol{W}^\mathrm{T}\boldsymbol{D}^\mathrm{T}\\ * & * & -\rho\boldsymbol{I} & 0 & 0 & \boldsymbol{D}_0^\mathrm{T}\\ * & * & * & h(\bar{\boldsymbol{Z}}-2\boldsymbol{L}) & 0 & 0\\ * & * & * & * & -\boldsymbol{I} & 0\\ * & * & * & * & * & -\boldsymbol{I}\end{bmatrix} < 0 \qquad (4.73)$$

$$\bar{\boldsymbol{H}} = \begin{bmatrix}\bar{S}_{11} & \bar{S}_{12} & \bar{N}_1\\ * & \bar{S}_{22} & \bar{N}_2\\ * & * & \bar{Z}\end{bmatrix} \geqslant 0 \qquad (4.74)$$

成立,式中

$$\bar{\boldsymbol{\Phi}}_{11} = \boldsymbol{AL} + \boldsymbol{LA}^{\mathrm{T}} + \bar{\boldsymbol{N}}_1 + \bar{\boldsymbol{N}}_1^{\mathrm{T}} + h\bar{\boldsymbol{S}}_{11}$$

$$\bar{\boldsymbol{\Phi}}_{12} = \boldsymbol{BW} - \bar{\boldsymbol{N}}_1 + \bar{\boldsymbol{N}}_2^{\mathrm{T}} + h\bar{\boldsymbol{S}}_{12} \tag{4.75}$$

$$\bar{\boldsymbol{\Phi}}_{22} = -\bar{\boldsymbol{N}}_2 - \bar{\boldsymbol{N}}_2^{\mathrm{T}} + h\bar{\boldsymbol{S}}_{22}$$

那么

$$\boldsymbol{q}(t - \mathrm{d}(t)) = \boldsymbol{K}_1 \boldsymbol{x}(t - \mathrm{d}(t)) = \boldsymbol{WL}^{-1} \boldsymbol{x}(t - \mathrm{d}(t)) \tag{4.76}$$

是系统(4.72)的一个 H_∞ 控制律,系统(4.72)在无其他干扰时渐进稳定,并且对于所有的噪声都具有给定的 H_∞ 扰动抑制水平 $\sqrt{\rho}$ 。

由定理 4.4,可以求解得到矩阵 P 和矩阵 Z 以及时延系统(4.72)的 H_∞ 控制律,其表达式为

$$\tilde{\boldsymbol{q}}_n(t - \mathrm{d}(t)) = \boldsymbol{K}_1 \tilde{\boldsymbol{x}}_n(t - \mathrm{d}(t)) \tag{4.77}$$

在求得标称系统(4.72)的 H_∞ 控制律后,将(4.77)代入系统(4.72),系统可以被重新写作

$$\dot{\tilde{\boldsymbol{x}}}(t) = \boldsymbol{A}\tilde{\boldsymbol{x}}(t) + \boldsymbol{BK}_1 \boldsymbol{x}(t - \mathrm{d}(t)) + \boldsymbol{B}\tilde{\boldsymbol{p}}(t) + \boldsymbol{Bv}(t)$$

$$\tilde{\boldsymbol{y}}(t) = \tilde{\boldsymbol{x}}(t) \tag{4.78}$$

$$\tilde{\boldsymbol{x}}(0) = \boldsymbol{x}_0 - \boldsymbol{x}_{ss0}$$

选取和系统(4.72)相同的 LKF,即

$$V_2(t, \tilde{\boldsymbol{x}}(t)) = \tilde{\boldsymbol{x}}^{\mathrm{T}}(t)\boldsymbol{P}\tilde{\boldsymbol{x}}(t) + \int_{-h}^{0}\int_{t+\xi}^{t} \dot{\tilde{\boldsymbol{x}}}^{\mathrm{T}}(s)\boldsymbol{Z}\dot{\tilde{\boldsymbol{x}}}(s)\,\mathrm{d}s\,\mathrm{d}\xi \tag{4.79}$$

式中矩阵 P 和矩阵 Z 由定理 4.4 已经求得。

针对系统(4.78),定义

$$\boldsymbol{\mu}(\tilde{\boldsymbol{x}}, \boldsymbol{v}, t) = 2\boldsymbol{B}^{\mathrm{T}}\boldsymbol{P}\tilde{\boldsymbol{x}}(t) \tag{4.80}$$

那么对于给定的正数 ε ,我们给定一个控制器 $\tilde{\boldsymbol{p}}(t)$,形式为

$$\tilde{\boldsymbol{p}}(t) = \tilde{\boldsymbol{p}}(\tilde{\boldsymbol{x}}, \boldsymbol{v}, t) = \begin{cases} -\dfrac{\boldsymbol{\mu}(\tilde{\boldsymbol{x}}, \boldsymbol{v}, t)}{\|\boldsymbol{\mu}(\tilde{\boldsymbol{x}}, \boldsymbol{v}, t)\|}\rho(\tilde{\boldsymbol{x}}, \boldsymbol{v}, t), & \text{若 } \|\boldsymbol{\mu}(\tilde{\boldsymbol{x}}, \boldsymbol{v}, t)\| > \varepsilon \\[4mm] -\dfrac{\boldsymbol{\mu}(\tilde{\boldsymbol{x}}, \boldsymbol{v}, t)}{\varepsilon}\rho(\tilde{\boldsymbol{x}}, \boldsymbol{v}, t), & \text{若 } \|\boldsymbol{\mu}(\tilde{\boldsymbol{x}}, \boldsymbol{v}, t)\| \leqslant \varepsilon \end{cases}$$

$$\tag{4.81}$$

假设 4.1 考虑系统(4.69)存在适维的矩阵 $\boldsymbol{E}(t) \in \boldsymbol{R}^{m \times n}$ 和 $\boldsymbol{G} \in \boldsymbol{R}^{m \times k}$ 以及适维向量 $\boldsymbol{v}(t) \in \boldsymbol{R}^v$ 针对所有的 $(\boldsymbol{x}, \boldsymbol{w}, t) \in \boldsymbol{R}^n \times \boldsymbol{R}^k \times \boldsymbol{R}$ 满足

$$\Delta \boldsymbol{A}(t) = \boldsymbol{BE}(t),$$

$$\boldsymbol{B}_0 = \boldsymbol{BG}, \tag{4.82}$$

$$\boldsymbol{v}(t) = \boldsymbol{E}(t)\boldsymbol{x}(t) + \boldsymbol{Gw}(t),$$

式中 $\boldsymbol{v}(t)$ 称为不确定性变量。

假设 4.2 考虑系统(4.69),满足假设 4.1,针对所有的 $(\boldsymbol{x}, \boldsymbol{w}, t) \in \boldsymbol{R}^n \times \boldsymbol{R}^k \times \boldsymbol{R}$,不确定性变量 $\boldsymbol{v}(t)$ 是范数有界的且满足

$$\| \boldsymbol{v}(t) \| = \| \boldsymbol{E}x(t) + \boldsymbol{G}w(t) \|$$

$$\leqslant \| \boldsymbol{E} \| \, \| \boldsymbol{x}(t) \| + \| \boldsymbol{G} \| \, \| \boldsymbol{w}(t) \| \tag{4.83}$$

$$\leqslant \| \boldsymbol{E} \|_{\max} \| \boldsymbol{x}(t) \| + \| \boldsymbol{G} \| \, \| \boldsymbol{w}_{\max} \| =: \rho(\boldsymbol{x}, \boldsymbol{w}, t)$$

式中 $\boldsymbol{w}_{\max}$ 是噪声变量 $w(t)$ 的最大值,$\rho(\boldsymbol{x}, \boldsymbol{w}, t): \boldsymbol{R}^n \times \boldsymbol{R}^k \times R \to R_+$ 是已知形式的方程,即不确定性变量的范数上界。

假设 4.3　考虑渐进稳定的系统

$$\dot{\boldsymbol{x}}(t) = f(\boldsymbol{x}(t), t) + \boldsymbol{B}(x(t), t)\boldsymbol{u}(t) + \boldsymbol{B}(x(t), t)\boldsymbol{v}(t) \tag{4.84}$$

$$\boldsymbol{x}(t_0) = \boldsymbol{x}_0$$

存在 Lyapunov 函数 $V(\bullet): \boldsymbol{R}^n \times R \to R_+$ 以及连续单调递增函数 $\gamma_i(\bullet): R_+ \to R_+$,$i = 1, 2, 3$,满足

$$\gamma_i(0) = 0 \quad (i = 1, 2, 3) \tag{4.85}$$

$$\lim_{r \to \infty} \gamma_i(r) = \infty \quad (i = 1, 2) \tag{4.86}$$

针对 $(\boldsymbol{x}, \boldsymbol{e}, t) \in \boldsymbol{R}^n \times \boldsymbol{R}^v \times R$ 有

$$\gamma_1(\| \boldsymbol{x}(t) \|) \leqslant V(\boldsymbol{x}, t) \leqslant \gamma_2(\| \boldsymbol{x}(t) \|) \tag{4.87}$$

$$\frac{\partial V(\boldsymbol{x}, t)}{\partial t} + \nabla_x^{\mathrm{T}} V(\boldsymbol{x}, t) \cdot f(\boldsymbol{x}) \leqslant -\gamma_3(\| \boldsymbol{x}(t) \|) \tag{4.88}$$

定理 4.5　针对系统 (4.78),在满足假设 4.1 到假设 4.3 时,该系统在控制器 (4.81) 的作用下,是系统含有时延情况下"一致跟踪有界"和"一致最终跟踪有界"的。

则系统 (4.78) 的跟踪控制器可以表示为

$$\tilde{\boldsymbol{u}}(t - \mathrm{d}(t)) = \begin{cases} -\dfrac{\boldsymbol{\mu}(\tilde{\boldsymbol{x}}, \boldsymbol{v}, t)}{\| \boldsymbol{\mu}(\tilde{\boldsymbol{x}}, \boldsymbol{v}, t) \|} \rho(\tilde{\boldsymbol{x}}, \boldsymbol{v}, t) + \boldsymbol{K}_1 \boldsymbol{x}(t - \mathrm{d}(t)), & (\text{若 } \| \boldsymbol{\mu}(\tilde{\boldsymbol{x}}, \boldsymbol{v}, t) \| > \varepsilon) \\[4mm] -\dfrac{\boldsymbol{\mu}(\tilde{\boldsymbol{x}}, \boldsymbol{v}, t)}{\varepsilon} \rho(\tilde{\boldsymbol{x}}, \boldsymbol{v}, t) + \boldsymbol{K}_1 \boldsymbol{x}(t - \mathrm{d}(t)), & (\text{若 } \| \boldsymbol{\mu}(\tilde{\boldsymbol{x}}, \boldsymbol{v}, t) \| \leqslant \varepsilon) \end{cases}$$

$$\tag{4.89}$$

某型涡扇发动机在 $H = 0 \text{ km}$,$Ma = 0$ 处,选取状态变量为低压转子转速增量 ΔN_L 和高压转子转速 ΔN_H,控制变量为主供油量增量 ΔW_f 及尾喷管喉道面积增量 ΔA_8,输出变量为低压转子转速增量 ΔN_L 和涡轮落压比增量 ΔN_H,状态变量模型的系数矩阵为

$$\boldsymbol{A} = \begin{bmatrix} -2.604\ 8 & 2.448\ 9 \\ -0.302\ 3 & -3.627\ 8 \end{bmatrix}, \quad \boldsymbol{B} = \begin{bmatrix} 0.867\ 4 & 1.014\ 0 \\ 0.836\ 2 & 0.598\ 4 \end{bmatrix}, \quad \boldsymbol{B}_0 = \begin{bmatrix} 1 & 0 \\ 0 & 1 \end{bmatrix}$$

$$\boldsymbol{C} = \begin{bmatrix} 1 & 0 \\ 0 & 1 \end{bmatrix}, \quad \boldsymbol{D} = \begin{bmatrix} 0 & 0 \\ 0 & 0 \end{bmatrix}, \quad \boldsymbol{D}_0 = \begin{bmatrix} 0 & 0 \\ 0 & 0 \end{bmatrix} \tag{4.90}$$

不确定性系数的上界

$$\alpha_{\max} = 0.2 \tag{4.91}$$

求解 H_∞ 控制器时,令 $\rho = 1$,假设时延上界为 $h = 0.4 \text{ s}$,令 $\varepsilon = 0.04$ 求得含时延的 $H_\infty / \text{Leitmann}$ 时延跟踪控制器为

$$u(t-\mathrm{d}(t)) = \begin{cases} -\dfrac{2(4.63\|\boldsymbol{x}(t)\|+0.71)^2}{\|\boldsymbol{\mu}\|}\begin{bmatrix} 0.659\ 6 & 0.137\ 7 \\ 0.656\ 1 & 0.105\ 2 \end{bmatrix}(\boldsymbol{x}(t)-\boldsymbol{x}_{\mathrm{ss}}(t)) + \\ \begin{bmatrix} 2.032\ 1 & 2.323\ 6 \\ -2.559\ 5 & -3.228\ 2 \end{bmatrix}(\boldsymbol{x}(t-\mathrm{d}(t))-\boldsymbol{x}_{\mathrm{ss}}(t-\mathrm{d}(t))) \quad (若\ \|\boldsymbol{\mu}\|>0.4) - \\ \dfrac{2(4.63\|\boldsymbol{x}(t)\|+0.71)^2}{0.04}\begin{bmatrix} 0.659\ 6 & 0.137\ 7 \\ 0.656\ 1 & 0.105\ 2 \end{bmatrix}(\boldsymbol{x}(t)-\boldsymbol{x}_{\mathrm{ss}}(t)) + \\ \begin{bmatrix} 2.032\ 1 & 2.323\ 6 \\ -2.559\ 5 & -3.228\ 2 \end{bmatrix}(\boldsymbol{x}(t-\mathrm{d}(t))-\boldsymbol{x}_{\mathrm{ss}}(t-\mathrm{d}(t))) \quad (若\ \|\boldsymbol{\mu}\|\leqslant0.4) \end{cases}$$

$$(4.92)$$

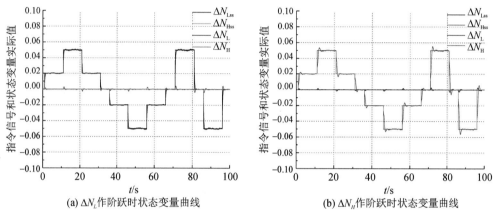

图 4.34 H_∞/Leitmann 时延跟踪控制器作用下系统状态变量曲线

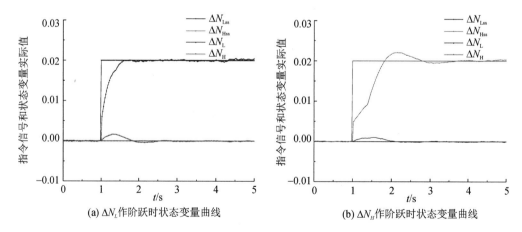

图 4.35 H_∞/Leitmann 时延跟踪控制器作用下系统状态变量曲线局部放大图

由图 4.34 和图 4.35 可知,当阶跃信号为 ΔN_L 时,指令信号为 2%,动态调节时间约为 0.8 s,没有超调,但是由于耦合性影响,ΔN_H 有所波动。稳定后系统没有稳态误差,控制效果较好。

当阶跃信号为 ΔN_H 时,指令信号为 2%,动态调节时间约为 2 s,有超调,这是由

于 ΔN_H 对外界扰动比较敏感造成的。由于耦合性影响，ΔN_L 有所波动。稳定后系统没有稳态误差。因此控制效果一般。

4.4.4　航空发动机分布式控制时延系统最优保性能分散控制

考虑线性不确定性网络控制系统：

$$\left.\begin{array}{l}\dot{x}(t)=(A+\Delta A)x(t)+(B+\Delta B)u(t)\\ x(0)=x_0\end{array}\right\} \tag{4.93}$$

其中 $x(t)\in R^n$ 是状态向量，$u(t)\in R^m$ 是控制输入，$x(0)$ 是初始状态，A 和 B 是具有适当维数的已知常数矩阵，ΔA 和 ΔB 是具有适当维数的不确定参数矩阵函数，ΔA 和 ΔB 表示了系统模型中的参数不确定性。假定所考虑的参数不确定性是范数有界的，且具有以下形式：

$$[\Delta A \quad \Delta B]=DF(t)[E_1 \quad E_2] \tag{4.94}$$

D、E_1 和 E_2 是具有适当维数的已知常数矩阵，它们反映了不确定性的结构信息，$F(t)\in R^{i\times j}$ 是满足 $F^T(t)F(t)\leqslant I$ 的不确定参数矩阵。针对系统(4.93)定义二次型性能指标：

$$J=\int_0^\infty [x^T(t)Qx(t)+u^T(t)Ru(t)]\mathrm{d}t \tag{4.95}$$

Q 和 R 是给定的对称正定加权矩阵。

假定系统的状态可测，采用状态反馈控制器

$$\hat{u}(t)=K\hat{x}(t) \tag{4.96}$$

其中 $\hat{x}(t)$ 和 $\hat{u}(t)$ 是控制器端的输入和输出。整个控制回路时延

$$\mathrm{d}(t)=\tau_{sc}+\tau_{ca}, \quad (0<\mathrm{d}(t)\leqslant h) \tag{4.97}$$

τ_{sc} 表示传感器到控制器的时延，τ_{ca} 表示控制器到执行机构的时延。于是闭环系统为

$$\dot{x}(t)=(A+\Delta A)x(t)+(B+\Delta B)Kx(t-\mathrm{d}(t)) \tag{4.98}$$

闭环性能指标为

$$J=\int_0^\infty [x^T(t)Qx(t)+x^T(t-\mathrm{d}(t))K^TRKx(t-\mathrm{d}(t))]\mathrm{d}t \tag{4.99}$$

定理 4.6[42] 给定标量 $h>0$ 和 $\gamma>0$，如果存在 $\varepsilon>0$，$L=L^T>0$，$\bar{Z}=\bar{Z}^T>0$，$\bar{S}=\begin{bmatrix}\bar{S}_{11} & \bar{S}_{12}\\ * & \bar{S}_{22}\end{bmatrix}\geqslant 0$，以及适合维数的矩阵 W，$\bar{N}_1$ 和 $\bar{N}_2$，使得如下的 LMI 成立：

$$\bar{\lambda} = \begin{bmatrix} \bar{\boldsymbol{\Phi}}_{11} + \varepsilon \boldsymbol{DD}^{\mathrm{T}} & \bar{\boldsymbol{\Phi}}_{12} & h\boldsymbol{LA}^{\mathrm{T}} + \varepsilon \boldsymbol{DD}^{\mathrm{T}} & \boldsymbol{LE}_1^{\mathrm{T}} & \boldsymbol{L} & \boldsymbol{0} \\ * & \bar{\boldsymbol{\Phi}}_{22} & h\boldsymbol{W}^{\mathrm{T}}\boldsymbol{B}^{\mathrm{T}} & \boldsymbol{W}^{\mathrm{T}}\boldsymbol{E}_2^{\mathrm{T}} & \boldsymbol{0} & \boldsymbol{W}^{\mathrm{T}} \\ * & * & h(\bar{\boldsymbol{Z}} - 2\boldsymbol{L}) + \varepsilon \boldsymbol{DD}^{\mathrm{T}} & 0 & \boldsymbol{0} & \boldsymbol{0} \\ * & * & * & -\varepsilon \boldsymbol{I} & \boldsymbol{0} & \boldsymbol{0} \\ * & * & * & * & -\boldsymbol{Q}^{-1} & \boldsymbol{0} \\ * & * & * & * & * & -\boldsymbol{R}^{-1} \end{bmatrix} < 0 \tag{4.100}$$

$$\bar{\boldsymbol{H}} = \begin{bmatrix} \bar{\boldsymbol{S}}_{11} & \bar{\boldsymbol{S}}_{12} & \bar{\boldsymbol{N}}_1 \\ * & \bar{\boldsymbol{S}}_{22} & \bar{\boldsymbol{N}}_2 \\ * & * & \bar{\boldsymbol{Z}} \end{bmatrix} \geqslant 0 \tag{4.101}$$

这里

$$\left. \begin{aligned} \bar{\boldsymbol{\Phi}}_{11} &= \boldsymbol{AL} + \boldsymbol{LA}^{\mathrm{T}} + \bar{\boldsymbol{N}}_1 + \bar{\boldsymbol{N}}_1^{\mathrm{T}} + h\bar{\boldsymbol{S}}_{11} \\ \bar{\boldsymbol{\Phi}}_{12} &= \boldsymbol{BW} - \bar{\boldsymbol{N}}_1 + \bar{\boldsymbol{N}}_2^{\mathrm{T}} + h\bar{\boldsymbol{S}}_{12} \\ \bar{\boldsymbol{\Phi}}_{22} &= -\bar{\boldsymbol{N}}_2 - \bar{\boldsymbol{N}}_2^{\mathrm{T}} + h\bar{\boldsymbol{S}}_{22} \end{aligned} \right\} \tag{4.102}$$

则

$$\boldsymbol{u}(t) = \boldsymbol{WL}^{-1}\boldsymbol{x}(t - \mathrm{d}(t)) \tag{4.103}$$

是系统(4.93)在网络时延 $\mathrm{d}(t) = \tau_{sc} + \tau_{ca}$ 下的一个保性能控制律,闭环系统(4.98)渐进稳定,相应的系统性能上界为

$$J^* = \boldsymbol{x}^{\mathrm{T}}(0)\boldsymbol{L}^{-1}\boldsymbol{x}(0) + \int_{-h}^{0}\int_{\theta}^{0}\boldsymbol{x}^{\mathrm{T}}(s)\boldsymbol{L}^{-1}\bar{\boldsymbol{Z}}\boldsymbol{L}^{-1}\boldsymbol{x}(s)\,\mathrm{d}s\,\mathrm{d}\theta \tag{4.104}$$

基于下述两个假设,给出满足最优性能指标上界 J^* 的保性能控制器设计方法。

假设 1 $\boldsymbol{x}(0)$ 是满足 $E\{\boldsymbol{x}(t_1)\boldsymbol{x}^{\mathrm{T}}(t_1)\} = \boldsymbol{I}$ 的零均值随机变量。

假设 2 $s \in [-h, 0]$ 时, $\dot{\boldsymbol{x}}(s)$ 满足 $E\{\dot{\boldsymbol{x}}(s)\dot{\boldsymbol{x}}^{\mathrm{T}}(s)\} \leqslant \boldsymbol{I}$。

基于以上假设,性能指标上界 J^* 的期望值为

$$\begin{aligned} \bar{J}_2 &= E\{J^*\} \\ &\leqslant E\left\{\boldsymbol{x}^{\mathrm{T}}(0)\boldsymbol{L}^{-1}\boldsymbol{x}(0) + \int_{-h}^{0}\int_{t_1+\theta}^{t_1}\dot{\boldsymbol{x}}^{\mathrm{T}}(s)\boldsymbol{L}^{-1}\bar{\boldsymbol{Z}}\boldsymbol{L}^{-1}\dot{\boldsymbol{x}}(s)\,\mathrm{d}s\,\mathrm{d}\theta\right\} \\ &\leqslant \mathrm{Trace}(\boldsymbol{L}^{-1}) + \frac{1}{2}ch^2\,\mathrm{Trace}(\boldsymbol{L}^{-1}\bar{\boldsymbol{Z}}\boldsymbol{L}^{-1}) \end{aligned} \tag{4.105}$$

下面给出不确定网络控制系统最优保性能控制器的设计定理。

定理 4.7 对给定的系统和网络时延以及性能指标,如果以下的优化问题

$$\min_{\varepsilon, L, W, \bar{Z}, \bar{S}, \bar{N}_1, \bar{N}_2, M_1, M_2} \mathrm{Trace}(\boldsymbol{M}_1) + \frac{1}{2}ch^2\,\mathrm{Trace}(\boldsymbol{M}_2) \tag{4.106}$$

满足

$$
\lambda = \begin{bmatrix}
\bar{\boldsymbol{\Phi}}_{11} + \varepsilon \boldsymbol{D} \boldsymbol{D}^{\mathrm{T}} & \bar{\boldsymbol{\Phi}}_{12} & h \boldsymbol{L} \boldsymbol{A}^{\mathrm{T}} + \varepsilon \boldsymbol{D} \boldsymbol{D}^{\mathrm{T}} & \boldsymbol{L} \boldsymbol{E}_1^{\mathrm{T}} & \boldsymbol{L} & \boldsymbol{0} \\
* & \bar{\boldsymbol{\Phi}}_{22} & h \boldsymbol{W}^{\mathrm{T}} \boldsymbol{B}^{\mathrm{T}} & \boldsymbol{W}^{\mathrm{T}} \boldsymbol{E}_2^{\mathrm{T}} & \boldsymbol{0} & \boldsymbol{W}^{\mathrm{T}} \\
* & * & h(\bar{\boldsymbol{Z}} - 2\boldsymbol{L}) + \varepsilon \boldsymbol{D} \boldsymbol{D}^{\mathrm{T}} & \boldsymbol{0} & \boldsymbol{0} & \boldsymbol{0} \\
* & * & * & -\varepsilon \boldsymbol{I} & \boldsymbol{0} & \boldsymbol{0} \\
* & * & * & * & -\boldsymbol{Q}^{-1} & \boldsymbol{0} \\
* & * & * & * & * & -\boldsymbol{R}^{-1}
\end{bmatrix} < 0
$$

$$
\begin{bmatrix}
\bar{\boldsymbol{S}}_{11} & \bar{\boldsymbol{S}}_{12} & \bar{\boldsymbol{N}}_1 \\
* & \bar{\boldsymbol{S}}_{22} & \bar{\boldsymbol{N}}_2 \\
* & * & \bar{\boldsymbol{Z}}
\end{bmatrix} \geqslant 0,
$$

$$
\begin{bmatrix}
\boldsymbol{M}_1 & \boldsymbol{I} \\
\boldsymbol{I} & \boldsymbol{L}
\end{bmatrix} > 0
$$

$$
\begin{bmatrix}
\boldsymbol{M}_2 & \boldsymbol{I} \\
\boldsymbol{I} & 2\boldsymbol{L} - \bar{\boldsymbol{Z}}
\end{bmatrix} > 0, \tag{4.107}
$$

且有解 $(\tilde{\varepsilon}, \tilde{\boldsymbol{L}}, \tilde{\boldsymbol{W}}, \tilde{\bar{\boldsymbol{Z}}}, \tilde{\bar{\boldsymbol{S}}}, \tilde{\bar{\boldsymbol{N}}}_1, \tilde{\bar{\boldsymbol{N}}}_2, \tilde{\boldsymbol{M}}_1, \tilde{\boldsymbol{M}}_2)$，则

$$
\boldsymbol{u}^*(t) = \tilde{\boldsymbol{W}} \tilde{\boldsymbol{L}}^{-1} \boldsymbol{x}(t - \mathrm{d}(t)) \tag{4.108}
$$

是系统(4.93)存在网络时延(4.97)情况下的最优状态反馈控制律。

本节采用状态反馈结合误差积分的控制规律，并建立了包含跟踪误差的增广状态变量模型。将原网络控制系统的跟踪问题转化成增广系统的保性能控制器或者 H_∞ 控制器设计问题。

考虑线性不确定系统可描述为

$$
\left.
\begin{aligned}
\dot{\boldsymbol{x}}(t) &= (\boldsymbol{A} + \boldsymbol{D} \boldsymbol{F}(t) \boldsymbol{E}_1) \boldsymbol{x}(t) + (\boldsymbol{B} + \boldsymbol{D} \boldsymbol{F}(t) \boldsymbol{E}_2) \boldsymbol{u}(t) \\
\boldsymbol{y}(t) &= \boldsymbol{C} x(t) + \boldsymbol{D}_1 \boldsymbol{u}(t)
\end{aligned}
\right\} \tag{4.109}
$$

该控制系统结构如图 4.36 所示。

定义误差量 $\boldsymbol{e}(t) = \boldsymbol{y}(t) - \boldsymbol{r}(t)$，$\boldsymbol{r}(t)$ 是阶跃指令信号，假设零时刻之前，指令信号皆为 0，即

$$
\boldsymbol{r}(s) = \boldsymbol{0}, \quad s \in [-h, 0] \tag{4.110}
$$

同时考虑控制过程中状态调节和跟踪稳态误差要求，在此提出如下跟踪控制律

$$
\boldsymbol{u}(t) = \boldsymbol{K}_1 \hat{\boldsymbol{x}}(t) + \boldsymbol{K}_2 \int_0^t \hat{\boldsymbol{e}}(\tau) \, \mathrm{d}\tau \tag{4.111}
$$

其中 $\hat{\boldsymbol{x}}(t)$ 和 $\hat{\boldsymbol{e}}(t)$ 是控制器端输入的状态量和误差量，$\hat{\boldsymbol{u}}(t)$ 是控制器端的输出量。设

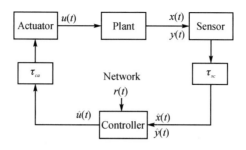

图 4.36 网络控制系统跟踪结构图

$$\int_{s}^{0} f(t)\mathrm{d}t = 0, \quad s \in [-h, 0] \tag{4.112}$$

假设表明在零时刻之前,控制意义下的积分器输出为 0。

由图 4.40 可知

$$\hat{e}(t) = y(\tau - \tau_{sc}) - r(\tau) \tag{4.113}$$

在控制律(4.111)作用下,

$$\begin{aligned}
\hat{u}(t) &= \mathbf{K}_1 x(t - t_{sc}) + \mathbf{K}_2 \int_{0}^{t} [\mathbf{y}(\tau - \tau_{sc}) - \mathbf{r}(\tau)] \mathrm{d}\tau \\
&= \mathbf{K}_1 x(t - t_{sc}) + \mathbf{K}_2 \int_{0}^{t} [\mathbf{y}(\tau - \tau_{sc}) - \mathbf{r}(\tau - \tau_{sc}) + \mathbf{r}(\tau - \tau_{sc}) - \mathbf{r}(\tau)] \mathrm{d}\tau \\
&= \mathbf{K}_1 x(t - t_{sc}) + \mathbf{K}_2 \int_{0}^{t} \mathbf{e}(\tau - \tau_{sc}) \mathrm{d}\tau + \mathbf{K}_2 \int_{0}^{t} [\mathbf{r}(\tau - \tau_{sc}) - \mathbf{r}(\tau)] \mathrm{d}\tau
\end{aligned} \tag{4.114}$$

进一步可知系统被控对象端的输入信号

$$\mathbf{u}(t) = \mathbf{K}_1 x(t - t_{sc} - t_{ca}) + \mathbf{K}_2 \int_{0}^{t} \mathbf{e}(\tau - \tau_{sc}) \mathrm{d}\tau + \mathbf{K}_2 \int_{0}^{t} [\mathbf{r}(\tau - \tau_{sc}) - \mathbf{r}(\tau)] \mathrm{d}\tau \tag{4.115}$$

式(4.115)可重新写为

$$\mathbf{u}(t) = \mathbf{K}_1 x(t - \mathrm{d}(t)) + \mathbf{K}_2 \int_{0}^{t - \mathrm{d}(t)} \mathbf{e}(\tau) \mathrm{d}\tau + \mathbf{K}_2 \int_{\tau_{ca}}^{t} [\mathbf{r}(\tau - \mathrm{d}(t)) - \mathbf{r}(\tau - \tau_{ca})] \mathrm{d}\tau \tag{4.116}$$

令

$$\boldsymbol{\theta}(t) = [\mathbf{B} + \mathbf{D}\mathbf{F}(t)\mathbf{E}_2]\mathbf{K}_2 \int_{\tau_{ca}}^{t} [\mathbf{r}(\tau - \mathrm{d}(t)) - \mathbf{r}(\tau - \tau_{ca})] \mathrm{d}\tau \tag{4.117}$$

若 $t_{sc} = 0$, $\mathbf{r}(\tau - \mathrm{d}(t)) - \mathbf{r}(\tau - \tau_{sc}) = \mathbf{0}$, 则 $\boldsymbol{\theta}(t) = \mathbf{0}$

令

$$\bar{\mathbf{x}}(t) = \begin{bmatrix} \mathbf{x}(t) \\ \int_{0}^{t} \mathbf{e}(\tau) \mathrm{d}\tau \end{bmatrix}, \quad \bar{\mathbf{A}} = \begin{bmatrix} \mathbf{A} & \mathbf{0} \\ \mathbf{C} & \mathbf{0} \end{bmatrix}, \quad \bar{\mathbf{B}} = \begin{bmatrix} \mathbf{B} \\ \mathbf{D}_1 \end{bmatrix} \tag{4.118}$$

$$w(t) = \begin{bmatrix} \boldsymbol{\theta}(t) \\ \boldsymbol{r}(t) \end{bmatrix}, \quad \boldsymbol{K} = \begin{bmatrix} \boldsymbol{K}_1 & \boldsymbol{K}_2 \end{bmatrix}, \quad \bar{\boldsymbol{D}} = \begin{bmatrix} \boldsymbol{D} & 0 \\ 0 & \boldsymbol{I} \end{bmatrix} \tag{4.119}$$

$$\bar{\boldsymbol{F}}(t) = \begin{bmatrix} \boldsymbol{F}(t) & 0 \\ 0 & 0 \end{bmatrix}, \quad \bar{\boldsymbol{E}}_1 = \begin{bmatrix} \boldsymbol{E}_1 & 0 \\ 0 & 0 \end{bmatrix}, \quad \bar{\boldsymbol{E}}_2 = \begin{bmatrix} \boldsymbol{E}_2 \\ 0 \end{bmatrix}, \quad \bar{\boldsymbol{G}} = \begin{bmatrix} \boldsymbol{I} & 0 \\ \boldsymbol{I} & -\boldsymbol{I} \end{bmatrix}$$
$$\tag{4.120}$$

由式(4.118)和式(4.119),基于系统(4.109)的闭环增广系统可写为

$$\dot{\bar{\boldsymbol{x}}}(t) = (\bar{\boldsymbol{A}} + \bar{\boldsymbol{D}}\bar{\boldsymbol{F}}(t)\bar{\boldsymbol{E}}_1)\bar{\boldsymbol{x}}(t) + (\bar{\boldsymbol{B}} + \bar{\boldsymbol{D}}\bar{\boldsymbol{F}}(t)\bar{\boldsymbol{E}}_2)\boldsymbol{K}\bar{\boldsymbol{x}}(t - \mathrm{d}(t)) + \bar{\boldsymbol{G}}w(t)$$
$$\tag{4.121}$$

需要注意的是 $w(t)$ 为一定常列向量,所以系统(4.109)的跟踪问题可以转换成系统

$$\dot{\bar{\boldsymbol{x}}}(t) = (\bar{\boldsymbol{A}} + \bar{\boldsymbol{D}}\bar{\boldsymbol{F}}(t)\bar{\boldsymbol{E}}_1)\bar{\boldsymbol{x}}(t) + (\bar{\boldsymbol{B}} + \bar{\boldsymbol{D}}\bar{\boldsymbol{F}}(t)\bar{\boldsymbol{E}}_2)\boldsymbol{K}\bar{\boldsymbol{x}}(t - \mathrm{d}(t)) \tag{4.122}$$

的渐进稳定问题。

某型带加力涡扇发动机在 $H = 0 \text{ km}, Ma = 0$ 处,中间状态线性转速控制系统含误差积分的增广状态空间模型,其中

$$\bar{\boldsymbol{x}} = \begin{bmatrix} \Delta N_{\mathrm{L}} \\ \Delta N_{\mathrm{H}} \\ \int_0^t e_1(\tau)\,\mathrm{d}\tau \\ \int_0^t e_2(\tau)\,\mathrm{d}\tau \end{bmatrix}, \quad \bar{\boldsymbol{u}} = \begin{bmatrix} \Delta W_{\mathrm{f}} \\ \Delta A_8 \end{bmatrix}, \quad \boldsymbol{y} = \begin{bmatrix} \Delta N_{\mathrm{L}} \\ \Delta N_{\mathrm{H}} \\ \int_0^t e_1(\tau)\,\mathrm{d}\tau \\ \int_0^t e_2(\tau)\,\mathrm{d}\tau \end{bmatrix}, \quad \boldsymbol{r} = \begin{bmatrix} \Delta N_{L,r} \\ \Delta N_{H,r} \end{bmatrix}$$
$$\tag{4.123}$$

ΔN_{L} 是线性模型的低压转子转速,ΔN_{H} 是高压转子转速,$\Delta N_{L,r}$ 是低压转子转速指令信号,$\Delta N_{H,r}$ 是高压转子转速指令信号,$e_1 = \Delta N_{\mathrm{L}} - \Delta N_{L,r}$,$e_2 = \Delta N_{\mathrm{H}} - \Delta N_{H,r}$。

假设发动机分布式系统时延上界 $h = 0.1 \text{ s}$,不确定性 $\Delta \bar{\boldsymbol{A}} = \alpha \boldsymbol{F}(t)\bar{\boldsymbol{A}}$,$\Delta \bar{\boldsymbol{B}} = \alpha \boldsymbol{F}(t)\bar{\boldsymbol{B}}$,以 α 来表征不确定性的大小,取 $\alpha = 5\%$。

令

$$\bar{\boldsymbol{A}} = \begin{bmatrix} -2.604\,8 & 2.448\,9 & 0 & 0 \\ -0.302\,3 & -3.627\,8 & 0 & 0 \\ 0 & 0 & 0 & 0 \\ 0 & 0 & 0 & 0 \end{bmatrix}, \quad \bar{\boldsymbol{B}} = \begin{bmatrix} 0.867\,4 & 1.014\,0 \\ 0.836\,2 & 0.598\,4 \\ 0 & 0 \\ 0 & 0 \end{bmatrix}, \quad \bar{\boldsymbol{D}} = \begin{bmatrix} 1 & 0 & 0 & 0 \\ 0 & 1 & 0 & 0 \\ 0 & 0 & 1 & 0 \\ 0 & 0 & 0 & 1 \end{bmatrix}$$
$$\tag{4.124}$$

$$\bar{\boldsymbol{E}}_1 = 0.05\bar{\boldsymbol{A}}, \quad \bar{\boldsymbol{E}}_2 = 0.05\bar{\boldsymbol{B}} \tag{4.125}$$

$$Q = \begin{bmatrix} 1\,000 & 0 & 0 & 0 \\ 0 & 1\,000 & 0 & 0 \\ 0 & 0 & 10\,000 & 0 \\ 0 & 0 & 0 & 10\,000 \end{bmatrix}, \quad R = \begin{bmatrix} 1 & 0 \\ 0 & 1 \end{bmatrix} \quad (4.126)$$

利用 MATLAB 中的 LMI 工具箱可得跟踪控制器增益

$$K_1 = \begin{bmatrix} 5.102\,7 & -2.496\,4 \\ -6.920\,3 & 0.306\,9 \end{bmatrix}, \quad K_2 = \begin{bmatrix} 12.101\,3 & -24.885\,0 \\ -17.658\,5 & 21.990\,3 \end{bmatrix} \quad (4.127)$$

本节以该加力涡扇发动机部件级气动热力学模型为仿真对象,控制器(4.127)应用其上,开展全数字仿真研究,进一步验证控制器的鲁棒性、解耦性和被控系统的动、静态性能。仿真结果如图 4.37 和图 4.38 所示。

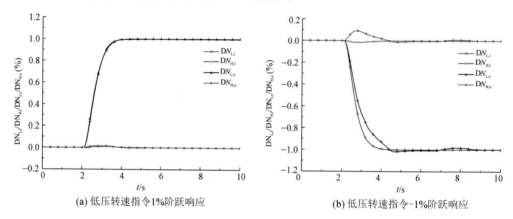

(a) 低压转速指令1%阶跃响应　　　　(b) 低压转速指令-1%阶跃响应

图 4.37　±1%低压转速指令信号的非线性模型响应曲线

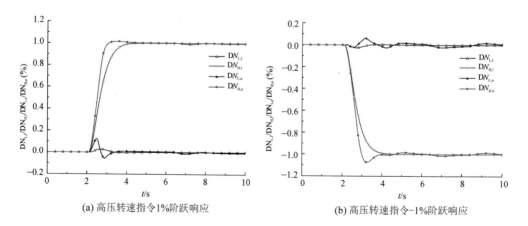

(a) 高压转速指令1%阶跃响应　　　　(b) 高压转速指令-1%阶跃响应

图 4.38　±1%高压转速指令信号的非线性模型响应曲线

图 4.37 是低压转子转速指令在 2 s 时作 $\pm 1\%$ 的阶跃时,$\Delta N_{L,n}$ 和 $\Delta N_{H,n}$ 响应曲线。由于网络时延 $d(t) = 0.1$ s,$\Delta N_{L,n}$ 和 $\Delta N_{H,n}$ 在 2.1 s 时开始响应。图 4.37(a)

中,低压转速指令转速作正阶跃,其 $\Delta N_{H,n}$ 几乎没有扰动;图 4.37(b)中,指令作负阶跃,其 $\Delta N_{H,n}$ 扰动峰值约为 0.1%。而低压转子转速 $\Delta N_{L,n}$ 均在 2 s 内跟踪上指令信号,且没有超调。

图 4.38 是高压转子转速指令在 2 s 时作 ±1% 的阶跃时,$\Delta N_{L,n}$ 和 $\Delta N_{H,n}$ 响应曲线。图 4.38(a)中,高压转速指令转速作正阶跃,其 $\Delta N_{L,n}$ 几乎没有扰动;图 4.38(b)中,指令作负阶跃,其 $\Delta N_{L,n}$ 扰动峰值约为 0.1%。而高压转子转速 $\Delta N_{H,n}$ 均在 2 s 内跟踪上指令信号,且没有超调。

| 参考文献 |

［1］ Thompson H A , Chipperfield A J , Fleming P J . Distributed aero-engine control systems architecture selection using multi-objectiveoptimisation［J］. Control Engineering Practice, 1999, 7(5):655-664. DOI:DOI: 10. 1016/S0967-0661(99)00011-8.

［2］ STEPHANI D, FRIEDRICHS P. SILICON CARBIDE JUNCTION FIELD EFFECT TRANSISTORS［J/OL］. International Journal of High Speed Electronics and Systems, 2006, 16(03): 825-854. DOI:10. 1142/S012915640600403X.

［3］ Gwaltney D A , Briscoe J M . Comparison of Communication Architectures for Spacecraft Modular Avionics Systems［J］. Marshall Space Flight Center, 2006.

［4］ Lee K C , Kim M H , Lee S ,et al. IEEE-1451-based smart module for in-vehicle networking systems of intelligent vehicles［J］. IEEE Transactions on Industrial Electronics, 2004, 51(6):1150-1158. DOI:10. 1109/TIE. 2004. 837879.

［5］ Culley DE , Behbahani A R . Communication Needs Assessment for Distributed Turbine Engine Control［J］. Communication Needs Assessment for Distributed Turbine Engine Control［2024-02-28］. DOI:10. 2514/6. 2008-5281.

［6］ Mahajan A , Chitikeshi S , Bandhil P ,et al. Intelligent Sensors:An Integrated Systems Approach［C］//5th International Workshop on Structural Health Monitoring. 2005.

［7］ Simon D L , Gang S , Hunter G W ,etal. Sensor Needs for Control and Health Management of Intelligent Aircraft Engines［J］. American Society of Mechanical Engineers, 2004. DOI:10. 1115/GT2004-54324.

［8］ 王娟,张涛,徐国凯. 鲁棒控制理论及应用［M］. 电子工业出版社,2011.

［9］ 秦元勋. 带有时滞的动力系统的运动稳定性［M］. 科学出版社,1989.

［10］ Gu K , Kharitonov V L , Chen J . Stability of Time-Delay Systems［M］. Birkhäuser Boston,2003.

［11］ 汤伟,施颂椒,王孟效. 时滞系统的稳定性分析与控制器设计［J］. 化工自动化及

仪表,2002,(04):1-8+16.

[12] Kharitonov V L. Robust stability analysis of time delay systems: a survey[J/OL]. Annual Reviews in Control, 1999, 23(1): 185-196. DOI:10. 1016/S1367-5788(99)00021-8.

[13] Kolmanovskii V B, Niculescu S I, Gu K. Delay effects on stability: a survey[J]. IEEE, 1999. DOI:10. 1109/CDC. 1999. 830931.

[14] Nikiforuk PN, Westlund D R. Relative Stability from the Dual-Locus Diagram[J]. IEEE Transactions on Automatic Control, 1965, 10(1):103-104. DOI:10. 1109/TAC. 1965. 1098058.

[15] Chiasson J. A method for computing the interval of delay values for which a differential-delay system isstable[J]. IEEE Transactions on Automatic Control, 1988, 33(12):P. 1176-1178. DOI:10. 1109/9. 14446.

[16] Kq. G. A further refinement of discretized Lyapunov functional method for the stability of time-delay systems[J]. International Journal of Control, 2001(10):74.

[17] 张冬梅,俞立.线性时滞系统稳定性分析综述[J].控制与决策,2008,23(8):9. DOI:10. 3321/j. issn:1001-0920. 2008. 08. 001.

[18] XuS, Lam J. Improved delay-dependent stability criteria for time-delay systems[J]. IEEE Transactions on Automatic Control, 2005, 50(3):384-387. DOI:10. 1109/TAC. 2005. 843873.

[19] 俞立.鲁棒控制:线性矩阵不等式处理方法[M].清华大学出版社,2002.

[20] Park J H, Kwon O M. LMI optimization approach to stabilization of time-delay chaotic systems[J]. Chaos, Solitons and Fractals: Applications in Science and Engineering: An Interdisciplinary Journal of Nonlinear Science, 2005(2):23.

[21] MondieS, Kharitonov V L. Exponential estimates for retarded time-delay systems: an LMI approach[J]. IEEE Transactions on Automatic Control, 2005, 50(2):268-273. DOI:10. 1109/TAC. 2004. 841916.

[22] Han Q L, Gu K, Yu X. An Improved Estimate of the Robust Stability Bound of Time-Delay Systems With Norm-Bounded Uncertainty[J]. IEEE TRANSACTIONS ON AUTOMATIC CONTROL AC, 2003. DOI:10. 1109/TAC. 2003. 817006.

[23] LamJ, Gao H, Wang C. Stability analysis for continuous systems with two additive time-varying delay components[J]. SYSTEMS AND CONTROL LETTERS, 2007.

[24] 吴敏,何勇.时滞系统鲁棒控制:自由权矩阵方法[M].科学出版社,2008.

[25] Dey R, Ray G, Ghosh S, et al. Stability analysis for continuous system with additive time-varying delays: A less conservative result[J]. Applied Mathe-

matics & Computation，2010，215（10）：3740-3745. DOI：10. 1016/j. amc. 2009. 11. 014.

[26] Hespanha J P，Naghshtabrizi P，Xu Y . A Survey of Recent Results in Networked Control Systems[J]. Proceedings of the IEEE，2007，95：138-162. DOI：10. 1109/JPROC. 2006. 887288.

[27] Khalil A F，Wang J . A New Method for Estimating the Maximum Allowable Delay in Networked Control of bounded nonlinear systems[C]//17th International Conference on Automation and Computing，ICAC 2011，Huddersfield，United Kingdom，September 10，2011. IEEE，2011.

[28] 梁艳春. 群智能优化算法理论与应用[M]. 科学出版社，2009.

[29] 陈四军，贾连兴，李晶晶，等. 基于通信网抗毁性的链路重要性比较[J]. 计算机工程与应用，2009，45（1）：3. DOI：10. 3778/j. issn. 1002-8331. 2009. 01. 036.

[30] Deb K，Agrawal S，Pratab A，et al. A fast elitist non-dominated sorting genetic algorithm for multi-objective optimization：NSGA-II[C]//Proceedings of the Parallel Problem Solving from Nature VI. 2000.

[31] Zitzler E，Laumanns M，Thiele L . SPEA2：Improving the strength pareto evolutionary algorithm[J]. Technical Report Gloriastrasse，2001. DOI：10. 3929/ethz-a-004284029.

[32] 宋军强，汤丽丽，潘慕绚，等. 航空发动机分布式控制拓扑结构优化方法[J]. 航空动力学报，2016，31（06）：1435-1440. DOI：10. 13224/j. cnki. jasp. 2016. 06. 020.

[33] Eberhart，Shi Y . Particle swarm optimization：developments，applications and resources[C]//Congress on EvolutionaryComputation. IEEE，2002. DOI：10. 1109/CEC. 2001. 934374.

[34] ClercM，Kennedy J . The particle swarm - explosion，stability，and convergence in a multidimensional complex space[J]. IEEE Transactions on Evolutionary Computation，2002，6(1)：58-73. DOI：10. 1109/4235. 985692.

[35] 陈贵敏，贾建援，韩琪. 粒子群优化算法的惯性权值递减策略研究[J]. 西安交通大学学报，2006，40(1)：5. DOI：10. 3321/j. issn：0253-987X. 2006. 01. 013.

[36] 刘鲁源，万仁君，李斌，等. TTCAN 调度算法及其在汽车控制系统中的应用[J]. 汽车工程，2005，（01）：60-63. DOI：10. 19562/j. chinasae. qcgc. 2005. 01. 017.

[37] 王欢. 电动汽车 TTCAN 总线技术研究[D]. 中国科学院研究生院（电工研究所），2006.

[38] 李勇，黄金泉，潘慕绚. 带有网络时延的航空发动机分布式系统 H∞鲁棒控制[J]. 伺服控制，2013(8)：4. DOI：CNKI：SUN：SFKZ. 0. 2013-12-029.

[39] ZhangR，Pan M，Huang J . Network-based guaranteed cost tracking control for aero-engine [C]//Asia-Pacific International Symposium on Aerospace

Technology. 2016.

［40］张凯文,潘慕绚,黄金泉. 航空发动机 H∞-Leitmann 控制方法研究［C］. //中国航空学会. 中国航空学会第十八届航空发动机自动控制专业学术交流会 论文集. 2016:1185-1193.

［41］Muxuan P , Kaiwen Z , Ye-Hwa C ,et al. A New Robust Tracking Control Design for Turbofan Engines:H∞/Leitmann Approach［J］. Applied Sciences,2017,7(5):439. DOI:10. 3390/app7050439.

［42］Muxuan,PAN,Liangjin,et al. Robust decentralized control design for aircraft engines:A fractional type［J］. Chinese Journal of Aeronautics,2019. DOI:CNKI:SUN:HKXS. 0. 2019-02-011.

第 5 章
航空发动机容错控制

为提高航空发动机控制系统的可靠性,降低因控制系统部件故障或失效可能产生的危害,维持发动机的有效运行,容错控制技术应运而生,成为航空发动机控制系统研制的关键。本章从容错控制技术概念、解析余度设计、故障诊断技术、容错控制技术及容错控制验证技术等 5 个方面,对航空发动机控制系统容错设计理论与方法进行介绍。

| 5.1　航空发动机容错控制技术概述 |

5.1.1　航空发动机容错控制的概念

容错控制,是指当系统部件发生故障时,系统仍能按照期望的性能指标继续运行,或者性能指标虽有降低但仍然在可接受范围内,以保证系统安全、可靠地完成控制任务。因此,容错控制的主要目的在于提高系统的安全性和可靠性。而随着工业系统功能和性能要求的不断提高、结构越发复杂,安全性、可靠性问题也越发突出,使得容错已成为复杂工业系统的基本要求。对相应的容错控制技术的研究已经变得愈发迫切。

航空发动机控制系统是发动机的"中枢神经",其任何部件的故障或失效将有可能影响发动机安全可靠地运行,甚至带来灾难性后果。为提高控制系统的可靠性,降低因控制系统部件故障或失效对发动机安全可能产生的危害性,研究容错控制成为航空发动机控制系统发展的必由之路。

从容错设计分类上讲,容错控制可分为被动容错控制和主动容错控制。被动容错控制的思路与鲁棒控制技术类似,即在设计控制系统时,使系统在故障发生后基于不变的控制策略却仍能保持一定的工作性能,包括可靠镇定、保性能控制、完整性控制、鲁棒性控制等。被动容错控制无需故障检测和诊断单元,也就不需要任何实时的故障诊断信息以及基于诊断信息的容错决策。但须指出,被动容错控制器设计时往往采取资源的冗余配置或者在性能设计上过于保守,而在某些应用场合,由于安装位置、体积、重量等限制,配置冗余资源的被动容错方法在系统设计上有时是不可接受的。

主动容错控制是在故障发生并得到诊断后,根据所期望的特性主动调整控制器架构或控制律,重新构建一个控制系统,使其仍保持可接受的控制性能。主动容错控制相比于被动容错控制,对故障的适应性和容错性更强,更具设计弹性且更有应用价值。主动容错控制需要故障检测和诊断系统提供相应的故障信息,其在计算的复杂性、实时性等方面受限于系统硬件平台的计算能力,其控制思想在提出初始阶段一度在工程实践中应用较少,但随着计算机和微电子技术的发展,控制系统的硬件平台较以前有了长足的进步,主动容错控制技术的研究空间也在不断扩大,新技术新理论的探索成果不断涌现。

故障诊断作为主动容错控制的必要条件,其实现涉及到多门学科,如现代控制理论、数理统计、模糊集理论等,其目前已发展成一个专门的学科。故障诊断用于检测监控对象的故障信息,并对其故障部位、类型、原因和严重程度做出分析判断[1]。目前的故障诊断技术主要是由计算机利用系统的解析冗余,对系统故障与否、故障程度进行判断[2]。解析冗余概念首先由美国麻省理工学院的 Beard(1971 年)提出,用其代替硬件冗余,并通过系统的自组织使系统闭环稳定,通过比较观测器的输出得到故障信息。目前基于解析冗余的故障诊断方法大致可划分为 3 种:基于模型的方法、基于数据信息的方法以及基于信息融合的方法[3,4]。

5.1.2　航空发动机容错控制的必要性

现代飞行任务对航空发动机控制系统的要求越来越高,传统的液压机械式结构已经难以满足高性能发动机的复杂控制要求,而 FADEC 系统以其强大的计算处理能力引领着发动机控制技术的发展,并且以其体积小、质量轻和使用维护成本低等特点正在取代液压机械式控制系统。由于 FADEC 系统担负着航空发动机的全部控制、监视和管理功能,结构组成上包含了众多的传感器、执行机构和电子控制部件,与发动机系统之间存在着大量耦合,其故障的发生对发动机工作和飞机飞行安全会产生很大影响,轻则降低性能,重则毁坏部件,甚至可能出现机毁人亡,因此从 FADEC系统诞生以来,容错技术一直被认为是发动机控制系统研制的关键。

通过分析国外第 3、第 4 代 FADEC 系统,不难发现发动机数控系统要解决的核心问题是在基本不改变发动机结构的前提下,提高发动机的性能和效率,显著提高发动机安全可靠性,并延长其寿命。这正是我国航空发动机 FADEC 系统升级换代和技术创新以及 FADEC 系统实现跨越发展所面临的重大研究问题,而控制系统故障容错技术则是其中的重要一环。相比容错技术在飞行控制领域的长足发展,航空发动机控制系统容错技术在故障容错理论和应用实践方面还有待完善。因此,制定故障容错控制标准、流程和规范,研究故障容错控制理论和方法,开展容错控制验证研究,对于提高航空发动机控制系统安全性和可靠性十分必要。

5.1.3 航空发动机容错控制的关键技术问题

目前关于航空发动机容错控制技术主要有如下关键技术问题:

(1) 系统工程方法和安全性分析技术

系统工程方法有利于建立科学合理的研制流程。从安全性分析的视角对控制系统的故障模式进行分析,据此提出容错要求,从而使容错控制系统的设计更加具有针对性和科学性,这样有利于提高容错控制的安全性水平。

(2) 解析余度技术

解析余度不需要过度增加硬件冗余,是提高主动容错控制可靠度的有效手段,可以充分利用控制对象状态参数之间的内在关系,采用不同理论方法构建非相似解析余度或软硬件余度相结合的方式,以提高控制系统的可靠性。目前如何解决针对航空发动机的解析余度技术研究存在理论研究深度不够、针对故障过于理想化或单一、应用性及工程性不强等问题,如何解决是航空发动机容错控制的一个关键。

(3) 智能 BIT 技术

智能 BIT 技术是发动机容错控制系统方面的研究热点,引入神经网络、人工智能方法的智能 BIT 将大大提高其应对复杂环境的适应性,有效地提高故障检测率、降低虚警率。数据完整性容错技术是智能 BIT 的另一个有效手段,其通过数据容错技术保证系统程序、关键数据、逻辑器件数据的完整性。

(4) 模块化冗余架构

传统的发动机控制器采用双通道冗余架构,一般只能实现热备份和整体切换的重构方法,而采用背板串行总线的模块化开放式架构在余度配置灵活性、扩展方便性方面具有显著优势,这种架构结合先进的 BIT 技术可进行方便灵活的主动重构,从而保证控制系统的可靠性或者实现缓慢降级使用。

| 5.2 航空发动机控制系统解析余度设计 |

解析余度技术不需要过度增加硬件冗余,其是提高主动容错控制可靠度的有效手段,一直以来是容错控制的研究重点。从 80 年代起随着 FADEC 系统的研制,国内相关单位开始尝试在发动机本体和控制系统传感器、执行机构的故障诊断与容错控制中采用解析余度技术。

本节从传感器测量视角和机载实时模型视角开展解析余度设计研究,充分利用控制对象状态参数之间的内在关系,采用不同的理论方法构建发动机非相似解析余度以提高控制系统的可靠性。主要介绍 3 种解析余度设计方法——基于传感器信号综合的软余度设计方法、基于平衡流形机载实时模型的软余度设计方法和基于部件级机载自适应模型的软余度设计方法。

5.2.1　基于传感器信号综合的解析余度技术

近年来,商发控制系统团队紧密跟踪国外先进软余度技术,提出一种基于信号综合的软余度方法[5]。该方法利用航空发动机诸多物理量间紧密耦合的特点,从一个或多个可采集物理量来估计某一个故障传感器的值,取得了较大进展。

基于传感器信号综合的软余度是指,结合发动机工作的基本原理,利用系统内部的深层知识和传感器间的关系,获得关键参数之间比较直观、明显的变化规律,建立信号之间的映射关系表格,对信号的范围、变化率、趋势等进行判定、修正,获得发动机转速、温度等关键信号的软余度。该方法的可靠性高,在国外发动机控制系统中已经得到了广泛应用,如 PW 公司通过不同截面压力比值与换算转速之间特定的对应关系,利用已知的传感器信号,综合得到燃烧室进口压力 P_B,如图 5.1 所示。

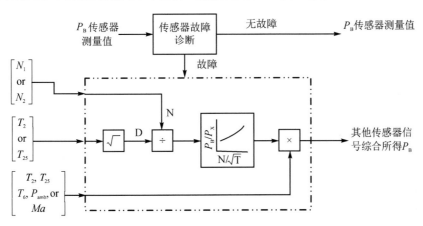

图 5.1　压力传感器信号综合

由于发动机本身具有较强的非线性特征,且工作包线大、瞬态工况复杂、可变参数多,导致各传感器之间往往没有简单的对应关系。此外,基于发动机任务安全性的考虑,需选择合适的传感器信号进行失效传感器信号的综合,以确保将组合失效和共模失效的可能性降至最低。可从以下几个方面开展基于传感器信号综合的软余度技术研究:

① 针对具备关键功能的传感器信号,依据发动机热力学原理,为其选取合理的用于进行信号综合的传感器信号。对于发动机进口传感器信号(包括 Ma、T_0、T_{12}、P_0、P_2 等信号),在双发条件下,采用另一台发动机的相应传感器信号或飞控系统提供的参数信息进行综合;在单发条件下,则采用热力学公式,基于部件气动热力学原理,进行简便的信号综合。对于其他传感器信号(包括 n_L、n_H、T_{25}、T_3、P_{25}、Ps_3 等信号),因为难以用简单的热力学公式构建其解析关系,可结合发动机部件匹配及气

动热力学原理,采用关系拟合法进行信号综合。

②将传感器信号综合模型作为基线模型,对高度、马赫数、温差、燃油量、引气和功率提取、变几何参数(发动机可调放气活门 VBV,压气机可调导叶 VSV)等发动机输入参数与信号综合的精度之间的相关性进行分析,对关键影响参数采用拟合方法进行修正,实现稳态传感器信号的综合。基于发动机动态响应特性,利用系统辨识手段,研究传感器信号在发动机瞬态工况下的综合方法,实现动态传感器信号的综合。

③根据不同的控制系统设计构型,研究采用多组异构传感器信号进行综合的方法,具体包括多个传感器信号综合结果的表决方法、多个传感器信号综合结果的数据融合算法,确保最终输出的综合信号能够满足发动机控制系统的安全性运行要求。

④针对发动机全生命周期的衰退特征、传感器使用中的漂移和传感器不同噪声特征的影响,分析传感器信号综合方法的适用性和使用限制,并采用真实数据对基于传感器信号综合的软余度设计方法进行验证。

5.2.2 基于机载平衡流形实时动态模型的解析余度技术

航空发动机建模的发展历程主要是解决模型精度与实时性的矛盾。小偏差线性化模型虽使用简单,但精度和适用范围不足,采用部件级模型具有全工况下较高的计算精度,但是前提是要获得准确有效的部件特性,而且要处理好迭代计算的实时性问题。如何给出既能够精确反映航空发动机全工况的非线性特征,又具有很高实时性的模型一直是航空发动机建模的技术难点。机载平衡流形实时动态模型不依赖于部件特性,且能反映发动机全工况的非线性特征[6]。基于机载平衡流形实时动态模型的解析余度技术主要包括以下几个方面:

(1)基于平衡流形的航空发动机/燃气轮机大范围非线性控制模型构建方法

考虑一个 m 输入 m 输出的 n 阶非线性系统

$$
\left.\begin{array}{l}
\dot{x} = f(x,u) \\
y = h(x,u)
\end{array}\right\} \tag{5.1}
$$

式中,x 为状态变量,$u \in \boldsymbol{R}^m$ 为输入变量,$y \in \boldsymbol{R}^m$ 为输出变量,$f(x,u)$ 和 $h(x,u)$ 为光滑向量函数。

该系统所有平衡点的集合构成系统的平衡流形,即 $\{(x_e,u_e,y_e) \mid f(x_e,u_e)=0, y_e=h(x_e,u_e)\}$。将原系统(5.1)在平衡流形上进行雅可比展开,可以得到系统其在平衡流形附近的动态模型:

$$
\left.\begin{array}{l}
\dot{x} = A(\alpha)(x - x_e(\alpha)) + B(\alpha)(u - u_e(\alpha)) \\
y - y_e(\alpha) = C(\alpha)(x - x_e(\alpha)) + D(\alpha)(u - u_e(\alpha))
\end{array}\right\} \tag{5.2}
$$

式中,α 为调度变量,由于 y 与 x 和 u 之间为代数关系,所以调度变量与当前工作点的关系可以描述为 $\alpha = p(x,u)$。将该式与式(5.2)联立即可得到随变量 x,u 调度的非线性模型,此模型即为平衡流形模型。

前述基于平衡流形建模方法的分析,初步给出了航空发动机平衡流形的模型结构(根据具体需求可以设计不同的输入输出模型)。基于该模型结构辨识相应参数即可获得平衡流形模型。

$$
\left.
\begin{aligned}
\dot{n}_\mathrm{H} &= \frac{\partial f_1}{\partial n_\mathrm{H}}\Delta n_\mathrm{H} + \frac{\partial f_1}{\partial n_\mathrm{L}}\Delta n_\mathrm{L} + \frac{\partial f_1}{\partial q_\mathrm{mf}}\Delta q_\mathrm{mf} \\
\dot{n}_\mathrm{L} &= \frac{\partial f_2}{\partial n_\mathrm{H}}\Delta n_\mathrm{H} + \frac{\partial f_2}{\partial n_\mathrm{L}}\Delta n_\mathrm{L} + \frac{\partial f_2}{\partial q_\mathrm{mf}}\Delta q_\mathrm{mf} \\
Y &= Y_e(\alpha) + \frac{\partial g}{\partial n_\mathrm{H}}\Delta n_\mathrm{H} + \frac{\partial g}{\partial n_\mathrm{L}}\Delta n_\mathrm{L} + \frac{\partial g}{\partial q_\mathrm{mf}}\Delta q_\mathrm{mf}
\end{aligned}
\right\}
\tag{5.3}
$$

(2) 基于平衡流形机载实时动态模型的在线修正方法

平衡流形展开模型参数中包含了系统的稳态流形和动态系数,为了提高模型的预测和估计精度,收集发动机的实测数据,进而可以对模型的稳态流形进行在线修正,进而提高模型的稳态预测精度;在此基础上,重新对模型的动态系数进行修正,进而提高模型的动态过程预测精度。

系统的平衡流形可以描述为 $f(\boldsymbol{x}(\alpha), \boldsymbol{u}(\alpha)) = 0$,由于平衡流形是系统平衡点的集合,所以系统在平衡流形上进行移动时其动态是没有变化的,从而其关于调度变量的导数也恒等于零,即 $\dfrac{\mathrm{d}f(\boldsymbol{x}(\alpha), \boldsymbol{u}(\alpha))}{\mathrm{d}\alpha} = 0$,也就是 $\dfrac{\partial f}{\partial \boldsymbol{x}_1}\dfrac{\mathrm{d}x_1}{\mathrm{d}\alpha} + \cdots + \dfrac{\partial f}{\partial \boldsymbol{x}_n}\dfrac{\mathrm{d}x_n}{\mathrm{d}\alpha} + \dfrac{\partial f}{\partial \boldsymbol{u}}\dfrac{\mathrm{d}\boldsymbol{u}}{\mathrm{d}\alpha} = 0$。很明显,$\dfrac{\partial f}{\partial \boldsymbol{x}_k}$ 以及 $\dfrac{\partial f}{\partial \boldsymbol{u}}$ 是基于平衡流形展开模型的动态系数,而 $\dfrac{\mathrm{d}x_k}{\mathrm{d}\alpha}$ 和 $\dfrac{\mathrm{d}\boldsymbol{u}}{\mathrm{d}\alpha}$ 则是平衡流形的各参数对调度变量的导数。所以该方程给出了平衡流形展开模型的动静态参数之间的约束条件,利用该约束条件可以解决在噪声以及不满足充分激励条件下的模型参数辨识和修正问题。

(3) 基于平衡流形模型的航空发动机喘振裕度和涡轮前温度在线估计

首先,开展基于平衡流形的航空发动机喘振裕度模型建模方法。如何建立能够描述发动机喘振裕度实时动态变化的数学模型是主动喘振余度容错控制面临的难点之一。压缩系统 Moore-Greitzer 模型(简称 M-G 模型)可被用来计算喘振裕度,但是模型并未与发动机工作精密结合。将 M-G 模型和已建立的平衡流形模型结合起来,对 M-G 模型的状态变量进行增广,将发动机的转速、温度等状态参数反映到 M-G 模型中,在原有 M-G 模型的流量方程和压力方程基础上,增加转速方程、温度方程等,从而能够得到基于 M-G 模型的面向工程应用的喘振模型。扩展后的喘振数学模型能够反映发动机动态变化过程中喘振裕度的实时变化,并且能够用于发动机运行过程中喘振裕度的在线测量和控制。

其次,开展航空发动机涡轮进出口温度的平衡流形模型表征方法。由于基于平衡流形展开的建模方法能够有效反映气动热力过程的特性,因此可以对涡轮进出口温差建立基于平衡流形展开的模型,然后利用所得模型对实测低压涡轮出口温度

T_{t4} 进行实时修正,即可实现涡轮进口温度的间接测量。利用 T_{t4} 重构 T_{t3} 的原理图如图 5.2 所示。

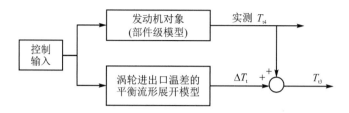

图 5.2　利用 T_{t4}^* 重构 T_{t3}^* 原理图

5.2.3　基于机载部件级自适应实时模型的解析余度技术

基于机载部件级自适应实时模型的容错控制是一种经典的容错控制方法[7],机载部件级自适应实时模型不但能为故障诊断提供依据,还能为控制系统传感器提供软余度,提高发动机的安全性。世界各国针对基于模型的容错控制开展了较多的理论研究,但离工程应用仍存在不小的差距。其原因在于:发动机建模误差难以避免,特别是对于机载部件级实时模型,为了保证其实时性,必须在计算精度和速度之间进行折衷。另外,由于发动机使用期间的性能蜕化、发动机个体差异、传感器噪声与偏差(传感器在轴向和周向的分布位置往往会影响测量的准确性,造成偏差)以及各种故障信号,均会造成模型的输出值与实际发动机输出之间的失配。因此,基于机载部件级自适应实时模型的容错控制难点在于:如何解决好模型的实时性问题以满足机载实时控制的需求;如何进行在线修正以解决模型失配问题。容错控制难点主要包括如下几个方面:

(1) 用于容错控制的部件级机载实时动态模型研究

发动机部件级机载实时动态模型是基于发动机模型的软余度技术的基础,根据航空发动机设计点工作参数以及气路部件特性,利用发动机部件气动热力学工作原理,建立发动机非线性部件级动态实时模型,采取以下措施同时保证模型计算的准确性和实时性:①根据试车数据进行模型修正,以试车数据为标准,考核模型仿真输出数据与试车数据的匹配度。采用人工蜂群算法对发动机部件特性、引气系数、总压恢复系数等进行修正。采用变适应度函数计算方法,根据适应度函数中各参数建模误差大小,调整其在适应度函数中的加权系数,用以减小最大建模误差。②采用无迭代的容积动力法建立动态数学模型,加快计算速度。③考虑性能退化因素,在模型上加入可调整的部件性能参数,并根据无故障的稳态飞行数据修正部件性能参数。

(2) 建立基于最优扩展卡尔曼滤波器的发动机实时自适应模型

为了解决模型与实际发动机输出的失配问题,可采用基于卡尔曼滤波器的自适应模型提供状态量的估计。发动机是强非线性的对象,工作状态和飞行包线范围大,加减速时各参数变化大。卡尔曼滤波器是一种经典的方法,但由于其基础是某一稳态工作点的小偏差线性状态方程模型,一方面发动机的飞行包线内的不同稳态工作点状态方程差别很大,并且当发动机加减速时远远偏离小偏差状态。因此为了解决此问题,可以非线性部件级实时模型为基础,提出采用最优扩展卡尔曼滤波器修正模型与实际发动机输出的失配方案。

基于最优扩展卡尔曼滤波器的发动机实时自适应模型的原理框图如图 5.3 所示。

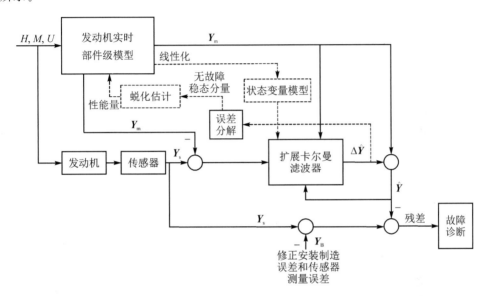

图 5.3　基于最优扩展卡尔曼滤波器的发动机实时自适应模型的原理框图

设发动机部件级模型可以表示为

$$\left.\begin{array}{l}\dot{\boldsymbol{x}}_t = f(\boldsymbol{x}_t, \boldsymbol{u}_t, \boldsymbol{p}_t) \\ \boldsymbol{y}_t = h(\boldsymbol{x}_t, \boldsymbol{u}_t, \boldsymbol{p}_t)\end{array}\right\} \tag{5.4}$$

式中,$\boldsymbol{x}_t$、$\boldsymbol{u}_t$、$\boldsymbol{p}_t$、$\boldsymbol{y}_t$ 分别为状态量、输入量、性能量和输出量。

在某一点线性化后得到状态方程组 $\{\boldsymbol{A}, \boldsymbol{B}, \boldsymbol{C}, \boldsymbol{D}\}$,根据干扰的统计特性设计能让状态估计值最优的卡尔曼增益矩阵 $\boldsymbol{K}$。

为了解决全包线大偏差时卡尔曼最优估计问题,基于发动机部件级实时模型设计扩展卡尔曼滤波器。首先,根据发动机自适应模型的估计值 $\hat{\boldsymbol{y}}_{k|k-1}$ 与发动机传感器输出 $\boldsymbol{y}_k$ 的差值形成的残差 $\Delta \boldsymbol{y}_k = \boldsymbol{y}_k - \hat{\boldsymbol{y}}_{k|k-1}$ 对状态量进行修正,得到修正后的状态量 $\hat{\boldsymbol{x}}_{k|k}$:

$$\hat{\boldsymbol{x}}_{k|k} = \hat{\boldsymbol{x}}_{k|k-1} + \boldsymbol{K}_k(\boldsymbol{y}_k - \hat{\boldsymbol{y}}_{k|k-1}) \tag{5.5}$$

式中,$\hat{\boldsymbol{y}}_{k|k-1} = h(\hat{\boldsymbol{x}}_{k|k-1}, \boldsymbol{u}_k, \boldsymbol{p}_k)$ 为部件级模型的输出,部件级模型输入为上一步优化后的状态量 $\hat{\boldsymbol{x}}_{k|k-1}$、控制量 $\boldsymbol{u}_k$ 以及优化后的性能量 $\boldsymbol{p}_k$。

根据发动机部件级模型的微分方程组对状态量进行更新：

$$\hat{x}_{k+1|k} = \hat{x}_{k|k} + \mathrm{d}t \cdot f(\hat{x}_{k|k}, u_k, p_k) \tag{5.6}$$

实际上，状态量的更新是基于无传感器故障这一假设，利用残差 Δy_k 对状态量进行修正。为了得到发动机性能蜕化量，并对部件级模型进行修正，需要对残差 Δy_k 进行误差分解，把误差分解为动态误差与稳态误差。为了提高性能量的估计精度，性能量的修正可以离线或在线准实时进行，收集最近的发动机稳态实测数据，在确认发动机传感器及执行机构没有故障的情况下，在地面慢车状态或典型稳态工作点上，使用多参数优化算法对部件特性进行跟踪，得到当前性能量 p_k，从而达到稳态时发动机传感器测量值与发动机模型输出值的一致。

对于动态误差，用扩展的卡尔曼滤波器构造状态校正回路得出其偏差值后，在模型的输出值上进行校正，使发动机模型跟踪传感器的输出。对于全包线以及不同工作状态，可以离线计算出分段线性化的状态方程模型，并计算出对应的卡尔曼滤波器，理论上对模型进行修正后，应该重新在线计算状态方程模型。为了进一步简化其实现过程，可采用在最优滤波器基础上设计常值增益次优扩展卡尔曼滤波器。

当故障诊断系统判断发动机模型与实际发动机输出失配是由于传感器测量误差以及安装制造误差引起的，则利用残差估计出该偏差值，对传感器输出进行修正。

(3) 用于执行机构传感器软余度的发动机自适应逆模型

发动机逆模型根据发动机状态参数估计执行机构传感器的输出，作为执行机构故障诊断的依据。逆模型与常规意义下的发动机模型不同，目的是映射执行机构的输出燃油流量。因此，与以燃油流量、尾喷口面积等作为输入量，各截面的温度、压力以及转子转速等作为输出的常规模型相反。由于发动机具有强非线性，可采用智能映射网络的方法建立发动机逆模型，图 5.4 为用于估计燃油执行机构传感器输出的发动机逆模型原理框图，采用两个并联的智能网络，包含一个稳态逆模块和一个动态补偿模块，图中 y_k 为各截面的温度、压力以及转子转速等发动机输出量，$\Delta n_{\mathrm{H},k}$，$\Delta n_{\mathrm{H},k-1}$，$\Delta n_{\mathrm{H},k-2}$ 分别为最近 3 个时刻的相对于稳态值的转速偏差。稳态逆模块可以覆盖包线范围内所有工作状态下的稳态工作情况，通过离线训练使网络获得初始诊断能力。动态补偿模块可以修正稳态逆模块在发动机动态工作过程中的模型误差，将其适用状态从稳态扩大到动态，通过在线训练使得智能网络获得对发动机工作状态和蜕化程度的自适应能力。智能网络利用在线贯序极端学习机通过在线学习的方式计算出当前的网络权值。为了保证实时性和精度，以泛化能力为判断依据，采用阈值判别法对训练数据进行筛选。只有在数据测试误差超过阈值时，才将数据作为训练样本，来更新预测模型，提高预测精度，使得算法能够在初始阶段就具有预测能力，大大缩短了训练时间。

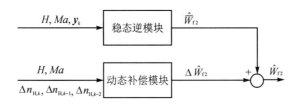

图 5.4　用于执行机构传感器软余度的发动机逆模型原理框图

5.3　航空发动机控制系统故障诊断技术

　　航空发动机控制系统的故障诊断技术需与发动机控制系统实际相结合。本节首先对控制系统故障模式进行分析,从系统组成角度分为传感器、执行机构、电子控制器 3 部分进行介绍。对于传感器及执行机构,分别介绍 3 种较为经典的故障诊断思路;对于电子控制器,从工程角度对其自检测技术进行介绍及展望。

5.3.1　控制系统故障模式分析

　　故障存在于控制系统的各个部分,如图 5.5 所示,按其发生的位置,故障可分为[8]:

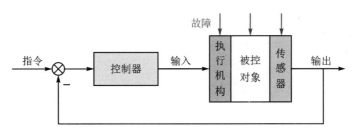

图 5.5　控制系统故障模式

　　① 执行机构故障:表示控制动作的部分失效或全部失效。执行机构卡死就是全部失效的一个例子,此时它将不会对输入信号产生任何动作。损坏、线路烧毁、短路、异物都有可能导致执行机构的全部失效;部分失效代表执行机构只能产生相对于正常工作时的部分动作。液压泄漏、阻抗增加或者供电不足等都可以导致执行机构部分失效。备份多个执行机构来提高系统容错能力往往是不可取的,因为这将导致系统体积、重量、成本的增加。

　　② 传感器故障:表示传感器反应不了系统正确的状态。传感器故障也可分为部分失效和全部失效。全部失效表示传感器得到的信息与所测量的物理量没有任何关系。线路损坏、与地失联(无接地)等都有可能导致传感器全部失效;部分失效则表

示,通过一定的恢复手段,仍能得到与所测量的物理量相关的传感器的信息。传感器部分失效的原因可能是由于增益减小、偏移或者噪声增加。

③ 部件故障:表示系统本身部件的故障。所有不能被归为传感器故障或执行机构故障的故障都被认为是部件故障。这些故障代表系统物理参数(如动力系数、阻尼系数等)的变化。这通常是因为结构性损害而导致的,进而会导致被控系统动态行为的变化。部件故障包含了各种各样的场景,通常很难处理。

在电子设备和计算机中,往往很难找出定义潜在故障的耗损特征值,或许不存在耗损特征值,也或许不存在这种耗损特性。这类设备故障特征按其特点,有如下的故障分类方法[9]:

① 永久故障与间歇故障:所谓永久故障是测试期间一直存在的故障,或者说是故障现象在一定时间内是固定不变的。间歇故障是时有时无的,不是一直出现在检测过程中。何时出现故障特性,带有一定的随机性,但是有很多间歇故障最后将会演变成永久性故障。

② 系统故障与局部故障:系统故障是指影响到系统运行的全局性故障。局部故障只影响整个系统的一部分,不影响全局。

③ 硬件故障和软件故障:硬件故障是指构成系统或设备的物理器件参数偏离规定或者物理器件完全损坏所造成的故障。软件故障是指软件本身蕴含的错误所导致的结果。

5.3.2 传感器故障诊断技术

(1) 基于状态观测器的传感器故障诊断

考虑如下系统:

$$\begin{aligned} \dot{x}(t) &= Ax(t) + Bu(t) \\ y(t) &= Cx(t) + Du(t) \end{aligned} \tag{5.7}$$

式中,$u(t) \in R^r$ 是系统控制量,$x(t) \in R^n$ 是系统状态量,$y(t) \in R^m$ 是系统的输出向量,A、B 和 C 是常数矩阵,表达了系统输入、输出和状态之间的关系。根据上式表达的系统状态方程,构造状态观测器如下:

$$\left.\begin{aligned} \dot{\hat{x}}(t) &= A\hat{x}(t) + Bu(t) + K[y(t) - \hat{y}(t)] \\ y(t) &= Cx(t) \end{aligned}\right\} \tag{5.8}$$

式中,$\hat{x}(t)$ 是系统状态向量的估计值,$\hat{y}(t)$ 是系统输出的估计值,K 是状态增益矩阵 $K \in R^{n \times m}$,进而可以重新配置系统的状态估计误差 $e(t)$。图 5.6 表示状态观测器的基本结构:

状态估计误差和输出残差可表示为

$$\left.\begin{aligned} e(t) &= x(t) - \hat{x}(t) \\ r(t) &= y(t) - \hat{y}(t) \end{aligned}\right\} \tag{5.9}$$

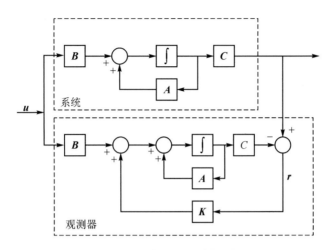

图 5.6 状态观测器基本结构

根据状态估计误差的特性,状态观测器用一种特别的方式来配置状态增益矩阵 $\boldsymbol{K}$ 的参数,从而达到分离执行器以及传感器故障的目的。

将方程(5.7)和(5.8)代入(5.9)得

$$
\begin{aligned}
\dot{\boldsymbol{e}}(t) &= \dot{\boldsymbol{x}}(t) - \dot{\hat{\boldsymbol{x}}}(t) \\
&= \boldsymbol{A}\boldsymbol{x}(t) + \boldsymbol{B}\boldsymbol{u}(t) - \boldsymbol{A}\hat{\boldsymbol{x}}(t) - \boldsymbol{B}\boldsymbol{u}(t) - \boldsymbol{K}\left[\boldsymbol{y}(t) - \hat{\boldsymbol{y}}(t)\right] \\
&= \left[\boldsymbol{A} - \boldsymbol{K}\boldsymbol{C}\right]\boldsymbol{e}(t)
\end{aligned} \tag{5.10}
$$

因此得到如下简化的状态估计误差方程和输出残差方程:

$$
\left.
\begin{aligned}
\dot{\boldsymbol{e}}(t) &= \left[\boldsymbol{A} - \boldsymbol{K}\boldsymbol{C}\right]\boldsymbol{e}(t) \\
\boldsymbol{r}(t) &= \boldsymbol{C}\boldsymbol{e}(t)
\end{aligned}
\right\} \tag{5.11}
$$

如果系统模型准确,且观测器是稳定的,则在正常的工作条件下,观测器的任何初始误差会逐渐消除,它将准确地跟踪系统的响应,输出残差将为零。而当系统中某一执行器或者传感器出现故障时,输出残差将不为零。

当发动机传感器发生故障时,可表达为

$$
\boldsymbol{y}(t) = \boldsymbol{C}\boldsymbol{x}(t) + \boldsymbol{e}_j \eta_j(t) \tag{5.12}
$$

式中,$\boldsymbol{e}_j \eta_j(t)(j=1,2,\cdots,m)$ 为第 j 个传感器出现的故障,$\boldsymbol{e}_j \notin \boldsymbol{R}^m$ 为第 j 个传感器出现故障时所对应的单位向量。$\eta_j(t)$ 为一个时变标量,表示故障随时间的变化情况。例如当传感器值不变时,$\eta_j(t) = a$,a 是一个固定的常数;当传感器发生恒增益变化时,$\eta_j(t) = k\boldsymbol{y}_{in}$,$k$ 为增益变化的比例系数,$\boldsymbol{y}_{in}$ 为传感器正常时应该输出的信号;当传感器发生恒偏差故障时,$\eta_j(t) = \boldsymbol{y}_{in} + \Delta A$,$\Delta A$ 为一固定的常数。

此时,状态估计误差为

$$
\begin{aligned}
\dot{\boldsymbol{e}}(t) &= \dot{\boldsymbol{x}}(t) - \dot{\hat{\boldsymbol{x}}}(t) \\
&= \boldsymbol{A}\boldsymbol{x}(t) + \boldsymbol{B}\boldsymbol{u}(t) - \boldsymbol{A}\hat{\boldsymbol{x}}(t) - \boldsymbol{B}\boldsymbol{u}(t) - \boldsymbol{K}\left[\boldsymbol{y}(t) - \hat{\boldsymbol{y}}(t)\right]
\end{aligned}
$$

$$= [A - KC] e(t) - d_j \eta(t) \tag{5.13}$$

式中,d_j 是检测滤波器增益的第 j 列,输出残差为

$$
\begin{aligned}
r(t) &= y(t) - \hat{y}(t) \\
&= Cx(t) + e_j \eta_j(t) - C\hat{x}(t) \\
&= Ce(t) + e_j \eta_j(t)
\end{aligned}
\tag{5.14}
$$

状态估计误差方程和输出残差方程可合写为

$$
\left.
\begin{aligned}
\dot{e}(t) &= [A - KC] e(t) - d_j \eta(t) \\
r(t) &= Ce(t) + e_j \eta_j(t)
\end{aligned}
\right\}
\tag{5.15}
$$

这时,状态观测器的设计要确定与第 j 个传感器故障有关的两个方向使得输出误差处于 Cd_j 和 e_j 构成的平面内。为了确保检测滤波器具有这种功能,必须选择合适的输出增益矩阵 K,可采用特征结构配置等方法来设计状态观测器[10]。

(2) 基于卡尔曼滤波器的传感器故障诊断

假设某稳态点处的发动机线性模型差分方程为

$$
\left.
\begin{aligned}
x(k+1) &= A(k)x(k) + B(k)u(k) + w(k) \\
y(k+1) &= C(k)x(k) + D(k)u(k) + v(k)
\end{aligned}
\right\}
\tag{5.16}
$$

式中,x、y、w 和 v 分别为系统的状态向量、观测向量、系统的动态噪声和观测噪声向量;A、B、C 和 D 分别为系统的状态转移矩阵、控制输入系数矩阵、观测矩阵和控制观测增益矩阵。

为了简化卡尔曼滤波器的推导,对控制系统作如下假设:

① 系统噪声 $w(k)$ 和观测噪声 $v(k)$ 是零均值、不相关白噪声,其统计特性满足:

$$
\left.
\begin{aligned}
E[w(k)] &= 0 \\
\mathrm{cov}[w(k), w(j)] &= E[w(k)w(j)^{\mathrm{T}}] = Q(k)\delta_{k-j} \\
E[v(k)] &= 0 \\
\mathrm{cov}[v(k), v(j)] &= E[v(k)v(j)^{\mathrm{T}}] = R(k)\delta_{k-j} \\
\mathrm{cov}[w(k), v(j)] &= E[v(k)v(j)^{\mathrm{T}}] = 0
\end{aligned}
\right\}
\tag{5.17}
$$

式中,δ_{k-j} 为 Kronecker $-\delta$ 函数,即如果 $k=j$ 那么 $\delta_{k-j}=1$,如果 $k \neq j$ 则 $\delta_{k-j}=0$。$Q(k)$ 为对称非负定阵,$R(k)$ 为对称正定阵。

② 系统初始状态:$x(0)$ 为高斯随机向量,其均值和方差分别为

$$
\left.
\begin{aligned}
x_0 &= E[x(0)] \\
P_0 &= \mathrm{Var}[x(0)]
\end{aligned}
\right\}
\tag{5.18}
$$

③ 系统初始状态:$x(0)$ 与系统噪声 $w(k)$ 和观测噪声 $v(k)$ 均不相关,表达式如下:

$$
\left.
\begin{aligned}
\mathrm{cov}[x(k), w(k)] &= 0 \\
\mathrm{cov}[x(k), v(k)] &= 0
\end{aligned}
\right\}
\tag{5.19}
$$

以上假设内容,均以实际应用环境为依据建立,即在实际环境中,系统噪声、观测

噪声和系统初态大多数符合正态分布规律。另外,观测噪声与观测设备有关,不应与系统本身初始状态存在关系。

下面介绍卡尔曼滤波器基本方程的推导过程

① $\hat{x}(k+1 \mid k)$ 的时间更新方程

预测指的是,在 k 时刻根据其之前的所有 k 个状态来预测 $k+1$ 时刻的状态。本文采用递推法,推导 $\hat{x}(k+1 \mid k)$ 的一步预测方程式。首先,以 $\hat{x}(0)$ 作为估计过程的开始,同时它也是初始状态 $x(0)$ 的最优估计。由于 $\hat{x}(1 \mid 0) = E(x(1))$,$\hat{x}(0) = E(x(0))$,且 x 的均值随时间传播的过程为 $\bar{x}(k+1) = A(k)\bar{x}(k) + B(k)u(k)$。因此得到

$$\hat{x}(1 \mid 0) = A(0)\hat{x}(0) + B(0)u(0) \tag{5.20}$$

这个方程式推导了 $\hat{x}(0 \mid 0)$ 获得 $\hat{x}(1 \mid 0)$ 的式子。根据递推法,可以将该式扩展到一般方程,得

$$\hat{x}(k+1 \mid k) = A(k)\hat{x}(k) + B(k)u(k) \tag{5.21}$$

该式即为 $\hat{x}(k+1 \mid k)$ 的时间更新方程,也称为一步预测方程。

② $P(k+1 \mid k)$ 的时间更新方程

通常,$P(0 \mid 0)$ 代表 $x(0)$ 初始估计值的不确定性,即

$$\begin{aligned} P(0 \mid 0) &= E[(x(0) - \bar{x}(0))(x(0) - \bar{x}(0))^{\mathrm{T}}] \\ &= E[(x(0) - \hat{x}(0))(x(0) - \hat{x}(0))^{\mathrm{T}}] \end{aligned} \tag{5.22}$$

在已知 $P(0 \mid 0)$ 的情况下,通过计算状态协方差随时间的传播得到 $P(1 \mid 0)$。首先,计算 $x(k)$ 的协方差随时间的变化规律,即

$$\begin{aligned} P(k \mid k-1) &= (x(k) - \bar{x}(k))(x(k) - \bar{x}(k))^{\mathrm{T}} \\ &= (A(k-1)x(k-1) + B(k-1)u(k-1) + w(k-1) - \bar{x}(k-1)) \cdot \\ &\quad (A(k-1)x(k-1) + B(k-1)u(k-1) + w(k-1) - \bar{x}(k-1))^{\mathrm{T}} \\ &= A(k-1)(x(k-1) - \bar{x}(k-1))(x(k-1) \\ &\quad - \bar{x}(k-1))^{\mathrm{T}}A(k-1)^{\mathrm{T}} + w(k-1)w(k-1)^{\mathrm{T}} \\ &\quad + A(k-1)(x(k-1) - \bar{x}(k-1))^{\mathrm{T}}w(k-1)^{\mathrm{T}} \\ &\quad + w(k-1)(x(k-1) - \bar{x}(k-1))^{\mathrm{T}}A(k-1)^{\mathrm{T}} \end{aligned}$$

$$\tag{5.23}$$

由于 $x(k-1) - \bar{x}(k-1)$ 与 $w(k-1)$ 不相关,因此

$$P(k \mid k-1) = A(k-1)P(k-1)A(k-1)^{\mathrm{T}} + Q(k-1) \tag{5.24}$$

上式称为离散时间李雅普诺夫方程。

③ $\hat{x}(k+1 \mid k)$ 和 $P(k+1)$ 的量测更新方程

上文已经推导了 $\hat{x}(k+1 \mid k)$ 和 $P(k+1 \mid k)$,即 $P(k \mid k-1)$ 的时间更新方程,它们其实是利用模型的当前状态来预测下一状态的过程,现在需要利用测量值来修正这个估计值,得到结合了预测值和测量值的最优估计。这一过程其实就是均值和方

差为 $C(k+1)\hat{x}(k+1\mid k)+D(k+1)u(k+1),C(k+1)P(k+1\mid k)C(k+1)^T$ 的预测部分与均值和方差为 $y(k+1),R(k+1)$ 的测量部分的结合,得

$$K(k+1)=P(k+1\mid k)C(k+1)^T(C(k+1)P(k+1\mid k)C(k+1)^T)+R(k+1)^{-1}$$

$$\hat{x}(k+1)=\hat{x}(k+1\mid k)+K(k+1)(y(k+1)-\hat{y}(k+1\mid k))$$

$$P(k+1)=(I-K(k))C(k)+P(k+1\mid k)$$

$$(5.25)$$

其中 $K(k+1)$ 称为卡尔曼滤波增益。

根据上文推导过程,可得到带有控制输入项的离散线性系统卡尔曼滤波算法。

算法初值 $\quad x_0=E[x(0)],P_0=\mathrm{Var}[x(0)]$

预测方程 $\quad \hat{x}(k+1\mid k)=A(k)\hat{x}(k)+B(k)u(k)$

$\qquad\qquad \hat{y}(k+1\mid k)=C(k)\hat{x}(k)+D(k)u(k)$

预测误差协方差 $\quad P(k+1\mid k)=A(k)P(k)A(k)^T+Q(k)$

增益矩阵 $\quad K(k+1)=P(k+1\mid k)C(k+1)^T(C(k+1)P(k+1\mid k)C(k+1)^T)$

$\qquad\qquad\qquad +R(k+1)^{-1}$

滤波估计 $\quad \hat{x}(k+1)=\hat{x}(k+1\mid k)+K(k+1)(y(k+1)-\hat{y}(k+1\mid k))$

滤波误差协方差 $\quad P(k+1)=(I-K(k))C(k)+P(k+1\mid k)$

$$(5.26)$$

假设采用 m 个可测参数来估计发动机的性能,相应设计 m 个卡尔曼滤波器,每个滤波器隔离其中一个传感器的测量值,并采用其余 $m-1$ 个测量值来进行状态/输出估计,结构如图 5.7 所示。以第 i 个卡尔曼滤波器为例:其输入包含了除第 i 个传感器以外的其余 $m-1$ 个测量值,当第 i 个传感器发生故障后,除了该滤波器之外的其他滤波器由于接入了故障传感器信号,它们的估计值均与实际测量值存在一定偏差,将所有测量值的偏差按一定方式累加,将得到较为显著的变化,从而可以判断出发生故障的传感器。并且,由于第 i 个滤波器未接入故障传感器,其估计值与实际测量值误差较小,可用于故障信号重构。将实际传感器测量信号与通过发动机模型预测输出之差称为残差。第 i 个卡尔曼滤波器的残差 e 表示如下:

$$e^i=y_e^i-y^i,\qquad(i=1,2,\cdots,m)\tag{5.27}$$

式中,y_e^i 是上一个时刻预测的输出,y^i 是该时刻传感器的输出。采用加权平方和的方法来进一步处理该残差,得

$$\mathbf{WSSR}_i=W_r^i(e^i)^T[\mathrm{diag}(\boldsymbol{\sigma}^j)^2]^{-1}(e^i),\qquad j=1,2,\cdots,i-1,i+1,\cdots,m\tag{5.28}$$

其中,W_r^i 是权重,它的选取需保证 $\mathbf{WSSR}_i$ 值在正常时是小于给定阈值的。如果 W_r^i 取值过小,那么可能导致故障信号不易被观察到。如果 W_r^i 取值过大,那么可能导致 $\mathbf{WSSR}_i$ 对传感器噪声和模型不确定性过于敏感,造成虚假警告。$\boldsymbol{\sigma}^j$ 是用来衡量传感器的测量噪声和本身特性的一个标准偏差。当传感器无故障时,由于残差 e^i 是零均

值的高斯分布,且方差是正定对称矩阵,则 **WSSR** 服从 χ^2 分布;当传感器发生故障时,残差 e^i 的白色特性被破坏,**WSSR** 的数值会发生较大变化,从而诊断出故障传感器[11]。

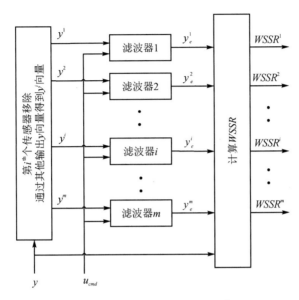

图 5.7　卡尔曼滤波器组的结构

(3) 基于神经网络的传感器故障诊断

我们可以把故障隔离问题当做是一种模式分类问题。N 维空间里的 N 维向量代表系统响应,系统对不同故障的响应被划分到空间中的不同区域,因此被区分为不同的模式。模式识别需要从仿真或者实验数据中来学习划分的方法,从而将特定的系统响应与特定的故障对应。神经网络是一种强大的模式识别工具,它可以在信息不全和有噪声污染的情况下识别不同模式,这是神经网络相较其他方法的一个核心优势[12]。

基于神经网络的故障诊断大多遵循这样一个过程:用系统从正常工作到故障的测量得到的故障特征对神经网络进行离线训练。一般来说,故障信息通过电脑仿真或者真实数据或者两者共同得到。如果通过仿真得到,那么必须要加入噪声,使仿真接近现实情况。这样一个通过系统设计者提供输入输出信息来进行神经网络训练的过程叫监督式学习。如果神经网络被正确训练,那它将可以用来分析与其训练样本不同的数据。

神经网络有很多种,其中用 BP(反向传播)理论训练得到的多层前馈网络得到了广泛使用。图 5.8 阐述了一个前馈神经网络的原理,由一个输入层、一个输出层和一个或多个隐藏层组成[13]。输入层神经元的数量取决于传感器的数量。在文献[13]中,采用 EGT,W_F,N_1 和 N_2 组成了一个 4 输入的网络,同时加上 P_{25},T_{25},T_3 和

P_3 组成了一个 8 输入的网络。输出层则采取了 23 种故障模式,其中包括 14 种发动机本体故障和 9 种传感器故障,这里仅考虑传感器故障,故障模式如表 5.1 第二列所示:

表 5.1　故障模式及诊断成功率

序　号	故障模式	诊断成功率/%
1	P_{49}(EPR)存在故障	99
2	N_2 存在故障	74
3	N_1 存在故障	99
4	EGT 存在故障	75
5	W_F 存在故障	97
6	P_2(EPR)存在故障	100
7	TAT 存在故障	99
8	Ma 存在故障	100
9	Altitude 存在故障	100

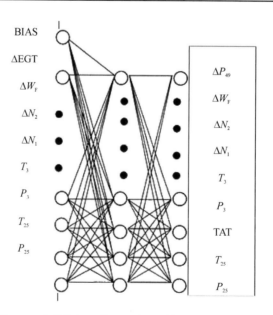

图 5.8　前馈神经网络用于传感器故障诊断示意图

在 BP 网络的训练过程中,采用下面的理论来调整突触权重:

$$\Delta \boldsymbol{w}_{ij}(n) = \eta \left(1 - \frac{\partial E(n)}{\partial \boldsymbol{w}_{ij}} \right) + \alpha \Delta \boldsymbol{w}_{ij}(n-1) \tag{5.29}$$

式中,E 为目标误差,η 和 α 分别为学习速率和动量常数。文献中,η 和 α 取值在[0,

1]，具体值通过试凑法来决定。

训练样本的质量对神经网络故障诊断成功与否起决定性作用。文献中，故障样本采用 PW4000 - 94 的影响系数矩阵，它将测量数据与传感器偏差联系起来。将影响系数矩阵与关于某种故障类型的预设严重度指标相乘，就可以得到无噪声的样本数据。但是最后的仿真样本需要加入噪声，可由下式表述：

$$\text{sensor data} = \text{clean data} + K\sigma[\text{rand} - 0.5] \tag{5.30}$$

式中，K 为表征噪声量级的控制参数，σ 为传感器的偏差，rand 为 $0 \sim 1$ 的随机数。对每种故障模式选取 50 组样本进行训练，并另外选择 50 组样本进行测试。测试结果如表 5.1 第三列所列。可以看到，整体成功率在 91%，其中 N_2 和 EGT 的诊断成功率较低。经分析，诊断成功率与样本分散量级成反比，N_2 和 EGT 传感器故障更易受噪声污染。

5.3.3 执行机构故障诊断技术

（1）基于状态观测器的执行机构故障诊断

与基于状态观测器的传感器故障诊断类似，当执行机构发生故障时，可用下式描述：

$$\dot{x}(t) = Ax(t) + Bu(t) + b_i n(t) \tag{5.31}$$

式中，$b_i n(t)(i = 1, 2, \cdots, r)$ 为第 j 个执行器发生的故障，$b_i \notin R^n$ 为 B 对应于 u 的第 i 列，表示与第 i 个执行器有关的故障向量，是已知的；$n(t)$ 为表示故障随时间的变化情况的向量，是未知的。例如当输出与执行器实际输出相反时，$n(t) = -u_i(t)$；当标定有错误时，$n(t) = \alpha u_i(t)$，α 是一个恒定的已知常数。

对于执行器故障，状态估计误差方程和输出残差方程可表示为

$$\left.\begin{array}{l} \dot{e}(t) = [A - KC]e(t) + b_i n(t) \\ r(t) = Ce(t) \end{array}\right\} \tag{5.32}$$

这时，故障检测滤波器的设计目的就是选取适当的 K，使得输出残差 $r(t)$ 与 Cb_i 成比例，并使得 $r(t)$ 在出现故障的瞬间以及达到稳定后始终与 Cb_i 成正比。

（2）基于卡尔曼滤波器的执行机构故障诊断

基于模型的执行机构故障诊断往往比传感器故障诊断更有挑战性。在一般的卡尔曼滤波方法中，是假设执行机构能正确作动到控制系统指令位置的，因此发动机对于执行机构扰动的响应会在估计过程中被消除。但是如果由于执行机构故障导致指令位置与实际位置相差较大，就会带来很大的估计误差。在这里，执行机构故障模型被当作偏差量，这样一来，被用于卡尔曼滤波器的指令位置信号和发动机实际工作的真实位置信号就出现不连续。

将执行机构偏差信号带入发动机线性模型中，有

$$\left.\begin{array}{l} x(k+1) = A(k)x(k) + B(k)[u(k) + b] + w(k) \\ y(k+1) = C(k)x(k) + D(k)[u(k) + b] + v(k) \end{array}\right\} \tag{5.33}$$

式中,b 为与执行机构输入信号的偏差量。

同样,用卡尔曼滤波器组来对执行机构进行故障诊断,但其滤波器结构不同于传感器故障诊断。传感器诊断滤波器采用除其本身以外的传感器信号,而每个执行机构诊断滤波器会采用所有传感器信号来估计状态量。此时,该状态量是一个增广的状态量,它将执行机构故障偏差也包含进来。为诊断出处第 k 个执行机构的偏差量,有

$$\left.\begin{aligned}\widetilde{\boldsymbol{x}}^k(k+1) &= \widetilde{\boldsymbol{A}}^k(k)\widetilde{\boldsymbol{x}}^k(k) + \widetilde{\boldsymbol{B}}(k)\boldsymbol{u}(k) + \boldsymbol{w}(k)\\ \boldsymbol{y}^k(k+1) &= \widetilde{\boldsymbol{C}}^k(k)\widetilde{\boldsymbol{x}}^k(k) + \boldsymbol{D}(k)\boldsymbol{u}(k) + \boldsymbol{v}(k)\end{aligned}\right\} \tag{5.34}$$

式中, $\widetilde{\boldsymbol{x}}^k(k) = \begin{bmatrix} \boldsymbol{x}(k) \\ \boldsymbol{b}_k \end{bmatrix}$,$\widetilde{A}(k) = \begin{bmatrix} \boldsymbol{A}(k) & \boldsymbol{B}_k(k) \\ 0 & 0 \end{bmatrix}$,$\widetilde{\boldsymbol{B}}(k) = \begin{bmatrix} \boldsymbol{B}(k) \\ 0 \end{bmatrix}$,$\widetilde{\boldsymbol{C}}(k) = \begin{bmatrix} \boldsymbol{C}(k) & \boldsymbol{D}_k(k) \end{bmatrix}$, $\boldsymbol{b}_k$ 为第 k 个执行机构的偏差量,$\boldsymbol{B}_k(k)$ 和 $\boldsymbol{D}_k(k)$ 分别为 $\boldsymbol{B}(k)$ 和 $\boldsymbol{D}(k)$ 的第 k 列。基于上述的状态空间结构,就可以根据式(5.26)设计卡尔曼滤波器。

类似地,在得到状态量的估计信号和传感器信号之后,就可以根据残差信号来进行执行机构故障诊断。第 k 个执行机构滤波器残差为

$$\boldsymbol{e}^k = \boldsymbol{y}_e^k - \boldsymbol{y}, \qquad (k=1,2,\cdots,p) \tag{5.35}$$

式中,$\boldsymbol{y}_e^k$ 为第 k 个滤波器得到的估计值。由此得到其加权平方和残差

$$\mathbf{WSSR}_k = V_r^k (\boldsymbol{e}^k)^{\mathrm{T}} \big[\mathrm{diag}(\boldsymbol{\sigma}^k)^2\big]^{-1}(\boldsymbol{e}^k), \qquad (k=1,2,\cdots,p) \tag{5.36}$$

该加权平方和残差会与给定阈值进行比较,从而诊断出故障,当执行机构信号出现偏差时,所有的滤波器都使用了错误的信息,但是考虑了如式(5.34)故障模型的这一滤波器却能够很好地适应错误。因此,这一滤波器可以保持一个较低的残差,从而从其余滤波器中得到隔离。

(3) 基于逆模型的执行机构故障诊断

以航空发动机燃油调节器为例,其执行机构故障诊断结构如图 5.9 所示。在发

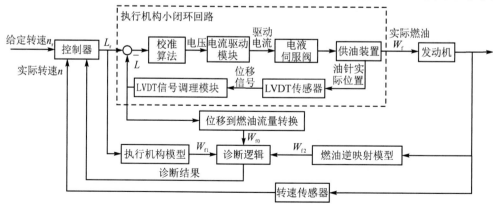

图 5.9　执行机构故障诊断方案原理图

动机转速大闭环控制回路内,转速给定值为 n_r,转速传感器反馈值为 n。执行机构数学模型和执行机构小闭环回路的输入均为数字电子控制器计算出的计量活门位置给定值 L_r。其中,执行机构小闭环回路与第 3 章中的一致,执行机构模型输出的燃油估计值为 W_{f1},LVDT 传感器反馈值 L 对应的燃油流量值为 W_{f0}。另外,建立了一个发动机燃油逆映射模型,其以发动机输出来估计实际燃油流量,记为 W_{f2}。故障诊断逻辑判断模块的输入分别为上述 W_{f0}、W_{f1} 及 W_{f2},其处理后将结果输送给转速大闭环回路。

若执行机构数学模型及逆映射模型精度足够高,则 W_{f1} 即为不受故障影响的燃油理论值,W_{f2} 则代表发动机实际燃油量,而 W_{f0} 代表了传感器测量的燃油量,通过逻辑判断模块,可对执行机构自身故障和 LVDT 传感器故障进行检测和区分。逻辑判断流程图如图 5.10 所示。将逆映射模型估计值 W_{f2} 与传感器测得的燃油量 W_{f0} 对比,得到残差 e_1,执行机构模型估计燃油量 W_{f1} 与 W_{f0} 对比得到残差 e_2。

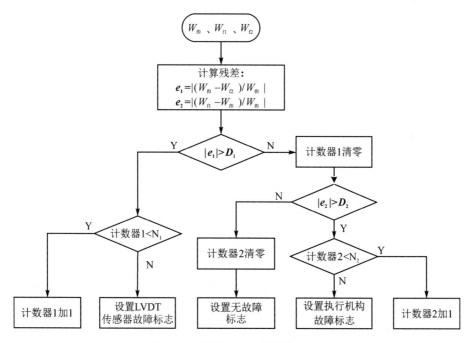

图 5.10　执行机构故障诊断流程图

得到残差后,先将 e_1 与传感器阈值 D_1 作比较:若 $e_1 > D_1$,则说明传感器测量燃油与逆映射模型估计值相差较大,而逆映射模型输出反映的输出燃油值,由此可判断出 LVDT 传感器出现故障。反之,则说明测量燃油与实际燃油量无明显差异,即 LVDT 传感器没有发生故障。然后,将 e_2 与执行机构阈值 D_2 作比较:若 $e_2 > D_2$,则说明执行机构模型估计燃油量与燃油测量值相差较大,由于此时可认为 LVDT 传感器无故障,因此可以判断出执行机构发生故障。最后,若 $e_1 \leqslant D_1$ 且 $e_2 \leqslant D_2$,则可以判断执行机构和 LVDT 传感器均无故障。另外，为了避免误诊，在诊断逻辑中引入了两个计数器，只有当残差几次连续大于阈值后才认为发生故障。通过上述逻辑判断，可以成功诊断出执行机构故障和 LVDT 传感器故障，并有效降低了虚警率。

5.3.4 电子控制器自检测技术

机内自测试技术，简称 BIT(Built - In - Test)，是指系统或设备内部提供的检测和隔离故障的自动测试。它通过附加在系统内的硬件和软件周期性或连续性地在线监控系统的运行状态进行故障检测，是提高电子系统可测试性，进而提高系统工作可靠性、减少系统维护费用的关键技术[14]。

航空发动机 FADEC 系统是一种典型的嵌入式实时控制系统，数字电子控制器一般安装于发动机的附件机匣上，工作环境恶劣，而对可靠性要求极高。相对于一般电子设备的 BIT，航空发动机数字电子控制器的 BIT 具有特殊性，其不仅要完成电子控制器内部电路模块的故障检测，还要负责控制系统中传感器和执行机构的故障检测，并参与控制系统的重构，甚至负责对控制对象航空发动机及其子系统的状态监视与故障检测。实际上，在当今已实现工程应用的 FADEC 系统电子控制器中，仅专门负责故障检测与处理任务的软件就占了大部分，足见 BIT 的分量。目前航空发动机数字电子控制器 BIT 的常规方法体现在下面几方面：

① 电子控制器的基本 BIT。

电子控制器的基本 BIT 负责对电子控制器内部的电路模块进行故障检测。航空发动机的电子控制器一般包括以下电路模块：CPU、RAM、ROM、A/D、D/A、DI、DO 和通信电路等。常规的方法是采用功能测试法对 CPU 进行检测，即让 CPU 执行一段包含其全部指令集的测试代码，对运行结果和标准结果的对比可判断 CPU 是否正常；RAM 的 BIT 方法应力图在尽量少的测试时间内检测到尽可能多的故障模式，可采用一种标准的 March 算法检测 RAM 的故障；对 ROM 的典型测试方法包括奇偶校验、循环冗余码校验、字节和校验，其中字节和校验最为常用；结合 A/D、D/A 转换接口电路的具体故障模式，采用联合回绕测试方法，即在电路上提供一个固定的参考电压供 A/D 采集以判断 A/D 电路的正确性，进一步将 D/A 输出回绕到 A/D 的输入以判断 D/A 的正确性；DI、DO 及通信电路也采取类似的回绕法进行故障检测。

② 针对传感器的 BIT 方法。

航空发动机控制系统中的传感器一般包括磁电脉冲式转速传感器、热电阻温度传感器、热电偶温度传感器、压阻式压力传感器、线性差动变压器式位移传感器、旋转变压器式角度传感器以及一些行程开关式位置传感器等。对于热电阻式温度传感器和压阻式压力传感器，通常通过检测电桥的一个端点电压，判断传感器线路是否断线或短路；对于线性差动变压器式位移传感器，检测 2 个副边信号的幅度之和，判断激励线圈或副边线圈是否开路；对于热电偶传感器，利用专门的热电偶调理集成电路检测断偶或短路；转速信号在发动机起动期间应处于合适的范围，行程开关式位置信号在发动机起动前的状态是确定的，以此判断相应传感器是否处于正常工作状态。大型航空发动机的传感器通常具有硬件余度，可以根据同一个测点不同传感器的不一致性和有效范围综合判断传感器的故障状态。此外，可以利用发动机的机载模型，基于卡尔曼滤波技术实现传感器的解析余度，根据该余度信息可以诊断传感器硬故障，并在物理传感器全部失效时提供解析余度，使数控系统仍能正常工作。

③ 针对执行机构的 BIT 方法。

航空发动机控制系统中的执行机构一般包括电液伺服阀、力矩马达、电磁开关阀、高速电磁阀、继电器、步进电机等。通常通过检测流过执行机构的电流或检测控制器端对应电磁线圈两端的电压大小，判断执行机构的线路是否断线或短路，并利用与执行机构相对应的位置或位移传感器判断执行机构是否失效。

④ 与控制系统重构容错技术的结合。

航空发动机数字电子控制器 BIT 的任务不仅仅在于检测控制系统的故障，还要参与控制系统的重构。当 BIT 检测并确认某个通道中的某个环节故障时，一方面将故障信息记录下来或实时报告飞机系统，另一方面向切换管理模块发送切换信息，由切换管理模块利用冗余通道及时构成一个完整的控制回路，或构成一个权限降低的控制回路，从而提高控制系统的可靠性水平。对于单余度执行机构故障的容错，一般将执行机构冻结在一个故障安全位置，虽然控制系统的控制能力下降，但保证了发动机的安全。

目前航空发动机数字电子控制器 BIT 技术新的发展方向主要体现下面几个方面：

① 智能 BIT 技术。

在实际应用过程中，常规 BIT 技术不断暴露出诊断能力差、虚警率高、不能识别间歇性故障等问题。为了降低虚警率，提高识别间歇性故障的能力，把人工智能（AI）技术通过专用处理器和 AI 软件应用到 BIT 技术中，称为智能 BIT 技术。与常规 BIT 相比，智能 BIT 不单纯根据 BIT 内部信息进行决策，还运用专家系统、神经网络等人工智能技术，并综合考虑了 BIT 环境信息（输出、温度、振动等）、BIT 历史信息、设备动态历史信息等，从而扩大了 BIT 故障诊断的数据信息来源，增强了常规 BIT 的决策能力，提高了 BIT 故障诊断准确性。而且智能 BIT 比常规 BIT 更不易受外界干扰，它使 BIT 本身能适应被测单元的特性变化，及时对被测单元进行跟踪、分析，能有效地检测间歇性故障，消除虚警。因此，智能 BIT 技术能够大大地提高常规 BIT 的自适应性，使其具有连续监控、自动重构、知识多余度、分散性自动测试和学习机制等特点，能够较全面地反映被测单元的状态，避免常规 BIT "非此即彼" 的简单决策方法导致的诊断失误。智能 BIT 技术是武器装备测试系统发展的重要方向。美国为了解决 BIT 的虚警问题，开展了智能 BIT 技术研究并加以运用，使 F - 22 的故障诊断能力比 F - 15E 提高了近一个数量级。

② 在线式边界扫描技术。

航空发动机电子控制器向更高性能和更高集成度的方向发展,使得传统测试方法难以满足需要。边界扫描测试技术,通过一条在集成电路边界绕行的移位寄存器链,对边界扫描器件的所有引脚进行扫描以完成电路检测。"边界"指测试电路被设置在电子器件功能逻辑电路的四周,位于靠近器件输入、输出引脚的边界处。"扫描"指连接器件各输入、输出引脚的串行移位寄存器形成"扫描路径",沿着这条路径可输入由"1"和"0"组成的各种编码,对电路进行"扫描"式检测,从输出结果判断其是否正确。边界扫描技术为解决复杂电子系统的故障检测,提供了一套完整的、标准化的测试方法,能实现芯片级、板级和系统级的测试。一般的边界扫描测试系统适用于离线式的 ATE 设备。随着技术的进步,有可能将边界扫描控制器、扫描测试向量和诊断逻辑集成在目标电路系统中,从而实现在线式边界扫描测试,极大地简化 BIT 硬件电路的设计。目前航空发动机电子控制器的核心电路所包含的复杂核心器件(如 486、DSP、FPGA 和 PowerPC 等),都包含边界扫描接口,这就为在电子控制器中开展基于边界扫描的测试技术应用提供了基础。电子控制器中具有复杂功能的电子器件大都支持边界扫描,对控制器电路中一些不支持边界扫描的器件,也可以采用边界扫描器件置换和板极边界扫描结构置入这 2 种方式来提高故障检测的覆盖率。

③ 与航空发动机健康管理技术的结合。

BIT 技术与航空发动机健康管理技术的结合,是对 FADEC 系统机电 BIT 思想的进一步扩展。航空发动机健康管理系统包括发动机气路故障诊断、发动机振动故障诊断、发动机有关子系统(含控制、起动、点火、滑油、燃油、空气等子系统)的故障诊断及发动机的寿命管理。从实现方式上分为在线和离线 2 种,即机载和地面维护 2 部分。根据故障模式的危害性和机载工程的可实现性确定各个健康管理项目是否采取机载方式。机载工程可实现性要考虑相应状态参数的可测性、故障诊断算法的实时性以及工程实现的代价效益比等因素;故障模式的危害性主要考虑对飞行安全是否造成重要影响且是否需要及时诊断处理。

航空发动机的健康管理系统应紧密结合控制系统建立,充分利用控制系统中原有的传感器信息资源,并利用 FADEC 控制器的实时处理和诊断结果,再辅助必要的额外监视措施,实现航空发动机系统的健康管理。

根据国外民用发动机现状,发动机状态监视和故障诊断的功能可由 FADEC 控制器实现。现有的 FADEC 控制器可以获取的发动机运行状态参数包括进气温度、排气温度、压力、压比、转速、燃油流量、引气状态、可调进口导向叶片和可调静子叶片位置等。根据状态监控和故障诊断的需要,还可增加发动机振动、滑油温度、滑油量、滑油压力、滑油滤旁通活门状态、燃油流量和压力等参数的采集。由于需要监视的参数多,应考虑增强 FADEC 控制器的处理能力,也可以考虑在 FADEC 控制器内增加一个专门负责发动机健康管理的通道。从 FADEC 控制器获取的信息通过数据总线传送给机载数据记录仪进行保存,以便在地面维护时导出,进行离线故障诊断。

④ 独立的 BIT 模块。

随着 BIT 设计指标不断提高、BIT 功能要求不断增强以及新型 BIT 方法的应用,传统的在原有软硬件基础上增加 BIT 功能的方式将导致 BIT 的设计与实现变得更加复杂。在不断完善 BIT 设计规范的基础上,针对电子控制器研制专门的 BIT 模块,将 BIT 功能独立出来,将有利于电子控制器的标准化设计。

常见的双通道冗余电子控制器一般设置一个独立超转保护与通道切换模块,可以基于 FPGA 技术设计一种包括 BIT 功能和独立超转保护与通道切换功能的专用模块,这样既可以实现独立于软件控制的高度可靠的保护功能,又可以利用 FPGA 的灵活性实现复杂的 BIT 功能。

⑤ BIT 验证技术。

在 BIT 的方案论证和设计中,BIT 故障检测覆盖率的评估是不可缺少的。理论上的估算可以预测研制系统的故障检测覆盖率,但人们更感兴趣的是系统组装后如何度量其实际故障诊断能力,因此,有必要开展针对 BIT 的故障注入技术研究,以支持 BIT 设计及验证试验,为 BIT 的设计和使用提供有效的技术保障手段。在系统 BIT 初级设计阶段,通常采用成本较低、基于仿真的故障注入方法来评价一个系统的性能。此时的系统还处于总体设计阶段,实现细节都未确定,因而系统仿真是基于众多假设和简化基础上进行的,其评价结果也是初步的。在 BIT 的工程化实施和应用过程中,可通过物理的故障注入方法获得更为精确的 BIT 检测结果。为此,可以研制一种面向 FADEC 系统 BIT 验证的综合故障注入器,一方面它可以和电子控制器构成完整的控制回路,另一方面可以灵活地设置 FADEC 系统的各种典型故障模式,以检查 BIT 的故障检测能力,从而为 BIT 的设计和验证提供手段。采用这种方法不仅可以在硬件一级或软件一级向系统注入故障,同时还可以观测故障注入的效果并获得系统失效的全过程信息。

5.4　航空发动机容错控制技术

航空发动机容错控制技术主要有基于软硬件冗余的容错控制技术、基于控制律重构的容错控制技术以及鲁棒容错控制技术。其中软硬件冗余容错是基于备份的考虑,而控制率重构是基于维持基本功能的考虑,两者都属于主动容错控制。鲁棒容错考虑的则是一个完整性系统,该系统包含了建模不确定性、不可测扰动以及某些故障模式,属于被动容错控制。下面对其进行一一介绍。

5.4.1　基于软硬件冗余的容错控制技术

冗余就是多余的资源。基于冗余的容错控制技术就是当系统发生故障时,能够用冗余资源来代替故障模块,以保证系统继续安全正常运行。冗余措施包括硬件冗余和解析冗余两类。硬件冗余通过对重要部件及易发生故障部件提供备份,以提高系统的容错性能。解析冗余通过模型、信息知识等对故障模块进行重构,以获得同硬件冗余相同的功能。

硬件冗余:对于某些子系统,可以采用双重或多重备份的办法来提高系统的可靠性,这在控制系统中得到了广泛的应用。从设计原则着眼又可分为以下两种:

① 静态"硬件冗余"。例如设置 3 个单元执行同一项任务,把它的处理结果,如调节变量相互比较,按多数原则(三中取二)确定判断和确定结构值。

② 动态"硬件冗余"。备份单元对主单元进行热备份,如果主单元出错,就将备份单元切换上去,由其接替前者的工作。这两种情况在航空发动机控制系统设计中均有出现。

图 5.11 表示了控制系统冗余设计的基本方案。最简单的是在通道之间联系最少的双通道系统如图 5.11(a)所示的双通道数控系统多种可能的余度方案。方案中每一个通道间具有独立的传感器 TR、信号输入单元 SI、计算单元 ECU、信号输出单元 SO,根据控制信号选择器 SC 实现通道间转换,将正常的通道与执行机构 MU 联系。这种系统的缺点是由于缺乏相互联系,当一个通道内有任何环节故障时,该通道就会被隔离,余度的作用较低。

图 5.11(b)方案中,各通道组件之间信息互相交流,当在一个通道内个别组件故障时利用备用通道的同名组件可以恢复不充足的信息时,在这种情况下对于双通道的多重故障,系统是稳定的。PW2037 和 PW - 4000 等发动机数控系统采用的就是这种结构。

图 5.11(c)是一种双双通道结构,每个通道有 2 个计算单元,通过比较器 CM 再交叉到 2 路输出装置。随着电子器件的集成度越来越高,这种结构并不导致控制器重量和体积的显著增加,而在通道内控制系统的可靠性获得显著提高。PW - 5000 发动机的数字控制系统 EEC - 138 即采用的是这种结构。

图 5.11(d)是由 3 个计算通道组成的,通过表决方法实现故障诊断和故障隔离,提高了系统的可靠性。在这种系统中,3 个计算单元要同时拿到相同的输入信号,采用同一种计算程序,对结果的比较和表决在表决装置 CS 中进行。

航空发动机主要执行机构均采用了硬件冗余设计,以主燃油控制回路为例,其余度配置如图 5.12 所示。主燃油计量活门位置反馈传感器采用双余度 LVDT,分别进入电子控制器两个通道。电液转换装置采用双电液伺服阀,通过双线圈转换电磁阀和转换活门进行双电液伺服阀的切换,转换活门上设置双线圈接近开关,将实际转换状态反馈回电子控制器。所有电液伺服阀、电磁阀、LVDT、接近开关的两组线圈分别通过两个独立的电插座进入电子控制器的两个通道。两个通道可分别独立控制两个电液伺服阀的一组线圈,并分别通过控制双线圈转换电磁阀的一组线圈选择最终由哪个电液伺服阀起控制作用。当电子控制器失去电源时,依靠电液伺服阀的零偏保证主燃油计量活门处于流量最小位置。

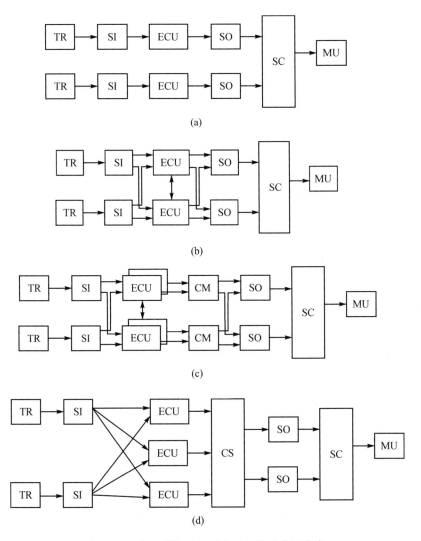

图 5.11　双通道数控系统多种可能的余度方案

　　软件冗余即解析冗余,通过实际系统与模型系统的输出差异得到系统的故障信息。一般包括下面 3 个主要步骤:通过系统建模得到实际系统和故障系统之间残差信息;通过统计测试检测故障;对信号进行分析隔离故障。解析余度技术应用于故障诊断与容错处理的方法主要有:观测器/滤波器法;等价空间法;基于知识的解析余度法。前两种方法均利用了状态估计技术,第 3 种方法是应用神经网络等技术得到系统的估计输出[15]。观测器/滤波器法和基于神经网络的方法在前面已经有过一定介绍。等价关系的研究是建立在动态系统的平衡计算研究之上的,它利用系统可测的输入输出变量来检测系统数学方程的一致性。等价空间的基本原理就是把测量到的系统输出信号投影到与系统能观测性子空间的正交补上,从而生成残差,并根据等

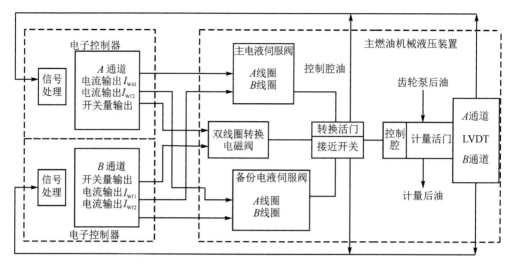

图 5.12　主燃油控制余度配置图

价空间的故障方向确定故障的位置。现已证明该方法与基于观测器的状态估计方法是等价的。同时由于等价空间法避开了状态滤波器或状态观测器的设计,使那些为满足观测器/滤波器稳定等所要求的附加条件得到了松弛。因此该方法的应用将越来越广泛。

5.4.2　基于控制律重构的容错控制技术

基于控制律重构的容错控制技术利用故障诊断机构提供的故障信息对故障部件进行隔离,并充分利用系统的功能冗余,使系统能用剩下的部件继续工作。这可以通过离线预设的故障场景、控制率切换、实时在线的控制律重构(包括控制架构、控制参数的重构)来实现[8]。可以看到,基于控制律重构的容错控制技术主要包括故障诊断和控制器重构两个步骤。首先是对故障的检测和定位,根据系统的工作状态,重新配置工作点,再利用某种控制策略(如极点配置、最优控制、模糊控制等)动态地重新构造一个新的控制器,使系统性能可以在发生故障时得以恢复或维持。

目前应用于航空发动机的控制律重构技术主要体现在控制回路或控制目标的重构方面。当控制回路中某个传感器或执行机构发生故障时,可以重新构建新的无故障控制回路,以此实现对发动机的稳定控制。表 5.2 列出了某发动机控制回路中在传感器或执行机构发生故障后的控制律切换方案。无故障或低压转速传感器故障时,发动机采用 W_{fb} 和 A_8 控制 n_H 和 π_t 的多变量控制方案;当高压转速传感器故障时,控制律切换为 W_{fb} 和 A_8 控制 n_L 和 π_t 的多变量控制方案;当压力采集传感器故障和尾喷管喉道面积调节机构故障时,采用 W_{fb} 控制 n_H 的单变量控制方案。

表 5.2　控制律重构方案

故障信号	切换后被控量	切换后控制量
n_H	n_L, π_t	W_{fb}, A_8
π_t	n_H	W_{fb}
A_8	n_H	W_{fb}

以下提供另外两种针对传感器故障和执行机构故障的控制律重构思路。首先是基于状态反馈控制器的重构设计。考虑如下离散线性系统:

$$\left.\begin{array}{l} x(k+1) = Ax(k) + Bu(k) \\ y(k+1) = Cx(k+1) \end{array}\right\} \tag{5.37}$$

式中,$x(t) \in R^n, u(t) \in R^m, y(t) \in R^l, A \in R^{n \times n}, B \in R^{n \times m}, C \in R^{l \times n}$。为了使控制系统具有满意的性能,可采用状态反馈。状态反馈控制律的设计方法一般有两种:极点配置法;二次型最优调节器。考虑实现的方便性,常采用可以直接测量的状态变量作为反馈量,最终得到的状态反馈表达式为

$$u(k) = KCx(k) \tag{5.38}$$

式中,$K \in R^{m \times l}$。

于是,闭环控制系统表达式为

$$\left.\begin{array}{l} x(k+1) = (A - BKC)x(k) + Bu(k) \\ y(k+1) = Cx(k+1) \end{array}\right\} \tag{5.39}$$

系统的闭环特征极点由 $A - BKC$ 所决定。当系统出现故障时,故障闭环系统的表达式可写为

$$\left.\begin{array}{l} x_f(k+1) = (A_f - B_f K_f C_f)x_f(k) + B_f u_f(k) \\ y_f(k+1) = C_f x_f(k+1) \end{array}\right\} \tag{5.40}$$

式中,下标"f"为失效后的矩阵。

故障系统的闭环特征极点由当前系统的状态转移矩阵所决定。我们希望故障后的系统性能尽可能地与原系统性能一致,或者说

$$A - BKC = A_f - B_f K_f C_f \tag{5.41}$$

由此得到故障系统所需修改的状态反馈增益值为

$$K_f = B_f^+ (A_f - A)C_f^+ + B_f^+ BKCC_f^+ \tag{5.42}$$

式中,B_f^+, C_f^+ 分别为 B_f, C_f 的伪逆矩阵。

对于传感器失效的故障,A_f 和 B_f 都同相应的原矩阵一样,因此,式(5.42)改为

$$K_f = KCC_f^+ \tag{5.43}$$

文献[16]中推导了 SISO 线性定常状态反馈控制系统在某传感器失效情况下重组态的方法。当判断出某一传感器失效后,软件就自动转入容错控制。由于在求取故障系统新的状态反馈增益时是取各环节传递函数的静态增益代替该环节传递函

数,因此所得到的仍是定常状态反馈增益值,重组态后的故障系统静态工作点仍不变,从而实现了从正常系统控制到故障系统控制的无扰动切换。

这里再介绍一种基于控制分配的重构技术。它将故障执行机构的控制任务分配到其他执行机构。控制分配目前主要应用于飞行器操纵面和车辆驱动方面。以多操纵面飞行器为例,它在飞行器存在操纵面位置约束和转动速率的限制情况下,把控制指令最优分配到每个健康操纵面的位置偏转,作动器根据偏移指令获得要求的控制目标。它的基本思想是将控制系统设计成控制系统模块和控制分配模块。通过控制系统模块对控制输入处理生成理想的伪控制指令,再通过控制分配模块将得到的伪控制指令最优的分配到各个执行器[17]。它考虑的是这样的一个系统:

$$\dot{\boldsymbol{x}}(t) = \boldsymbol{A}\boldsymbol{x} + \boldsymbol{B}_u\boldsymbol{u} \tag{5.44}$$

式中,$\boldsymbol{x}$ 是系统的状态变量,$\boldsymbol{u}$ 是系统的控制输入。$\boldsymbol{A}$、$\boldsymbol{B}_u$ 分别为状态矩阵和控制矩阵。$\boldsymbol{B} \in \boldsymbol{R}^{n \times m}$,列不满秩,为 k。

可以把 $\boldsymbol{B}_u$ 写成如下形式:

$$\boldsymbol{B}_u = \boldsymbol{B}_v\boldsymbol{B} \tag{5.45}$$

其中,$\boldsymbol{B}_v \in \boldsymbol{R}^{n \times k}$ 和 $\boldsymbol{B} \in \boldsymbol{R}^{k \times m}$,因此这个系统可以被写为

$$\dot{\boldsymbol{x}}(t) = \boldsymbol{A}\boldsymbol{x} + \boldsymbol{B}_v\boldsymbol{v} \tag{5.46}$$

式中,$\boldsymbol{v} = \boldsymbol{B}\boldsymbol{x}$,为执行机构总的控制量,也被称为伪控制指令。

由于 $k < m$,所以 $\boldsymbol{B}$ 和 $\boldsymbol{B}_u$ 有 $m-k$ 维零空间使得 $\boldsymbol{u}$ 的变化不会影响系统的动态特性,这意味着可以有很多种方式将控制量分配到执行机构当中,每种方式都会使执行机构产生同样的效果。随后可采取优化的方法得到新的控制指令。不过这种方式可能会导致系统不稳定,尽管所用的控制律是稳定的,而且这种控制律没有考虑执行机构的动态性能和某些限制,所以可能导致控制律在尝试修复故障系统,而执行机构却没能力达到目标的情况。

控制分配可应用于具有较多调节机构的航空发动机中,如变循环发动机,控制系统设计人员分析各执行机构在调节流量、压力、温度等参数上的冗余作用,来实现大范围或小范围的功能重构。

5.4.3 鲁棒容错控制技术

实际工程系统都是在变化的环境中运行的,其中包括系统本身和周围环境的变化,这就要求控制系统对建模不确定性和外界不可测扰动具有鲁棒性。鲁棒控制考虑了模型不确定性、外界条件变化以及一些故障类型,而不依赖于在线的故障信息。

目前应用于航空发动机的鲁棒容错控制技术主要有 H_∞ 最优控制、基于定量反馈理论(QFT)的方法、线性二次高斯(LQG)控制等,下面介绍一种方法——线性二次(linear quadratic,LQ)最优控制方法[18]。

考虑如下系统:

$$\dot{x}(t) = Ax(t) + Bu(t) = Ax(t) + \sum_{i \in I} B_i u_i(t) \tag{5.47}$$

式中，$u(t) \in \mathbf{R}^m$ 为系统控制量，$x(t) \in \mathbf{R}^n$ 为系统状态量。I 代表执行机构集合，$u_i(t)$ 代表第 i 个执行机构的控制量，$i \in I$。$A，B$ 是常数矩阵，并假设 $(A，B)$ 能控。考虑下述最优控制问题：

目标 O：将系统状态从 $x(0) = \gamma$ 转移到 $x(\infty) = 0$，并使下面函数最小化：

$$J(u，\gamma) = \frac{1}{2} \int_0^\infty (x^\mathrm{T} Qx + u^\mathrm{T} Ru) \mathrm{d}t \tag{5.48}$$

$J(u，\gamma)$ 称为目标函数，式（5.48）表示用最小的控制成本将系统状态转移至目标，并且过程中引起最小的状态量变化。其中 Q 和 R 分别是状态量和控制量的权重，为对称矩阵，Q 半正定，R 正定。

该类问题的求解在最优控制的经典理论中十分著名。其最优解可通过求解如下 $Hamiltonian$ 函数：

$$H(x，u，p，t) = \frac{1}{2} \left[x^\mathrm{T} Qx + u^\mathrm{T} Ru + p^\mathrm{T} (Ax + Bu) \right] \tag{5.49}$$

式中，p 为伴随状态量。其最优必要条件为

$$\begin{aligned}
\dot{x} &= \frac{\partial H}{\partial p}(x，u，p，t) = Ax + Bu \\
-\dot{p} &= -\frac{\partial H}{\partial x}(x，u，p，t) = Qx + A^\mathrm{T} p \\
0 &= \frac{\partial H}{\partial u}(x，u，p，t) = Ru + p^\mathrm{T} B
\end{aligned} \tag{5.50}$$

该条件显然是非线性的，求解不变，于是尝试令 $p = Px$，将其带入上述方程，得到如下方程：

$$PA + A^\mathrm{T} P - PBR^{-1} B^\mathrm{T} P + Q = 0 \tag{5.51}$$

该方程被称为代数 $Riccati$ 方程。如果该方程有解，那么就可得到想要的 P。

从而得到最优控制参数：

$$u = Kx \tag{5.52}$$

式中，$K = R^{-1} B^\mathrm{T} P$，为状态反馈增益矩阵。因此 $J(u，\gamma)$ 有最优解：

$$J(u，\gamma)_{\mathrm{opt}} = \gamma^\mathrm{T} P\gamma \tag{5.53}$$

以发动机部件发生蜕化为例，此时系统模型可由下式表示：

$$\dot{x}(t) = Ax(t) + Lh(t) + Bu(t) \tag{5.54}$$

式中，$h(t)$ 为健康参数，L 为其系数矩阵。健康参数对发动机的影响与控制量类似，但是健康参数无法直接测量，因此将其增广至状态变量，如下：

$$\dot{\tilde{x}}(t) = \tilde{A}\tilde{x}(t) + \tilde{B}u(t) \tag{5.55}$$

式中，

$$\tilde{x} = \begin{bmatrix} x \\ h \end{bmatrix}, \tilde{A} = \begin{bmatrix} A & L \\ 0 & 0 \end{bmatrix}, \tilde{B} = \begin{bmatrix} B \\ 0 \end{bmatrix}$$

当发动机部件发生蜕化之后,影响其正常运行的关键参数是风扇及高低压压气机的喘振裕度及其推力。因此容错控制器以保持故障前的喘振裕度和没有大的推力损失为目标[5]。此时可将风扇、高低压压气机喘振裕度及发动机推力的变化量(可用其导数表述)作为状态量,选取 Q 矩阵各状态量权重,得到以上述状态量变化量最小为目标的优化函数 $J(u, \gamma)$。设计 LQ 控制器状态量趋于稳定,此时有:

$$J(u, \gamma)_{opt} = \tilde{x}(t_f)^T P \tilde{x}(t_f) \tag{5.56}$$

式中,$\tilde{x}$ 为发动机发生蜕化时的状态量,P 为如下 Riccati 方程的解:

$$P\tilde{A} + \tilde{A}^T P - P\tilde{B}R^{-1}\tilde{B}^T P + Q = 0 \tag{5.57}$$

另外考虑如下执行机构故障。令 Ω 代表需进行容错设计的执行机构的集合,Ω' 代表其补集,即不考虑故障的执行机构集合[19]。不失一般性,式(5.47)中 B 矩阵可被分解为

$$B = \{B_{\Omega'}, B_{\Omega}\} \tag{5.58}$$

同样式(5.52)中状态反馈增益 K 和权重 R 可被分解为

$$K = \begin{pmatrix} K_{\Omega'} \\ K_{\Omega} \end{pmatrix}, \qquad R = \begin{pmatrix} R_{\Omega'} & 0 \\ 0 & R_{\Omega} \end{pmatrix} \tag{5.59}$$

在下面的设计中会用到以下 3 个假设:①$(A, B_{\Omega'})$ 能控;②(A, Q) 可观;③R 为正定对角阵。假设①是系统状态反馈控制存在的必要条件。假设②用于 LQ 控制器设计。假设③一般由设计者选取。

对于故障情况,可以通过求解 Riccati 方程得到最优解:

$$K_{\Omega'} = R_{\Omega'}^{-1} B_{\Omega'}^T P \tag{5.60}$$

P 矩阵有且只有在 $(A, B_{\Omega'})$ 能控时有解,并且只取决于 Ω' 中执行机构。但是 P 的解也可用于计算其他无故障执行机构的状态反馈增益,即

$$K_{\Omega} = R_{\Omega}^{-1} B_{\Omega}^T P \tag{5.61}$$

上述两式组成了 LQ 控制器的状态反馈增益矩阵。可以证明,Ω 中任意或者全部执行机构失效(失去状态反馈控制)时,系统仍能保持稳定,其目标函数 $J(u, \gamma)$ 有界,且最大值(性能最差)发生在 Ω 中全部执行机构失效时。这就意味着,按最坏或较坏情况设计出的控制器如果是稳定的,那它能在一定故障区域内(鲁棒区域)满足控制要求而不需要重新设计控制律。

5.5 航空发动机容错控制验证技术

航空发动机容错控制系统的研发是一种系统工程,其研制过程要符合系统工程

的基本方法,即自顶向下的设计分解和自底向上的逐级综合和验证,研制流程如图 5.13 所示,每一个阶段从初始开发直至投入使用,控制系统都需要进行全面的测试。系统综合与试验验证是在各部件容错方案制定完成后,经过单个部件测试与试验后进行的多个部件和软件之间的集成和试验验证,目的是验证系统设计的正确性,是发动机容错控制系统研制中一个十分重要的环节。航空发动机容错控制验证研究主要包含两方面内容,首先是容错控制系统故障模拟技术研究,以求获得高覆盖率、高逼真度的故障模拟方法;其次是容错控制技术的试验验证,以求层层深入验证系统容错控制能力,最终将其投入飞行。

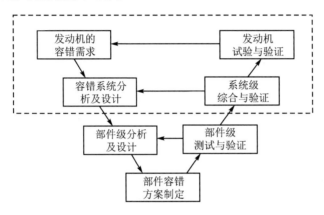

图 5.13　容错控制系统研制流程

5.5.1　控制系统故障模拟技术

故障模拟是对控制系统容错方法进行验证的有效手段,如何保证故障模拟的高逼真度和高覆盖率是该项关键技术的难点。航空发动机控制系统的故障涉及核心处理器电路故障、输入输出接口电路故障、传感器故障、执行机构故障以及电气连接故障等,须分别研究各种故障的注入方法。同时,由于传感器和执行机构与发动机工作状态紧密关联,在注入传感器和执行机构的故障时要结合发动机的工作状态,通过发动机数学模型进行模拟。

对发动机控制系统容错方法进行验证的有效手段是建立一个高覆盖率、高逼真度的故障模拟系统。图 5.14 是一种发动机容错控制系统故障模拟试验平台的结构图。

该平台的硬件由故障模拟管理计算机、接口适配器及线路故障模拟器组成。其中,故障模拟管理计算机中运行故障模拟系统综合管理软件、发动机模型软件、执行机构模型软件、传感器模型软件、核心电路故障注入软件、线路故障模拟器配置软件、接口适配器配置软件;接口适配器用于实现发动机控制系统中所有传感器和执行机构信号的接口模拟,其与发动机模型软件、传感器模型软件、执行机构模型软件配合,可以看成是一台安装了传感器和执行机构的发动机,可以和发动机容错控制器无缝

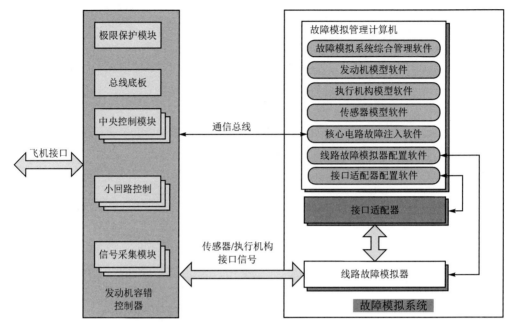

图 5.14　容错控制系统故障模拟试验平台结构图

连接,构成硬件在环试验系统;线路故障模拟器用于模拟输入输出接口电气线路故障。

　　该平台可实现控制器核心处理器电路故障、传感器故障、执行机构故障以及输入输出接口电气线路故障的模拟,具有高故障覆盖率。结合发动机数学规律、传感器数学模型、执行机构数学模型以及专业的接口模拟技术,可以实现发动机控制系统故障的高逼真度模拟。

　　核心处理电路故障模拟主要涉及容错控制器内部的存储器、寄存器和计算结果的故障模拟,由故障模拟系统中的核心电路故障注入软件与容错控制器中的插桩软件配合完成,两者之间通过通信接口实现信息交互。插桩软件分别工作在中央控制模块、内回路控制模块和信号采集模块上。中央控制模块中的插桩软件与核心电路故障注入软件通过通信总线相连,直接接收核心电路故障注入软件的控制命令。内回路控制模块和信号采集模块上的插桩软件通过电子控制器内部总线与中央控制模块的插桩软件通信,由中央控制模块插桩软件转发核心电路故障注入软件的控制命令。容错控制器中运行实时操作系统内核,此时插桩软件借助操作系统对控制软件进行动态插桩修改(故障模拟),核心电路故障注入软件对插桩软件执行过程进行监控,通过修改存储器、寄存器和计算结果实现核心电路的故障模拟,同时控制软件的实时性也能得到保证。

　　控制器外部故障主要包括输入输出接口电气线路故障、传感器故障、执行机构故障等。输入输出接口电气线路故障由线路故障模拟器在其配置软件的控制下实现,可实现输入输出接口的短路、断路、搭接等故障的模拟。传感器和执行机构故障由故障模拟计算机中的传感器和执行机构模型直接注入。对于传感器可先建立较为精确的数学模型,该模型应能较好呈现其动静态特性。通过故障模拟综合管理软件实时修改传感器模型从而注入零点

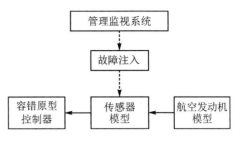

图 5.15 传感器故障注入方法

偏移、增益漂移、干扰、褪化等故障,如图 5.15 所示。与传感器故障模拟类似,执行机构故障注入之前也需要对其建立精确数学模型,该模型应能较好呈现其动静态特性及频率响应特性。通过管理软件修改模型实现零点偏移、增益漂移、卡死、振荡等故障的模拟。实际上,通过设置发动机模型中的部件特性,可以模拟发动机本体的不同故障模式,比如部件效率下降、喘振等故障模式。

5.5.2 容错控制系统的验证试验

验证试验是发动机容错控制系统研制中一个十分重要的环节,是逐步进行、层层深入的。首先是电子控制器和控制软件的综合和验证,称为电子控制器在回路仿真;然后是与液压机械系统及传感器的综合与试验验证,称为半物理模拟试验;最后是与发动机综合后完成发动机地面台试验、高空台试验及飞行试验验证。本节将对上述试验验证的原理和方法进行介绍。

(1) 电子控制器在回路仿真

由于全权限数字电子控制系统运行对安全性的严格要求,因此对电子控制器进行的测试必须全面,使足以覆盖其所有的行为。这就意味着在测试回路的每一个点上,所有飞行中可能遇到的操作和故障类型都必须被包含在测试系统中。使用电子控制器在回路仿真测试,可以让系统开发人员将电子控制器置于与等同于试车台和试飞条件的虚拟环境中进行测试。这种方法可大大地降低成本和风险,并减轻测试资源和人力资源的负担。正因为如此,电子控制器在回路仿真测试可以做得比较全面和深入,不仅可以仿真正常工作情况,还可以仿真各故障模式下的工作情况,能对电子控制器硬件和软件的共同工作进行全覆盖仿真测试,验证容错设计的正确性,即电子控制器在回路仿真的结果应与设计时数字仿真的结果相一致。

电子控制器在回路仿真系统的原理框图如图 5.16 所示。实时计算机通过网络与主工作站相连,主要用于输入、输出信号的管理和发动机模型、传感器模型及执行机构模型的计算,其根据计算的需要可以配置多个 CPU 单元。输入输出和信号调理单元用于将模型计算的输出转化为传感器信号和开关量信号,以及将电子控制器的输出转化为数字信号送给实时计算机。故障注入单元用于在控制器的输入输出线路上注入各种故障。对于各传感器及执行机构故障,则通过实时修改传感器及执行

机构模型实现。

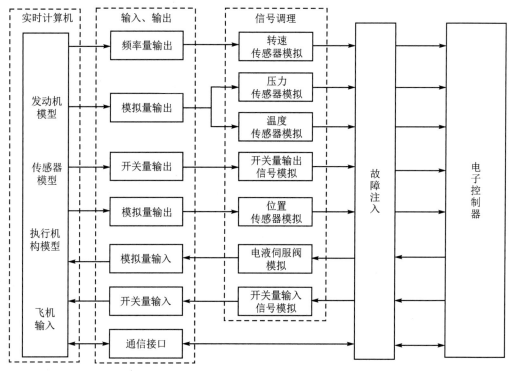

图 5.16 电子控制器在回路仿真系统原理框图

实时计算机中运行发动机实时数学模型及传感器模型,模型计算得到的转速、温度、压力等各个参数通过输出转换接口转换成相应传感器的信号量,转速传感器模拟电路产生频率信号量模拟转速信号,压力传感器、温度传感器等模拟电路产生相应的模拟信号量模拟压力、温度信号,开关量输出模拟电路模拟发动机控制系统的各类开关状态信号。

为验证容错控制系统对各种故障的诊断和容忍能力,需进行故障模拟仿真,仿真的主要内容包括传感器及其输入通道的故障模拟,输出通道及执行机构的故障模拟等。

故障模拟可以分类进行,对于关键传感器及其输入通道的故障模拟是故障模拟仿真的重点,如 n_L、n_H、T_{t1}、P_{t1}、PLA、P_{t3}、P_{t6}、T_{t6} 信号都是用于控制发动机状态的,必须尽可能仿真各种故障模式及其组合故障模式,并在典型的发动机进口条件下和各个工作状态下进行故障模拟,验证是否正确地检测、隔离、申报和处理故障,检查故障状态下的容错控制能力。由于故障模式、发动机工作条件、发动机工作状态会产生大量的组合,为了减少无意义的组合,要根据故障传感器的控制作用来设置仿真状态点,如由于 n_L、n_H 在所有情况下都参与控制,因此需要在所有情况下进行故障模拟。而 T_{t1}、P_{t1} 主要用于高空状态下的各种修正,因此只需要在边界点上进行故障模拟,就可以适应所有情况。另外,P_{t3} 用于加速控制和加力控制,则只需在加速和加力状态下进行故障模拟。

对于主燃油流量控制装置、风扇进口可调叶片装置、高压压气机进口可调静子叶片装置、尾喷管喉道截面积控制装置等执行机构,其动作贯穿于发动机运行始终,因此须在所有状态下进行故障模拟及容错试验,对加力燃油流量控制装置则只需考虑其在加力状态下的故障、对于矢量喷管作动筒,主要考虑其在中间状态的故障。故障模拟的另一个重点是伺服回路的位置反馈传感器故障模拟。位置反馈传感器一般采用 LVDT,其主要包括激励短路、开路故障,反馈 VA 端开路故障、反馈 VB 端开路故障、反馈 COM 端开路故障、反馈短路故障等多种故障模式。一般在地面标准条件的各种状态下进行各种故障模式的模拟,验证对各种故障模式的诊断和处理能力,选择空中典型的点进行故障模拟,验证位置反馈传感器故障情况下,重构后的容错控制性能是否能保证发动机的安全。

输出故障模拟也是非常重要的,输出故障模拟也包括了上端开路、下端开路、各种短路、回路不跟随等多种故障模式。一般在地面标准条件的各种状态下进行各种输出故障模拟,验证对输出故障模式的诊断能力和控制通道的切换逻辑,选择空中典型的点进行输出故障模拟,验证在最极端情况下控制通道切换的平稳性。

不同的系统构成,故障模拟的范围和内容也不尽相同,原则是要对已知的故障模式完整覆盖,对故障处理逻辑要完整覆盖,要在最恶劣的状态验证故障的影响。

（2）控制系统的半物理模拟试验

在完成电子控制器在回路仿真试验后,需要进一步集成系统中其他部件进行试验,保证系统在装发动机之前,得到进一步的验证,减少装机试验的风险。除发动机采用数学模型外,控制系统的部件几乎全部采用真实部件,集成在物理环境下进行模拟发动机各种工作状态的试验,称之为控制系统的半物理模拟试验。半物理模拟试验是控制系统研制中最重要的试验,新研的控制系统,必须经过半物理模拟试验后,才能装机完成台架试车。半物理模拟试验需要在专门的半物理模拟试验器上进行,下面对半物理模拟试验器及半物理模拟试验进行简要介绍。

某加力涡扇发动机容错控制系统的半物理模拟试验系统组成原理框图如图 5.17 所示。半物理模拟试验器主要由电传系统、燃油系统、气压模拟系统、温度模拟系统、伺服作动及负载模拟系统、水冷却系统、润滑系统、发动机数学模拟系统、故障模拟系统、设备监视控制与数据采集系统等部分组成,与电子控制器、燃油泵及执行机构、传感器等控制系统部件共同构成半物理模拟试验系统。其中,故障模拟系统与控制器在回路仿真中的故障注入装置相同,用于半物理模拟试验过程中的故障模拟。

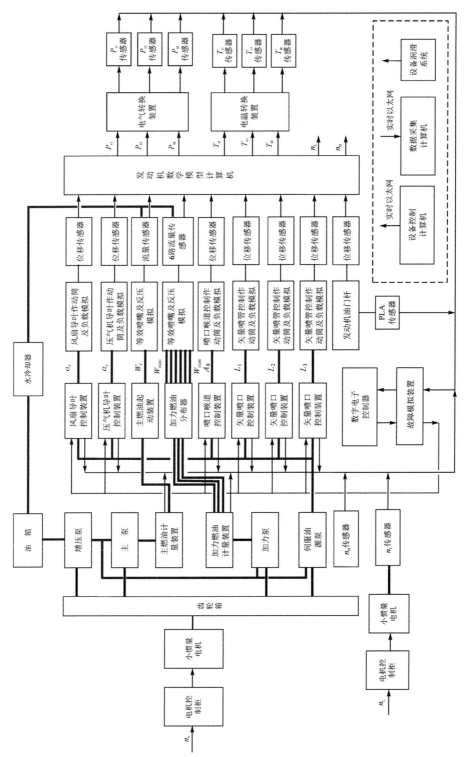

图5.17 半物理模拟试验系统组成原理框图

与电子控制器在回路仿真相比,控制系统中的大多数部件都参与了半物理模拟试验,因此半物理模拟试验比电子控制器在回路仿真更加真实。通过半物理模拟试验,可以验证系统各部件的功能和性能,验证各部件间的匹配性,验证控制系统的功能和性能,验证控制系统的故障诊断和处理能力,验证控制系统超限保护能力,验证控制系统的稳定裕度等。

容错控制系统的半物理试验验证一般分为两个阶段:

第一个阶段主要是验证故障检测和故障诊断的能力,可以在非闭环的情况下进行各种静态故障模拟,检查故障是否被检测出来。为了模拟信号在工作情况下的故障,可以分别使物理效应设备投入工作,如当模拟转速故障时,需要接通电传系统,而在其他与转速信号无关的信号故障模拟时,就不需要接通电传系统。模拟故障时需要在信号不同的工作范围模拟全部已知的故障模式,要对每一路传感器及信号输入、信号输出、通信、计算机内部电路都进行故障模拟,不应有信号遗漏。

第二阶段是故障处理和容错能力的验证,这是故障半物理模拟试验的重点,这时需要在系统闭环情况下进行试验,一般只需模拟 1~2 种常用故障,试验的主要内容包括传感器及其输入通道的故障模拟,输出通道及执行机构的故障模拟等试验。

表 5.3 列出了几种典型输入通道故障模拟及容错试验项目,表 5.4 列出了几种典型输出通道故障模拟及容错试验项目。实际设计中,要根据故障诊断与容错设计的结果,设计故障模拟项目,尽可能地对故障及其组合故障进行全覆盖。

表 5.3　几种典型输入通道故障模拟及容错试验项目

序 号	故障模拟通道	故障模拟试验状态点	故障模拟方式	故障模拟内容
1	高压转子转速 n_H	起动、慢车、节流、中间、加力、加减速过程 地面标准点、空中典型点	开路故障 短路故障	单余度故障 双余度故障 三余度故障 四余度故障
2	压气机后空气总压 P_{t3}	加力、加减速 地面标准点、空中典型点	激励开路故障 反馈开路故障	单余度故障 双余度故障
3	发动机进口空气总温 T_{t1}	起动、慢车、节流、中间、加力、加减速 空中典型点	开路故障 短路故障	单余度故障 双余度故障
4	涡轮后燃气总温 T_{t6}	中间、加力、加减速 地面标准点、空中典型点	开路故障 反馈短路故障 对地短路故障	单余度故障 双余度故障
5	主燃油计量位置 L_m	起动、慢车、节流、中间、加力、加减速 地面标准点、空中典型点	激励开路故障 反馈开路故障 反馈地端故障	单余度故障 双余度故障

序　号	故障模拟通道	故障模拟试验状态点	故障模拟方式	故障模拟内容
6	所有开关量 输入 SWI	节流 地面标准点	开路故障 短路故障	单余度故障 双余度故障
7	主燃油流量 给定 W_{fcmd}	节流 地面标准点	给定置0 给定置最大	单余度故障 双余度故障 三余度故障

表 5.4　几种典型输出通道故障模拟及容错试验项目

序　号	故障模拟通道	故障模拟试验状态点	故障模拟方式	故障模拟内容
1	主燃油流量控制 电液伺服阀	慢车、中间、加力、加减速过程 地面标准点	开路故障 短路故障	单余度故障 双余度故障 三余度故障 四余度故障
2	主燃油转换电磁阀	中间 地面标准点	开路故障 短路故障	单余度故障 双余度故障
3	其他开关量输出	中间 地面标准点	开路故障 短路故障	单余度故障 双余度故障

(3) 发动机试验与验证

在完成半物理模拟试验后,控制系统将被交付到发动机,与发动机进行匹配后,跟随发动机完成大量的试验验证。尽管控制系统在部件试验阶段已经通过各种环境试验,且系统试验阶段经过半物理模拟试验,但由于模拟的环境与安装在发动机上的环境总是存在差距(如发动机模型建模的误差,负载条件的不一致等原因),控制系统还有许多问题需要在发动机试验阶段来验证和解决。发动机试验一般包括发动机地面台试车试验、发动机高空台试验、发动机飞行试验。

① 发动机地面台试车试验:通过发动机的地面试验,可以验证控制系统与发动机的匹配性,兼容性,验证控制系统的功能和性能,验证控制系统的装发动机环境下的可靠性,验证控制系统的故障诊断和故障处理及容错控制能力。

在地面试车的初始阶段,由于控制系统还不成熟,故障在所难免,因此,应尽可能多地安排测试点,以利于发现故障和分析故障。所以应在主要的燃油管道上及液压机械装置的测试口安装压力传感器(如燃油泵后,燃油总管、作动筒两腔等位置),在燃油计量装置后安装燃油流量传感器,在发动机各截面上安装温度、压力传感器等,并通过测试点传感器,监视和记录这些点的物理参数。在试验过程中,一方面是实时监控这些参数,及时发现故障和问题,另一方面要与相应的控制系统参数进行比较发现差异,找出问题。如计算得到的主燃油流量与测量到的主燃油流量差异较大,则有可能是主燃油计量装置或其他部件出现故障,此类问题需要分析确定。

② 高空台试验:发动机高空台试验是发动机试飞前必须要试验的项目,也是发动机定型试验项目之一,对控制系统而言,该试验也是非常重要的试验。由于发动机高空模型的误差,全飞行包线是否能稳定,是否满足稳态和动态性能要求,都需要通过高空台试验来验证。即通过发动机的高空试验,在全飞行包线内验证控制系统与发动机的匹配性,兼容性,验证控制系统的功能和性能。

控制系统高空台试验点的选择可以与发动机本体试验需要的试验点相同,一般应包括起动包线点,左边界典型点,右边界典型点,包线中间典型点,加力接通边界点等,试验点根据发动机及其工作包线不同而选择不同。

在每个试验点上,试验内容包括慢车、节流、中间状态、小加力、中间加力、最大状态的稳态试验,还包括主减减速、遭遇加速、加力加减速等推力瞬变试验,以及矢量偏转试验等。在起动边界上进行空中起动试验,加力接通试验要在加力接通边界上进行。高空台一般不做故障模拟试验,但需要做通道切换试验,该试验包括双电液伺服阀之间的切换。

③ 飞行试验:飞行试验也是发动机定型试验中最重要的考核试验,控制系统也跟随发动机完成飞行试验考核,飞行考核试验前,控制系统必须调整到位,尽可能地避免在考核试验中进行调整。一般来说,在考核试验前,发动机要进行科研试飞,由于高空台试验与飞行试验还是存在较大差异,通过科研试飞,对发动机包括控制系统进行调整,以达到定型考核试飞前的状态。因此,控制系统在科研试飞阶段要安排完整的试飞项目。在飞行包线内,装飞机的条件下验证控制系统的功能和性能、验证控制系统与飞机系统的兼容性和匹配性。为了降低因控制系统的故障带来的风险,试飞过程中,科研人员通过遥测系统对控制系统的关键参数进行监控。该关键参数一方面来自于控制系统,它是通过控制系统的通信接口传送到机上数据采集和遥测系统的,另一方面的关键参数来自于试飞测试系统,测试系统是为了飞行试验专门加装的系统。测试参数主要是控制系统内部没有的一些关键参数,如燃油流量、发动机某些截面的压力、温度等。

试飞的科目一般包括:地面起动,地面稳态、地面加减速、地面加力、地面滑跑、地面电磁兼容性检查等机上地面试验,以中间状态和最大状态起飞、爬升、各种高度稳定平飞、下降、着陆等基本功能试验,在空中起动包线进行风车起动、惯性自动起动、空中点火电门起动、遭遇起动、起动机辅助空中起动等各种空中起动试验,在各飞行点上进行发动机稳态、加减速、遭遇加速、加力加减速、通道切换等各种功能检查试验,在选定的高度进行平飞加速、拉升、俯冲、升限等各种机动飞行试验……另外,如果是矢量推力的发动机则还要进行推力矢量飞行试验,飞推综合控制试验等。

飞行试验如果遇到对控制参数进行调整,也须要利用试飞数据对发动机模型进行修正和回归,复现试飞情况,然后调整控制参数,经仿真、半物理模拟试验验证后,修改控制参数,再进行试飞验证。调整控制律和控制参数时,应尽可能地避免对其已试飞点的影响,如果是必须的,则需要在这些点上重新进行飞行验证。

| 参考文献 |

[1] 王仲生. 智能故障诊断与容错控制[M]. 西安:西北工业大学出版社,2005.

[2] 闻新,张洪钺,周露. 控制系统的故障诊断和容错控制[M]. 北京:机械工业出版社,1998.

[3] Gao Z , Cecati C , Ding S X . A survey of fault diagnosis and fault-tolerant techniques – Part I:Fault diagnosis with model-based and signal-based approaches[J]. IEEE transactions on industrial electronics, 2015, 62(6):3757-3767.

[4] Gao Z , Cecati C , Ding S X . A survey of fault diagnosis and fault-tolerant techniques – Part II:Fault diagnosis with knowledge-based and hybrid/active approaches[J]. IEEE transactions on industrial electronics, 2015, 62 (6): 3768-3774.

[5] 张荣,侯灵峰,赵旭东,等. 民用航空发动机传感器信号重构方法及其应用[J]. 航空动力学报, 2016, 31(05):1268-1274.

[6] 于达仁,隋岩峰. 涡轮发动机平衡流形展开模型[J]. 燃气轮机技术, 2006, 19 (2):39-43.

[7] Luppold R, Roman J, Gallops G, et al. Estimating in-flight engine performance variations using Kalman filter concepts[C]. 25th Joint Propulsion Conference. 1989:2584.

[8] Edwards C, Lombaerts T, Smaili H. Fault tolerant flight control[J]. Lecture notes in control and information sciences, 2010, 399:1-560.

[9] 姚华. 航空发动机全权限数字电子控制系统[M]. 北京:航空工业出版社,2014.

[10] Garcia E A, Frank P M. Deterministic nonlinear observer-based approaches to fault diagnosis:A survey[J]. control engineering practice, 1997, 5(5): 663-670.

[11] Kobayashi T, Simon D L. Application of a bank of Kalman filters for aircraft engine fault diagnostics[C]. Turbo Expo:Power for Land, Sea, and Air. 2003, 36843:461-470.

[12] Volponi A J, DePold H, Ganguli R, et al. The use of Kalman filter and neural network methodologies in gas turbine performance diagnostics:a comparative study[J]. J. Eng. Gas Turbines Power, 2003, 125(4):917-924.

[13] Lu P J，Zhang M C，Hsu T C，et al. An evaluation of engine faults diagnostics using artificial neural networks[J]. J. Eng. Gas Turbines Power，2001，123(2)：340-346.

[14] 张天宏. 航空发动机数字电子控制器的 BIT 技术[J]. 航空制造技术，2009，52 (18)：42-45.

[15] 刘小雄，章卫国，黄宜军. 解析余度关键技术研究与发展趋势[J]. 计算机测量与控制，2005，13(7)：710-712.

[16] Bodson M. Evaluation of optimization methods for control allocation[J]. Journal of Guidance Control and Dynamics，2002，25(4)：703-711.

[17] Härkegård O，Glad S T. Resolving actuator redundancy—optimal control vs. control allocation[J]. Automatica，2005，41(1)：137-144.

[18] Rantzer A，Johansson M. Piecewise linear quadratic optimal control[J]. IEEE transactions on automatic control，2000，45(4)：629-637.

[19] Veillette R J. Reliable linear-quadratic state-feedback control[J]. Automatica，1995，31(1)：137-143.

第 6 章
航空发动机直接性能量控制

　　直接性能量控制技术是智能发动机的关键技术之一,其以推力等性能量为被控制量,能直接反应飞行器对推力的需求和发动机自身的安全需求,同时在发动机发生性能退化的情况下,控制系统仍能调节发动机的工作状态,保持输出推力不变,是先进发动机控制的必然发展趋势。

　　本章介绍了直接性能量控制系统的结构、性能量估计方法、性能量指令模型和性能量控制方法。

| 6.1　直接性能量控制系统结构 |

　　2005 年,美国陆军研究实验室和 NASA 格林研究中心发表了对传统发动机控制结构的改进研究,这种改进结构后的控制被称为性能退化缓解控制[1]。改进结构中增加了以推力为控制目标的外回路,由于推力不可测量,因此在外回路中还设置了推力估计器,用于估计推力进行反馈[2]。图 6.1 所示为某民用涡扇发动机的性能退化缓解控制系统结构,虚线框内为性能退化缓解控制模块,在原有的发动机转速控制回路基础上,增加了推力估计和推力控制偏差到转速指令的修正环节,用于根据推力偏差调整转速控制系统的指令,而原转速控制的限制和保护逻辑均可以不加修改的在内回路使用[3]。外回路中以标称发动机模型给出推力指令,风扇指令调节器则采用抗积分饱和 PI 控制器,根据推力指令和推力估计值之间的偏差调整内回路的转速指令,直至推力偏差为零,实现了实际意义上的直接推力控制。

　　对于一个多引擎飞机,如果各发动机推力对油门的响应不相同,这将导致推力不平衡,产生不期望的偏航,此时需要飞行员介入纠正。国外在某大型高涵道比双发商业运输机上对这种性能退化缓解控制结构进行了飞行仿真试验,飞机和发动机均采用能应用于全包线的非线性模型,能模拟发动机性能高度退化和双发推力不匹配情况。仿真结果表明,采用这种控制方式可减轻飞行员负担,增强推进系统的自主能力,实现智能飞行控制及任务管理[1]。

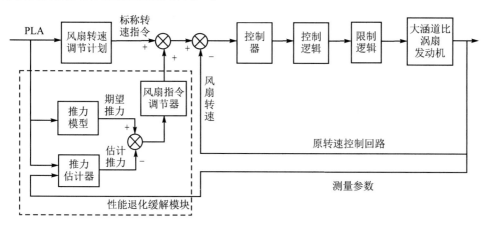

图 6.1　性能退化缓解控制系统结构

　　性能退化缓解控制结构灵活,可以通过设置开关量确定外回路是否闭环,进而决定是否切入性能退化缓解控制,但是其具有双回路,结构复杂,因而也有摒弃外回路,直接在主回路中对推力进行控制的研究工作。特别对于先进战斗机,其采取直接推力控制方式,更容易实现飞行和推进系统的综合控制,如短距起飞垂直降落(Short Take Off and Vertical Landing,STOVL)飞机发动机。图 6.2 为装配 F16 改进型 E7D 飞机的 F110 – STOVL 发动机推进系统控制结构,其采取了直接推力控制方式,并根据发动机修正计划,对控制量和控制器参数进行调节,控制系统采取了前馈加反馈的控制方式,并考虑了执行机构的抗积分饱和方法[4]。

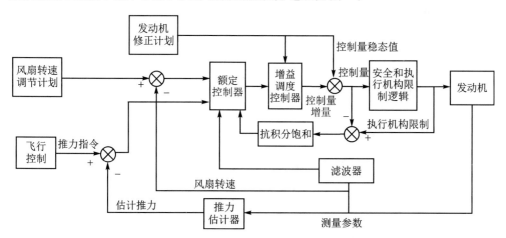

图 6.2　F110 – STOVL 发动机的直接推力控制系统结构

　　21 世纪初,随着计算机技术的发展,计算能力提高,模型预测控制在发动机上的应用研究得到了关注。模型预测控制利用机载自适应实时模型对发动机性能进行滚动优化,可以将发动机安全限制处理为约束条件下的优化问题。GE 全球研发中心使用模型预测控制进行发动机自适应推力控制,使发动机达到最优性能,其控制结构如图 6.3 所示[5]。

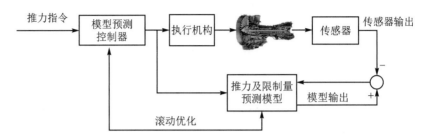

图 6.3　基于模型预测控制的直接推力控制结构图

这 3 种控制结构虽然完全不同,但其均以推力为跟踪目标,实现的均为直接推力控制。其中性能退化缓解控制可以通过在现有控制逻辑上增加性能退化缓解控制回路实现,通过开关量控制是否切入性能退化缓解控制回路,在结构上较为灵活;而直接推力控制则完全用推力控制回路取代传统的转速控制回路,其可以在性能退化缓解控制成功验证后使用;模型预测控制则完全摒弃了传统的控制思想,通过优化方法,最小化目标函数来达到控制目标,其控制系统结构简单,但是因需要进行滚动优化才能获得最优输出,因此实时性较差。

6.2　性能量估计方法

在直接性能量控制系统中,推力、喘振裕度等在飞行过程中不易测量,而系统控制和监视中又需要其信息,因此需要对其进行估计。常用的性能量估计方法为基于智能网络映射的方法和基于跟踪滤波器的方法。

基于智能网络映射的方法通过离线训练获得网络参数,在线使用过程中利用网络参数构造出智能映射关系,由于推力、喘振裕度等性能量不能测量,其离线训练数据集需要从具有较高置信度的部件级数学模型中采集,为此基于智能映射的性能量估计方法会受到数据集不能完全表征发动机的各种特性的影响,使得在发动机发生性能退化和工作状态与训练数据集有大的偏离时,映射精度会降低,但由于智能网络映射的估计方法结构简单,在线使用时计算工作量小、实时性高,仍具有较高的研究价值。

基于跟踪滤波器的方法需要在部件级模型的基础上,基于跟踪滤波器对发动机的工作状态进行评估,其评估结果利用简化模型计算推力或者返回部件级模型,经修改发动机健康参数后,依靠模型计算推力。

6.2.1　基于神经网络的性能量估计方法

采用智能网络进行性能量估计时,需要以可测参数为输入,对不可测性能参数进行映射。由于发动机可测参数较多,不能全部用于神经网络推力估计器的输入,同时考虑发动机重量和空间限制,不可能为发动机的全部可测参数安装传感器,为此要首先研究神经网络(NN)推力估计器输入参数选择问题。常用的推力估计器输入参数选择方法有机理分析法、相关分析法和智能优化筛选法[6]。

1. 机理分析法

机理分析法就是从发动机工作原理上分析和发动机性能量密切相关的可测参数,选择对被估计参数影响大的变量作为推力估计器的输入。从发动机工作原理上来说,对于双转子加力涡扇发动机,其外部输入包括主燃油流量 W_f、加力燃油流量 W_{fa}、尾喷口面积 A_8,由于发动机工作状态还受到外部环境条件的影响,因此高度 H、马赫数 Ma 也可以视为发动机工作过程中的外部干扰,其应该也作为神经网络的输入。也就是在高度、马赫数、主燃油流量、加力燃油流量、尾喷口面积确定的情况下,对于特定的发动机,其工作状态应该唯一确定,为此以这 5 个量作为推力估计器的输入,可以确定发动机性能量。

2. 相关分析法

相关分析法就是对发动机可测参数和性能参数之间的相关性进行分析,从数理统计上找出与性能参数相关性强而彼此之间相关性弱的可测变量,作为估计器的输入。用相关性系数 ρ_{xy} 表征两个变量之间的相关性,其计算方法如下:

$$\rho_{xy} = \frac{E[(\boldsymbol{X} - \bar{X})(\boldsymbol{Y} - \bar{Y})]}{\sigma_x \sigma_y} \tag{6.1}$$

其中,$\bar{X}$、$\bar{Y}$ 分别为 $\boldsymbol{X}$、$\boldsymbol{Y}$ 的平均值,$E(\ )$ 为数学期望算子,σ_x、σ_y 分别为标准差,$0 \leqslant |\rho_{xy}| \leqslant 1$。

对于 n 组测试数据,变量 $\boldsymbol{X}$、$\boldsymbol{Y}$ 之间的相关性可以使用下式计算

$$\hat{\rho}_{xy} = \frac{\dfrac{1}{n}\sum_{i=1}^{n}(X_i - \bar{X})(Y_i - \bar{Y})}{\sqrt{\dfrac{1}{n}\sum_{i=1}^{n}(X_i - \bar{X})^2 \dfrac{1}{n}\sum_{i=1}^{n}(Y_i - Y)^2}} \tag{6.2}$$

对 m 个变量之间的相关性分析,利用式(6.2),可以获得一个 $m \times m$ 的相关系数矩阵 $\boldsymbol{R}$,$\boldsymbol{R}$ 为对称矩阵,其中的元素 $\boldsymbol{R}_{ij}$ 代表第 i 个变量与第 j 个变量之间的相关性系数。在 0~5 km 高度范围内,离线采集稳态工作数据。为了充分体现数据之间的关系,采集数据时油门角度的间隔为 2°、高度间隔为 0.2 km、马赫数间隔为 0.1,采

集了包线内油门角度在 $30°\sim110°$ 的数据。

利用相关性系数进行推力估计器输入筛选的做法是,只要找到相关系数矩阵中和性能量对应的列或行,就能获得各个变量和性能量的相关性。筛选过程中,确定一个最低相关性阈值 $\underline{\delta}(0<\underline{\delta}<1)$,剔除相关系数小于 $\underline{\delta}$ 的变量。考察剩余可测参数之间的互相关系数,确定一个最高相关度阈值 $\bar{\delta}(\underline{\delta}<\bar{\delta}<1)$,当可测参数间相关系数大于阈值 $\bar{\delta}$,就在待选神经网络输入中去掉与推力相关程度较小的变量,从而避免信息冗余,简化性能量估计器的结构。取最低相关阈值 $\underline{\delta}=0.68$,部分和推力相关度较高变量形成的相关系数如表 6.1 所列。鉴于高压涡轮出口总温(T_{42})、低压涡轮出口总温(T_5)和高压转速(n_H)之间互相关系数很高(均超过了 0.95,取 $\bar{\delta}=0.95$),则在 T_{42}、T_5 和 n_H 之间选择和推力相关度最高的 n_H 作为输入。

表 6.1　相关系数表

$\hat{\rho}_{xy}$	PLA	W_f	W_{fa}	A_8	n_H	T_{42}	T_5	EPR	F
PLA	1.000	0.693	0.782	0.835	0.800	0.804	0.768	0.886	0.897
W_f	0.693	1.000	0.457	0.478	0.903	0.909	0.933	0.460	0.720
W_{fa}	0.782	0.457	1.000	0.978	0.433	0.440	0.442	0.944	0.905
A_8	0.835	0.478	0.978	1.000	0.474	0.482	0.481	0.969	0.900
n_H	0.800	0.903	0.433	0.474	1.000	0.997	0.969	0.523	0.712
T_{42}	0.804	0.909	0.440	0.482	0.997	1.000	0.982	0.527	0.710
T_5	0.768	0.933	0.442	0.481	0.969	0.982	1.000	0.505	0.685
EPR	0.886	0.460	0.944	0.969	0.523	0.527	0.505	1.000	0.898
F	0.897	0.720	0.905	0.900	0.712	0.710	0.685	0.898	1.000

相关性分析从数据统计层面确定了适合的性能量估计器输入,实际使用过程中还会考虑到机理分析的结果。经相关分析,筛选的参数包括油门杆角度 PLA、主燃油流量 W_f、加力燃油流量 W_{fa}、尾喷口面积 A_8、高压转子转速 n_H、发动机压比 EPR。以此为输入,训练神经网络。

为了避免各变量由于值域不同影响估计器精度,首先要对神经网络输入及输出变量进行归一化处理。设置各变量的最大可能值 D_{max},最小可能值 D_{min},则变量 D_i 归一化到 $1\sim2$ 之间的数据 $\bar{D}_i$ 为

$$\bar{D}_i = \frac{2D_i - D_{max} - D_{min}}{2(D_{max} - D_{min})} + 1.5 \tag{6.3}$$

神经网络输出的性能量值也是归一化值,在应用过程中要按(6.3)式的逆过程进行反归一化,求得性能量的估计值。

$$D_i = \frac{2(\bar{D}_i - 1.5)(D_{max} - D_{min}) + D_{max} + D_{min}}{2} \tag{6.4}$$

因为神经网络隐含层节点数没有确定的计算公式,所以将节点数设置为 15~45 进行循环训练对比,隐含层激励函数选为 tansig,输出层激励函数选为 pureline。以训练误差的 2 范数为评价标准,选择训练误差最小的隐含层节点作为实际神经网络节点。由于神经网络初始权值也是随机选择参数的,因此进一步在此节点下,通过 10 次训练,选择训练误差最小的权值作为网络最终权值,得到输入层 6 个神经元、隐含层 38 个神经元、输出层 1 个神经元的神经网络。

由于采集到的数据量很大,为提高估计器精度,按飞行高度对发动机包线进行分区,高度每隔 5 km 作为一个分区。在 0~5 km 高度范围内,取采集数据的 75% 作为训练数据,25% 作为测试数据,其训练和测试误差如图 6.4 所示,误差的定义式为

$$e_F = \frac{F - \hat{F}}{F} \times 100\% \tag{6.5}$$

如图 6.4 可见,网络最大训练误差小于 1.5%,最大测试误差小于 2%,大多数误差在 0.2% 以内,取得了较高的精度。

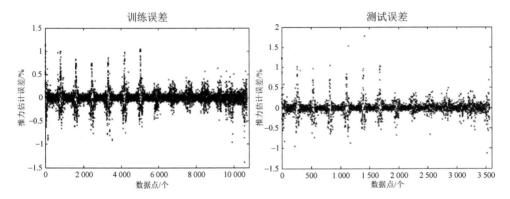

图 6.4　基于相关分析的推力估计器训练和测试误差

3. 智能优化筛选法

相关分析法从数据统计的角度,对神经网络输入进行了筛选,对于选出的组合是否为最优则无法保证。而获得全局最优解的一种简单易行的方法就是群智能优化方法。在群智能优化算法中,微分进化(Differential Evolution, DE)算法由于算法简单,且寻优能力强,因此可以采用微分进化算法来对最优的输入组合进行寻优。

微分进化算法是一种基于群体进化的仿生智能新兴方法,通过种群个体间的合作与竞争来实现对优化问题的求解。种群中个体的个数记为 N_p,空间维度记为 D,微分进化算法的具体实施步骤如下:

步骤①:初始化。

$$x_{i,j}^0 = x_{j,\min} + r(x_{j,\max} - x_{j,\min}), \qquad j = 1, 2, \cdots, D; i = 1, 2, \cdots, N_p \tag{6.6}$$

其中,$x_i^0 = [x_{i,1}^0, x_{i,2}^0, \cdots, x_{i,D}^0]$ 代表 D 维的第 i 个个体,r 是 0~1 的随机数,$x_{j,\min}$ 代

表可行区间下边界，$x_{j,\max}$ 代表可行区间上边界。

步骤②：计算适应度。微分进化算法计算每个个体 x_i 的适应度函数值 J。

步骤③：变异操作。

$$\boldsymbol{v}_i = \boldsymbol{x}_{r_1} + \alpha \cdot (\boldsymbol{x}_{r_2} - \boldsymbol{x}_{r_3}), \qquad i = 1, 2, \cdots, N_p \tag{6.7}$$

式中，$(x_{r_1}, x_{r_2}, x_{r_3})$ 是从父代种群中随机选取的 3 个互异个体，其中 $r_1 \neq r_2 \neq r_3 \neq i$。$\alpha$ 是选缩放因子，用于控制 x_{r_1} 沿差分向量 (x_{r_2}, x_{r_3}) 方向运动的幅度。

步骤④：交叉操作。

$$u_{i,j} = \begin{cases} v_{i,j} & r \leqslant C_R \text{ 或 } j = R_B \\ x_{i,j} & r > C_R \text{ 或 } j \neq R_B \end{cases} \quad i = 1, 2, \cdots, n; j = 1, 2, \cdots, D \tag{6.8}$$

式中，r 是 $[0,1]$ 间的随机数；R_B 是在 $[1,D]$ 间的随机整数；C_R 为交叉变量。

步骤⑤：选择操作。按适应度最大化原则采取贪婪选择

$$\boldsymbol{x}_i^{k+1} = \begin{cases} \boldsymbol{u}_i, & J(\boldsymbol{u}_i) > J(\boldsymbol{x}_i) \\ \boldsymbol{x}_i & \text{else} \end{cases} \tag{6.9}$$

步骤⑥：终止检验。如果满足终止条件或达到最大迭代次数，则终止迭代并输出最优解，否则转到步骤②。

进化过程中，对每一代种群中的个体 $\boldsymbol{x}_i^k$ 重复进行变异、交叉以及选择的操作，不断更新种群向更优的方向发展，使得种群中的个体一直进化下去。优化过程可以设置的参数除了种群规模、允许的迭代次数、终止条件等，还包括影响算法收敛速度的缩放因子和交叉变量。

DE 算法中，种群规模以及迭代次数越多，优化结果越接近最优解，但会急剧增加优化耗时。变异操作过程中影响移动量的缩放因子直接关系到新个体的生成，缩放因子比较大，则新个体和原个体差别较大，表现出较强的全局搜索能力。缩放因子较小，则原个体和新个体差异较小，表现出较强的局部搜索能力。通常在寻优的初期，希望 α 大一些，以增强种群的全局搜索能力；在寻优的后期，由于已经获得了比较优秀的个体，希望 α 小一些，以增强种群的局部寻优精度，为此采用随进化代数变化的缩放因子，使其适应寻优的需求。

$$\alpha^k = \alpha_{\min} + \frac{\alpha_{\max} - \alpha_{\min}}{1 + e^{\tau(k - k_{\max}/2)}}$$

式中，α^k 表示第 k 代的缩放因子，$\alpha_{\max}$、$\alpha_{\min}$ 为设置的最大、最小缩放因子，τ 为调整 α 下降的系数。

由于神经网络本身比较耗时，因此设定 DE 算法的种群规模 $N_P = 20$，结束条件为达到最大进化代数，$k_{\max} = 30$，交叉常量 $C_R = 0.9$。

定义适应度函数为预测误差 2 范数的倒数，其形式如下：

$$J(\boldsymbol{x}_i) = \frac{1}{|e_F|_2} \tag{6.10}$$

微分进化算法优化筛选需要先确定神经网络结构、输入层节点数及隐含层节点

数,然后将可测输入编号,随机选择不同的输入组合,进行神经网络训练,以神经网络输出与目标样本之间偏差为评估指标,通过选择、交叉、变异等微分进化操作,获得最优的输入组合。

在优化过程中,种群中个体采用正整数编码方式,其维数为神经网络输入层节点的个数,也就是输入变量的个数,个体的每一维对应一个可测输入的编号。将神经网络输入量设为 6～10 个,隐含层节点均设为 38 个,对推力器输入进行筛选,结果如表 6.2 所列。

微分进化算法筛选的本质就是从所有完成训练的神经网络中,选择出精度最高的输入组合,作为最终网络输入,因此该方法精度最高。但是神经网络的初始权值随机产生,不同的初始权值获得的结果之间有差异,筛选结果具有一定的随机性。

表 6.2　微分进化优化筛选的推力估计输入组合

输入维数	筛选的输入变量									适应度
6	Ma	P_2	T_2	T_{21}	P_{s16}	T_8				24.527
7	H	Ma	T_{21}	P_{s13}	T_{s65}	T_{65}	T_8			20.188
8	H	Ma	W_f	W_{fa}	T_{25}	P_{s6}	T_7	π_{LT}		40.995
9	H	Ma	P_{21}	T_{s16}	T_5	P_{s65}	P_8	T_8	π_C	65.504
10	Ma	W_{fa}	T_2	P_{21}	T_{25}	P_3	P_5	T_{s6}	P_8 π_T	83.082

由表 6.2 可见,除了 7 输入之外,随着神经网络输入的增多,适应度增大,推力估计的精度随之提高。将表 6.2 中不同输入组合用于推力估计器训练,通过 10 次训练,选择训练误差最小的权值作为网络最终权值,得到归一化后的训练和测试结果的绝对误差 $|e_F|$ 的最大值、平均值如表 6.3 所列。其中 6 输入和 10 输入的归一化后训练误差和测试误差如图 6.5 所示。由表 6.3 和图 6.5 可见,与相关性分析获得的结果相比,神经网络筛选得到的 6 输入精度有大幅度的提高,最大训练误差和测试误差降低了 80% 以上。10 输入结果相比 6 输入结果,精度得到了进一步地提高,最大训练误差和测试误差缩小了 3～4 倍。

表 6.3　不同输入下神经网络的训练和测试误差 $|e_F|$

%

输入维数	6		7		8		9		10	
	训练	测试	训练	测试	训练	测试	训练	测试	训练	测试
最大值	0.180 2	0.160 5	0.171 2	0.181 2	0.110 6	0.110 8	0.112 1	0.140 6	0.033 7	0.049 5
平均值	0.005 9	0.005 8	0.005 9	0.005 4	0.005 6	0.005 1	0.005 5	0.005 2	0.004 7	0.004 8

6.2.2　基于跟踪滤波器的性能量估计方法

跟踪滤波器的作用在于根据某种规律在线修正嵌入式机载发动机实时模型,包

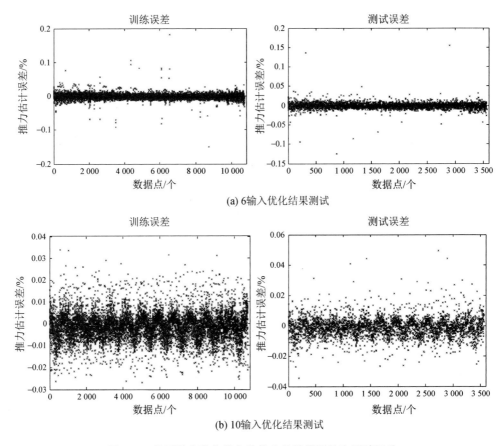

图 6.5 基于微分进化优化的推力估计器训练和测试误差

括修正发动机模型的结构参数、性能参数和进口参数,使得发动机模型所计算出的某些性能量(如推力、喘振裕度等)与真实发动机的性能量一致。跟踪滤波器的输入为真实发动机可测参数与发动机模型对可测参数的估计值之间的误差,跟踪滤波器的输出为对发动机模型的修正量,期望修正之后的发动机模型的输出推力能够与真实发动机一致。

1. 常规跟踪滤波器方法

常用的跟踪滤波器有线性滤波器和非线性滤波器。

(1) 线性滤波器

线性滤波器采用线性映射的关系,滤波增益矩阵

$$A = [\Delta Y_i / \Delta X_j] \tag{6.11}$$

可以采用小扰动法确定矩阵的元素,建立可测参数偏离到发动机性能量偏离之间的关系矩阵。通常情况下,可以采用相关分析法选择作为输入量的可测参数,对于多个参数偏离的情况再应用叠加原理,计算出多个偏离共同作用下的影响,即式(6.11)中

的矩阵运算。由于航空发动机具有强非线性,在不同的工作状态和包线内不同的工作点处,其数学模型是不同的,且非线性系统不满足叠加原理。由此可见,简单的一个滤波增益矩阵无法满足在全飞行包线内对发动机性能量进行跟踪滤波的要求,因此这种方法有一定的局限性,不能满足高精度要求的场合。

(2) 非线性滤波器

非线性滤波器一般采用神经网络来设计,与前面神经网络推力估计器不同的是,滤波器的输入和输出均为偏差值,而估计器的输出直接是对性能量的估计值。非线性滤波器一般选通用性较强的 3 层前向 BP 网络。从推力估计器设计过程可知,在全飞行包线内,一个滤波器难以精确估计出修正值,需要分区进行估计,同时还需要和基准值相加才能得到最终的性能量,会使性能量的估计过程复杂化。

2. 卡尔曼跟踪滤波器方法

传统的跟踪滤波器大多采用卡尔曼滤波方法设计,其用途最常见的是用于航空发动机健康参数的估计,进而修正模型参数或者输出。此时性能量估计的精度取决于部件级模型本身的精度和卡尔曼滤波方法的估计误差。

当发动机性能参数估计成为研究的热点之后,基于卡尔曼滤波的性能参数估计成为首选。文献[7-9]均构造了卡尔曼滤波结构的健康参数估计系统,在此基础上,对推力等性能参数进行估计计算。

卡尔曼滤波器在用于推力估计时,可采用直接推力估计的方式,也可以采用间接推力估计的方式。在直接推力估计过程中,滤波器输出推力估计值与额定状态的偏差,偏差值和额定发动机输出进行叠加,得到最终的推力估计值。在间接推力估计过程中,滤波器输出发动机模型的健康参数,以此健康参数修正机载发动机实时模型,由模型输出推力的估计值。

在直接推力估计方式中,设额定状态下发动机的状态变量模型表达式为

$$
\left.
\begin{aligned}
\Delta \dot{x}_m &= A \Delta x_m + B \Delta u \\
\Delta y_m &= C \Delta x_m + D \Delta u \\
\Delta z_m &= C_z \Delta x_m + D_z \Delta u
\end{aligned}
\right\}
\tag{6.12}
$$

其中,x_m 为发动机状态量,u 为发动机输入量,y_m 为发动机可测参数输出,z_m 为发动机不可测性能量输出,Δ 为增量符号,下标 m 代表模型中变量,A、B、C、D、C_z、D_z 为适维状态矩阵。

由于实际发动机工作中受到各种噪声的污染,而建模时所做的各种简化假设、健康参数退化均影响发动机的性能。为实现健康参数的估计,在建立状态变量模型时还需要考虑系统噪声和测量噪声、系统健康参数对系统性能的影响,因此描述真实发动机系统的动态模型应为

$$
\left.
\begin{aligned}
\Delta \dot{x}_m &= A \Delta x_m + B \Delta u + G \Delta h + w \\
\Delta y_m &= C \Delta x_m + D \Delta u + H \Delta h + v \\
\Delta z_m &= C_z \Delta x_m + D_z \Delta u + M \Delta h
\end{aligned}
\right\}
\tag{6.13}
$$

其中，w 为系统噪声，v 为测量噪声，h 为系统的健康参数。

若要利用卡尔曼滤波器的状态估计能力，对发动机的健康参数偏离进行估计，则需将健康参数偏离增广为系统的状态量。对于一个发动机来讲，通常对于所有的旋转部件均设置和流量、效率相关的健康参数，对于燃烧室设置燃烧效率相关的健康参数，可见发动机具有较多的健康参数。对于大多数发动机来说，由于传感器安装和设计等问题，不能完全满足系统可观测的需求，因而不能准确估计全部的健康参数，为此考虑选择健康参数的一部分进行估计。此时，估计出来的数值并不代表这部分参数的实际偏离，而只代表一种"可调"参数，通过调节这部分"可调"参数，使卡尔曼滤波器能够根据传感器的输出对系统的性能参数进行较为准确地估计。记选定的"可调"参数为 $\boldsymbol{\theta}$，对应式(6.14)的状态矩阵记为 $\boldsymbol{G}_\theta$、$\boldsymbol{H}_\theta$、$\boldsymbol{M}_\theta$。

为建模方便，将可调参数并入输入

$$
\left.\begin{aligned}
\Delta \dot{\boldsymbol{x}}_m &= \boldsymbol{A} \Delta \boldsymbol{x}_m + \begin{bmatrix} \boldsymbol{B} & \boldsymbol{G}_\theta \end{bmatrix} \begin{bmatrix} \Delta \boldsymbol{u} \\ \Delta \boldsymbol{\theta} \end{bmatrix} = \boldsymbol{A} \Delta \boldsymbol{x}_m + \boldsymbol{B}_a \Delta \boldsymbol{u}_a \\
\Delta \boldsymbol{y}_m &= \boldsymbol{C} \Delta \boldsymbol{x}_m + \begin{bmatrix} \boldsymbol{B} & \boldsymbol{H}_\theta \end{bmatrix} \begin{bmatrix} \Delta \boldsymbol{u} \\ \Delta \boldsymbol{\theta} \end{bmatrix} = \boldsymbol{C} \Delta \boldsymbol{x}_m + \boldsymbol{D}_a \Delta \boldsymbol{u}_a \\
\Delta \boldsymbol{z}_m &= \boldsymbol{C}_z \Delta \boldsymbol{x}_m + \begin{bmatrix} \boldsymbol{D}_z & \boldsymbol{M}_0 \end{bmatrix} \begin{bmatrix} \Delta \boldsymbol{u} \\ \Delta \boldsymbol{\theta} \end{bmatrix} = \boldsymbol{C}_z \Delta \boldsymbol{x}_m + \boldsymbol{D}_{za} \Delta \boldsymbol{u}_a
\end{aligned}\right\} \quad (6.14)
$$

将 $\boldsymbol{\theta}$ 增广为系统的状态量，则有

$$
\left.\begin{aligned}
\Delta \dot{\bar{\boldsymbol{x}}}_m &= \bar{\boldsymbol{A}} \Delta \bar{\boldsymbol{x}}_m + \bar{\boldsymbol{B}} \Delta \boldsymbol{u} + \boldsymbol{w} \\
\Delta \boldsymbol{y}_m &= \bar{\boldsymbol{C}} \Delta \bar{\boldsymbol{x}}_m + \bar{\boldsymbol{D}} \Delta \boldsymbol{u} + \boldsymbol{v} \\
\Delta \boldsymbol{z}_m &= \bar{\boldsymbol{C}}_z \Delta \boldsymbol{x}_m + \bar{\boldsymbol{D}}_z \Delta \boldsymbol{u}
\end{aligned}\right\} \quad (6.15)
$$

其中，$\Delta \bar{\boldsymbol{x}}_m = \begin{bmatrix} \Delta \boldsymbol{x}_m & \Delta \boldsymbol{\theta} \end{bmatrix}^T$，设"可调"健康参数的变化较慢，则有

$$
\bar{\boldsymbol{A}} = \begin{bmatrix} \boldsymbol{A} & \boldsymbol{G}_\theta \\ \boldsymbol{0} & \boldsymbol{0} \end{bmatrix}, \quad \bar{\boldsymbol{B}} = \begin{bmatrix} \boldsymbol{B} \\ \boldsymbol{0} \end{bmatrix}, \quad \bar{\boldsymbol{C}} = \begin{bmatrix} \boldsymbol{C} & \boldsymbol{H}_\theta \end{bmatrix}, \quad \bar{\boldsymbol{D}} = \boldsymbol{D}, \quad \bar{\boldsymbol{C}}_z = \begin{bmatrix} \boldsymbol{C}_z & \boldsymbol{M}_\theta \end{bmatrix}, \quad \bar{\boldsymbol{D}}_z = \boldsymbol{D}_z
$$

设系统噪声 w、测量噪声 v 为不相关的正态分布零均值白噪声，其协方差阵分别为 $\boldsymbol{Q}$，$\boldsymbol{R}$，即

$$
\left.\begin{aligned}
E\begin{bmatrix} \boldsymbol{w}(t)\boldsymbol{w}^T(t) \end{bmatrix} &= \boldsymbol{Q} \cdot \delta(t-\tau) \\
E\begin{bmatrix} \boldsymbol{v}(t)\boldsymbol{v}^T(t) \end{bmatrix} &= \boldsymbol{R} \cdot \delta(t-\tau) \\
E\begin{bmatrix} \boldsymbol{w}(t)\boldsymbol{v}^T(t) \end{bmatrix} &= 0
\end{aligned}\right\} \quad (6.16)
$$

依据卡尔曼滤波器结构，如图 6.6 所示，可知卡尔曼滤波器最优估计状态的公式为

$$
\Delta \dot{\hat{\boldsymbol{x}}}_m = \bar{\boldsymbol{A}} \Delta \hat{\boldsymbol{x}}_m + \bar{\boldsymbol{B}} \Delta \boldsymbol{u} + \boldsymbol{K}_f (\Delta \boldsymbol{y}_e - \bar{\boldsymbol{C}} \Delta \hat{\boldsymbol{x}}_m - \bar{\boldsymbol{C}} \Delta \boldsymbol{u}) \quad (6.17)
$$

其中，下标 e 代表实际发动机的变量，$K_f = \bar{P} \bar{\boldsymbol{C}}^T R^{-1}$，称为滤波增益矩阵，$\boldsymbol{P}$ 为式(6.18)Riccati 方程的解：

$$\bar{A}P + P\bar{A}^{\mathrm{T}} - P\bar{C}^{\mathrm{T}}\bar{R}^{-1}\bar{C}P + Q = 0 \tag{6.18}$$

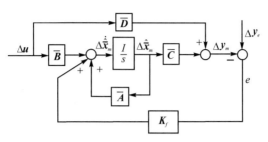

图 6.6　卡尔曼滤波器结构

可以得到卡尔曼滤波器的状态方程为

$$\begin{aligned}
\Delta\dot{\hat{x}}_m &= (\bar{A} - K_f\bar{C})\Delta\hat{x}_m + (\bar{B} - K_f\bar{D})\Delta u + K_f e \\
\Delta y_m &= \bar{C}\Delta\hat{x}_m + \bar{D}\Delta u \\
\Delta z_m &= \bar{C}_z\Delta\hat{x}_m + \bar{D}_z\Delta u
\end{aligned}\right\} \tag{6.19}$$

式(6.19)构成了常值增益的卡尔曼滤波器,可通过真实发动机的输出 Δy_e 和控制器的输出 Δu 估计系统状态量 $\hat{x}_m$,再根据 $\hat{x}_m$、Δu 和式(6.14)计算不可测参数 Δz_m 的数值,实现直接的推力估计。

选"可调"参数 $\Delta\theta = [SW_1 \quad SW_2 \quad SE_3 \quad SE_4]^T$,分别为风扇流量退化、压气机的流量退化、高压涡轮效率退化、低压涡轮的效率退化量,状态 $x_m = [n_L \quad n_H]^T$,$z_m = F_m$,对应推力估计值,输入 $u = [W_f \quad A_8]^T$,$y_m = [n_L \quad n_H \quad P_3 \quad P_5]^T$,$P_3$ 为压气机出口总压;P_5 为低压涡轮出口总压。

为设计卡尔曼滤波器,首先建立状态变量模型,依据线性系统的响应应该与非线性系统的响应一致的原则,采取最小二乘法,分别优化式(6.14)增广矩阵中的 A、C 矩阵,B_a、D_a、D_{za} 矩阵在优化 A、C 矩阵的同时根据系统的静态增益进行计算。

系统的静态增益可以根据传递函数进行计算,而传递函数可以通过状态空间数学模型获得,由 $\Delta\dot{x} = A\Delta x + B_a\Delta u_a$ 在零初始条件下进行 Laplace 变换,可得从输入量到状态量的传递函数

$$G_{xu_a}(s) = \Delta x(s)/\Delta u_a(s) = (sI - A)^{-1}B_a \tag{6.20}$$

对于稳定的系统,其静态增益为阶跃输入信号作用下稳态输出和输入信号的幅值之比,同时其也是传递函数中分子多项式与分母多项式的常数项之比,即

$$\lim_{t\to\infty}\frac{\Delta x(t)}{\Delta u_a(t)} = G_{xu_a}(0) = \lim_{s\to0}(sI - A)^{-1}B_a = -A^{-1}B_a \tag{6.21}$$

则在优化 A 矩阵的同时,可以根据阶跃下输入信号和输出信号的幅值之比计算 B_a 矩阵,这样做的好处是待优化参数少,且确保了系统静态增益的准确性,即

$$B_a = -A\lim_{t\to\infty}\frac{\Delta x(t)}{\Delta u_a(t)} \tag{6.22}$$

同理由 $\Delta \mathbf{y} = \mathbf{C}\Delta \mathbf{x} + \mathbf{D}_a \Delta \mathbf{u}_a$，对其进行 Laplace 变换，并代入式(6.20)，可得从输入量到输出量的传递函数

$$G_{yu_a}(s) = \Delta \mathbf{y}(s)/\Delta \mathbf{u}_a(s) = \mathbf{C}(s\mathbf{I} - \mathbf{A})^{-1}\mathbf{B}_a + \mathbf{D}_a \qquad (6.23)$$

其静态增益

$$\lim_{t \to \infty} \frac{\Delta \mathbf{y}(t)}{\Delta \mathbf{u}_a(t)} = G_{yu_a}(0) = \lim_{s \to 0}(s\mathbf{I} - \mathbf{A})^{-1}\mathbf{B}_a + \mathbf{D}_a = -\mathbf{C}\mathbf{A}^{-1}\mathbf{B}_a + \mathbf{D}_a \qquad (6.24)$$

则在优化 $\mathbf{C}$ 矩阵的同时，计算 $\mathbf{D}_a$ 矩阵

$$\mathbf{D}_a = \mathbf{C}\mathbf{A}^{-1}\mathbf{B}_a + \lim_{t \to \infty} \frac{\Delta \mathbf{y}(t)}{\Delta \mathbf{u}_a(t)} \qquad (6.25)$$

同理

$$\mathbf{D}_{za} = \mathbf{C}_z \mathbf{A}^{-1}\mathbf{B}_a + \lim_{t \to \infty} \frac{\Delta \mathbf{z}(t)}{\Delta \mathbf{u}_a(t)} \qquad (6.26)$$

模型参数优化步骤如下：

① 在设计点基于部件级模型对各输入和可调参数分别做 1% 的阶跃响应；

② 计算状态量、输出量和性能量的百分比相对增量，即为非线性系统输出；

③ 初始化 $\mathbf{A}$ 矩阵参数；

④ 依据式(6.22)计算 $\mathbf{B}_a$；

⑤ 令 $\mathbf{C}$ 矩阵为单位矩阵，$\mathbf{D}$ 矩阵为零矩阵，计算线性系统 $(\mathbf{A}, \mathbf{B}_a, \mathbf{C}, \mathbf{D})$ 各输入分别作用下单位阶跃响应，即为状态变量的单位阶跃响应；

⑥ 计算线性系统和非线性系统状态变量阶跃响应偏差的 2 范数；

⑦ 采用最小二乘法修正 $\mathbf{A}$ 矩阵参数；

⑧ 判断是否满足迭代终止条件，不满足转④，满足继续⑨；

⑨ 初始化 $\mathbf{C}$ 矩阵参数；

⑩ 依据式(6.25)、式(6.26)计算 $\mathbf{D}_a$、$\mathbf{D}_{za}$；

⑪ 计算线性系统 $(\mathbf{A}, \mathbf{B}_a, \mathbf{C}, \mathbf{D}_a)$、$(\mathbf{A}, \mathbf{B}_a, \mathbf{C}_z, \mathbf{D}_{za})$ 在各输入分别作用下的单位阶跃响应；

⑫ 计算线性系统和非线性系统输出量阶跃响应偏差的 2 范数；

⑬ 采用最小二乘法修正 $\mathbf{C}$ 矩阵参数；

⑭ 判断是否满足迭代终止条件，不满足转⑩，满足则输出各矩阵，结束程序。

以高压转速和推力为例，其线性系统阶跃响应和非线性系统阶跃响应对比如图 6.7、图 6.8 所示。

由图可见，所建的状态变量模型在兼顾动态响应过程的同时，还确保了线性系统和非线性系统稳态响应的一致性。

按此模型设计卡尔曼滤波器，并在线性系统上开展仿真研究。当各可调参数同时变化 1% 时，卡尔曼滤波器获得的可调参数估计结果如图 6.9 所示。从图 6.9 的结果中可以看出，卡尔曼滤波器很好地估计出可调参数的退化情况，并准确估计出各输出的变化情况。为了验证卡尔曼滤波器的鲁棒性及在非线性系统上的状态估计能力，在发动机部件级模型上开展仿真验证，同样模拟各可调参数同时变化 1% 时的情

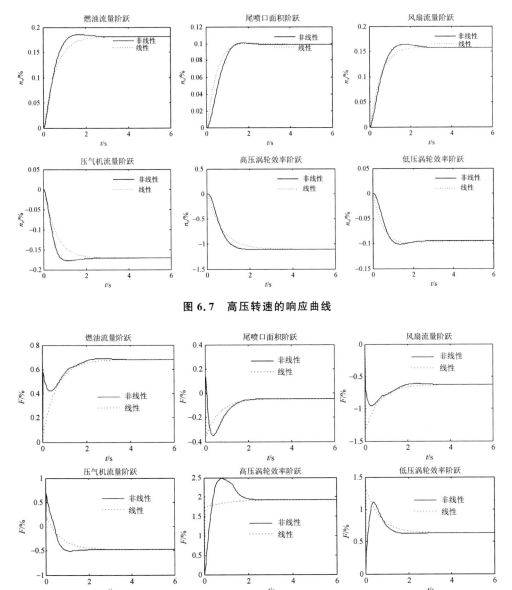

图 6.7　高压转速的响应曲线

图 6.8　推力的响应曲线

况,得到可调参数估计和输出参数估计效果,如图 6.10 所示。从图 6.10 中可以看出,在状态变量模型上能够获得很好估计效果的卡尔曼滤波器在非线性模型使用中,出现了较大的状态估计误差,进而使得输出估计结果也出现了偏差,从而影响了推力估计精度。

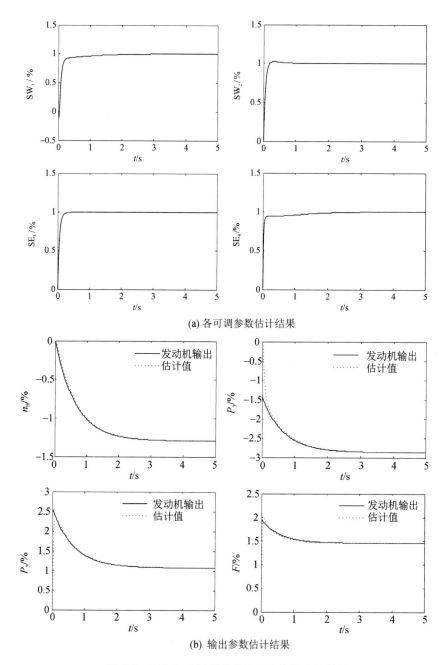

(a) 各可调参数估计结果

(b) 输出参数估计结果

图 6.9 用于标称模型的卡尔曼滤波器估计效果

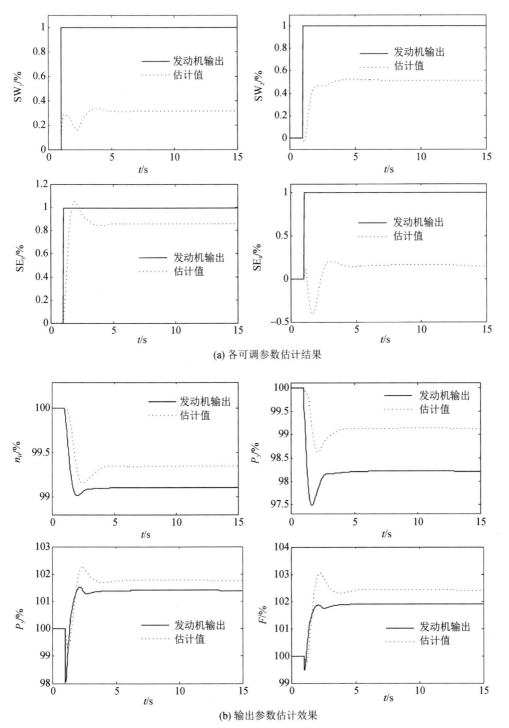

(a) 各可调参数估计结果

(b) 输出参数估计效果

图 6.10　用于部件级模型的卡尔曼滤波器估计效果

在卡尔曼滤波器的推力估计器的设计过程中可以看出,卡尔曼滤波器是基于状态变量模型进行设计的。当状态变量模型能反映真实发动机时,卡尔曼滤波器可获得较高的精度,而对于发动机这样一个强非线性的对象,在包线内的不同工作点,不同的工作状态下,其状态变量矩阵元素差别较大,甚至在同一个工作点,单一部件退化和多部件同时退化的差异也较大,因为非线性系统不满足叠加原理,为此仅靠一个卡尔曼滤波器无法解决全包线范围内各种工作状态下推力的估计问题。若采用多个卡尔曼滤波器,则在全包线各种工况下,势必需要大量的卡尔曼滤波器,又会引起卡尔曼滤波器的切换和实时性问题,同时也不能解决非线性系统中的应用问题。

为了消除卡尔曼滤波器的估计误差,采用常规的消除误差方法,即在系统中增加积分器,形成改进的卡尔曼滤波方法[10],其跟踪滤波的结构如图 6.11 所示,可见只要发动机输出和模型输出之间存在偏差,积分器就会不断累加,从而调整卡尔曼滤波器输出的可调参数,直到模型输出和发动机输出一致。同样在部件级模型上开展各可调参数均退化 1% 的仿真测试,得到系统的估计曲线如图 6.12 所示。可见,增加了积分器之后,各可调参数估计过程中虽然动态偏差较大,但是在稳态时能够得到准确估计结果,模型稳态输出的估计值也与发动机输出一致,从而实现了对推力稳态值的准确估计。

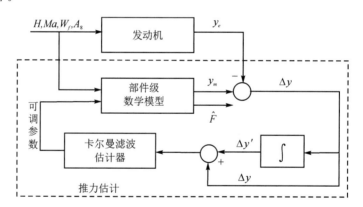

图 6.11　基于改进卡尔曼滤波器的推力估计

3. 控制器跟踪滤波器方法

回顾卡尔曼滤波器的设计目标,其通过调节发动机数学模型中的可调参数,使得模型输出与发动机可测参数输出一致,也就是模型输出能够跟踪发动机输出,改进卡尔曼滤波器通过增加积分环节来消除跟踪误差,而解决跟踪问题的最基本方法就是设计鲁棒控制器。则跟踪滤波问题转化为跟踪控制的问题[11],此时控制器输出的为可调参数,控制器跟踪滤波推力估计器结构如图 6.13 所示。

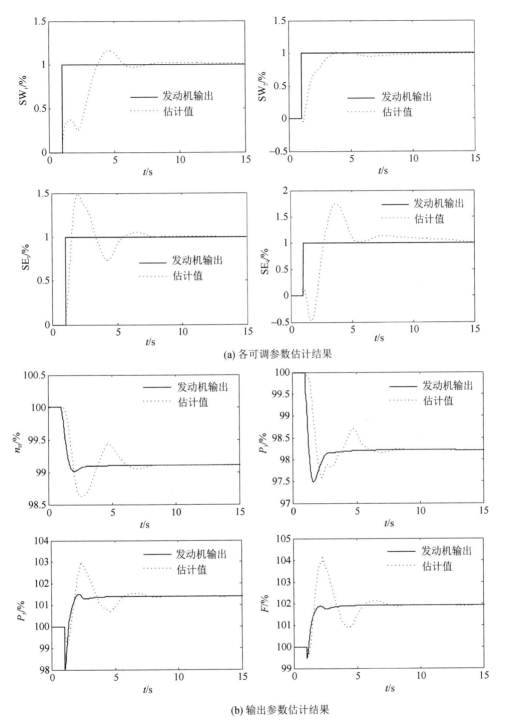

(a) 各可调参数估计结果

(b) 输出参数估计结果

图 6.12　用于部件级模型的改进卡尔曼滤波器估计效果

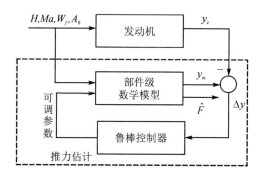

图 6.13　基于鲁棒控制器的推力估计

滤波问题转化为控制问题后，设计鲁棒控制器的被控对象模型描述为

$$\left.\begin{array}{l} \Delta \dot{x}_m = A_p \Delta x_m + B_p \Delta \theta \\ \Delta y_m = C_p \Delta x_m + D_p \Delta \theta \end{array}\right\} \tag{6.27}$$

　　模型的输入量变为"可调"参数偏差 $\Delta \theta$，状态量 x_m 和输出量 y_m 与卡尔曼滤波器设计时相同。由于输入量不同，所以状态矩阵不同，仍可采用前面的方法建立状态变量模型。鲁棒控制器的设计可以采用 LQG/LTR、H_∞、ALQR 等方法来设计。由于 ALQR 控制器鲁棒性强，结构简单，且控制器参数易于优化，所以这里以 ALQR 控制器来实现对可调参数的计算。由于控制器的设计过程已经在第 3 章中给出，这里仅给出仿真结果，如图 6.14 所示。

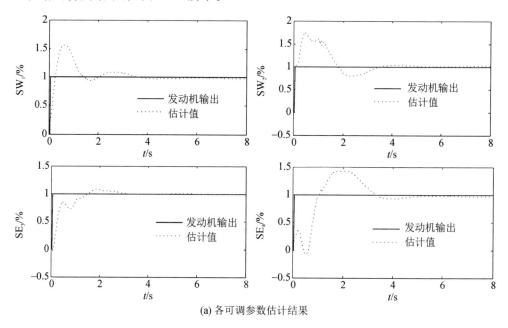

(a) 各可调参数估计结果

图 6.14　阶跃退化下基于控制器跟踪滤波器的估计效果

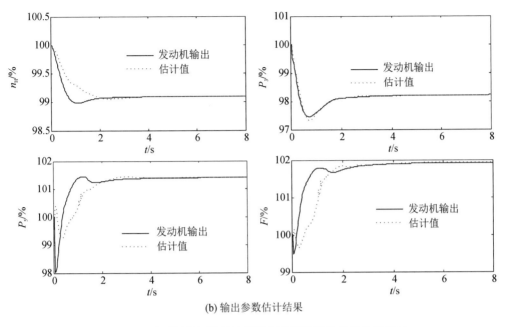

(b) 输出参数估计结果

图 6.14　阶跃退化下基于控制器跟踪滤波器的估计效果(续)

与改进卡尔曼跟踪滤波方法类似,基于控制器跟踪滤波器方法的退化量估计的动态偏差也较大,呈现震荡收敛的特征,其输出参数的估计值和发动机输出之间也存在较大的动态偏差,其稳态输出也能保持和发动机输出的一致性。而较大的动态偏差主要是由于各退化量均是突变引起的,发动机的响应特性呈现了较强的非线性,从图 6.14 中可以看出,当各退化量突变时,P_5 先迅速减小又迅速上升,这种非线性状态变量建模时不能很好地得到表征,因此模型线性化时动态偏差也较大,使得用于部件级模型时也存在较大的动态偏差,但总体效果远优于常规卡尔曼滤波方法,且在发动机性能缓慢退化过程中其动态性能可以得到较大地改善,图 6.15 给出了发动机在 20 s 内各退化量线性变化 1% 的估计效果。可见在渐变过程中,发动机模型的各输出参数均能与发动机输出保持高度一致,推力估计的误差也很小,验证了采用基于控制器的跟踪滤波方法在进行推力估计时的有效性。

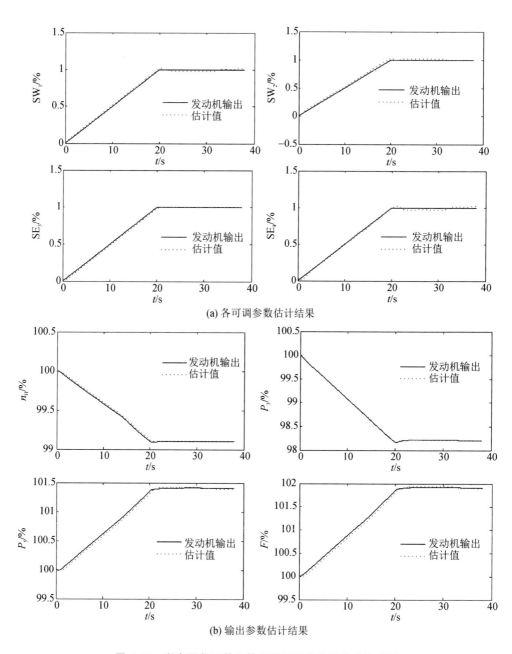

(a) 各可调参数估计结果

(b) 输出参数估计结果

图 6.15 渐变退化下基于控制器跟踪滤波器的估计效果

│6.3　性能量指令模型│

指令反映了控制系统所能达到的期望工作状态,性能量的指令模型可以采用额定状态的发动机部件级模型及其控制系统设计,也可以通过三维插值程序设计,或者以智能网络映射。如果以额定发动机部件级模型及其控制系统作为推力指令模型,首先受到部件级模型的实时性影响,增加了系统的计算工作量,同时额定发动机模型也需要通过控制器,在高度、马赫数和油门杆角度变化中实时调节发动机的工作状态,进而获得额定的推力输出。这个过程是一个动态过程,并不能准确反映发动机对推力的需求。特别在响应有超调或者滞后的情况下,这种超调和滞后影响下的推力,也成为了直接推力控制系统的指令。不准确的推力指令直接影响了推力控制系统的性能,使得超调更大,滞后更多,因此以额定发动机部件级模型作为推力指令模型并不是一个好的选择。如果将三维插值表格作为推力指令模型,由前面设计推力估计器的过程可知,稳态推力采集的工作点很多。在 5 km 范围内,已经有近 15 000 组数据,且飞行包线不规则,使得插值表的制作复杂。为此以神经网络模型作为推力指令模型是一个好的选择。

6.3.1　推力指令模型结构

指令模型与推力估计器不同,推力估计器可以使用发动机输出的温度、压力等作为输入,但是指令模型不能采用这些变量,如果发动机退化,那么这些测量变量将不能准确反映额定发动机的需求,同时不同发动机得到的结果也不同,可能导致多发不匹配情况。为此推力指令模型的可用输入只有高度 H、马赫数 Ma 以及油门杆角度 PLA。对于推力指令模型,希望不同的油门角度对应不同的推力,而对于采集数据所用的转速控制系统来说,其中间状态涵盖了一段油门范围,如 $65°\sim75°$ 均属于中间状态,此时即便油门不同,但是发动机的工作状态完全相同,即推力完全相同,这对于推力指令模型映射不利。为此在建立推力指令模型时,对采集的数据进行筛选,在中间状态仅保留油门为 $70°$ 的数据,将其他数据从训练和测试数据集中剔除。如果实际使用时,仍需保留油门 $65°\sim75°$ 在同一状态,则可将这一范围的油门均置为 $70°$ 来获得推力指令。

根据建立推力估计器的经验可知,神经网络输入较少时,映射的精度较低,同时隐含层节点数也对神经网络的精度产生影响。对此,本节采用不同隐含层来建立推力指令模型。对比模型的精度,仍然采用 6.2.1 节中 0~5 km 的数据进行推力指令模型训练,训练和测试误差的最大值和平均值随隐含层节点个数的变化曲线如图 6.16 所示。

从图 6.16 中可以看出,隐含层节点个数从 5 个增加到 10 个的过程中,训练及测

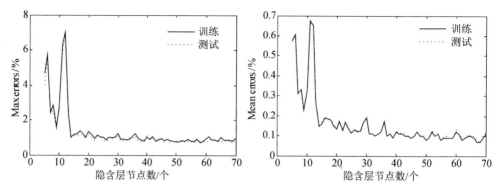

图 6.16　推力指令训练及测试误差随隐含层节点个数变化曲线

试误差均迅速减小;而节点在 10 和 15 之间变化时,误差变化不具有单调性;而节点数从 15 继续增加到 50 的过程中,误差的最大值和平均值总体趋势上都在缓慢减小;而增加到 50 个之后,误差的最大值不再减小,甚至有所增加,但误差的均值仍有缓慢减小趋势。综合考虑误差的最大值和平均值,将隐含层节点数选为 58 个。对此神经网络进行 10 次训练,获得的训练和测试误差结果如表 6.4 所列。从表中可以看出,以高度 H、马赫数 Ma 以及油门杆角度 PLA 为输入的神经网络推力指令训练误差最大值小于 1%,最优的一组权值最大训练误差为 0.76%,平均误差为 0.076%,测试误差比训练误差稍差,结果基本令人满意。在推力估计中,10 输入情况下最大训练误差小于 0.04%,因此考虑是否能够进一步减小推力指令模型的误差。

表 6.4　隐含层节点 58 的 10 次训练结果
%

序　号		1	2	3	4	5	6	7	8	9	10
训练误差	最大值	0.980	0.835	0.761	0.764	0.891	0.811	0.891	0.804	0.784	0.824
	平均值	0.118	0.094	0.095	0.076	0.089	0.094	0.090	0.089	0.0793	0.088
测试误差	最大值	0.907	0.725	0.758	0.773	0.797	0.806	0.802	0.913	0.871	0.769
	平均值	0.118	0.098	0.101	0.080	0.092	0.099	0.094	0.093	0.084	0.094

　　根据推力指令模型的特点,其输入不能增加其他变量,但是在推力指令模型设计过程中,可以引入中间变量,为此考虑采用双智能网络的结构来设计推力指令模型。首先在发动机额定状态下,以 H、Ma、PLA 为输入,对发动机各输出参数进行估计,形成中间变量,同样采用微分进化算法,对中间变量结合 H、Ma、PLA 的输入组合进行筛选,对推力指令进行映射。由于引入了中间变量,则在第 2 次映射中可用输入增多,可以预期更高的映射精度。值得指出的是,在推力指令映射中,需要对推力指令模型的中间变量输入组合进行再次优化,若直接采用 6.2.1 节中微分进化算法筛选的 10 个输入作为中间变量,则得到的仿真测试结果较差,这可能是由于一次映射带

来的误差使得预测精度下降。因此重新进行了 4～10 个输入的筛选,最后并不是输入越多精度越高,而是 5 个中间变量结果最优,这 5 个中间变量是 Ma、W_f、W_{fa}、P_{S16}、EPR,其中 Ma 不需要进行第一轮的神经网络映射,其余 4 个变量因需要不受其他因素影响,各设计 1 个子神经网络模型,计算其映射值作为推力指令模型的中间变量,称为模型 I,然后将模型 I 的输出作为模型 II 的输入,映射发动机额定状态下的推力作为指令。

虽然推力指令模型总体输入仍然为 H、Ma、PLA,模型 II 只比模型 I 增加了 2 个输入,但通过优化筛选使得指令模型所包含的信息与推力指令之间的关系更密切,这使得模型 II 输出的推力指令精度得到提高。这种双层智能网络结构,有效地解决了推力指令简化模型输入信息不足的问题,其结构如图 6.17 所示,其中预测参数 1 到 4 分别代表 W_f、W_{fa}、P_{S16}、EPR 的预测值。

基于集成学习思想,对 2 个子模型采取不同的训练方法。鉴于模型 I 各输出参数对于整个推力指令简化模型精度影响较大,因此对模型 I 采用经典 BP 神经网络训练,而对于模型 II,其为单输出模块,关系到最终的推力指令精度,因此对其采取优化极端学习机算法(Extreme Learning Machine,ELM)训练,以微分进化算法对 ELM 输入层权值以及隐含层偏置进行优化,以提高网络映射能力及实时性。

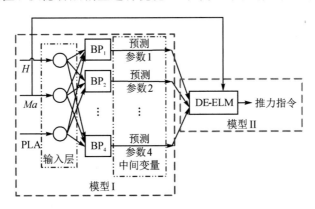

图 6.17　推力指令简化模型结构示意图

6.3.2　基于 BP 网络的子模型 I

子模型 I 输入为 H、Ma、PLA,输出为经过优化获得的可以使子模型精度最高的输入组合。同样将隐含层节点设为 38 个,隐含层激励函数选为 tansig,输出层激励函数选为 pureline。表 6.5 列出了子模型 I 各输出参数预测相对误差平均值及最大值。

表 6.5 模型 I 各输出及推力误差绝对值的最大值及平均值

%

中间变量	W_f		W_{fa}		P_{S16}		EPR	
	最大值	平均值	最大值	平均值	最大值	平均值	最大值	平均值
训练误差	2.000	0.192	0.631	0.032	1.481	0.152	1.791	0.191
测试误差	1.871	0.201	0.742	0.032	1.501	0.149	1.968	0.189

从表 6.5 中可以看出,虽然子模型 I 输出的发动机参数训练以及测试误差平均值均在 3‰ 以内,但其最大误差达到 2%。

6.3.3 基于优化 ELM 的子模型 II

模型 II 采用极端学习机算法设计。同样将 ELM 隐含层节点数正好控制在 38 个以保证计算速度。由于 ELM 算法的输入层权值以及隐含层偏置均在初始化时随机生成,不能保证 ELM 获得最优的结果,而模型 II 的映射能力直接关系到推力指令的精度,为此对模型 II 的网络参数进行优化设计。采用微分进化算法对其进行优化,以在相同隐含节点数下获得更高的预测精度,提高推力指令模型的精度。

在 ELM 算法中,给定一个训练数据集 $\chi = \{x_i, t_i\}_1^N$,其中输入数据 $x_i = [x_{i1}, x_{i2}, \cdots, x_{in}]^T \in \mathbf{R}^n$,期望输出数据 $t_i = [t_{i1}, \cdots, t_{im}]^T \in \mathbf{R}^m$,并设隐含层激励函数为 $g(x)$,则含有 $\tilde{N}$ 个隐含层节点的 ELM 的数学模型为

$$\sum_{i=1}^{\tilde{N}} \boldsymbol{\beta}_i g_i(x_j) = \sum_{i=1}^{\tilde{N}} \boldsymbol{\beta}_i g(w_i x_j + b_i) = t_j, \qquad j = 1, 2, \cdots, N \qquad (6.28)$$

其中,$w_i = [w_{i1}, w_{i2}, \cdots, w_{in}]^T$ 是连接输入层节点与隐含层第 i 个节点的权值,b_i 是隐含层第 i 节点的偏置,$\boldsymbol{\beta}_i = [\beta_{i1}, \cdots, \beta_{im}]^T$ 是连接隐含层第 i 节点和输出层节点的权值。

式(6.28)可以表达为

$$\boldsymbol{H\beta} = \boldsymbol{T} \qquad (6.29)$$

其中,隐含层矩阵 $\boldsymbol{H}$ 的第 i 个隐含层节点的输出,即第 i 列元素 h_i 为

$$h_i = \begin{bmatrix} g(w_{i1} x_1 + b_i) \\ g(w_{i2} x_2 + b_i) \\ \vdots \\ g(w_{iN} x_N + b_i) \end{bmatrix} \qquad (6.30)$$

输出权值 $\boldsymbol{\beta}$ 可由下式求得

$$\boldsymbol{\beta} = \boldsymbol{H}^+ \boldsymbol{T} \qquad (6.31)$$

其中,$\boldsymbol{H}^+$ 是 $\boldsymbol{H}$ 的广义逆矩阵。

对 ELM 的输入层权值和隐含层偏置在 $[-1, +1]$ 之间进行随机初始化,隐含层

有 38 个节点,则每个个体的维数是 $5 \times 38 + 38 = 228$,以 100 个个体进行 100 代寻优,同样以误差 2 范数为评价指标,获得最优个体。以最优个体形成 ELM 输入层权值和隐含层偏置,对模型 II 进行训练。

将子模型 I 和子模型 II 串联,形成如图 6.17 所示的推力指令简化模型,以高度、马赫数、油门角度为输入,对发动机推力指令进行计算,其在 5 km 内的推力指令相对误差如图 6.18 所示。值得注意的是,子模型 I 和子模型 II 均采用离线训练方法,实际使用时,只需将网络参数代入,基于隐含层和输出层激励函数进行计算,即可获得推力指令,不需要进行在线的训练,同时由于模型输入只与 H、Ma、PLA 有关,获得的推力指令反映发动机的额定推力需求,不随发动机的个体差异而变化,可以为性能退化缓解控制提供指令。

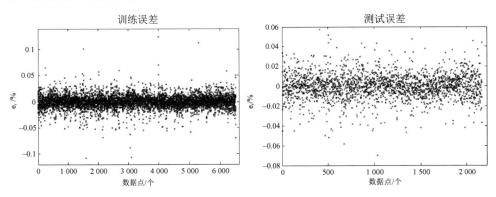

图 6.18　推力指令简化模型训练结果

从图 6.18 中可以看出,基于 BP 网络以及 DE - ELM 算法的双层结构推力指令模型具有良好的预测精度和泛化能力,训练样本最大相对误差小于 1.5‰,测试样本最大相对误差小于 1‰。

6.4　性能量控制方法

对于性能量的控制可以采取直接取代原转速控制系统的直接推力控制方式,也可以采取在原转速控制系统上改造,增加性能量控制外回路的方法,其同样以性能量为控制目标,如常用的性能退化缓解控制,就是以推力为外回路控制目标,实现对推力的调节。本节将介绍性能退化缓解控制中外回路推力指令到转速指令的模糊控制方法,以及直接推力控制中的神经网络逆控制方法。

6.4.1　性能退化缓解控制方法

性能退化缓解控制包括外回路推力到转速指令的控制和内回路的转速控制。外环控制器是根据推力指令和真实发动机推力的偏差 e_F 调节内环控制器的转速指令值 ΔN，从而使得发动机产生期望的推力。从国外的文献来看，在设计外环控制器时通常采用 PI 控制方法[12]。然而常规的 PI 控制的参数无法在线自适应调节，因此本文设计了模糊 PI 外环控制器。通过模糊逻辑实时调节 PI 控制器的参数 K_p 和 K_I，从而实现 PI 控制器参数的在线自适应调整。

PI 控制是利用相对误差的比例（Proportional）、积分（Intergral）来决定受控对象的操作量。常规的 PI 控制器是一种线性控制器，它根据给定值 $r(t)$ 与实际输出值 $y(t)$ 构成控制偏差 $e(t)$：

$$e(t) = r(t) - y(t) \tag{6.32}$$

将偏差的比例（P）、积分（I）通过线性组合构成控制量，对被控对象进行控制，其控制律为

$$u(t) = K_p\left[e(t) + \frac{\int_0^t e(\tau)\mathrm{d}\tau}{T_I}\right] \tag{6.33}$$

其中，K_p 为比例放大系数，T_I 为积分时间常数。离散后的表达式为

$$u(k) = K_p e(k) + \frac{K_p}{T_I}\sum_{j=0}^k e(j)T = K_p e(k) + K_I \sum_{j=0}^k e(j)T \tag{6.34}$$

其中，T 为采样周期；$K_I = K_p/T_I$。

PI 控制器由于其控制原理简单、使用方便、稳定性强、工作可靠等优点成为工程上最常用的控制算法，为提高 PI 控制器性能，多种 PI 参数整定方法和优化方法得到了广泛的研究。对于航空发动机来说，由于其参数变化范围大，PI 参数还需要具有自适应能力，因此各种算法（如模糊控制、神经网络控制等）就被用来在线修正 PI 控制参数。本节结合模糊逻辑，设计了模糊 PI 控制器，基于推力控制误差，调节内回路转速控制的指令值。在设计模糊 PI 控制器时，只选取系统偏差作为模糊控制器的输入，将 PI 控制器的参数 K_p 和 K_I 作为输出。模糊子集为

$$E = \{负大，负中，负小，零，正小，正中，正大\}$$

而 PI 控制器参数 K_p 和 K_I 的模糊子集为

$$K_p, K_I = \{负大，负中，负小，零，正小，正中，正大\}$$

模糊 PI 控制器的推理规则为

规则①：如果 e_F 是负大，则 K_p 和 K_I 为负大；

规则②：如果 e_F 是负中，则 K_p 和 K_I 为负中；

规则③：如果 e_F 是负小，则 K_p 和 K_I 为负小；

规则④：如果 e_F 是零，则 K_p 和 K_I 为零；

规则⑤：如果 F_e 是正小，则 K_p 和 K_I 为正小；

规则⑥：如果 e_F 是正中，则 K_p 和 K_I 为正中；

规则⑦：如果 e_F 是正大，则 K_p 和 K_I 为正大。

根据推力误差 e_F 的大小利用上面的模糊推理规则可以得到外环模糊 PI 控制器的参数 K_p 与 K_I，其中 K_p 与 K_I 的取值范围为[59.5，152.8]与[8.8，80.5]。然后利用其调节内回路控制的转速指令值，使得发动机的推力能够很好地跟踪上期望推力。

内回路控制器实际上就是一个针对额定发动机设计的控制器，该控制器通过控制发动机转速（或者压比等）使发动机在安全条件下工作，同时为飞机提供所需的推力。飞行员输入一个 PLA 指令，控制器通过设定的控制规律使发动机转子达到一定的转速从而让发动机输出相应的推力。本节采用第 3 章中的增广 LQR（ALQR）方法来设计内回路控制器，这里不再介绍。

在地面工作点，油门角度 40°~70°变化时，开展性能退化缓解控制仿真验证，如图 6.19 所示。在 2 s 时模拟风扇及压气机流量渐变退化，在 8 s 内均退化 2%。由图 6.19 可见，随着压缩部件性能退化，为保持推力恒定，退化发动机的被控转速上升，在 15 s 时将油门角度快速拉至 40°，待其完全稳定后又推回 70°，整个控制过程过渡平稳，响应迅速且无超调，转速指令超调小于 1%，估计推力与退化发动机推力基本保持一致，很好地跟踪了推力参考值，验证了性能退化缓解控制的有效性。

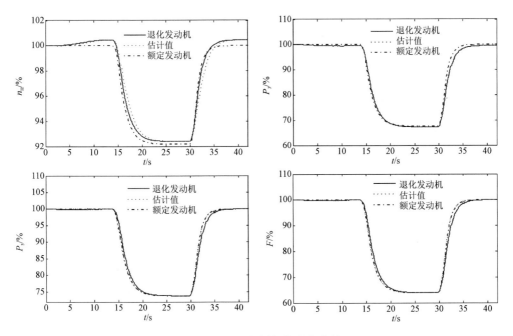

图 6.19　性能退化缓解控制仿真结果

6.4.2　直接推力控制方法

在基于传感器的航空发动机双变量控制系统中，常用的被控制量有：高压转子转

速 n_H、低压转子转速 n_L、涡轮落压比 π_T、低压涡轮后温度 T_5、发动机压比 EPR、发动机温比 TPR。为了形成多变量控制系统,希望从这 6 个常用被控制量中选择 1 个与推力 F 一起作为被控制参数,以主燃油流量 W_f 和尾喷口面积 A_8 为控制量,构成双回路控制系统。

输出参数选择作为控制系统结构设计的一个部分,是航空发动机控制器设计的一个重要内容。常用的输出参数选择方法有鲁棒稳定性和条件数方法(RSCN)[13,14]、相对增益矩阵方法(RGA)[13-15]、静态灵敏度矩阵(SSM)方法[16]。RSCN 方法利用小增益定理的鲁棒稳定性条件,确定系统在加性不确定性和扰动作用下,使系统保持鲁棒性的条件数范围,适用于从诸多组合中选择条件数较优的几个或十几个组合。RGA 方法和 SSM 方法一般用于经 RSCN 筛选后组合性能的进一步比较。RGA 描述多回路控制系统中,一个回路受其他回路影响的程度。对一个 n 输入 n 输出的系统,第 u_i 个输入和第 y_i 个输出之间的相对增益就是两者之间在两种情况下的静态增益之比:一种为系统开环时 u_j 与 y_i 之间的静态增益,另外一种为系统其他参数闭环,且稳态控制性能良好时,u_j 与 y_i 之间的静态增益。相对增益矩阵的元素 λ_{ij} 为

$$\lambda_{ij} = \frac{(\partial y_i / \partial u_j)_{u_k=0,\,k\neq j}}{(\partial y_i / \partial u_j)_{y_m=0,\,m\neq i}} \tag{6.35}$$

RGA 可以通过系统的传递函数矩阵计算[14]:

$$\boldsymbol{\Lambda} = \boldsymbol{G}(s) \cdot * \boldsymbol{G}(s)^{-T} \tag{6.36}$$

其中,$\boldsymbol{\Lambda}$ 为相对增益矩阵,$\boldsymbol{G}(s)$ 为系统的开环传递函数矩阵,$\cdot *$ 为矩阵对应元素相乘。

当相对增益矩阵的对角元素接近 1,而其他非对角元素接近 0 时,说明各回路之间的耦合较小,系统可以取得较好的控制性能。

输出参数选择的 SSM 方法根据线性数学模型或非线性模型分析当开环系统控制量 u_j 阶跃时,输出量 y_i 相对稳态值变化量,或者分析当系统某被控量闭环阶跃时,其他参数相对稳态值的变化量。

通过对系统中各控制量分别进行阶跃,可得系统开环灵敏度矩阵 $\boldsymbol{S}$ 为

$$\Delta \boldsymbol{Y} = \boldsymbol{S} \cdot \Delta \boldsymbol{U} \tag{6.37}$$

为了便于计算某被控量闭环时系统的灵敏度矩阵,可将灵敏度矩阵分块表示:

$$\begin{bmatrix} \Delta \boldsymbol{Y}_{cl} \\ \Delta \boldsymbol{Y}_{ol} \end{bmatrix} = \begin{bmatrix} \boldsymbol{S}_{cc} & \boldsymbol{S}_{co} \\ \boldsymbol{S}_{oc} & \boldsymbol{S}_{oo} \end{bmatrix} = \begin{bmatrix} \Delta \boldsymbol{U}_{cl} \\ \Delta \boldsymbol{U}_{ol} \end{bmatrix} \tag{6.38}$$

其中,下标 cl 代表对应变量参与闭环控制,下标 ol 代表对应变量参与开环控制。

由式(6.38)知:

$$\Delta \boldsymbol{U}_{cl} = \boldsymbol{S}_{cc}^{-1} \cdot \Delta \boldsymbol{Y}_{cl} - \boldsymbol{S}_{cc}^{-1} \cdot \boldsymbol{S}_{co} \cdot \Delta \boldsymbol{U}_{ol} \tag{6.39}$$

系统闭环灵敏度矩阵描述被控制量阶跃和其他开环控制量阶跃时系统参数的相对灵敏度,即作为输入量评判的变量是闭环的被控制量和开环的控制量,如式(6.40)

所示。

$$\begin{bmatrix} \Delta \boldsymbol{Y}_{\mathrm{ol}} \\ \Delta \boldsymbol{U}_{\mathrm{cl}} \end{bmatrix} = \begin{bmatrix} \boldsymbol{S}_{\mathrm{oc}} \cdot \boldsymbol{S}_{\mathrm{cc}}^{-1} & \boldsymbol{S}_{\mathrm{oo}} - \boldsymbol{S}_{\mathrm{oc}} \cdot \boldsymbol{S}_{\mathrm{cc}}^{-1} S_{\mathrm{co}} \\ \boldsymbol{S}_{\mathrm{cc}}^{-1} & \boldsymbol{S}_{\mathrm{cc}}^{-1} \cdot \boldsymbol{S}_{\mathrm{co}} \end{bmatrix} = \begin{bmatrix} \Delta \boldsymbol{Y}_{\mathrm{cl}} \\ \Delta \boldsymbol{U}_{\mathrm{ol}} \end{bmatrix} \qquad (6.40)$$

通过部件级模型,在设计点计算其小偏差传递函数矩阵数学模型 $G(s)$,利用

$G(s)$ 通过式(6.36)计算其 RGA,记相对增益矩阵 RGA 为 $\boldsymbol{\Lambda} = \begin{bmatrix} a_{11} & a_{12} \\ a_{21} & a_{22} \end{bmatrix}$,则不同输

出组合的 RGA 见表 6.6。从表 6.6 中可以看出,各输出组合的 RGA 均为主对角占
优矩阵,且 $F\&\mathrm{EPR}$、$F\&n_{\mathrm{L}}$、$F\&\pi_T$ 控制组合的 RGA 较优。

表 6.6　RGA 元素表

	a_{11}	a_{22}	a_{12}	a_{21}
$F\&n_{\mathrm{L}}$	0.966 1	0.966 1	0.033 9	0.033 9
$F\&n_{\mathrm{H}}$	0.962 1	0.962 1	0.037 9	0.037 9
$F\&\pi_T$	0.985 9	0.985 9	0.014 1	0.014 1
$F\&T_5$	0.925 2	0.925 2	0.074 8	0.074 8
$F\&\mathrm{EPR}$	1.031 0	1.031 0	$-0.031\ 0$	$-0.031\ 0$
$F\&\mathrm{TPR}$	1.077 4	1.077 4	$-0.077\ 4$	$-0.077\ 4$

在设计点,分别对主燃油流量和尾喷口面积作 1% 的阶跃,通过输出与输入的稳
态值之比,可得系统的开环 SSM。利用开环的 SSM,通过式(6.39)～式(6.41)可以
计算出系统的闭环 SSM。由于航空发动机具有强非线性,为了更精确地计算闭环灵
敏度,在设计点对部件级模型推力进行闭环控制,对推力及喷口面积分别做 1% 的小
阶跃,计算相应参数稳态值与 2 个阶跃的比值,得系统的闭环 SSM。表 6.7 给出了
开环系统的 SSM,表 6.8 给出了 F 闭环时的 SSM。表 6.7 中的数据表明,开环系统
W_{f} 阶跃 1% 时,推力变化 0.681%,低压转子转速变化 0.610%,其他量的变化依此
类推。无论开环还是闭环,喷口面积阶跃时对 n_{L}、EPR 影响都较大。最终选择
$F\&\mathrm{EPR}$ 的组合,构成双变量控制系统。

直接推力可以采用性能退化缓解控制中主回路的多变量鲁棒控制方法来设计控
制器,本节介绍一种基于逆模型的控制方法。逆模型控制方法采用被控对象本身
模型的逆来作为控制器,该方法为开环控制方式。理想情况下控制器与被控对象串
联后的模型为增益为 1 的对角阵,即参考信号到输出信号的传递函数为 1,则可实现
对输入信号的完全无误差跟踪,即稳态和动态情况下均能实现无误差的跟踪。当然
对于实际物理系统来说,建模误差不可避免,为此不能实现完全的无误差跟踪。

表 6.7　开环系统的 SSM

	W_f	A_8
F	0.681	$-0.045\,6$
n_L	0.610	0.690
n_H	0.181	0.099
π_T	0.176	0.458
T_5	0.350	0.159
EPR	0.500	-0.753
TPR	0.424	-0.196

表 6.8　由 W_f 控制 F 闭环时的 SSM

	F	A_8
n_L	0.852	0.719
n_H	0.499	0.110
π_T	0.250	0.470
T_5	0.547	0.181
EPR	0.728	-0.717
TPR	0.647	-0.164
W_f	1.500	0.077

　　考虑到航空发动机的强非线性,其逆模型控制器作为被控对象的逆,也应具有强非线性。为此本节采用神经网络来设计逆模型控制器。和常规控制器相同,神经网络逆控制器的输出同样为 W_f 和 A_8 的控制指令。若神经网络输入和常规控制器同样选择 F 和 EPR 的控制指令作为逆模型的输入,则神经网络的映射精度较低,因此将高度、马赫数、油门杆角度也作为逆模型的输入。同样采用 3 层 BP 网络建立逆模型,隐含层的激励函数选为 sigmoid 函数,输出层的激励函数选为线性的激励函数,通过遍历选择神经网络逆隐含层节点数为 52,分别对主燃油流量和尾喷口面积的期望值进行映射。逆模型的训练和测试相对误差如图 6.20 和图 6.21 所示,图中 e_{wf} 和 e_{A8} 分别代表主燃油流量和尾喷口面积的测试样本和目标样本之间的百分比误差。由图 6.20 和图 6.21 可见,主燃油流量和尾喷口面积都存在训练和测试误差,因此单纯以神经网络逆模型进行开环控制不可避免地会存在稳态误差,为此还需要增加消除稳态误差的环节。

　　本节采用 PI 控制来消除稳态误差,为避免控制指令突变引起控制系统超调,对控制指令进行滤波,将滤波后的指令作为神经网络输入,直接推力控制系统结构如图 6.22 所示,图中 F_m、EPR_m 代表经惯性环节滤波后的推力指令和发动机压比指令。

　　当油门角度在 35°到 65°之间变化时,闭环控制系统的响应曲线如图 6.23 所示。由于对 A_8 的最小值进行了限位,当油门从 65°减小到 35°时,发动机推力及压比指令减小,燃油大幅度减小,喷口停留在限位的位置上;当油门角度上升时,推力及压比指令增大,燃油同样迅速上升,喷口在动态过程中先增大然后回到最小位置,整个响应过程平稳,动态性能良好,验证了神经网络逆控制的有效性。

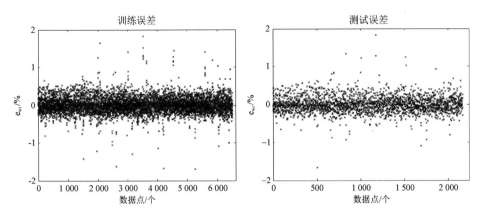

图 6.20 神经网络逆模型燃油流量映射结果

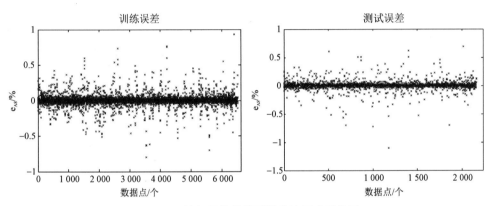

图 6.21 神经网络逆模型燃油流量映射结果

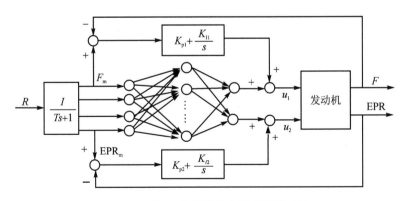

图 6.22 带 PI 补偿的神经网络逆制系统

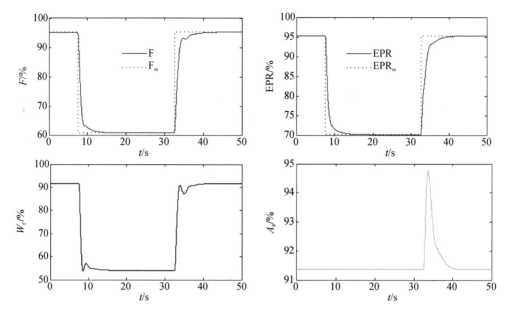

图 6.23　神经网络逆系统响应曲线

┃ 参考文献 ┃

[1] Litt J，Turso J，Shah N，et al. A demonstration of a retrofit architecture for intelligent control and diagnostics of a turbofan engine[R]. NASA/TM-2005-214019，2005[2023-3-7].

[2] 李业波，李秋红，黄向华,等. 航空发动机性能退化环节控制技术[J]. 航空动力学报，2012，27(4)：930-936[2023-3-7].

[3] Jonathan S L，T. Shane S. Evaluation of Outer Loop Retrofit Architecture for Intelligent Turbofan Engine Thrust Control[R]. AIAA-2006-5103，2006[2023-3-7].

[4] Merrill W，Garg S. Integrated flight and propulsion controls for advanced aircraft configurations[R]. NASA/TM-107067，1996[2023-3-7].

[5] Brunell B J，Viassolo D E，Prasanth R. Model adaptation and nonlinear model predictive control of an aircraft engine[R]. ASME/GT2004-53780，2004[2023-3-7].

[6] 姚彦龙，孙健国. 自适应微分进化神经网络算法在推力估计器设计中的应用[J]. 航空动力学报，2007，22(10):1748-1753[2023-3-7].

[7] Simon D，Garg S. A systematic approach for model-based aircraft engine per-

formance estimation[R]. AIAA-2009-1872, 2009 [2023-3-7].

[8] Kobayashi T, Simon D L, Litt J S. Application of a constant gain extended Kalman filter for in-flight estimation of aircraft engine performance parameters [R]. NASA/TM-2005-213865, 2005 [2023-3-7].

[9] Litt J S . An optimal orthogonal decomposition method for Kalman Filter-based turbofan engine thrust estimation[J]. Journal of Engineering for Gas Turbines and Power, 2008, 130(1):109-120 [2023-3-7].

[10] 陈霆昊. 发动机机载自适应模型与高稳定性控制技术研究[D]. 南京航空航天大学, 2010 [2023-3-7].

[11] 李秋红, 孙健国, 王前宇. 航空发动机推力估计新方法[J]. 控制理论与应用, 2011, 28(2):185-191 [2023-3-7].

[12] Litt J S, Sowers T S, Garg S. A Retro-fit control architecture to maintain engine performance with usage[R]. NASA/TM-2007-214977, 2007 [2023-3-7].

[13] van de Wal M, de Jager B. Control structure design: a survey[C]. Proceedings of 1995 American Control Conference-ACC'95. IEEE, 1995: 225-229 [2023-3-7].

[14] Harefors M. Control structure design methods applied to a jet engine[C]. Proceedings of the 1999 IEEE International Conference on Control Applications (Cat. No. 99CH36328). IEEE, 1999: 45-50 [2023-3-7].

[15] Samar R, Postlethwaite I. Multivariable controller design for a high performance aero-engine[C]. 1994 International Conference on Control-Control'94. IET, 1994: 1312-1317 [2023-3-7].

[16] Shutler A G. Control configuration design for the aircraft gas turbine engine[J]. Computing & Control engineering journal, 1995, 6(1): 22-28 [2023-3-7].

第 7 章
航空发动机性能寻优控制

| 7.1 发动机性能寻优控制概述 |

7.1.1 性能寻优控制内涵

传统的发动机控制规律设计通常将飞机和发动机分开单独进行,没有考虑它们之间的耦合作用[1]。随着新一代飞机的研制,飞机与发动机的联系日益紧密,它们之间的耦合作用对飞机的整体性能有着重要的影响,因此有必要进行飞机/发动机综合控制[2]。为此,20 世纪 90 年代 NASA 提出性能寻优控制(PSC),并对其进行了试飞验证[3-5],其主旨是在保证发动机满足各种限制(如最小喘振裕度、最大转子转速、最高涡轮进口温度等)的条件下,根据不同的飞行任务需求,利用优化算法对机载模型进行实时优化,得出最优控制变量组合,进而对发动机控制计划进行在线修正,使得发动机发挥出最大的性能潜力。根据飞行任务的不同需求,可以将性能寻优划分为最大推力、最小油耗和最低涡轮前温度 3 种模式。

7.1.2 性能寻优控制构成

如前所述,要实现发动机的性能寻优,有 2 个最基本的构成要素,即机载寻优模型和优化算法。

首先,寻优算法是性能寻优的基础。早期 PSC 计划中采用线性规划(LP)作为性能寻优算法,该算法的主要优点是实时性较高。然而,针对航空发动机这种强非线性对象来说,优化过程中必须进行分段线性,其累计优化误差不可避免存在,最终影响发动机的优化性能。为此,不断有研究人员将新的优化算法应用于性能寻优控制,主要可分为两类,一类是基于概率的智能优化算法,如遗传算法(GA)[6]、粒子迁移智能算法(PSMA)[7]、粒子群算法(PSO)[8];另一类为基于数学规划的优化算法,如可行序列线性规划(FSLP)[9]、模型辅助模式搜索方法(MAPS)[10]、序列二次规划(SQP)[11]和可行性序列二次规划(FSQP)[12,13]。在智能优化算法中,遗传粒子群算法(GAPSO)兼并 GA 的全局搜索能力和 PSO 的群体和个体历史信息的学习能力而受到广泛关注[14]。在数学规划算法中,FSQP 由于直接以目标函数作为优化目标,并克服罚函数的影响,因此具有良好的全局收敛性和局部收敛性[14]。两类算法各有优缺点,基于概率的智能优化算法具有较强的全局搜索能力,但优化精度有限,而数学规划算法优化精度高,但对优化初始值比较敏感,初值点选取不好时,易陷入局部最优值。为此,本章介绍了一种 GAPSO - FSQP 的混合寻优算法,该算法首先使用GAPSO 计算得到准最优解,再将其作为 FSQP 的初始解,使得该混合优化算法具有更显著的全局收敛性和局部搜索精度[15]。

其次,机载模型是性能寻优的前提。在性能寻优在线计算过程中,机载模型需要被反复调用,因而机载模型实时性对寻优时间影响特别大,而其精度又影响了最终寻优效果。迄今为止,该领域一般采用 2 种机载寻优模型,即分段线性模型[3-5]和部件级模型[12],前者实时性好,但累计误差大,若直接采用部件级模型,其精度高但实时性较差,且在一些大偏离状态下不能保证收敛。为此,有研究者提出支持向量机[16]和 BP 神经网络模型[17]作为机载模型。从研究结果来看,这类机载模型的实时性和精度介于分段线性和部件级模型之间,由于这两种算法均属于浅层网络,因而其拟合能力受限,精度难以进一步提高。为此,本章拟介绍一种基于深度神经网络(DNN)的机载发动机寻优模型,该神经网络采用更深度的网络结构,具有强的拟合能力,而且由于网络结构更深,每层的神经元更少,因而具有精度高且实时性好的优点[18,19]。

基于 GAPSO - FSQP 和深度神经网络模型的性能寻优控制结构如图 7.1 所示,从图 7.1 中可以看出在发动机寻优模式中,发动机以 DNN 为机载模型,通过 GAP-SO - FSQP 优化算法调整发动机控制变量,从而修改发动机控制指令去调节控制器,使飞机针对不同飞行任务段能进一步优化发动机的性能。

7.2　性能寻优原理及优化算法

本节重点阐述 3 种性能寻优模式提升发动机性能的机理,并给出遗传粒子群-可行序列二次规划混合 GAPSO - FSQP 优化算法原理。

7.2.1　性能寻优原理

为了使发动机在全包线、全状态下都能安全稳定地运行,传统发动机控制系统在设计时往往保留较大的安全裕度,该设计思路使得发动机在常规任务(如巡航、爬升等)工作点的性能得不到充分发挥。由于寻优目标和机理不同,因此需要根据不同飞

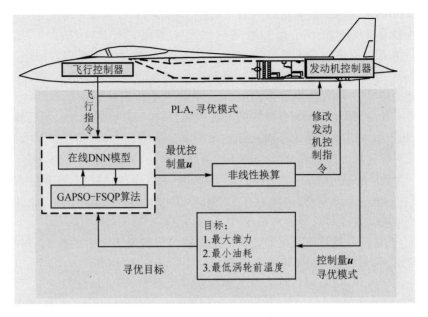

图 7.1　性能寻优结构图

行任务要求,设计不同的寻优控制模式,典型的模式有最大安装推力模式、最小耗油模式和最低涡轮前温度模式 3 种。

1. 最大安装推力模式

飞机在平飞加速、爬升或追击目标等情况时,需要发动机提供尽可能大的安装推力,以提升飞机的机动性。在最大安装推力模式下除了要发动机提供尽可能多的安装推力外,还需要发动机满足各种限制约束的条件,这些限制约束主要有:控制量的可行区域范围,包括执行机构位置、速率限制;发动机安全稳定工作限制,包括转子转速、压缩部件喘振裕度、涡轮进口温度限制。因此,可以给出如下的最优化问题:

$$\max_{u} F_{in}$$

$$\text{s. t.} \begin{cases} u_{min} \leqslant u \leqslant u_{max} \\ N_{F,min} \leqslant N_F \leqslant N_{F,max}, N_{C,min} \leqslant N_C \leqslant N_{C,max} \\ SM_F \geqslant SM_{F,min}, SM_C \geqslant SM_{C,min} \\ T_{41} \leqslant T_{41,max} \end{cases} \tag{7.1}$$

式中,u 为发动机控制变量,F_{in} 为发动机安装推力,T_{41} 为发动机高压涡轮进口温度。

图 7.2 给出了在 $H=0$ km、$Ma=0$ 和 PLA $=70°$时的最大推力模式优化原理图,图中横坐标为燃油流量 W_{fB},纵坐标为尾喷管喉道面积 A_8。从图中可以看出,在额定状态运行时,发动机当前工作点远离限制边界,增加燃油流量可使得燃烧室温度

提高,进而提高安装推力。然而,燃油流量增加首先受到了最大风扇转子转速的限制,此时通过减小尾喷管喉道面积,使得低压涡轮焓减少、风扇转子转速下降,燃油流量可以继续增加,但尾喷管喉道面积的减小,造成发动机压比上升,发动机工作点更接近风扇喘振裕度边界。因而,可以通过优化组合燃油流量和尾喷管喉道面积等控制量,使得发动机安全稳定地运行在安装推力更大的工作点。若机载寻优模型精度足够高,则可以通过在线优化算法得到图 7.2 中所示的最佳工作点,图中最佳工作点为涡轮前温度和风扇喘振裕度限制的交点。

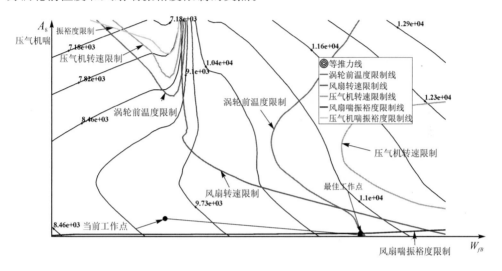

图 7.2　最大推力优化原理

2. 最小油耗模式

飞机在亚声速巡航、超声速巡航等巡航点上,若能在保证发动机安装推力保持不变的情况下,降低发动机耗油率,则可以增加飞机作战半径和航程,提高经济性。最小油耗模式针对的就是该应用场景。在性能优化时,发动机工作点除了受到执行结构和发动机安全稳定运行约束外,还应受到安装推力保持不变的限制,从而建立如下最小油耗模式的最优化问题:

$$\min_{\boldsymbol{u}} \text{sfc}$$

$$\text{s. t.}\begin{cases} F_{\text{in}} = \text{const}; \\ \boldsymbol{u}_{\min} \leqslant \boldsymbol{u} \leqslant \boldsymbol{u}_{\max}, T_{41} \leqslant T_{41,\max} \\ N_{\text{F,min}} \leqslant N_{\text{F}} \leqslant N_{\text{F,max}}, N_{\text{C,min}} \leqslant N_{\text{C}} \leqslant N_{\text{C,max}} \\ \text{SM}_{\text{F}} \geqslant \text{SM}_{\text{F,min}}, \text{SM}_{\text{C}} \geqslant \text{SM}_{\text{C,min}} \end{cases} \quad (7.2)$$

最小油耗模式优化原理如图 7.3 所示,该模式需要保持安装推力不变,以保证飞机巡航状态不变。因而,从当前发动机工作点开始寻优,目标最优工作点必在其等安装推力线上,由图 7.3 可知,在发动机工作点优化时通过增加 A_8 面积增大推力,进而可以降低燃油流量,以维持推力不变。

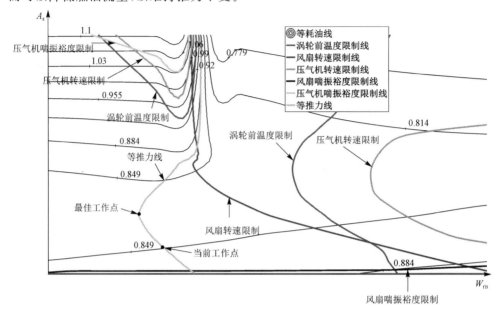

图 7.3 最小耗油率优化原理

3. 最低涡轮前温度性能模式

飞机在起飞、爬升和大马赫数飞行,会导致涡轮动静叶、涡轮盘等发动机部件工作在高温工作区,从而加重涡轮组件的蠕变和热机械疲劳演化趋势,成为涡轮使用寿命的重要影响因素。最低涡轮前温度性能模式是在保证发动机安装推力不变和安全稳定运行的前提下,通过优化组合控制量,降低涡轮前温度从而延长发动机寿命。该模式的数学规划问题如下:

$$\min_{\boldsymbol{u}} T_{41}$$

$$\text{s.t.} \begin{cases} F_{\text{in}} = \text{const}; \\ \boldsymbol{u}_{\min} \leqslant \boldsymbol{u} \leqslant \boldsymbol{u}_{\max}, T_{41} \leqslant T_{41,\max} \\ N_{F,\min} \leqslant N_F \leqslant N_{F,\max}, N_{C,\min} \leqslant N_C \leqslant N_{C,\max} \\ \text{SM}_F \geqslant \text{SM}_{F,\min}, \text{SM}_C \geqslant \text{SM}_{C,\min} \end{cases} \tag{7.3}$$

最低涡轮前温度性能模式的优化问题与最小油耗性能模式类似,只是优化目标函数有所区分,这里不再详述。

7.2.2 寻优算法

在该节首先引入常规粒子群(PSO)和遗传粒子群算法(GAPSO),然后进一步提出遗传粒子群-改进序列二次规划(GAPSO-FSQP)混合优化算法。

1. 常规粒子群算法

常规粒子群算法是一种基于粒子群的智能优化算法。粒子是指在搜索空间的某点,而粒子群就是指搜索空间的很多点组成的一个群体,每个粒子都有相应的适应值。PSO 首先随机初始化一群粒子,即随机得到多个初始解,然后粒子根据自身的飞行经验和群体中最优粒子飞行经验调节对应的飞行轨迹,通过多次迭代后,得到适应值最优的粒子作为最优解。在第 k 次迭代时第 i 个粒子通过下式进行轨迹更新:

$$\boldsymbol{x}_i(k+1) = \boldsymbol{x}_i(k) + v_i(k+1) \tag{7.4}$$

式中,$\boldsymbol{x}_i$ 称为第 i 个粒子的位置,维度为 d;v_i 称为第 i 个粒子的速度,$i=1,2,\cdots,m$(m 为粒子群的总个数)。对于第 i 个粒子的第 $j(1 \leqslant j \leqslant d)$ 维速度的更新式子如下:

$$v_{ij}(k+1) = \omega v_{ij}(k) + c_1 r_1(p_{ij}(k) - x_{ij}(k)) + c_2 r_2(p_{gj}(k) - x_{ij}(k))$$
$$\tag{7.5}$$

式中,p_g 为整个粒子群的历史最优值;p_i 为第 i 个粒子的历史最优值;c_1 和 c_2 为速度系数,为非负常数;r_1 和 r_2 为均匀分布在 $[0,1]$ 区间的随机数;ω 为惯性权重。ω 越小或者 c_1、c_2 越大,特别当 $\omega=0$ 时,则粒子速度仅与 x_i、p_g 和 p_i 相关,因而,粒子只在 $p_g \to x_i$ 和 $p_g \to x_i$ 合方向上搜索,算法的局部搜索能力变强,能在最优解附近进行精细寻优,然而其全局搜索能力变弱;随着 ω 增加,或者 c_1、c_2 的减小,全局搜索能力变强,能寻优搜索更大的新空间。因此,式(7.5)中等号右边第 1 项起到了保留粒子历史记忆的作用,增强了 PSO 算法全局和新空间的搜索能力。式(7.5)中等号右边第 2 和第 3 项促使粒子具有自我学习和向种群中最优秀个体学习的能力,使得粒子向自身最优历史位置和种群的全局最优位置移动,从而起到增强算法局部精细的搜索能力。常规 PSO 的算法流程如图 7.4 所示,实现步骤如下:

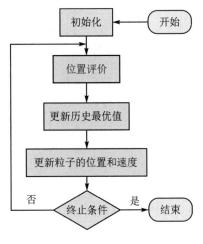

图 7.4　常规 PSO 算法流程图

步骤①:在 d 维搜索空间中随机产生 m 个粒子的位置和速度。

步骤②:对每个粒子计算适应值函数,该函数由目标函数构造。

步骤③:更新粒子群个体的历史最优位置和全局最优位置,比较粒子当前位置适应值和个体历史最优值,若有更优值则进行替换。比较粒子当前位置适应值和群体的历史最优值,若更优则同样进行替换。

步骤④:更新粒子的位置和速度。

步骤⑤:判断是否满足迭代终止条件,如果满足则输出群体历史最优值的位置,迭代终止;否则转到步骤②,继续循环。

2. GAPSO-FSQP 优化算法

PSO 最大的优点是易于实现,且在短时间内能收敛到稳定解,但其缺点是容易陷入局部最优解。遗传算法简单通用,鲁棒性强,具有较强的全局寻优能力,但收敛速度较慢。因而有学者结合这两个算法,提出了遗传粒子群算法(GAPSO)[20],其主要思路为,首先通过 PSO 算法根据历史信息和群体历史信息提高个体质量,然后再根据 GA 算法,对个体进行选择、交叉和变异等操作,得到更优的下一代种群,该算法保持了遗传算法的全局搜索性能,同时还融合了粒子群的位置转移思想,克服了被遗传算法忽略的种群信息和个体信息,从而提高了算法精度和效率。

GAPSO 虽然具有很强的全局搜索能力但局部搜索精度有限,而 FSQP 局部搜索精度能力强但对初值敏感,在初值选取不当时容易陷入局部极值。因此,本章提出了 GAPSO-FSQP 方法。该方法首先借助 GAPSO 算法求得一个接近全局最优解的"准最优解",而后将该"准最优解"作为 FSQP 的初始解,再通过 FSQP 快速得到最优值或者逼近全局最优值。图 7.5 给出了 GAPSO-FSQP 的算法流程,其中 GAPSO 与常规 PSO 算法相比,在步骤 2 和步骤 3 之间插入了遗传算法,以对个体进行改良,FSQP 算法在此不再阐述,GAPSO-FSQP 的算法步骤如下:

步骤 1:初始化:在 d 维搜索空间随机产生 m 个粒子(个体)的位置和速度。

步骤 2:对于每个粒子,计算用目标函数构造的适应值函数。

步骤 3:对当前种群(粒子群),按与当前适应度成比例的概率赋值得到新的种群,称为父代,利用交叉算子,对父代的种群中相邻的两个个体进行交叉重组,生成新的个体,然后再对父代进行变异。具体过程如下:

a. 选择算子:对相邻较近的 2 个个体,采用最优进化的策略得到优秀种群 pop_1。

b. 交叉算子:对优秀种群 pop_1 进行随机抽取,并按概率 p_c 对被选中的个体基因链进行交叉,产生新的种群 pop_2。

c. 对优秀种群 pop_1 按概率 p_m 进行变异操作,得到新的种群 pop_3,其中 $pop_2 \bigcup pop_3$ 总共有 $m/2$ 个个体,pop_1 也具有 $m/2$ 个个体。

步骤 4：新的粒子群为 $pop_1 \cup pop_2 \cup pop_3$，更新粒子群的个体历史最优位置和全局最优位置，比较粒子当前位置的适应值和个体历史的最优值，如果更优则替换。比较粒子当前位置的适应值和群体的历史最优值，如果更优则替换。

步骤 5：更新粒子的位置和速度。

步骤 6：判断是否满足迭代终止条件，如果满足，转到步骤 7；否则转到步骤 2，继续循环。

步骤 7：将 GAPSO 的解作为 FSQP 的初始解，利用 FSQP 对优化问题再次进行求解，得到更优解。

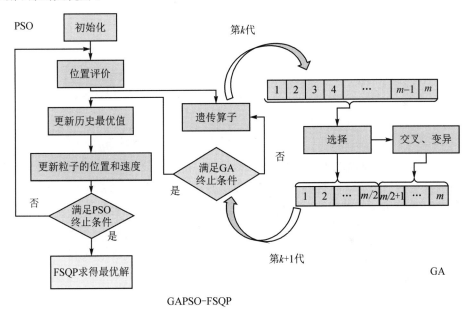

图 7.5　GAPSO - FSQP 的算法流程图

┃7.3　机载深度神经网络模型┃

传统神经网络一般为 3 层神经网络，如何增加神经网络层数，使网络深度增加是过去 30 年神经网络专家重点研究的领域，增加网络深度可以增加网络的表达能力，大的网络深度带来神经网络训练复杂度急剧增加，主要表现在梯度消失和梯度溢出的问题。因此，本节重点研究了能够克服梯度消失和梯度溢出的逐层尺度归一化算法，并采用了目前深度神经网络的关键技术，如正则化技术、Momentum 法、最小批量梯度下降法等，提升神经网络建模的有效性，最后给出了发动机机载深度神经网络模型的结构。

7.3.1 深度神经网络

1. 深度网络训练复杂度

为了说明深度神经网络训练的难度，下面给出了一个 5 层神经网络以作说明，如图 7.6 所示。

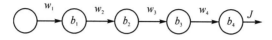

图 7.6　5 层神经网络图

图 7.6 中 w_i 和 $b_i(i=1,2,3,4)$ 分别为权重和偏置，J 为损失函数。对 w_1 和 b_1 求偏导，得

$$\frac{\partial J}{\partial b_1} = \sigma'(h_1) w_2 \sigma'(h_2) w_3 \sigma'(h_3) w_4 \sigma'(h_4) \frac{\partial J}{\partial h_4} \tag{7.6}$$

$$\frac{\partial J}{\partial w_1} = h_1 \sigma'(h_1) w_2 \sigma'(h_2) w_3 \sigma'(h_3) w_4 \sigma'(h_4) \frac{\partial J}{\partial h_4} \tag{7.7}$$

因为 $\sigma'(h_i)$ 的导数均小于 0.25，当 $w_i \leqslant 1$ 时，$w_2 \sigma'(h_2) \leqslant 0.25$，说明随着层数增加，梯度呈指数减小，该问题称为梯度消失；假定 $w_i \geqslant 100$，$\sigma'(h_2) = 0.1$，则 $w_2 \sigma'(h_2) \geqslant 10$，又会出现随着层数的增加，梯度呈指数增加，该问题称为梯度溢出。

为了克服梯度消失问题，很多研究提出一系列方法，如文献[17]提出 Batch Normalization(BN)，即逐层尺度归一法；还有改变神经网络的激活函数的方法，如 ReLU、PReLU 及网络预训练 DBN，在两个隐含层之间增加一个 BN 层，有效避免了梯度消失和梯度溢出问题，其网络结构如图 7.7 所示。

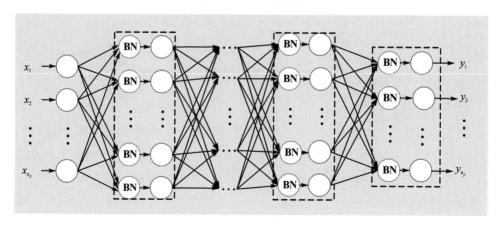

图 7.7　BN 神经网络

2. BN 正向传播

在神经网络权重初始化时,往往是让权重符合均值为 0、方差为 1 的高斯分布,与此同时,输入数据进行标准化处理,输出数据进行归一化或标准化处理。经过映射、训练,每一层的数据分布都发生了变化,而且差异很大,致使每一层神经网络权重的分布差异很大。而训练时每一层的神经网络学习率往往相同,因此极大降低了网络的收敛速度。如果对数据进行白化操作,其原理如图 7.8 所示,图 7.8(a)为训练数据分布图,从图中可以看出,数据分布偏离了高斯分布,进行减去均值、去除相关等操作之后,得到图 7.8(b),图中的数据符合高斯分布,可加快神经网络的训练速度。

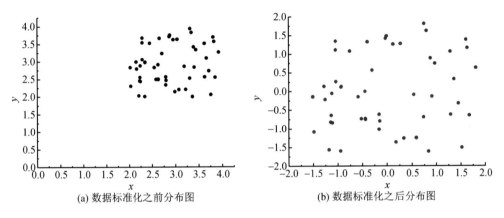

(a) 数据标准化之前分布图　　　　　　(b) 数据标准化之后分布图

图 7.8　数据分布图

白化操作有很多种,常用的有 PCA 白化,它是让数据满足 0 均值、单位方差并且弱相关的操作,然而白化操作需要计算协方差矩阵、求逆等操作,计算量大。而且,反向传播时,白化操作不一定可导。于是采用批量标准化(Batch Normalization)对每个隐含层节点进行标准化处理,其在权重乘积之后,激活函数之前,假设神经网络正向传播第 l 层第 i 个节点的输出 $h_{i,j}^l$,$j \in \mathbf{\chi}_k$,k 代表第 k 组训练数据集,则有

$$\hat{a}_{i,j}^l = \frac{a_{i,j}^l - \mu_B}{\sqrt{\sigma_B^2 + \varepsilon}} \tag{7.8}$$

式中

$$\mu_B = \frac{1}{N_b} \sum_{j=1}^{N_b} a_{i,j}^l \tag{7.9}$$

$$\sigma_B^2 = \frac{1}{N_b} \sum_{j=1}^{N_b} (a_{i,j}^l - \mu_B)^2 \tag{7.10}$$

但是,若只进行批标准化操作会降低网络的表达能力。如图 7.9 所示,如果激活函数为 sigmoid 形式,把数据限制在 0 均值、单位方差,那么只相当于使用激活函数的线性部分,而对于两侧的非线性部分很少涉及,这显然降低了神经网络的表达

能力。

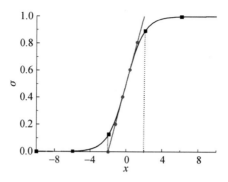

图 7.9　Sigmoid 曲线图

为此,增加了 $\sigma_B^2 = \sum_{j=1}^{N_b} (a_{i,j}^l - \mu_B)^2 / N_b$ 和 β 个学习参数,从而保持网络的表达能力,其表达式如下:

$$\bar{a}_{i,j}^l = \gamma \hat{a}_{i,j}^l + \beta \tag{7.11}$$

式中,μ_B 和 σ_B^2 是在最小批量(Min‐batch)下求得的,而理论上应该是整个数据集的均值和方差,因此计算过程中要记录每一个 batch 的均值和方差。式(7.12)、式(7.13)整个数据集的整体均值和方差的计算式如下:

$$\bar{\mu}_B = E[\mu_B] \tag{7.12}$$

$$\bar{\sigma}_B^2 = E[\sigma_B^2] \tag{7.13}$$

3. BN 反向求导

深度神经网络的训练方式采用的也是反向传播算法,该方式需要更新的网络参数为 W, b, γ, β,采用梯度下降法更新如下:

$$W_{ij}^l \leftarrow W_{ij}^l + \eta \nabla W_{ij}^l \tag{7.14}$$

$$b_i^l \leftarrow b_i^l + \eta \nabla b_i^l \tag{7.15}$$

$$\gamma_i^l \leftarrow \gamma_i^l + \eta \nabla \gamma_i^l \tag{7.16}$$

$$\beta_i^l \leftarrow \beta_i^l + \eta \nabla \beta_i^l \tag{7.17}$$

采用反向传播算法求得梯度,原理如图 7.10 所示,假设 $\bar{\boldsymbol{\delta}}^{n_{net}}$ 为

$$\bar{\boldsymbol{\delta}}^{n_{net}} = \frac{\partial J(W,b;x,y)}{\partial \bar{a}^{n_{net}}} = \frac{\partial J(W,b;x,y)}{\partial h^{n_{net}}} \otimes \frac{\partial h^{n_{net}}}{\partial \bar{a}^{n_{net}}} = \frac{\partial J(W,b;x,y)}{\partial h^{n_{net}}} \otimes \frac{\partial h^{n_{net}}}{\partial \bar{a}^{n_{net}}} \tag{7.18}$$

设 $\boldsymbol{\delta}^l$ 为:

$$\boldsymbol{\delta}^l = \frac{\partial J}{\partial a_{i,j}^l} = \frac{\partial J}{\partial \hat{a}_{i,j}^l} \frac{-1}{\sqrt{\sigma_B^2 + \varepsilon}} + \frac{\partial J}{\partial \sigma_B^2} \frac{2(a_{i,j}^l - \mu_B)}{N_b} + \frac{\partial J}{\partial \mu_B} \frac{1}{N_b} \tag{7.19}$$

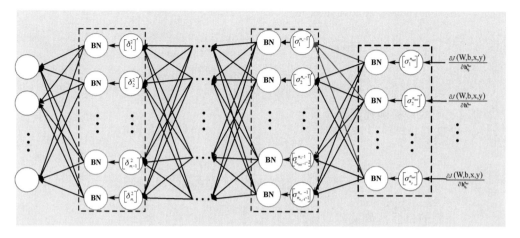

图 7.10 反向传播原理

式中，$l = n_{net}, n_{net} - 2, \cdots, 2$。

$$\frac{\partial J}{\partial \hat{a}_{i,j}^l} = [\bar{\delta}_{i,j}^l]' \gamma_i^l \tag{7.20}$$

$$\frac{\partial J}{\partial \sigma_B^2} = \sum_{j \in \boldsymbol{x}_k} \frac{\partial J}{\partial \hat{a}_{i,j}^l} (a_{i,j}^l - \mu_B) \frac{-1}{2} (\sigma_B^2 + \varepsilon)^{-3/2} \tag{7.21}$$

$$\frac{\partial J}{\partial \mu_B} = \left(\sum_{j \in \boldsymbol{x}_k} \frac{\partial J}{\partial \hat{a}_{i,j}^l} \frac{-1}{\sqrt{\sigma_B^2 + \varepsilon}} \right) + \frac{\partial J}{\partial \sigma_B^2} \frac{\sum_{j \in \boldsymbol{x}_k} -2(a_{i,j}^l - \mu_B)}{N_b} \tag{7.22}$$

对于 $l = n_{net} - 1, n_{net} - 2, \cdots, 2$ 的 $\bar{\boldsymbol{\delta}}^l$，有：

$$\bar{\boldsymbol{\delta}}^l = [\boldsymbol{W}^l]^T \boldsymbol{\delta}^{l+1} \otimes [\boldsymbol{\sigma}^l]' \tag{7.23}$$

因此，得到网络参数的梯度如下，除 BN 层外，其他层求导公式与最小批量梯度下降神经网络（MGDNN）相同。

$$\frac{\partial J(\boldsymbol{W}, \boldsymbol{b}; \boldsymbol{x}, \boldsymbol{y})}{\partial \boldsymbol{W}_{ij}^l} = \boldsymbol{h}_j^l \boldsymbol{\delta}_j^{l+1} \tag{7.24}$$

$$\frac{\partial J(\boldsymbol{W}, \boldsymbol{b}; \boldsymbol{x}, \boldsymbol{y})}{\partial \boldsymbol{b}_j^l} = \boldsymbol{\delta}_j^{l+1} \tag{7.25}$$

$$\frac{\partial J(\boldsymbol{W}, \boldsymbol{b}; \boldsymbol{x}, \boldsymbol{y})}{\partial \boldsymbol{\gamma}_i^l} = \sum_{j \in \boldsymbol{x}_k} [\bar{\delta}_{i,j}^l]' \hat{a}_{i,j}^l \tag{7.26}$$

$$\frac{\partial J(\boldsymbol{W}, \boldsymbol{b}; \boldsymbol{x}, \boldsymbol{y})}{\partial \boldsymbol{\beta}_i^l} = \sum_{j \in \boldsymbol{x}_k} [\bar{\delta}_{i,j}^l]' \tag{7.27}$$

4. 正则化

如前所述，正则化可以在不需要增加样本的情况下，有效地避免神经网络过拟合，其中最常用的有 L_0, L_1 和 L_2 正则。

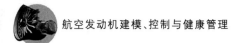

L_0 正则的目标函数及其导数为

$$\tilde{J} = J + \frac{\lambda}{2} \parallel W \parallel_0 \tag{7.28}$$

$$\frac{\partial \tilde{J}}{\partial W} = \frac{\partial J}{\partial W} \tag{7.29}$$

L_1 正则的目标函数及其导数为

$$\tilde{J} = J + \frac{\lambda}{2} \parallel W \parallel_1 \tag{7.30}$$

$$\frac{\partial \tilde{J}}{\partial W} = \frac{\partial J}{\partial W} + \frac{\lambda}{2}, \quad W \neq 0 \tag{7.31}$$

L_2 正则的目标函数及其导数为

$$\tilde{J} = J + \frac{\lambda}{2} \parallel W \parallel_2^2 \tag{7.32}$$

$$\frac{\partial \tilde{J}}{\partial W} = \frac{\partial J}{\partial W} + \lambda \mid W \mid \tag{7.33}$$

式中,$\lambda > 0$ 称为正则化参数,一般很小。

从中可以看出,L_0 的作用针对的是权重值不为零的项,目的是使得更多的权重为零。L_1 正则项的导数与权重无关,因而对于权重绝对值很大或者很小的项,只要非零,L_1 的作用相同,而权重选取过大往往是引起网络过拟合的关键,而且 L_1 正则在零处不可导。而 L_2 正则项的导数与权重的绝对值正相关,使得最后训练出来的权重很小,对于分类问题主要考虑网络参数稀疏和网络权重较少。通常情况下 L_1 正则对于分类问题比较常用,而对于回归问题,往往是要求网络参数较小,不要求为零,因此这里选用 L_2 正则方法。

5. Momentum 法

基于 momentum 的梯度 ∇W_{ij}^l 和 ∇b_i^l 更新如下:

$$\nabla W_{ij}^l(k) \leftarrow \alpha \nabla W_{ij}^l(k-1) + (1-\alpha) \frac{\partial J(\boldsymbol{W}, \boldsymbol{b}; \boldsymbol{x}, \boldsymbol{y})}{\partial \boldsymbol{W}_{ij}^l} \tag{7.34}$$

$$\nabla b_i^l(k) \leftarrow \alpha \nabla b_i^l(k-1) + (1-\alpha) \frac{\partial J(\boldsymbol{W}, \boldsymbol{b}; \boldsymbol{x}, \boldsymbol{y})}{\partial \boldsymbol{b}_i^l} \tag{7.35}$$

式(7.34)、式(7.35)中,$\alpha \in [0,1]$,在稳定之前如 $\alpha \in [0.5,1]$。

从式(7.34)和式(7.35)可以看出,Momentum 法综合考虑了上一时刻迭代算出的梯度和此时反向传播算出的梯度,使得梯度变化更加平滑。此外,基于 Momentum 技术使得随机梯度下降更容易跳出局部最优,从而加速 DNN 的收敛。

7.3.2　机载发动机寻优模型

1. 机载发动机寻优模型结构

至此,借助于上述的深度神经网络方法,可以构建性能寻优需要的机载发动机模型。机载模型输入量除了飞行高度、马赫数、燃油和尾喷管喉道面积以外,风扇和压气机的导叶角度对发动机性能的影响也不容忽视。因此,这里以 H、Ma、W_{fB}、A_8、α_F 和 α_C 为模型输入量,以 sfc、F_{in}、N_F、N_C、SM_F、SM_C 和 T_4 为模型输出量,构建机载发动机模型如下:

$$\boldsymbol{y} = \boldsymbol{f}_{\text{BN-MGD-DNN}}(\boldsymbol{x}) \tag{7.36}$$

式中:

$$\left. \begin{array}{l} \boldsymbol{x} = [H, Ma, W_{fB}, A_8, \alpha_F, \alpha_C]^T \\ \boldsymbol{y} = [sfc, F_{in}, N_F, N_C, SM_F, SM_C, T_4]^T \end{array} \right\} \tag{7.37}$$

2. 机载发动机模型精度验证

由于神经网络类似于非线性插值器,在内插值时精度高,在外插值时精度低,因此所选的训练样本应尽可能地包含输入参数的最大值和最小值。而且为了避免过拟合,神经网络的训练样本应尽可能地多,针对亚声速和超声速巡航,H 取值范围为 $9 \sim 13$ km,Ma 选取 $0.7 \sim 1.5$,W_{fB} 变化范围随 PLA 和 Ma 变化,A_8 变化范围为 $A_{8,ds} \sim 1.3 A_{8,ds}$(其中,$A_{8,ds}$ 表示设计点的尾喷管喉道面积),α_F 和 α_C 的变化范围为 $-3° \sim 3°$。训练样本集选取 3 726 498 个,测试样本集选取 3 037 个。

为了验证所提出的深度神经网络稳态建模方法的有效性,这里将其与目前较为流行的最小批量梯度下降法神经网络 MGD-NN 模型进行对比分析。MGD-NN 模型使用最小批量梯度下降法(MGD,mini-batch gradient descent)对网络进行训练,克服传统神经网络难以适用大样本数据训练的问题。为了使得深度神经网络能够使用于大样本训练,该深度神经网络同样采用 MGD 方法进行训练,本章提出的深度神经网络模型称为 BN-MGD-DNN。经过交叉验证筛选,得到 BN-MGD-DNN 的网络结构为[6,10,15,15,10,7],MGD-NN 的网络结构为[6,40,7],MGD 算法中最小训练样本集为 3 000,正则化常数为 10^{-6}。

图 7.11~图 7.14 分别给出了 BN-MGD-DNN 和 MGD-NN 的相对训练误差,从图中可以看出 BN-MGD-DNN 的误差基本在 3% 以下,满足精度要求,而且其训练精度明显高于 MGD-NN,特别是 sfc、N_F、SM_F 和 SM_C,其训练精度比 MGD-NN 提高了一倍。图 7.11 和图 7.12 给出了 BN-MGD-DNN 和 MGD-NN 的训练相对误差,从图中可以看出,BN-MGD-DNN 的测试误差除了 SM_F 和 SM_C 在 2% 以内,其他参数精度都在 1% 以内,满足精度要求,而且从图 7.13 和图 7.14 可以看出,

深度神经网络精度比传统 3 层 BP 神经网络有了较大提升,尤其是对于风扇和压气机转子转速和喘振裕度,这说明 BN-MGD-DNN 具有更强的泛化能力。

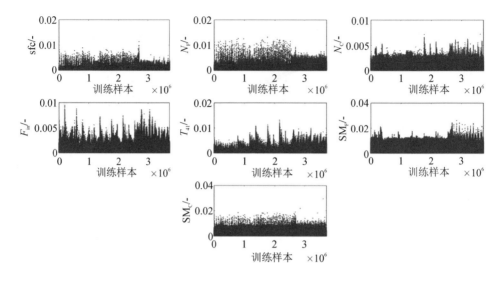

图 7.11 深度神经网络训练相对误差

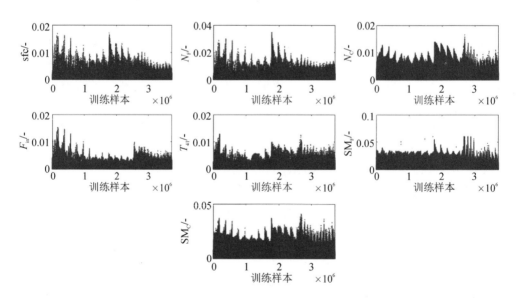

图 7.12 3 层 BP 神经网络训练相对误差

表 7.1 给出了 BN-MGD-DNN 和 MGD-NN 的平均相对测试误差和平均相对训练误差,与 MGD-NN 相比,BN-MGD-DNN 具有更高的训练精度和测试精度。其中 BN-MGD-DNN 模型的 sfc、N_F、N_C、F_{in}、T_{41}、SM_F 和 SM_C 平均训练相对误差比 MGD-NN 分别减小了 58%、68%、67%、57%、53%、71% 和 74%,对于反

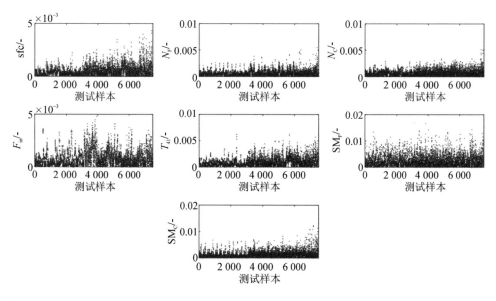

图 7.13　深度神经网络训练相对误差

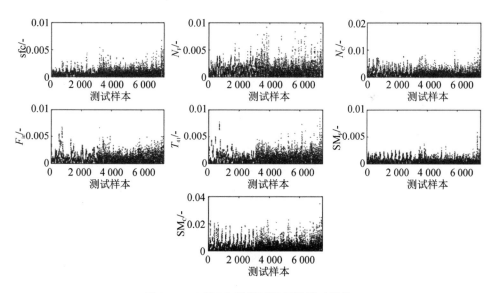

图 7.14　3 层 BP 神经网络训练相对误差

映模型泛化能力的平均相对测试误差,前者相比后者分别减小了 64%、67%、70%、57%、57%、70% 和 78%。

表 7.1　平均相对测试与训练误差表

	sfc	N_F	N_C	F_{in}	T_{41}	SM_F	SM_C
测试误差 (BN－MGD－DNN)	0.05%	0.06%	0.069%	0.08%	0.097%	0.25%	0.13%
测试误差 (MGD－NN)	0.07%	0.13%	0.14%	0.1%	0.11%	0.59	0.37%
训练误差 (BN－MGD－DNN)	0.04%	0.06%	0.06%	0.07%	0.08%	0.25%	0.1%
训练误差 (MGD－NN)	0.07%	0.12%	0.14%	0.09%	0.1%	0.57%	0.33%

3. 机载发动机模型实时性验证

(1) 测试时间

MGD－NN 和 BN－MGD－DNN 模型的程序运行环境均为操作系统 Windows 7 Ultimate with Service Pack 1 (x64)；处理器(CPU)为 Intel(R) Core(TM) i5 － 4590h,它的主频为 3.30 GHz,内存(RAM)为 8 G,运行的软件为 MATLAB2016a。此时,MGD－NN 和 BN－MGD－DNN 测试时间分别为 0.067 ms 和 0.223 ms。

(2) 数据存储量

其中,MGD－NN 数据存储量为 567 个双精度浮点数(double),即权重 520(6×40＋40×7)＋偏置 47(40 ＋7);BN－MGD－DNN 为 940,即权重 655(6×10＋10×15＋15×15＋15×15×10＋10×7)＋偏置 57 (10＋15＋15＋10＋7)＋μ_B57(10＋15＋15＋10＋7)＋$\sigma_B^2$57(10＋15＋15＋10＋7)＋γ57 (10＋15＋15＋10＋7) ＋β57(10＋15＋15＋10＋7)。

(3) 计算复杂度

其中,MGD－NN 计算复杂度为 614 次运算,即乘法运算 520(6×40＋40×7)＋加法运算 47 (40 ＋7)＋激活函数 47(40 ＋7);BN－MGD－DNN 为 940,即乘法运算 712(6×10＋10×15＋15×15＋15×10＋10×7＋10＋15＋15＋10＋7) ＋除法运算 57(10＋15＋15＋10＋7)＋加法运算 57 (10＋15＋15＋10＋7＋ 10＋15＋15＋10＋7) ＋减法运算 57(10＋15＋15＋10＋7) ＋激活函数 57(10＋15＋15＋10＋7)。

综上所述,表 7.2 分别给出了 MGD－NN 和 BN－MGD－DNN 模型的数据存储量、计算复杂度、平均测试时间,从表中可以看出两者的算法复杂度低,数据存储量小,平均测试时间短,都满足机载要求。

表 7.2　MGD－NN 和 BN－MGD－DNN 算法比较

项　目	数据存储量(double)	计算复杂度	平均测试时间/ms
MGD－NN	567	614	0.067
BN－MGD－DNN	940	940	0.223

7.4　性能寻优控制数字仿真

目前的非线性寻优算法有两类：一类是数学规划算法，如序列线性规划（SLP）、序列二次规划（SQP）和可行性序列二次规划（FSQP）。FSQP 算法在收敛性和寻优效果方面通常优于 SLP 和 SQP。另一类寻优算法是基于概率的智能优化算法，目前广泛使用的有粒子群算法（PSO）和遗传算法（GA）。为此，为了验证的 GAPSO - FSQP 混合优化算法的有效性，这里分别进行了基于 GAPSO - FSQP、FSQP、GAP-SO 和 GA 优化算法性能寻优控制仿真，为了方便叙述，以下分别称为方案 1、方案 2、方案 3 和方案 4，均以深度神经网络为机载发动机寻优模型，W_{fB}、A_8、α_F 和 α_C 为寻优变量，寻优模式为最大推力、最小油耗和最低涡轮前温度 3 种模式。

表 7.3 给出涡扇发动机控制变量范围和各参数的限制约束，其中发动机转子转速和涡轮前温度限制是随着发动机进口总温 T_{2t} 的变化而变化的。

表 7.3　性能寻优中的参数约束

	$W_{fB}/$ $(\text{kg}\cdot\text{s}^{-1})$	A_8/m^2	$\alpha_F/(°)$	$\alpha_C/(°)$	N_F	N_C	$\text{SM}_F/\%$	$\text{SM}_C/\%$	T_{41}
下界	0.18	0.24	-3	-3	—	—	5	5	—
上界	2.9	0.34	3	3	$f_{N_{F,\max}}(T_{2t})$	$f_{N_{C,\max}}(T_{2t})$	—	—	$f_{T_{41,\max}}(T_{2t})$

7.4.1　最大安装推力模式仿真

表 7.4、表 7.5 分别给出了亚声速巡航点 $H=10\ \text{km}$、$Ma=0.8$、$\text{PLA}=70°$ 和超声速巡航点 $H=13\ \text{km}$、$Ma=1.3$、$\text{PLA}=70°$ 处两个巡航点的最大安装推力模式的仿真结果。从表 7.4 中可以看出，采用 4 种优化算法对应的安装推力较优化前分别增加 20.15%、18.05%、16.99% 和 14.59%，即 4 种方案均可以提高发动机安装推力，相比于 FSQP、GAPSO 和 GA 算法，GAPSO - FSQP 优化效果最为明显。对于限制约束，除了 GAPSO 的风扇转子转速超转 0.1% 以外，其他方案都没有出现超出约束边界的情况。对于超声速巡航状态，从表 7.5 可以看出，方案 1 到方案 4 安装推力分别增加 12.1%、11.7%、11.3% 和 11.2%，各方案均没有超出限制约束边界，GAPSO - FSQP 仍然是优化效果最佳的方法。

表 7.4　最大安装推力模式仿真实验（$H = 10\ km, Ma = 0.8, PLA = 70°$）

	$F_{in}(-)$	$SM_F/\%$	$SM_C/\%$	$N_F/N_{F,max}$	$N_C/N_{C,max}$	$T_{41}/T_{41,max}$
优化前	1	13.4	7.7	0.914 7	0.919 6	0.871 3
GAPSO – FSQP	1.201 5	5.3	7.79	0.996 1	0.953 9	0.923 7
FSQP	1.180 5	5.6	7.78	0.987 3	0.95	0.919 1
GAPSO	1.169 9	11.2	7.85	1.001	0.953 9	0.916 5
GA	1.145 9	12.7	7.86	0.993 1	0.951	0.910 5

表 7.5　最大安装推力模式仿真实验（$H = 13\ km, Ma = 1.3, PLA = 70°$）

	$F_{in}(-)$	$SM_F/\%$	$SM_C/\%$	$N_F/N_{F,max}$	$N_C/N_{C,max}$	$T_{41}/T_{41,max}$
优化前	1	13.48	7.3	0.952 4	0.952 4	0.935 4
GAPSO – FSQP	1.121	5.43	7.15	0.998 1	0.971 4	0.975 4
FSQP	1.117	5.485	7.16	0.996 2	0.970 5	0.974 3
GAPSO	1.113	5.50	7.17	0.993 3	0.970 5	0.973 1
GA	1.112	5.521	7.173	0.992 4	0.969 5	0.972 7

　　图 7.15、图 7.16 为亚声速、超声速巡航状态最大安装推力模式寻优轨迹变化。从图 7.15 可以看出，在亚声速巡航状态，GAPSO 和 GA 因受到风扇转速限制陷入局部极小，FSQP 因风扇喘振裕度限制陷入局部极小，而 GAPSO – FSQP 则能够寻优至全局最优工作点，即风扇转速和喘振裕度限制线交点附近。从图 7.16 可以看到，由于超声速巡航状态限制，各种方案的轨迹变化区域局限在一个更小的范围里，但是仍能发现 GAPSO – FSQP 算法更为有效，寻优终点更接近最优工作状态。

　　为了进一步验证所提出算法的有效性，在 $H = 9\sim13\ km$ 范围里间隔 0.5 km，$Ma = 0.7\sim1.5$ 范围里间隔 0.05，$PLA = 70°$，生成 153 个包线点，基于 GAPSO – FSQP 开展最大安装推力模式仿真实验，结果如表 7.6、图 7.17 所示。从中可以看出，随着高度增加，通过最大推力模式提升的安装推力逐渐增加，当高度大于 11 km 时，可增加的安装推力变化不大，而随着马赫数增加，可提高推力值逐渐减小。这主要因为随着高度增加，发动机进口温度减小，使得涡轮前温度下降，远离涡轮前温度限制边界，从而使得发动机具有更大的潜力可以挖掘。当飞机处于同温层即 11 km 以上时，发动机进口温度不再变化，导致可挖掘的发动机潜力变化较小。同理，随着进口马赫数的增加，涡轮前温度增加，而且需要克服更多的阻力，因此发动机越来越接近极限状态。因此，可挖掘的发动机安装推力随着马赫数增加而减小。

　　表 7.7 和图 7.18 给出了在亚超声速包线使用基于 GAPSO – FSQP 和 BN –

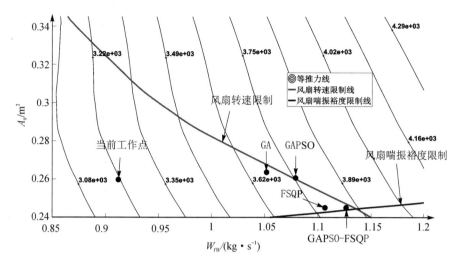

图 7.15　最大安装推力寻优轨迹$(H = 10\ \text{km}, Ma = 0.8, PLA = 70°)$

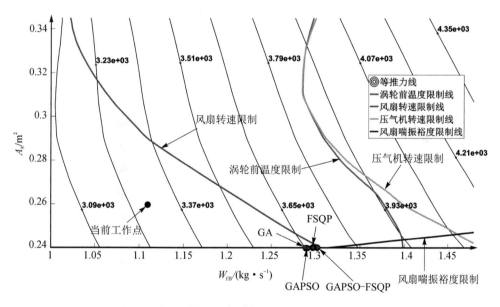

图 7.16　最大安装推力模式寻优轨迹$(H = 13\ \text{km}, Ma = 1.3, PLA = 70°)$

MGD-DNN 的最大安装推力模式时程序的运行消耗时间,仿真环境与 BN-MGD-DNN 的测试环境相同,从中可以看出,最大推力耗时在其包线范围内基本介于 $1 \sim 2\ \text{s}$ 之间,少部分超过 $2\ \text{s}$,但均低于 $2.5\ \text{s}$。因此,该方法具有良好的寻优效果和实时性。

表 7.6　最大安装推力模式安装推力增加量

%

Ma	H/km								
	9	9.5	10	10.5	11	11.5	12	12.5	13
0.7	19.57	21.06	22.51	23.97	25.36	25.5	25.39	25.44	26
0.75	18.51	19.93	21.36	22.85	24.3	24.46	24.34	24.39	24.97
0.8	17.46	18.81	20.15	21.59	23.05	23.21	23.09	23.13	23.72
0.85	16.37	17.73	18.97	20.3	21.7	21.84	21.69	21.72	22.32
0.9	15.2	16.65	17.9	19.11	20.39	20.45	20.24	20.24	20.83
0.95	13.93	15.27	16.61	18.03	19.43	19.49	19.25	19.4	20.13
1	13.31	14.84	16.05	17.2	18.64	18.73	18.64	18.68	19.38
1.05	12.87	14.03	15.43	16.59	18.06	18.03	18.1	18.13	18.74
1.1	12.53	13.28	14.45	15.8	17.16	17.28	17.16	17.08	17.26
1.15	12.13	12.47	13.77	15.18	16.54	16.65	16.53	16.43	16.61
1.2	12.28	12.06	12.06	13.43	14.84	14.99	14.89	14.79	14.95
1.25	12.43	12.19	12.02	11.93	13.06	13.2	13.1	13.02	13.21
1.3	9.12	12.02	12.13	12.05	11.95	12.1	11.99	11.91	12.1
1.35	5.19	8.2	11.14	12.1	12.02	12.18	12.07	11.98	12.17
1.4	1.73	4.12	7.23	9.99	12.01	12.2	12.09	11.98	12.17
1.45	0.52	1.1	3.19	6	8.02	9.1	8.9	8.42	8.54
1.5	0.19	0.74	0.56	2.34	3.87	4.98	4.78	4.29	4.44

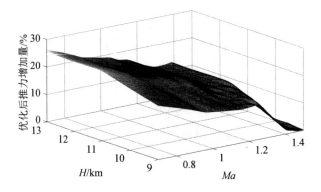

图 7.17　最大安装推力模式安装推力增加量

表 7.7   最大安装推力模式程序运行时间

s

Ma	H/km								
	9	9.5	10	10.5	11	11.5	12	12.5	13
0.7	1.4	1.35	1.49	1.73	1.97	1.88	1.84	2.01	1.7
0.75	1.37	1.53	1.39	1.61	1.76	1.82	1.65	1.79	1.75
0.8	1.38	1.47	1.24	1.64	1.49	1.41	1.56	1.78	1.56
0.85	1.55	1.35	1.48	1.36	1.3	1.25	1.48	1.66	1.49
0.9	1.55	1.4	1.53	1.38	1.35	1.42	1.56	1.48	1.7
0.95	1.39	1.44	1.29	1.33	1.41	1.37	1.35	1.31	1.69
1	1.61	1.63	1.48	1.22	1.23	1.39	1.47	1.27	1.45
1.05	1.54	1.44	1.43	1.45	1.43	1.3	1.41	1.47	1.33
1.1	1.76	2.01	1.92	1.62	1.76	1.68	1.74	2.03	1.54
1.15	1.88	1.88	1.85	1.92	1.46	1.78	1.73	1.84	1.85
1.2	1.68	1.81	1.85	2.09	1.94	1.88	1.77	1.53	1.99
1.25	1.77	1.93	1.89	1.87	1.88	1.86	1.85	1.81	1.71
1.3	1.65	1.76	1.47	1.67	1.73	1.72	1.78	1.69	1.96
1.35	2.2	1.84	1.75	1.75	1.69	1.61	1.86	1.67	1.72
1.4	1.98	2.08	1.88	1.58	1.49	1.86	1.71	1.83	2.15
1.45	2.21	2.12	2.45	2.42	1.63	2.01	1.8	1.71	2.09
1.5	2.12	2.02	1.81	2.11	1.54	2.11	1.85	1.93	2.36

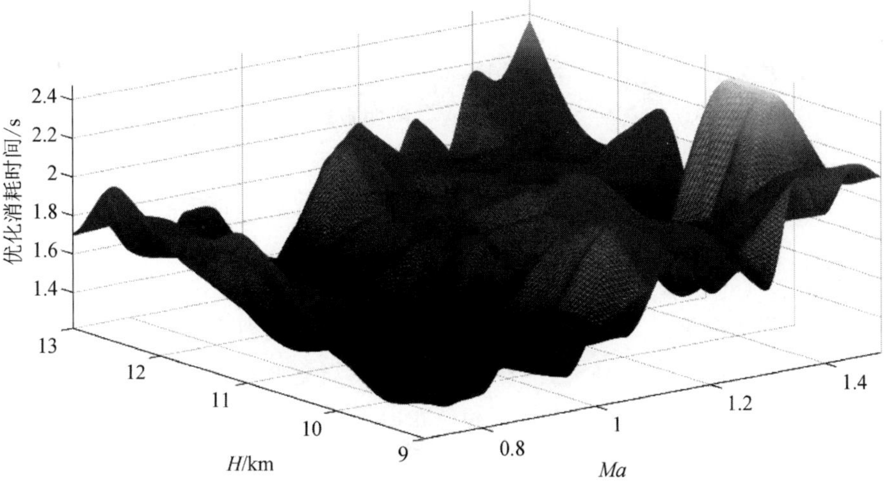

图 7.18   最大安装推力模式程序运行时间

7.4.2　最小油耗模式仿真

一般而言,最小油耗模式通常应用于巡航任务,为了保持飞机的飞行状态,寻优前后要保持安装推力恒定。图 7.19、图 7.20 给出了优化算法在亚声速、超声速巡航点的最小油耗模式寻优轨迹。从图 7.19 可以看出,在亚声速巡航点,最小油耗模式受到最大风扇转速和恒推力限制,由于机载发动机模型建模误差、环境扰动等影响,推力恒等于某个值往往不能得到保证,因而将其限制在一定的误差通道范围内较为合理,此处取为±0.5％以内。从图 7.20 可以看出,由于超声速巡航状态发动机工作点处于最大状态附近,因此最小油耗模式搜索区域受到最大风扇和压气机转子转速、最高涡轮前温度,以及恒推力的共同限制,因此寻优复杂度更高。

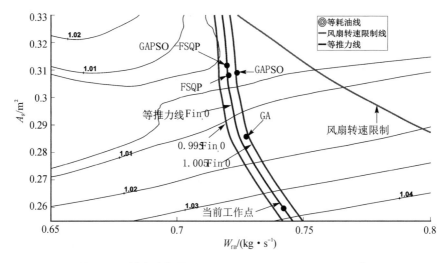

图 7.19　最小油耗原理($H=12$ km,$Ma=0.9$,PLA=50°)

表 7.8、表 7.9 分别给出了在亚声速巡航点 $H=12$ km、$Ma=0.9$、PLA=50°和超声速巡航点 $H=10$ km、$Ma=1.4$、PLA=70°的最小油耗模式仿真结果。从表 7.8 可以看出,在亚声速巡航点 $H=12$ km、$Ma=0.9$、PLA=50°方案 1 到方案 4 耗油率分别下降 2.41％、2.28％、2.2％和 1.8％,优化结束后安装推力较优化前分别变化 0.048％、0.07％、0.57％和 0.38％,GAPSO-FSQP 效果最为显著,且推力保持性能最佳。从表 7.9 可以看出,在超声速巡航点,经过最小油耗模式寻优,发动机油耗分别下降了 3.1％、2.8％、2.7％和 1.7％,优化前后安装推力分别变化-0.11％、0.47％、0.63 和 0.1％。此外,性能寻优后各方案都能使得发动机满足各种限制约束,转速不超转、风扇和压气机不进喘和涡轮前温度不超温。综上,GAPSO-FSQP 相比于目前流行的 FSQP、GAPSO 和 GA 等方法,能够使发动机在保持安装推力几乎不变的同时,使得发动机油耗降低得更多。

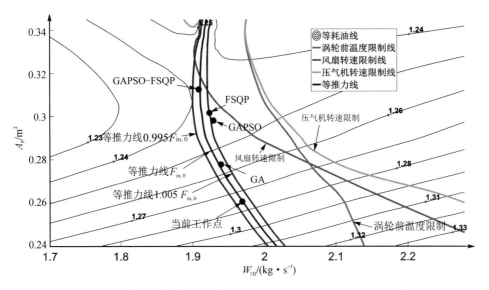

图 7.20　最小油耗模式寻优轨迹($H=10\mathrm{km}$,$Ma=1.4$,PLA$=70°$)

表 7.8　最小油耗模式仿真实验($H=12\ \mathrm{km}$,$Ma=0.9$,PLA$=50°$)

	sfc(—)	F_{in}(—)	SM_F/%	SM_C/%	$N_F/N_{F,max}$	$N_C/N_{C,max}$	$T_{41}/T_{41,max}$
优化前	1	1	13.4	7.7	0.915	0.919	0.871
GAPSO – FSQP	0.975 9	1.000 48	32.0	7.5	0.97	0.936	0.879
FSQP	0.977 2	1.000 7	31.2	7.47	0.967	0.935	0.879
PSO	0.978 0	1.005 7	31.4	7.46	0.971	0.936	0.880
GA	0.982 0	1.003 8	24.5	7.74	0.945	0.933	0.875

表 7.9　最小油耗模式仿真($H=10\ \mathrm{km}$,$Ma=1.4$,PLA$=70°$)

	sfc(—)	F_{in}(—)	SM_F/%	SM_C/%	$N_F/N_{F,max}$	$N_C/N_{C,max}$	$T_{41}/T_{41,max}$
优化前	1	1	12.9	7.41	0.957	0.973	0.975
GAPSO – FSQP	0.969	0.998 9	31.8	7.55	0.995	0.993	0.983
FSQP	0.972	1.004 7	29.0	7.67	0.991	0.992	0.982
PSO	0.973	1.006 3	27.9	7.72	0.989	0.991	0.981
GA	0.983	1.001 01	20.7	7.69	0.972	0.982	0.977

　　类似地,为了进一步验证所提出算法的有效性,在亚超声速包线 $H=9\sim13\ \mathrm{km}$、$Ma=0.7\sim1.5$,PLA$=50°\sim70°$,H 间隔 0.5 km,Ma 间隔 0.05,PLA 随 H 和 Ma 变化,共 153 个包线点进行了基于 GAPSO – FSQP 的最小油耗模式仿真,表 7.10 和图 7.21 给出了在 153 个点中的优化效果,从中可以看出,在亚超声速包线内耗油率下降大致在 2%～3%,仅有 3 个点的耗油率(1.96% 左右)低于 2%,还有部分包线点耗油下降大于 3%。

表 7.11 和图 7.22 给出了优化前后安装推力的变化量,可以看出优化前后安装推力大都处于 $-0.3\%\sim0.3\%$ 之间,只有 1 个点($H=9.5$ km,$Ma=1.3$)优化安装推力变化为 0.51%。因此,所提出的 GAPSO-FSQP 方法具有良好的寻优精度和效果。

表 7.12 和图 7.23 给出了最小油耗模式的在线计算时间,可以看出耗时基本在 $1.5\sim2$ s 之间,说明算法具有良好的实时性,满足机载计算实时性的要求。

表 7.10 最小油耗模式油耗减小量

%

Ma	H/km								
	9	9.5	10	10.5	11	11.5	12	12.5	13
0.7	−2.1	−2.06	−2.04	−2.03	−2.02	−2.02	−2.03	−2.04	−2
0.75	−2.21	−2.15	−2.13	−2.11	−2.11	−2.1	−2.11	−2.12	−2.1
0.8	−2.3	−2.26	−2.24	−2.21	−2.2	−2.19	−2.2	−2.2	−2.19
0.85	−2.4	−2.37	−2.35	−2.32	−2.3	−2.3	−2.3	−2.3	−2.29
0.9	−2.51	−2.5	−2.47	−2.45	−2.42	−2.42	−2.41	−2.41	−2.4
0.95	−2.64	−2.61	−2.59	−2.57	−2.56	−2.56	−2.57	−2.57	−2.55
1	−2.74	−2.71	−2.68	−2.66	−2.65	−2.65	−2.65	−2.66	−2.64
1.05	−2.85	−2.82	−2.79	−2.77	−2.75	−2.74	−2.75	−2.75	−2.74
1.1	−2.93	−3.01	−2.99	−2.97	−2.96	−2.95	−2.94	−2.94
1.15	−2.86	−2.95	−3.11	−3.1	−3.07	−3.09	−3.08	−3.07	−3.08
1.2	−2.92	−2.92	−2.96	−3.19	−3.18	−3.2	−3.2	−3.19	−3.2
1.25	−2.95	−2.99	−3.01	−3.05	−3.24	−3.32	−3.31	−3.28	−3.32
1.3	−2.93	−3.02	−3.09	−3.13	−3.12	−3.27	−3.23	−3.17	−3.31
1.35	−2.85	−2.97	−3.07	−3.14	−3.16	−3.27	−3.24	−3.21	−3.31
1.4	−2.6	−2.92	−3.1	−3.12	−3.17	−3.24	−3.22	−3.19	−3.24
1.45	−1.68	−2.48	−2.94	−3.05	−3.16	−3.17	−3.16	−3.15	−3.17
1.5	−1.29	−1.66	−2.38	−2.86	−3.13	−3.15	−3.12	−3.09	−3.15

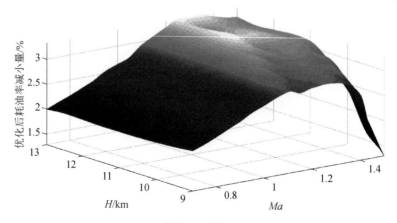

图 7.21 最小油耗模式油耗下降量

表 7.11　最小油耗模式安装推力变化量

%

Ma	H/km								
	9	9.5	10	10.5	11	11.5	12	12.5	13
0.7	0.08	−0.29	−0.14	−0.2	−0.19	−0.26	−0.14	−0.27	0.08
0.75	0.22	−0.42	0.2	0.26	0.22	−0.3	−0.06	−0.19	0.22
0.8	−0.46	−0.38	−0.38	0.27	0.12	−0.22	0.05	−0.23	−0.46
0.85	−0.35	−0.32	0.08	0.24	−0.38	−0.43	−0.44	−0.2	−0.35
0.9	−0.03	−0.37	−0.32	0.24	−0.37	−0.11	0.048	−0.43	−0.03
0.95	−0.49	−0.24	−0.38	−0.41	−0.36	−0.26	0.16	−0.51	−0.49
1	−0.01	−0.24	−0.33	−0.36	−0.41	−0.34	0.13	−0.18	−0.01
1.05	0.09	0.24	0.11	−0.41	−0.21	−0.19	−0.18	0.11	0.09
1.1	−0.06	−0.26	0.23	−0.27	−0.26	−0.23	−0.35	−0.09	−0.06
1.15	0.09	−0.35	0.03	0.22	−0.23	−0.31	−0.49	−0.23	0.09
1.2	−0.07	0.28	−0.26	0.04	−0.34	−0.19	−0.23	−0.41	−0.07
1.25	−0.35	0.29	0.02	−0.14	−0.15	−0.38	0.21	−0.17	−0.45
1.3	0.09	0.51	0.42	0.38	−0.18	−0.23	−0.41	−0.08	0.09
1.35	0.45	0.15	0.16	0.06	0.41	−0.01	0.01	−0.01	0.35
1.4	0.26	0.03	−0.11	0.09	0.09	0.38	0.37	0.38	0.26
1.45	0.01	0.02	0.31	0.03	0.03	0.03	0.03	0.03	0.01
1.5	0.01	−0.02	0.01	0.42	0.01	0.01	0.02	0.01	0.01

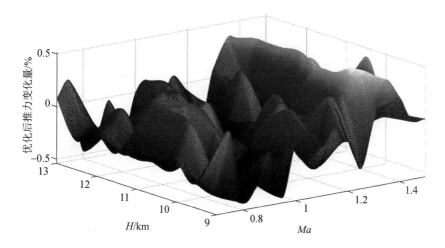

图 7.22　最小油耗模式安装推力变化量

表 7.12　最小耗油率性能模式程序运行时间

s

Ma	H/km								
	9	9.5	10	10.5	11	11.5	12	12.5	13
0.7	1.92	1.44	1.57	1.92	1.65	1.52	1.73	1.78	1.6
0.75	1.94	1.7	1.39	1.53	1.81	1.83	1.9	1.83	1.87
0.8	1.49	1.82	1.58	1.58	2.04	1.83	1.65	2.08	1.99
0.85	1.72	1.92	1.69	1.41	1.72	1.63	1.92	2.07	1.85
0.9	1.68	1.8	1.72	1.78	1.68	1.82	1.74	1.83	2.07
0.95	1.75	1.64	1.62	1.93	1.67	1.85	2.14	1.93	2
1	1.46	1.89	1.75	2.11	1.79	1.51	1.93	2.9	1.88
1.05	1.7	1.73	1.59	2.21	1.81	1.81	1.86	2.39	2.08
1.1	1.7	1.72	1.5	1.94	2.08	1.9	1.88	1.98	1.9
1.15	1.39	1.58	1.78	2.14	1.86	1.79	2.18	2.15	2
1.2	1.41	1.41	1.46	1.9	1.99	1.93	1.86	2.1	2.44
1.25	1.51	1.35	1.57	1.62	1.91	1.59	1.68	1.97	2.02
1.3	1.81	1.52	1.39	1.68	2.05	1.61	1.87	1.78	1.67
1.35	1.74	1.23	1.44	1.77	1.75	1.55	1.73	1.87	1.83
1.4	1.64	1.69	1.27	1.55	1.42	1.76	1.84	1.7	1.6
1.45	1.39	1.73	1.8	1.57	1.45	1.54	1.6	1.44	1.86
1.5	2.1	1.81	1.71	1.42	1.3	1.59	1.62	1.68	1.55

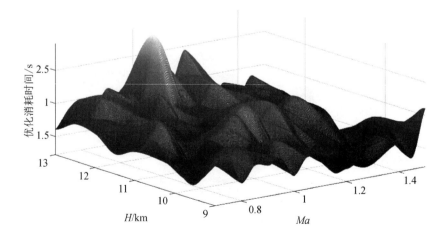

图 7.23　最小油耗模式程序运行时间

7.4.3　最低涡轮前温度模式仿真

最低涡轮前温度即在保持发动机安装推力的前提下,发动机涡轮进口具有最低的温度,由于亚声速状态发动机高压涡轮进口温度较低,而在超声速巡航状态高压涡轮进口温度在限制值附近,为此最低涡轮前温度模式只在超声速巡航工作状态下进行仿真。表 7.13 给出了在超声速巡航点 $H=9\ \text{km}$,$Ma=1.5$,$PLA=70°$的最低涡轮前温度模式仿真结果,从表 7.13 中可以看出,优化后方案 1 到方案 4 涡轮前温度分别下降 19.87K、18K、16.9K 和 16.4K,而方案 1 到方案 4 中安装推力在优化前后分别变化 -0.19%、0.16%、0.15% 和 0.12%,GAPSO - FSQP 算法在保持推力基本不变的前提下优化效果最佳。图 7.24 给出了最低涡轮前温度模式寻优轨迹,从图 7.24 可以看出,在该包线点的涡轮前温度寻优受到风扇、压气机最大转子转速,以及恒推力限制,GAPSO - FSQP 可以使得优化后工作点更接近于最佳工作点。

表 7.13　最低涡轮前温度模式仿真($H=9\ \text{km}$,$Ma=1.5$,$PLA=70°$)

	$\Delta T_{41}/\text{K}$	$F_{\text{in}}(-)$	$\text{SM}_{\text{F}}/\%$	$\text{SM}_{\text{C}}/\%$	$N_{\text{F}}/N_{\text{F,max}}$	$N_{\text{C}}/N_{\text{C,max}}$
优化前	0	1	20.33	7.41	0.962 7	0.987 4
GAPSO - FSQP	-19.87	0.998 1	29.8	7.58	0.969 5	0.986 5
FSQP	-18	1.001 6	29.68	7.57	0.969 8	0.986 6
PSO	-16.9	1.001 52	27.69	7.34	0.968 5	0.982 7
GA	-16.4	1.001 2	27.52	7.31	0.968 4	0.982 4

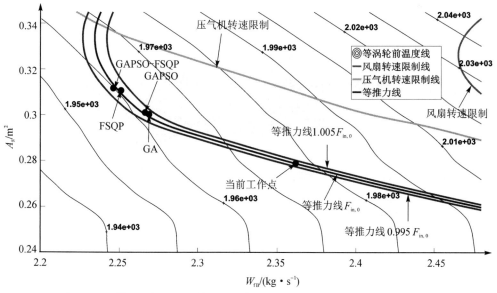

图 7.24　最低涡轮前温度模式寻优轨迹($H=9\ \text{km}$,$Ma=1.5$,$PLA=70°$)

接下来,在超声速巡航包线 $H=9\sim13$ km、$Ma=1.1\sim1.5$、PLA$=f_{PLA}(H,Ma)$,其中 H 和 Ma 分别间隔0.5 km 和0.05,总共81个仿真点,执行最低涡轮前温度性能模式后涡轮前温度变化如表7.14和图7.25所示,可以看出,大部分测试点的涡轮前温度下降大于15 K,最少的下降9.49 K,而执行最低涡轮前温度模式后安装推力变化如表7.15和图7.26所示,安装推力在$-0.3\%\sim3\%$之间变动,说明所提出的方法可以在安装推力基本保持不变的情况下,使得涡轮前温度最低。

此外表7.16和图7.27给出了最低涡轮前温度性能模式程序的运行时间,从中可以看出,该模式程序的计算耗时在$1\sim2$ s,说明该算法具有良好的实时性。

表 7.14　最低涡轮前温度性能模式涡轮前温度变化量

K

Ma	H/km								
	1.1	1.15	1.2	1.25	1.3	1.35	1.4	1.45	1.5
9	−15.01	−17	−19.56	−10.07	−27.38	−34.49	−16.79	−12.95	−19.87
9.5	−14.87	−15.63	−18.29	−12.65	−9.83	−31.4	−41.64	−16.79	−16.05
10	−15.46	−15.9	−16.35	−20.24	−23.31	−30.82	−20.12	−10.94	−16.05
10.5	−18.55	−15.8	−16.16	−21.35	−23.46	−29.4	−10.77	−45.53	−17.65
11	−15.09	−15.96	−17.36	−2.58	−20.57	−28.98	−34.82	−10.1	−51.29
11.5	−15.11	−15.93	−18.47	−18.93	−22.31	−27.05	−33.51	−10.02	−51.26
12	−14.73	−14.23	−14.9	−19.59	−22.2	−9.67	−33.57	−10.01	−51.2
12.5	−9.49	−14.85	−17.77	−18.15	−23.44	−10.38	−34.42	−10.3	−16.13
13	−9.53	−10.42	−16.08	−20.55	−23.03	−27.29	−34.43	−16.22	−13.1

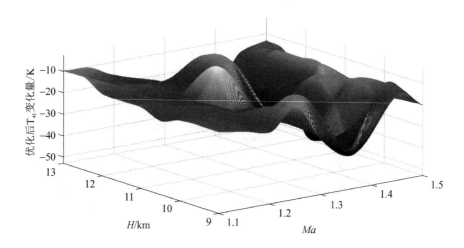

图 7.25　最低涡轮前温度性能模式涡轮前温度下降量

表 7.15　最低涡轮前温度性能模式安装推力变化

%

Ma	H/km								
	1.1	1.15	1.2	1.25	1.3	1.35	1.4	1.45	1.5
9	−0.18	−0.08	0.23	0.07	−0.12	−0.13	0.05	−0.52	−0.19
9.5	−0.17	−0.02	0.11	0.42	0.2	0.19	−0.34	0.04	−0.17
10	−0.5	−0.15	0.19	0.21	−0.11	0.02	0.07	0.4	−0.5
10.5	−0.136	−0.18	0.18	−0.48	−0.02	−0.12	0.26	−0.49	−0.136
11	−0.37	−0.19	−0.21	0.13	0.22	−0.39	−0.48	0.08	−0.37
11.5	−0.36	−0.19	−0.41	−0.03	−0.22	0.17	0.17	0.08	−0.36
12	−0.3	−0.1	0.09	−0.2	−0.19	0.17	0.17	0.09	−0.3
12.5	−0.12	−0.2	−0.21	−0.05	−0.5	0.23	−0.13	0.07	−0.12
13	−0.13	−0.12	−0.13	−0.42	−0.39	0.08	−0.13	0.02	−0.13

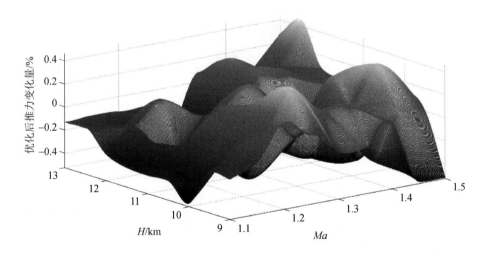

图 7.26　最低涡轮前温度性能模式安装推力变化量

表 7.16　最低涡轮前温度模式程序运行时间

s

Ma	H/km								
	1.1	1.15	1.2	1.25	1.3	1.35	1.4	1.45	1.5
9	1.44	1.59	1.63	1.54	1.41	1.56	1.6	1.55	1.6
9.5	1.5	1.55	1.57	1.58	1.67	1.47	1.53	1.81	1.57
10	1.32	1.47	1.51	1.61	1.66	1.5	1.53	1.59	1.62
10.5	1.43	1.49	1.29	1.48	1.53	1.74	1.49	1.68	1.59

续表 7.16

Ma	H/km								
	1.1	1.15	1.2	1.25	1.3	1.35	1.4	1.45	1.5
11	1.4	1.25	1.44	1.37	1.51	1.37	1.53	1.68	1.7
11.5	1.44	1.5	1.48	1.33	1.48	1.44	1.54	1.51	1.36
12	1.62	1.49	1.61	1.35	1.43	1.47	1.44	1.56	1.42
12.5	1.84	1.54	1.35	1.56	1.39	1.35	1.47	1.64	1.47
13	1.97	1.76	1.44	1.52	1.49	1.49	1.43	1.54	1.72

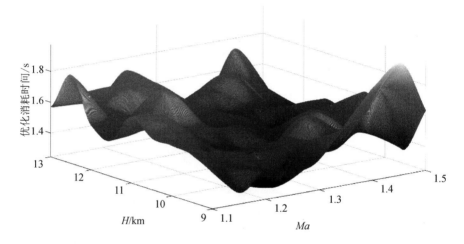

图 7.27　最低涡轮前温度模式程序运行时间

| 参考文献 |

[1] Sun J. G. ,Vasilyev V. , Ilyasov B.. Advanced Multivariable Control Systems of Aeroengines[J]. Beijing，China：Beijing University of Aeronautics & Astronautics Press，2005.

[2] James W. D.. STOVL Integrated Flight and Propulsion Control：Current Successes and Remaining Challenges[R]. AIAA-2002-6021.

[3] Adibhatla S. , Johnson K. Evaluation of a Nonlinear PSC Algorithm on a Variable Cycle Engine[C]. 29th AIAA/SAE/ASME/ASEE Joint Propulsion Conference and Exhibit. 1993：2077.

[4] Gilyard G. ,Orme J.. Subsonic Flight Test Evaluation of a Performance Seeking Control Algorithm on an F-15 Airplane[C]. 28th AIAA/SAE/ASME/ASEE Joint Propulsion Conference and Exhibit. 1992：3743.

［5］ Nobbs S. G.. PSC Algorithm Description［R］. NASA N95-33013.

［6］ Silva V. V. R., Khatib W., Fleming P. J.. Performance Optimization of Gas Turbine Engine［J］. Engineering Applications of Artificial Intelligence，2005，18（5）：575-583.

［7］ 王元. 变循环发动机建模及性能寻优控制技术研究［D］. 南京：南京航空航天大学博士论文，2015.

［8］ 刘楠，黄金泉. 应用改进粒子群算法的涡轴发动机性能寻优［J］. 南京航空航天大学学报，2013，45（3）：303-308.

［9］ 张海波，孙健国. 可行 SLP 法在发动机在线优化中的应用［J］. 航空学报，2010（4）：663-670.

［10］ Zhu Y. B.，Fan S.，Li H.，et al. A Hybrid Optimization Based on Linear Programming and Model-Assisted Pattern Search Method in PSC［C］. 44th AIAA Aerospace Sciences Meeting and Exhibit. 2006：1435.

［11］ 孙丰诚，孙健国. 基于序列二次规划算法的发动机性能寻优控制［J］. 航空动力学报，2005，20（5）：862-867.

［12］ Sun F.，Miao L.，Zhang H.. A Study on the Installed Performance Seeking Control for Aero-Propulsion under Supersonic State［J］. International Journal of Turbo & Jet-Engines，2016，33（4）：341-351.

［13］ 王健康. 航空发动机模型基优化控制技术研究［D］. 南京：南京航空航天大学博士论文，2013.

［14］ Sharma D.，Gaur P.，Mittal A. P.. Comparative Analysis of Hybrid GAPSO Optimization Technique With GA and PSO Methods for Cost Optimization of an Off-Grid Hybrid Energy System［J］. Energy Technology & Policy，2014，1（1）：106-114.

［15］ Zheng Q.，Chen H.，Wang Y.，et al. Research on Hybrid Optimization and Deep Learning Modeling Method in the Performance Seeking Control［J］. Proceedings of the Institution of Mechanical Engineers，Part G：Journal of Aerospace Engineering，2020：0954410020903151.

［16］ Zheng Q.，Xu Z.，Zhang H.，et al. A Turboshaft Engine NMPC Scheme for Helicopter Autorotation Recovery Maneuver［J］. Aerospace Science and Technology，2018，76：421-432.

［17］ Zheng Q.，Zhang H. B.，Li Y.，et al. Aero-engine On-board Dynamic Adaptive MGD Neural Network Model within a Large Flight Envelope［J］. IEEE Access，2018，6（1）：45755-45761.

［18］ Ioffe S.，Szegedy C.. Batch normalization：Accelerating Deep Network Training by Reducing Internal Covariate Shift［J］. arXiv preprint arXiv：1502.03167，2015.

［19］ Goodfellow I.，Bengio Y.，Courville A.，et al. Deep learning［M］. Cambridge：MIT press，2016.

第 8 章
航空发动机健康管理

　　航空发动机结构复杂,工作环境恶劣,是故障多发机械之一。任何部件或机构发生故障都可能影响到发动机的正常工作,甚至引发灾难性后果。发动机健康管理是保证飞行安全可靠、降低使用维护成本的有效手段。本章主要阐述航空发动机健康管理系统相关的基本概念,以及关键技术;针对地面健康管理子系统,阐述基于模型的发动机气路故障非线性诊断方法,给出气路故障非线性诊断算例;针对机载健康管理单元,阐述面向气路健康分析的机载动态建模方法以及基于模型的发动机气路故障线性监视与诊断方法,并给出气路故障线性监视与诊断案例;为了验证发动机健康管理算法的有效性,降低试验成本,建立发动机气路健康诊断的快速原型平台并进行验证。

| 8.1　航空发动机健康管理系统概述 |

8.1.1　航空发动机健康管理系统基本概念

　　航空发动机是飞机的心脏,其性能与可靠性是飞机性能与飞行安全的重要保证。由于本身结构的复杂和工作环境的恶劣,发动机属于故障多发系统,在服役过程中除突发性故障(如外物吸入损伤、叶片烧蚀变形断裂)之外,其主要部件也随着使用时间增长而发生性能退化。目前,航空发动机的维护已经从过去"以预防为主"转向为"以可靠性为中心",维修方式也从简单的定时维修逐步向视情维修转变。

　　发动机健康管理系统 EHM(Engine Health Management)集成了最新的发动机异常检测、分析、诊断技术,是一种具有发动机机械性能监控诊断、气动热力性能分析以及部件寿命计算功能的综合管理系统。EHM 系统从功能上看,包括发动机数据管理、健康分析、故障诊断和寿命分析管理。

　　① 数据管理模块负责完成发动机工作过程中的传感器实时数据采集、数据的有

效性检验及故障数据重构等功能。

② 健康分析模块负责发动机性能参数的分析,检测任何可能存在的异常工作情况,并将需要进一步分析的数据传递到故障诊断模块。

③ 故障诊断模块可根据健康模块分析结论,对引起发动机异常或故障的原因进行具体的诊断隔离。

④ 寿命分析管理模块则根据数据管理模块所提供的发动机工作数据,估计与发动机部件寿命相关参数的变化趋势,对于主要部件的寿命进行分析管理,并为其维护提供指导。

EHM 系统通过实时跟踪发动机健康状况,减少定期和不定期的地面维护时间,制定更加合理的维护计划方案,提高发动机的可靠性与利用率,减少维护费用,保证完成飞行任务。

8.1.2　发动机气路退化与典型气路故障

航空发动机在其全生命周期内发生性能衰退是不可避免的。在发动机寿命期的不同阶段,随着发动机完成工作循环次数的增加,叶片腐蚀、侵蚀、积垢、叶尖间隙增大等因素会导致部件性能逐渐退化,严重时甚至会引起故障。另外,发动机工作中还会因外来物撞击而受损,如冰雹、鸟击等,引发部件性能在短时间内急剧下降,并发展为故障,甚至停车。航空发动机在使用过程中,因机械零部件的结构尺寸变化导致发动机部件气路衰退或恶化,产生的故障现象主要表现在以下几个方面:

(1) 腐蚀和侵蚀

腐蚀包括热腐蚀和湿腐蚀,是发动机长期工作在极易腐蚀的环境下而产生的一种故障。热腐蚀是指航空燃油燃烧后的产物对叶片表面涂层产生的一种快速性腐蚀;当发动机压气机表面与潮湿的空气、盐或酸性等物质接触而产生一系列的化学反应,从而导致发动机气路部件腐蚀,这种腐蚀称为湿腐蚀。

侵蚀是指发动机气路部件与固体小颗粒发生碰撞后,导致发动机的叶片涂层脱落,从而产生的一种发动机故障。如果发动机产生侵蚀故障,则会相应地增加气路部件表面的粗糙度和叶尖间隙,并且叶片前缘也会发生损坏,此时航空发动机的工作性能会受到显著影响。因此,如果压气机叶片受到侵蚀,将极大地影响发动机压气机效率。

(2) 外来物损伤和内来物损伤

发动机气路部件受到物体撞击所产生的损伤称为外来物损伤(FOD)。航空发动机在工作过程中,极容易受到冰雹、飞鸟等一些外来物体的撞击,从而导致发动机气路部件损伤。另外,沙石也可能会被吸入发动机机体内致使气路部件损伤。而内来物损伤(DOD)则是指在装机过程中遗留于发动机内的一些硬碎片,以及在发动机工作过程中内部产生的脱落物,撞击流路部件引起的气路损伤。不管是外来物损伤还是内来物损伤都会导致发动机气路部件产生微结构的损伤和裂痕。一般情况下,这些变化会使得气路部件效率降低,严重时可能会导致发动机部件断裂,从而发生重大事故。

(3) 积 垢

积垢产生的重要因素是空气中的污染物,当发动机在工作过程中吸入大量空气时,会使得压气机叶片和环形底部表面积存众多颗粒,从而产生大量的积垢。一般来说,压气机产生大量积垢会致使通流能力下降 3% 左右,相应的其效率也会降低约1%。涡轮的叶片表面层是除压气机叶片外最容易产生积垢的地方。当燃油燃烧后,燃烧的余灰可能会粘结在涡轮叶片的表面,从而导致涡轮积垢。相比于压气机积垢,涡轮积垢出现的概率略小些。

(4) 叶尖间隙增加

压气机和涡轮都会在发动机工作过程中发生一定的叶尖磨损。无论是压气机还是涡轮,由于其转子和静子之间间隙较小,当叶尖磨损后,往往会降低旋转叶片的效率。一般地,当压气机的叶尖间隙从 1% 弦长增长到 3.5% 弦长时,会致使压气机的增压比损失超过 15%。尤其在发动机加减速时,涡轮叶尖封严极易发生磨损,致使其叶尖间隙增大,此时经过叶尖部分的气流增多。因此发动机部件的效率、通流能力和增压比将受到严重影响。

(5) 燃烧室系统退化

在发动机寿命期内,燃烧室系统的燃烧效率变化不大,对发动机性能衰减影响相对较小。当发动机工作一段时间后,喷嘴上面会形成积炭,从而使得燃油喷射不均匀,致使热端部件过热。如果喷嘴上面的积炭较为严重,会导致喷嘴堵塞,更严重时会造成发动机停车。因此,喷嘴积炭的严重程度会直接影响到热端部件的寿命和发动机能否安全可靠地工作。此外,下游部件会因为燃烧室出口温度过高而变形,致使寿命降低。不同于侵蚀故障,当热端部件损伤时,涡轮通流能力会相应增加。

8.1.3 发动机气路健康状态的表征

发动机气路分析方法的基本思路是利用发动机主要工作截面传感器的测量参数(压力、温度等)、机械元件传感器测量参数(转速、振动信号等)、控制输入(燃油流量、可调几何位置等),通过信号处理与分类识别算法,对发动机气路部件的健康状况进行分析,将已经存在的故障隔离到部件单元体,并对其性能故障严重程度进行判断。

航空发动机故障类型包括气路故障、机械故障及其控制系统附件故障等。在翼时的外物吸入损伤、机械疲劳断裂、腐蚀积垢、热蠕变等因素都会导致气路部件故障。一般来说,发动机有气路部件故障和部件性能退化。在发动机使用寿命期的不同阶段,部件性能退化的程度不同。当发动机性能退化到一定程度时,部件也会发生故障。气路部件故障和部件性能退化主要通过发动机部件(风扇、压气机、涡轮)性能参数的变化量(效率、流量的变化量)来表征,称其为发动机气路部件健康参数。本文定义发动机部件性能参数的变化为部件性能退化。发动机部件性能的变化会引起测量参数的变化,因此,发动机气路部件性能分析可以通过发动机测量数据来实现。发动机气路故障表征原理如图 8.1 所示。

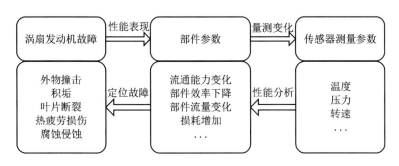

图 8.1　发动机气路故障表征基本原理

表 8.1 所列为 NASA 在 MAPSS(Modular Aero Propulsion System Simulation)仿真平台中采用的双轴涡扇发动机主要气路部件性能参数在完成一定数量工作循环后的变化量统计数据[1];表 8.2 所列为 Rolls - Royce 公司某型涡扇发动机不同故障下部件性能参数的变化情况[2]。由表 8.1、表 8.2 可知,发动机部件故障或退化与部件效率和流量的变化量密切相关。

表 8.1　气路部件性能参数变化量随工作循环数量的变化情况

%

完成工作循环数量	风扇		低压压气机		高压压气机		高压涡轮		低压涡轮	
	效率	流量	效率	流量	效率	流量	效率	流量	效率	流量
0	0	0	0	0	0	0	0	0	0	0
3 000	−1.5	−2.04	−1.46	−2.08	−2.94	−3.91	−2.63	1.76	−0.538	0.258 8
4 500	−2.18	−2.85	−2.04	−3.04	−6.17	−8.99	−3.22	2.17	−0.808	0.340 7
6 000	−2.85	−3.65	−2.61	−4.00	−9.40	−14.06	−3.81	2.57	−1.078	0.422 6

表 8.1 反映了发动机部件性能参数随完成工作循环数量的增加而退化,该状况主要是部件磨损、腐蚀等因素引起的,其变化过程相对缓慢,可以认为满足 $\Delta \dot{h} = 0$。表 8.2 反映了发动机气路部件故障与性能参数变化之间的关系,当部件性能量退化至一定阈值时表明发生了相应的故障,通过定量的性能参数估计可以诊断发动机气路部件故障,并对故障部件进行定位。

表 8.2　某型涡扇发动机部件故障对应性能参数相对变化量

%

故障类型	部件性能参数变化
风扇、低压压气机故障	风扇效率−0.5,流量−1 低压压气机效率−0.4,流量−0.7
	风扇效率−1
高压压气机故障	高压压气机效率−0.7,流量−1
	高压压气机效率−1
	高压压气机流量−1
高压涡轮故障	高压涡流量+1
	高压涡轮效率−1,流量−1
	高压涡轮效率−1
低压涡轮故障	低压涡轮效率−1
	低压涡轮效率−0.4,流量−1
	低压涡轮流量−0.1
	低压涡轮效率 −0.6,流量+1

为了表示故障发生后部件性能的变化程度和发动机服役期内部件的退化程度，发动机状态量中引入健康参数来衡量，健康参数通常选取旋转部件的效率变化系数 ΔSE_i 和流量变化系数 ΔSW_i，定义如下：

$$\Delta SE_i = \frac{\eta_i}{\eta_i^*} - 1, \qquad \Delta SW_i = \frac{w_i}{w_i^*} - 1 \tag{8.1}$$

式中，η_i，w_i 为部件的实际效率和流量，而 η_i^*，w_i^* 为部件效率和流量的理想值。本文的健康参数选为风扇、压气机、高压涡轮和低压涡轮 4 个部件各自的效率和流量的变化系数，共八个健康参数，定义为

$$\Delta h = [\Delta SE_1, \Delta SW_1, \Delta SE_2, \Delta SW_2, \Delta SE_3, \Delta SW_3, \Delta SE_4, \Delta SW_4]$$

引入部件效率、流量的故障系数 C_{SEi}，C_{SWi}，旋转部件的故障程度（性能量退化程度）就可用性能量与故障系数的乘积表示。其中 $C_0 \leqslant C_{SEi}$，$C_{SWi} \leqslant 1$，C_0 的值由发动机稳定工作边界、工作点和模拟的退化程度确定。

以发动机风扇效率、流量均退化 5% 为例，则 $C_{SEfan} = 0.95$，$C_{swfan} = 0.95$，其余的故障系数均取 1，图 8.2 所示为发动机风扇效率、流量均退化 5% 时的风扇特性曲线。

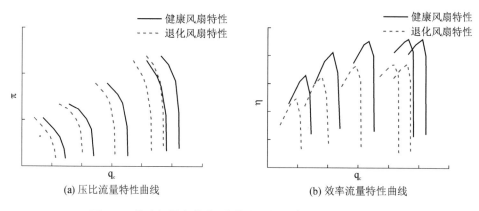

图 8.2　发动机风扇效率、流量均退化 5% 时的风扇特性曲线图

| 8.2　航空发动机气路分析技术 |

目前,以航空发动机气路故障诊断为主的气路分析方法,一般包含基于解析数学模型的方法、基于知识的方法和基于数据的方法 3 大类。

8.2.1　基于解析数学模型的故障诊断方法

基于解析模型的故障诊断方法又称为基于深知识的诊断方法。应用基于模型方法的前提条件是已知对象的数学模型,这些模型通常是由相关领域的专家给出的,需要经过大量的数据验证。该方法可克服知识获取的瓶颈和知识库维护困难的问题,可以诊断未知的故障,不需要历史的经验知识,能够实现故障预测。基于解析数学模型的故障诊断方法可以进一步分为参数估计方法、状态估计方法和基于非线性稳态模型的诊断方法。

(1) 参数估计的故障诊断方法

参数估计的故障诊断方法指通过对系统模型参数的辨识来达到故障诊断的目的。该方法的基本思路是把理论建模与参数辨识结合起来,根据参数变化的统计特性来检测故障信息,根据参数估计值与正常值之间的偏差情况来判断故障的情况。小偏差故障方法和故障方程法是参数估计方法的典型方法。小偏差故障方程中的影响系数矩阵通常由发动机数学模型来建立[3,4],也可由典型故障模式建立经验故障方程,利用后者还可减少对模型的依赖,增加诊断鲁棒性。目前,多数诊断系统采用故障方程法,如 Dole 于 1993 年开发出的 TEMPER 程序,以及 P&W 的 MAP-NET[5]。

航空发动机是一种较成熟的产品,一般不会在同一时间内出现多种故障,基于此产生了故障主因子的概念及相应地主因子模型诊断方法。该方法的特点是不仅能隔离故障,而且可定量诊断;可对多故障定量诊断,这一点要优于神经网络方法,因为用BP网络进行多故障定量诊断,其训练样本库会相当复杂;主因子模型方法较好地解决了多重共线性的问题;主因子模型方法虽是针对测量参数少于故障种类数的情况提出的,但在测量参数大于故障种类数时,仍不失为一种有效的途径。

(2) 状态估计的故障诊断方法

被控过程的状态直接反映系统运行的状态,通过估计系统的状态,并结合适当的模型进行故障诊断。状态估计方法的基本思路是:重构被控过程状态,通过与可测变量比较,构成残差序列,再构造适当的模型,并采用统计检验法,从残差序列中把故障检测出来,并做进一步地分离、估计与决策[6-11]。在能够获得系统精确数学模型的情况下,状态估计方法是直接有效的,但在实际中这一条件往往很难满足。所以对状态估计方法的研究主要集中在提高检测系统对建模误差、扰动和噪声的鲁棒性及系统对于早期故障的灵敏度方面。通常用 Lnenberger 观测器、卡尔曼滤波器和自适应观测器进行状态估计。

Lnenberger 观测器对故障的灵敏度要求比较高,对故障间的干扰有一定的鲁棒性。在无噪声或者噪声水平比较低的情况下,它能正确检测并隔离出传感器发生的故障,在多传感器同时出现故障时,它也能进行诊断。

卡尔曼滤波器,对于存在随机特性的系统,可使用卡尔曼滤波器对部件故障和传感器偏差进行估计,且其对单故障诊断表现良好[12]。卡尔曼算法能减轻噪声对模型系统输出的影响,所以在故障诊断领域对噪声大的场合可采用卡尔曼滤波器,其缺点是对轻度的故障不敏感[13-16]。

自适应观测器常用于执行机构的故障诊断。自适应观测器要求建立对象的全阶观测器,以便在线地调节观测器的增益矩阵,从而补偿未知时变参数和缓变漂移型故障对残差序列的影响。通过利用状态变换可以将降阶观测器代替全阶观测器。无论有噪声还是无噪声,只要检测阈值设置合适,自适应观测器都能对故障进行跟踪。它不仅能对故障进行检测和隔离,而且可以确定故障大小。

(3) 基于非线性稳态模型的诊断方法

基于非线性稳态模型进行诊断的本质是利用测量参数来建立一个自适应的发动机性能模型,再从部件性能量的变化来检测和区分故障[17-19]。对发动机部件性能量引入修正因子,然后对扩展的非线性方程组进行求解,从而得到实际的部件性能量。评价各组解的"优劣"通常采用残差(即将估出性能量代入非线性模型得到测量参数的估计值与实际测量参数之差)大小来衡量,残差最小的便认为是最可能的解。

基于主因子模型方法的概念,当测量参数服从正态分布时,对每种组合进行优化可得到该组合下的最优解,再选出残差最小的那组解,即为最可能的故障。Zedda 考虑了存在传感器偏置情况下的气路性能诊断,其设计的方法用到了两重组合搜索。白洁提供了一个具有鲁棒性的估计算法,该算法内层搜索采用了遗传算法进行优化,利用建立的罗-罗公司 EJ200 小涵道比涡扇发动机稳态模型实现了基于状态估计的诊断。

在基于非线性模型的方法中,Davison 提出了一种名为故障图的方法。故障图通常采用一个二维平面,其坐标轴通常是气路参数的组合值如压比、温比、转速比或转速差等,在发动机无故障巡航态时,对应故障图上一个点或区域,然后当非线性模型仿真发动机发生不同故障时,该点会沿不同的方向移动,这样就建立了该发动机的故障图。P&W 公司发动机机队管理中就采用了故障图的方法对故障进行定性诊断。利用非线性模型进行诊断目前主要集中在仿真研究领域,在航空发动机上还未见有工程应用报道。但是,若可获得精确的非线性模型,该方法也是值得推荐的。因为它利用了非线性模型,这样更接近发动机工作的真实情况,并可定量诊断多故障、大偏差故障。此外,在诊断中对不同组解进行选择时,结合主因子方法中的一致性准则会更为合理。

8.2.2 基于知识的故障诊断方法

由于在实际工程应用中,常常无法获得精确的数学模型,这就大大限制了基于模型的故障诊断方法的使用范围。基于知识的故障诊断方法和基于数据的故障诊断方法一样,都不需要精确的数学模型。其中基于知识的方法只需充分利用专家的知识和经验,所以是很有前景的故障诊断方法,尤其在非线性系统领域。该方法分为基于症状的方法和基于定性模型的方法等。基于症状的方法包括神经网络方法、模糊推理方法、专家系统方法、模式识别方法和支持向量机方法等[20-25]。

(1) 神经网络方法

由于神经网络具有自学习和能拟合任意连续非线性函数的能力和并行处理、分布式信息存储以及全局作用的能力,在非线性问题和在线估计方面有很强的优势,因此比较契合故障诊断系统需要建立从征兆到故障源的映射过程的要求。基于神经网络的故障诊断方法,在知识获取方面,需要用发动机无故障和各种故障类型样本来训练神经网络;在知识表示方面,采用隐式表示法,获取知识的同时,自动产生的知识由网络的结构及权值来表示;在知识推理方面,是通过神经元之间相互作用实现的。人工神经元网络用于故障诊断主要方式:采用神经网络产生残差;采用神经网络评价残差;采用神经网络进行故障确认;采用神经网络作自适应误差补偿。

在发动机气路故障诊断中,常用的网络模型有 BP 网、RBF 网、概率神经网络、自组织特征映射网(SOFM)和自联想网络(AANN)等。在美国 20 世纪 90 年代 IHPTET 项目计划中,机载的发动机寿命测量和诊断系统的研制也是其主要内容,神经网络则被认为是最具潜力的诊断工具。20 世纪 90 年代中期,澳大利亚航空航海研究实验室以 F404 涡扇发动机为对象,采用概率神经网络进行诊断研究并进行了试验验证,表明了该方法的有效性。美国空军研究实验室于 20 世纪 90 年代中研制的实时发动机诊断样机系统先采用 SOFM 网进行初始诊断,确认为已知故障后再用 BP 网络诊断。神经网络方法的不足是需要大量故障样本,对于未学习过的故障模式会出现误诊。

(2) 模糊推理方法

模糊逻辑提供了表达和处理模糊概念的机制,由于具有处理不确定性信息的能力,模糊理论和模糊逻辑为解决故障诊断的问题提供了重要的理论方法和现实工具。在许多故障诊断问题中,故障诊断的机理非常适合用模糊规则来描述。模糊推理方法的最大特点是其模糊规则库可以直接利用专家知识构造,因而能充分利用和处理专家的知识和经验,而且一个适当的模糊逻辑系统可以在任意精度上逼近某个给定的非线性函数。模糊诊断方法的难点在于,要建立正确的模糊规则和隶属函数,而且该过程需要花费很长的时间。

(3) 专家系统方法

早期的故障诊断专家系统都采用基于规则的方法,因此故障诊断专家系统需要建立故障诊断的知识库、规则库和推理机制。该方法的优点是其知识表示简单、直观,使用直接的和相对简单的启发式知识表示,诊断推理速度快;要求数据的存储空间相对较小。缺点是知识库覆盖的故障模式有限、缺乏自学习和完善能力。

专家系统用于发动机气路故障诊断时,通常和其他征兆信息相结合。由于发动机本身的复杂性,专家系统需要对不确定性知识进行推理。知识的不确定性包括故障征兆不确定性和规则不确定性。贝叶斯证据网是一种基于概率推理的有向图网络,它可综合大量知识,具有很强的处理不确定性信息的能力,专家系统中的知识表示和推理就是通过贝叶斯证据网 BBN 来进行的。20 世纪 90 年代后期,GE 开发的针对 CF6 系列发动机的 DEAN 系统,采用了贝叶斯证据网将大修过程中可能影响 EGT 裕度的各种因素和气路诊断程序 TEMPER 的输出结果相融合来给出性能衰退的原因和概率。

(4) 模式识别方法

模式识别的方法是对系统的工作流程仿真和分析,建立各种故障模式,根据测量信息,确定系统应属于哪一类模式,从而检测和分离故障。故障模式识别的主要分类方法有:几何分类方法和概率分类方法、聚类分类方法。采用模式识别方法进行故障诊断的步骤:首先获取正常工作时及故障状态下的样本;然后对样本进行特征提取;其次基于提取的样本集合;再次,设计决策算法;最后,最优地对样本进行分类。

基于故障树的诊断方法是另一种模式识别手段。故障树是一种体现故障传播关系的有向图,它以诊断对象最不希望发生的事件作为顶事件,按照对象的结构和功能关系逐层展开,直到不可分事件为止。它的优点是能够实现快速诊断;知识库很容易动态修改,并能保持一致性;概率推理可在一定程度上被用于最佳规则的搜寻,提高诊断效率;诊断技术与领域无关,只要相应的故障树给定,就可以实现诊断。缺点是由于故障树是建立在元件联系和故障模式分析的基础之上,因此不能诊断不可预知的故障;诊断结果严重依赖故障树信息的完整程度。

8.2.3　基于数据的故障诊断方法

基于数据的故障诊断方法以采集的数据为基础,通过各种数据分析和处理方法挖掘其中的隐含信息进行监控诊断,该方法是一种较为实用的故障诊断方法[26,27]。但是,应用中的历史工作数据、故障注入数据以及仿真实验数据不易获取,而且所获得的数据具有不确定性和不完整性,这些问题增加了基于数据的故障诊断技术的实现难度。

(1) 小波分析方法

小波变换的故障诊断方法是一种基于时间-尺度分析的数据处理方法,具有多分辨率分析的特点。连续小波变换可区分信号突变和噪声,离散小波变换可检测随机信号频率结构的突变。一般来说,有 3 种基于小波变换的故障诊断方法:利用观测信号的奇异性进行故障诊断;利用观测信号频率结构的变换进行故障诊断;利用脉冲响应函数的小波变换进行故障诊断。小波变换不需要系统的数学模型,对噪声的抑制能力强,有较高的灵敏度,运算量也不大。虽然小波变换引入故障检测与诊断只有数年时间,但已在工程实践中广泛应用,例如直升机的故障诊断等。

(2) 隐马尔可夫模型方法

隐马尔可夫模型(HMM)理论用一个隐变量序列来模拟系统动态行为的变化,其模型的状态掩盖在系统观测变量之中,是一种参数化模型,实践中 HMM 的参数集合可以通过实际观测到的试验数据集合运用统计方法获得。HMM 的优点是既反映了对象的随机性,又反映了对象的潜在结构,便于利用被研究对象的直观先验知识;另外 HMM 具有严格的数学结构,算法易于硬件实现。但是,HMM 也存在着不足之处:HMM 是一种模式识别方法,强调的是其分类能力,缺乏对故障本身的描述信息,而且对模型的学习参数不能够完全恰当地解释;HMM 的初始模型选取仍是一个悬而未决的问题,一般情况下仅凭经验选取;而且对于隐藏状态的物理意义不能给出恰如其分的解释。通过使用隐马尔可夫模型可以对传感器检测信号建模,评估对象当前的健康状态,从而预测其剩余使用寿命。振动信号是反映机械系统工作和故障演化情况的很重要的一个参数指标,由于振动信号和语音信号之间的相似性,以及 HMM 在语音识别领域应用效果,人们很自然会将 HMM 引入故障诊断的研究领域。

(3) Kullback 信息准则方法

Kullback 信息准则方法是检测具有未建模动态特性的动态系统故障的方法。首先基于 Goodwin 随机嵌入方法把未建模动态特性当作软界估计,利用遗传算法和梯度方法辨识系统的参数和软界。在 Kullback 信息准则中引入一个新指标评价未建模动态特性,合理设置阈值,设计合适的决策方案,可以实现鲁棒故障诊断。由于未建模动态特性的软界不能在线辨识,此方法尚不能在线实现。

（4）Monte Carlo 方法

Monte Carlo 方法又称随机模拟方法或统计试验方法，它是一种采用统计抽样理论近似求解数学问题或物理问题的方法。Monte Carlo 方法既可以用来研究概率问题，也可以用来求解非概率问题。该方法很大程度上可以代替许多大型的、难以实现的复杂试验或社会行为过程。该方法的灵活应用在很大程度上取决于人们对问题的理解和想象力。

（5）基于信号处理的故障诊断方法

该方法是诊断领域应用较早的方法之一，主要采用阈值模型。信号分析采用较多的主要有时域、频域、幅值、时-频域特性分析等。将发动机不同工作状态下各种故障模式下阈值与测量值或经过信号分析过的测量值进行比较，判断相应的故障模式以及故障程度。信号处理方法主要有：峰值、均方根值、波峰系数、波形系数、偏斜度指标等参数分析法，相关分析法，包络分析法，最大熵谱法，倒频谱法，同步信号平均法，自回归谱分析法，小波分析法，分形分析法等。信号分析方法是其他诊断方法的基础。Byington 等人使用贝叶斯网络进行飞机自动驾驶仪的故障诊断和预测，他们首先开发出了自动驾驶仪的故障诊断的验证平台，然后提出了在该验证平台的基础上扩展其故障预测能力的方案。

信息融合的诊断方法是近年来出现的发动机气路性能分析方法，也越来越多地受到研究人员的关注。信息处理技术的发展和新型传感器的不断应用，使得监测数据越来越多，用于状态监测与故障诊断的有用信息以各种形式存在于信息载体中，包括制造、试车台测量系统、机载测量系统、维修历史记录和专家经验等[28]。由于诊断对象工作状态复杂，影响因素较多，同一故障往往有不同的表现，同一特征又可能是多种故障共同作用的结果，因此，测量与故障特征之间、故障特征与故障决策之间都是一种非线性映射，即仅依赖单一的故障特征和故障诊断方法很难实现有效的诊断任务。在实践中，发动机维修工程师通常要对气路趋势、振动数据、孔探信息及机组报告等各种可用信息进行综合分析以判断可能的故障。所以，对发动机的不同信息进行融合，能提高诊断的准确性。信息融合是数据综合处理技术以及多学科交叉的重要体现，它将所有的输入数据在一个公共空间内进行描述，同时它在该空间内对这些数据用数学方法进行综合，然后以适当的形式输出。融合诊断可利用已有的单一基于模型、基于知识和基于数据的方法进行征兆级和决策级等不同阶层的融合。目前信息融合的诊断方法主要有：贝叶斯融合理论、D－S 证据融合理论、智能融合理论、模糊融合理论和集成融合等[29]。

8.3 基于模型的发动机气路非线性分析方法

8.3.1 面向气路分析的发动机动态模型

航空发动机是由压气机、燃烧室、涡轮等多个单元体组成的复杂的气动热力学系统,目前主要有两种不同的方法建立其数学模型:一种方法是机理建模方法,也称为部件法,该方法首先根据部件气动热力学特性和典型部件特性数据计算发动机各截面的状态参数,然后针对不同工作状态根据流量连续、功率平衡/转子动力学建立发动机共同工作方程组,最后利用各种数值计算方法求解非线性方程组以获得发动机工作参数[30]。另一种方法是辨识建模方法,该方法需要首先获得发动机的实验数据,然后采用系统辨识的方法得到发动机数学模型。随着系统辨识技术迅速发展,发动机辨识建模方法已由传统的插值法、动态系数法向新型机器学习算法方向发展,但是发动机所有工作状态下的实验数据难以全部获得,且成本较高,因此限制了辨识建模方法在发动机建模中的应用。

针对双轴混排不带加力的涡扇发动机,其主要部件包括进气道、风扇、分流器、压气机、燃烧室、高压涡轮、低压涡轮、外涵道、混合室及尾喷管,气体流路工作截面如图 8.3 所示。

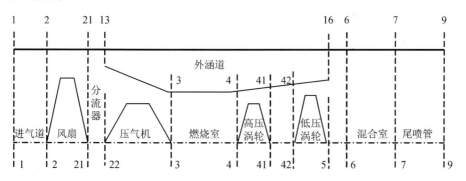

图 8.3 涡扇发动机气体流路工作截面示意图

发动机部件级模型的输入参数为发动机工作环境参数(高度 H,马赫数 Ma)、主燃油流量 W_f 及尾喷口面积 A_8 等,此外还已知发动机设计点参数、结构参数和各部件特性等。输出参数为发动机高、低压转子转速,各截面气动参数及性能参数等。在建模过程中作了以下简化假设:忽略燃烧延迟的影响;气体在航空发动机中的流动按准一元流动处理;忽略湿度及雷诺数对部件特性的影响;忽略压气机引、放气的影响。某双轴涡扇发动机非线性数学模型为

$$y_k = H(\boldsymbol{x}_k, \Delta h_k, \boldsymbol{u}_k) + v_k \tag{8.2}$$

式中，控制量 $\boldsymbol{u} = [w_f, A_8]^T$ 为发动机主燃油量和尾喷口面积；$\boldsymbol{x}_k$ 为发动机状态向量，如高低压转子转速等；Δh 为健康参数的偏差量；$H(\cdot)$ 为表示发动机工作过程的非线性函数；v_k 为发动机的传感器量测噪声。

8.3.2 基于动态模型的发动机气路健康非线性诊断结构

由于发动机气路部件性能的退化或故障均可导致部件健康参数发生变化，在发动机输入指令与进口条件确定的情况下，部件健康参数是影响发动机输出的主要因素，根据 UKF 算法对于非线性对象模型的要求，增加表示健康参数变化的数学模型，将式(8.2)变换为式(8.3)的形式

$$\left.\begin{array}{l} \Delta h_{k+1} = \Delta h_k + \omega_k \\ y_k = H(\boldsymbol{x}_k, \Delta h_k, \boldsymbol{u}_k) + v_k \end{array}\right\} \tag{8.3}$$

式中，ω_k, ν_k 为不相关的高斯白噪声信号，并且满足 $E[\omega_k \omega_k^T] = Q_k$，$E[\nu_k \nu_k^T] = R_k$。

基于非线性模型的发动机气路部件性能分析原理如图 8.4 所示，诊断原理实质就是通过发动机的输出值与模型预测值之间的残差结合特定的滤波算法对部件健康参数变化进行估计，将发动机气路部件性能分析转化为部件健康参数变化的参数估计问题[31,32]。

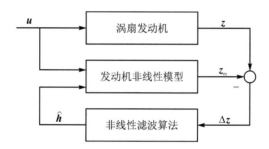

图 8.4 基于非线性模型的发动机气路部件性能分析

8.3.3 发动机气路健康状态的非线性估计算法

采用粒子滤波方法作为非线性滤波器，进行发动机气路健康状态非线性估计。该算法将 BP 神经网络和典型采样算法相结合，增大位于概率分布尾部的粒子权值，同时将部分较高权值的粒子分裂成若干小权值的粒子，这样在算法的递归过程中通过结合当前步的测量值，可以实现将低概率密度区域的粒子调整至概率密度较高的区域，减小粒子权值的方差，保证粒子的多样性，有效避免粒子退化，从而提高滤波精度。

(1) BP 神经网络学习算法

BP 学习算法属于 δ 学习律，是一种有导师的学习算法，设输入学习样本为 p 个：$x^1, x^2, \cdots, x^p$，已知其对应的教师值为 $t^1, t^2, \cdots, t^p$。学习算法就是将实际输出

$y^1, y^2, \cdots, y^p$ 与 $t^1, t^2, \cdots, t^p$ 的误差用来修改其连接权值,使得实际输出与教师值尽可能地接近。

某个样本 p^1 的学习误差可以表示为

$$E_{p^1} = \frac{1}{2} \sum_{k=0}^{M} (t_k^{p^1} - y_k^{p^1})^2 \tag{8.4}$$

对于 p 个样本学习,其总误差为

$$E = \frac{1}{2} \sum_{p^1=0}^{p} \sum_{k=0}^{M} (t_k^{p^1} - y_k^{p^1})^2 \tag{8.5}$$

误差函数的获得过程也称为反向传播运算,主要目的是获得网络的实际输出与教师信号之间的总误差。

根据得到的总误差对各个层之间的权值进行修改,采用梯度法修改权值,其修正值为

$$\Delta w_{sq} = -\sum_{p^1=0}^{p} \eta \frac{\partial \varepsilon}{\partial w_{sq}}$$

$$\varepsilon = \frac{1}{2} \sum_{k=0}^{M} (t_k^{p^1} - y_k^{p^1})^2 = E_{p^1} \tag{8.6}$$

式中,η 为学习步长,w_{sq} 为各层之间的权值,Δw_{sq} 为该权值的修改量。利用网络的最终总误差对权值进行相应调整的运算即 BP 运算。

(2) 神经网络调整粒子

为了解决标准粒子滤波算法存在的粒子退化和重采样引起的样本贫化现象,将 BP 神经网络用于粒子滤波算法,即在重采样之上增加另外 2 个步骤。

一个步骤是分裂。在 k 时刻,计算从重要密度函数采样得到的粒子权值,将粒子按权值大小降序排列,权值最大的几个粒子保留不变,权值次大部分粒子分裂成两个小的、权值减半的粒子,为了保持粒子数量固定不变,需要舍弃一些权值很小的粒子,这对估计后验分布不会造成很大的影响。

另一个步骤是利用 BP 神经网络调整权值较小的粒子。通过更换一些较小权值的粒子使粒子平均值更接近于真实的状态。选择部分小权值粒子,将他们设为等权样本作为神经网络的输入数据,权值被设定为神经网络的输入,粒子的状态作为神经网络的初始权值,目标输出是当前时刻的测量值。经过这步操作,低概率密度区域的粒子被调整至高密度区域,从而减小采样方差并增加某些粒子权值,这可以有效地避免粒子退化现象。

基于神经网络的粒子滤波算法(BPPF)流程图如图 8.5 所示,步骤描述如下:

① 初始化采样。在 $k=0$ 时刻,根据重要密度函数采样 N 个粒子,采样得到的粒子用 $\{x_k^i, 1/N\}_{i=1}^{N}$ 表示。重要密度函数取转移先验概率密度函数

$$x_k^i \sim q(x_k^i \mid x_{k-1}^i, z_k) = p(x_k^i \mid x_{k-1}^i) \tag{8.7}$$

② 计算重要性权值并排序。

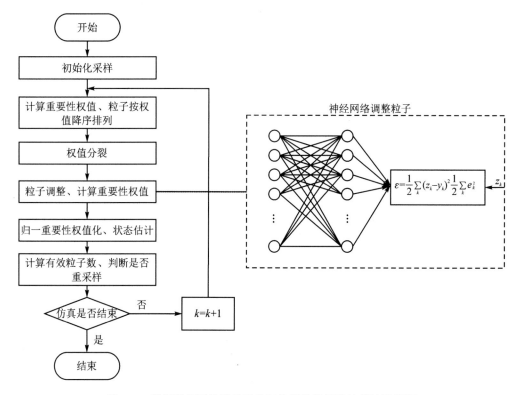

图 8.5 基于神经网络的重要性权值调整粒子滤波算法流程图

$$w_k^i = w_{k-1}^i \frac{p(z_k \mid x_k^i) p(x_k \mid x_{k-1}^i)}{q(x_k^i \mid x_{k-1}^i, z_k)} \tag{8.8}$$

在时刻 k，利用式(8.8)计算粒子的权值，将粒子按权值大小降序排列。

③ 权值分裂。

根据步骤②中排好序的粒子，考虑粒子总数目 N，权值最大的 r 个粒子保留不变，这样最好的粒子得以保留，同时适当选取 p 个权值次大的粒子分裂为 2 个小的权值减半的粒子。为了保持粒子数固定不变，将权值最小的 p 个粒子舍掉。

④ 粒子调整，计算重要性权值。

取经过分裂后权值最小的 q 个粒子，利用 BP 神经网络调整粒子的状态。误差定义如下

$$\varepsilon = \frac{1}{2} \sum_{k=1}^{q} (z_k - y_k)^2 = \frac{1}{2} \sum_{k=1}^{q} e_k^2 \tag{8.9}$$

式中，z_k 是目标值，即系统在任意时刻的测量值；y_k 是神经网络的输出。将权值最小的 q 个粒子作为神经网络的输入，样本的学习函数为系统的测量方程，学习完毕后将 BP 神经网络的权值输出，即作为调整后粒子的状态，利用式(8.8)计算调整后粒子的权值，将调整后的粒子及其权值代替原来的 q 个粒子。

⑤ 归一化重要性权值,状态估计。

$$
\begin{aligned}
w_k^i &= \frac{w_k^i}{\sum_{j=1}^{N} w_k^j} \\
\hat{x}_k &= \sum_{i=1}^{N} w_k^i x_k^i
\end{aligned}
\quad\quad (8.10)
$$

⑥ 计算有效粒子数,判断是否重采样。

计算有效粒子数 $N_{eff} = \dfrac{1}{\sum_{i=1}^{N} (w_k^i)^2}$,如有必要进行重采样,返回至步骤②。

8.3.4　基于动态模型的发动机气路健康非线性诊断算例

在发动机地面稳态工作点 $H=0, Ma=0, W_f=2.48\ \mathrm{kg/s}, A_8=0.2597\ \mathrm{m}^2$ 模拟单部件发生性能退化和突变故障、多部件同时发生性能退化和突变故障,验证本文算法对发动机气路部件健康状态的诊断能力。

分别采用 EKF、PF、BPPF 对发动机进行气路部件健康状态诊断,其中 PF 和 BPPF 仿真的粒子数 N 取 50;神经网络的学习步长为 0.05;r 取 5,即保留 5 个权值最大的粒子不变;p 取 5,即分裂 5 个权值较大的粒子且舍弃掉 5 个权值最小的粒子;q 取 10,即将经过分裂后 10 个权值最小的粒子作为神经网络输入;隐含层神经元数目取为 10,发动机健康状态分别对应粒子的状态,输出层学习函数为系统的测量方程,训练的均方差小于 0.000 1,最大学习次数设为 10。高斯噪声下仿真结果如图 8.6 所示,估计精度与计算时间比较如表 8.3 所列,整个仿真过程共有 500 个采样周期,采样步长为 0.02 s。

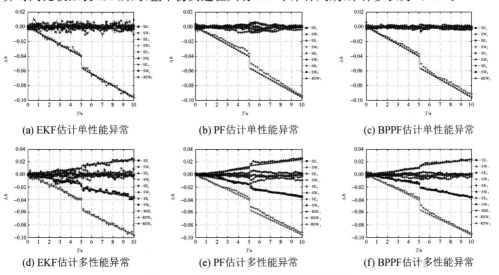

(a) EKF估计单性能异常　　(b) PF估计单性能异常　　(c) BPPF估计单性能异常

(d) EKF估计多性能异常　　(e) PF估计多性能异常　　(f) BPPF估计多性能异常

图 8.6　高斯噪声下 3 种算法的估计结果

表 8.3　高斯噪声下 3 种算法性能对比

算法	SW_2 退化加突变		SE_1、SW_2、SW_3 退化加突变	
	RMSE	计算时间/ms	RMSE	计算时间/ms
EKF	0.023 1	1.96	0.022 9	1.94
PF	0.021 5	111.6	0.022 7	114.2
BPPF	0.016 1	133.5	0.017 5	133.9

从图 8.6 和表 8.3 可以看出，在高斯噪声水平下，3 种算法均能较好地实现对气路部件性能退化的准确估计和突变故障的诊断。其中 EKF 计算量最小，但是精度最低，相比于 PF 和 BPPF 对噪声更加敏感。BPPF 相比于 PF 在计算时间增加了不到 20% 的情况下，精度提高了 25% 左右。

从图 8.7 和表 8.4 中可以看出，BPPF 增加的 2 个步骤可以将低概率密度区域的粒子调整至高密度区域，图 8.7 中第 40~50 个粒子为神经网络调整的粒子，同时保证粒子的多样性，增加有效粒子数，可以有效地避免粒子退化现象，从而提高滤波精度。

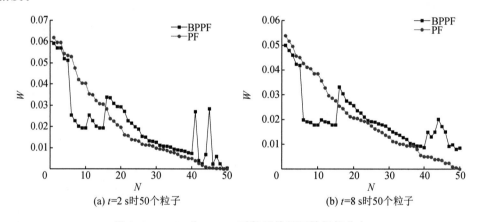

(a) $t=2$ s时50个粒子　　　(b) $t=8$ s时50个粒子

图 8.7　$t=2$ s 和 $t=8$ s 时粒子的重要性权值分布

表 8.4　平均有效粒子数对比

	SW_2 退化加突变	SE_1、SW_2、SW_3 退化加突变
PF	29.4	29.2
BPPF	36.3	35.8

为了验证算法在非高斯噪声下的性能，系统噪声仍然取高斯噪声，测量噪声取非高斯分布的噪声，模拟同样的故障进行验证。仿真结果如图 8.8 所示，估计精度与计算时间比较结果如表 8.5 所列。

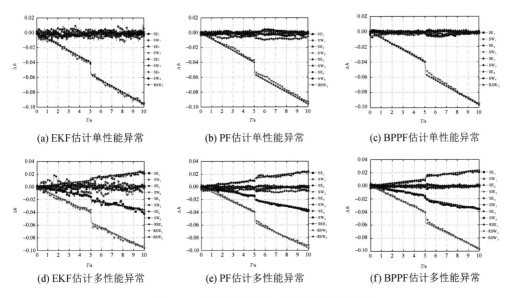

(a) EKF估计单性能异常 　　(b) PF估计单性能异常 　　(c) BPPF估计单性能异常

(d) EKF估计多性能异常 　　(e) PF估计多性能异常 　　(f) BPPF估计多性能异常

图 8.8　非高斯噪声下 3 种算法的估计结果

表 8.5　非高斯噪声下 3 种算法性能对比

算　法	SW_2 退化加突变		SE_1、SW_2、SW_3 退化加突变	
	RMSE	计算时间/ms	RMSE	计算时间/ms
EKF	0.025 3	1.94	0.026 7	2.1
PF	0.020 6	111.9	0.020 4	113.9
BPPF	0.017 0	132.9	0.012 9	133.1

图 8.8 和表 8.5 对比图 8.6 和表 8.3 可以看出,在测量存在一定偏差,且测量噪声呈非高斯分布的条件下,单部件发生退化及突变,EKF 估计精度下降了 10% 左右。多部件发生退化及突变,EKF 估计精度下降了 15% 左右。对于 PF 和 BPPF,估计精度没有下降。以上结果说明粒子滤波对于噪声分布更加不敏感。BPPF 相比于 PF,在小幅增加计算时间的情况下,提高了估计精度,尤其在多部件退化和突变下,估计精度提高了 35% 左右。

从图 8.9 和表 8.6 中可以看出,在测量噪声存在偏差,且呈非高斯分布条件下,BP-PF 增加的 2 个步骤依然取得了较好的效果,有效地避免了粒子退化,提高了滤波精度。

表 8.6　平均有效粒子数对比

	SW_2 退化加突变	SE_1、SW_2、SW_3 退化加突变
PF	29.6	29.8
BPPF	36.8	36.5

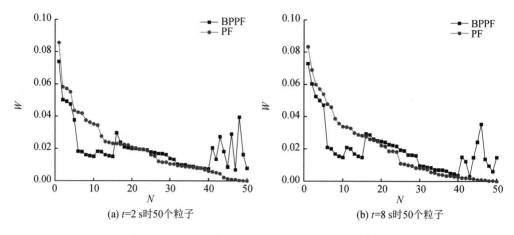

(a) $t=2$ s时50个粒子   (b) $t=8$ s时50个粒子

图 8.9 $t=2$ s 和 $t=8$ s 时粒子的重要性权值分布

｜8.4   基于模型的发动机气路线性分析方法｜

8.4.1   面向气路健康诊断的发动机机载动态模型

假设有某型双轴涡扇发动机，只考虑转速作为状态量时，其非线性数学模型为

$$\left.\begin{array}{l} \dot{x} = f(x,u) \\ y = g(x,u) \end{array}\right\} \tag{8.11}$$

式中，状态变量 $x \in R^n$，控制变量 $u \in R^r$，系统输出量 $y \in R^m$。在发动机某一稳态点 (x_0,u_0,y_0) 对非线性模型(8.11)进行泰勒展开，忽略高阶无穷小的影响

$$\left.\begin{array}{l} \dot{x} = f(x,u) \approx f(x_0,u_0) + \dfrac{\partial f}{\partial x}\Big|_{(x_0,u_0)}(x-x_0) + \dfrac{\partial f}{\partial u}\Big|_{(x_0,u_0)}(u-u_0) \\[2mm] y = g(x,u) \approx g(x_0,u_0) + \dfrac{\partial g}{\partial x}\Big|_{(x_0,u_0)}(x-x_0) + \dfrac{\partial g}{\partial u}\Big|_{(x_0,u_0)}(u-u_0) \end{array}\right\} \tag{8.12}$$

令 $\Delta x = x - x_0$，$\Delta u = u - u_0$，$\Delta y = y - y_0 = g(x,u) - g(x_0,u_0)$，矩阵 $A = \dfrac{\partial f}{\partial x}\Big|_{(x_0,u_0)}$，$B = \dfrac{\partial f}{\partial u}\Big|_{(x_0,u_0)}$，$C = \dfrac{\partial g}{\partial x}\Big|_{(x_0,u_0)}$，$D = \dfrac{\partial g}{\partial u}\Big|_{(x_0,u_0)}$。

发动机在 (x_0,u_0,y_0) 稳态点的状态变量模型如下：

$$\left.\begin{array}{l} \Delta\dot{x} = A\Delta x + B\Delta u \\ \Delta y = C\Delta x + D\Delta u \end{array}\right\} \tag{8.13}$$

由于所研究的发动机线性模型主要用于发动机状态监视，合理地选择线性模型变量是保证能及时提供状态监视信息和准确提出分析策略的关键[33,34]。根据涡扇发动机气体流路在各个截面不同的气动热力学特性,结合最小发动机模型变量个数进行性能分析,选取状态变量 $\boldsymbol{x}=[N_l,N_h]^T$,控制量 $\boldsymbol{u}=[W_f,A_8]^T$,输出量 $\boldsymbol{y}=[N_l,N_h,P_{22},T_{22},P_3,T_3,P_5,T_5]^T$,即状态变量为风扇转速 N_l、压气机转速 N_h,控制量为主燃油流量 W_f、尾喷口面积 A_8,输出量为风扇转速 N_l、压气机转速 N_h、风扇出口总压 P_{22}、风扇出口总温 T_{22}、压气机出口总压 P_3、压气机出口总温 T_3、低压涡轮出口总压 P_5、低压涡轮出口总温 T_5。

　　直接采用物理量参数建立状态变量模型主要存在以下两个缺点:第一,不同飞行条件下线性模型的系数矩阵 $\boldsymbol{A}$、$\boldsymbol{B}$、$\boldsymbol{C}$、$\boldsymbol{D}$ 不同,若在整个飞行包线内实现部件级模型线性化则需要求取所有飞行条件下的系数矩阵,从而带来模型计算、数据存储及模型应用的诸多问题。第二,物理量的数量级相差很大使得线性模型系数矩阵各元的数量级也会相差很大,导致系数矩阵的条件数差。因此,采用相似参数并进行归一化处理,通过相似变换将在任一飞行条件下的系数矩阵换算至标况下,同时通过归一化处理则可以改善系数矩阵的条件数。将地面标况下的设计点相似参数做归一化处理得

$$
\left.
\begin{aligned}
PN_l &\triangleq \left(\frac{N_l}{\sqrt{T_2}}\right)\Big/\left(\frac{N_l}{\sqrt{T_2}}\right)_{ds} \\[2mm]
PT_3 &\triangleq \left(\frac{T_3}{\sqrt{T_2}}\right)\Big/\left(\frac{T_3}{\sqrt{T_2}}\right)_{ds} \\[2mm]
PN_h &\triangleq \left(\frac{N_h}{\sqrt{T_2}}\right)\Big/\left(\frac{N_h}{\sqrt{T_2}}\right)_{ds} \\[2mm]
PP_5 &\triangleq \left(\frac{P_5}{P_2}\right)\Big/\left(\frac{P_5}{P_2}\right)_{ds} \\[2mm]
PP_{22} &\triangleq \left(\frac{P_{22}}{P_2}\right)\Big/\left(\frac{P_{22}}{P_2}\right)_{ds} \\[2mm]
PT_5 &\triangleq \left(\frac{T_5}{\sqrt{T_2}}\right)\Big/\left(\frac{T_5}{\sqrt{T_2}}\right)_{ds} \\[2mm]
PT_{22} &\triangleq \left(\frac{T_{22}}{\sqrt{T_2}}\right)\Big/\left(\frac{T_{22}}{\sqrt{T_2}}\right)_{ds} \\[2mm]
PW_f &\triangleq \left(\frac{W_f\sqrt{T_2}}{P_2}\right)\Big/\left(\frac{W_f\sqrt{T_2}}{P_2}\right)_{ds} \\[2mm]
PP_3 &\triangleq \left(\frac{P_3}{P_2}\right)\Big/\left(\frac{P_3}{P_2}\right)_{ds} \\[2mm]
PA_8 &\triangleq A_8/A_{8ds}
\end{aligned}
\right\}
\tag{8.14}
$$

经过相似归一化处理的某一稳态工作点的状态变量模型为

$$\begin{bmatrix} \Delta \dot{P} N_l \\ \Delta \dot{P} N_h \end{bmatrix} = \begin{bmatrix} a_{11} & a_{12} \\ a_{21} & a_{22} \end{bmatrix} \begin{bmatrix} \Delta P N_l \\ \Delta P N_h \end{bmatrix} + \begin{bmatrix} b_{11} & b_{12} \\ b_{21} & b_{22} \end{bmatrix} \begin{bmatrix} \Delta P W_f \\ \Delta P A_8 \end{bmatrix}$$

$$\left.\begin{bmatrix} \Delta P N_l \\ \Delta P N_h \\ \Delta P P_{22} \\ \Delta P T_{22} \\ \Delta P P_3 \\ \Delta P T_3 \\ \Delta P P_5 \\ \Delta P T_5 \end{bmatrix} = \begin{bmatrix} 1 & 0 \\ 0 & 1 \\ c_{31} & c_{32} \\ c_{41} & c_{42} \\ c_{51} & c_{52} \\ c_{61} & c_{62} \\ c_{71} & c_{72} \\ c_{81} & c_{82} \end{bmatrix} \begin{bmatrix} \Delta P N_l \\ \Delta P N_h \end{bmatrix} + \begin{bmatrix} 0 & 0 \\ 0 & 0 \\ d_{31} & d_{32} \\ d_{41} & d_{42} \\ d_{51} & d_{52} \\ d_{61} & d_{62} \\ d_{71} & d_{72} \\ d_{81} & d_{82} \end{bmatrix} \begin{bmatrix} \Delta P W_f \\ \Delta P A_8 \end{bmatrix} \right\} \tag{8.15}$$

(1) 小扰动法

小扰动建模方法是国内外学者普遍使用的一种发动机线性化模型建模方法,通过在发动机稳态工作点对部件级模型的状态变量或控制量施加小阶跃扰动,同时保持其余状态变量及控制量不变,用部件级模型进行动态计算,当迭代计算满足流量连续准平衡条件后得到状态变量的导数、输出量的增量,它们与激励信号幅值比值即为系数矩阵 A,B,C,D 相应元素的值。

以系数矩阵 A 中元素 a_{11} 为例,由式(8.15),在稳态点某一时刻对 N_l 施以脉冲扰动 $\Delta P N_1$,同时强制 $\Delta P N_h = 0$,$\Delta P W_f = 0$,$\Delta P A_8 = 0$,通过部件级模型计算该扰动下系统的响应,得

$$a_{11} = \frac{\Delta \dot{P} N_l}{\Delta P N_l} \tag{8.16}$$

(2) 改进小扰动法

为了提高利用小扰动方法建立稳态基点模型的精度,我们从阶跃扰动和系数矩阵修正两方面进行考虑。在发动机稳态工作点对部件级模型施加阶跃扰动,分别为正向小扰动和负向小扰动,求其均值以用来计算系数矩阵元素[35]。

考虑到系数矩阵 A,C 反映了线性化系统的动态特性,而对 B,D 修正可改善系统稳态误差,要提高模型稳态精度,只需对系数矩阵 B,D 进行修正。利用部件级模型稳态输入输出作为小扰动建模修正的依据,得到系数矩阵 B,D 各元素修正因子的修正公式,以 B 中对应 W_f 的元素为例

$$\begin{bmatrix} \Delta P N_1 / \Delta P W_f \\ \Delta P N_h / \Delta P W_f \end{bmatrix} (a_{11}a_{22} - a_{12}a_{21}) = \begin{bmatrix} -a_{22} & a_{12} \\ a_{21} & -a_{11} \end{bmatrix} \begin{bmatrix} b_{11} & 0 \\ 0 & b_{21} \end{bmatrix} \begin{bmatrix} kb_{11} \\ kb_{12} \end{bmatrix}$$

$$\tag{8.17}$$

式中,左边为期望的稳态值,k 为系数矩阵 B 中对应于 W_f 元素的修正因子。

同时给非线性模型和改进小扰动法获得的线性化模型一个幅值为 2% 的燃油阶跃,图 8.10 所示为燃油量 $PW_f = 0.61$ 的稳态工作点部分响应比较。

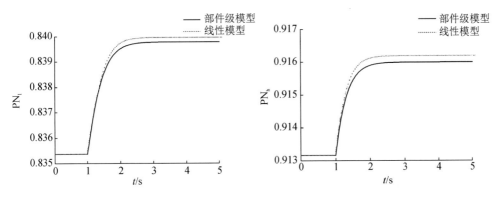

图 8.10　改进小扰动法建立线性模型效果

除了部件退化或故障引起发动机偏离额定状态外,发动机在实际工作中还受到各种噪声(振动噪声、热噪声和测量噪声等)污染。且建模时所作的假设(忽略高频特性和线性化近似),会给模型带来系统误差,因此在描述发动机特性时要考虑测量误差和系统误差的影响。含健康参数的发动机线性化模型为

$$\left.\begin{array}{l} \Delta \dot{x} = A \Delta x + B \Delta u + L \Delta h + w \\ \Delta y = C \Delta x + D \Delta u + M \Delta h + v \end{array}\right\} \tag{8.18}$$

式中,w 为系统噪声,v 为测量噪声,通常两者均被认为是不相关的且服从正态分布的零均值白噪声,其协方差阵分别为 Q、R。

式(8.18)只反映了部件健康参数变化导致状态变量和输出量的变化,发动机性能退化是一个缓慢变化的过程。由于 Δh 不能直接获得,只能应用估计算法将发动机健康参数的变化作为状态变量估计得到,将健康参数增广为模型的状态变量如下:

$$\left.\begin{array}{l} \begin{bmatrix} \Delta \dot{x} \\ \Delta \dot{h} \end{bmatrix} = \begin{bmatrix} A & L \\ 0 & 0 \end{bmatrix} \begin{bmatrix} \Delta x \\ \Delta h \end{bmatrix} + \begin{bmatrix} B \\ 0 \end{bmatrix} \Delta u + w \\ \Delta y = \begin{bmatrix} C & M \end{bmatrix} \begin{bmatrix} \Delta x \\ \Delta h \end{bmatrix} + D \Delta u + v \end{array}\right\} \tag{8.19}$$

为了在发动机整个工作范围内都能对其工作状态进行仿真,需要建立发动机大范围小偏差模型。该模型由足够多的分段线性化小偏差状态变量模型适当组合而成,采用多项式拟合的线性变参数 LPV 模型表述。LPV 模型在时变系统中占有重要的地位,其状态空间方程的系数矩阵中的每个元素是通过某些时变参数所确定的函数,并且这些时变参数是可测的或者是可以预知的,以高压转子转速为调度变量的涡扇发动机 LPV 模型的形式如下:

$$\left.\begin{array}{l} \Delta \dot{x}(t) = A(n_H) \Delta x + B(n_H) \Delta u + L(n_H) \Delta h \\ \Delta y(t) = C(n_H) \Delta x + D(n_H) \Delta u + M(n_H) \Delta h \\ \Delta z(t) = E(n_H) \Delta x + F(n_H) \Delta u + N(n_H) \Delta h \end{array}\right\} \tag{8.20}$$

为了验证以小扰动方法为基点模型经分段组合形成的大范围 LPV 模型的有效性,在 $H = 0$、$Ma = 0$ 时,对部件级模型和大范围 LPV 模型给定相同的供油规律,

图 8.11 对输出参数的仿真曲线进行了比较。这一过程的供油量变化规律:从慢车状态经历 1 000 s 增加到最大状态,在最大状态保持 100 s 后再减小到慢车状态。

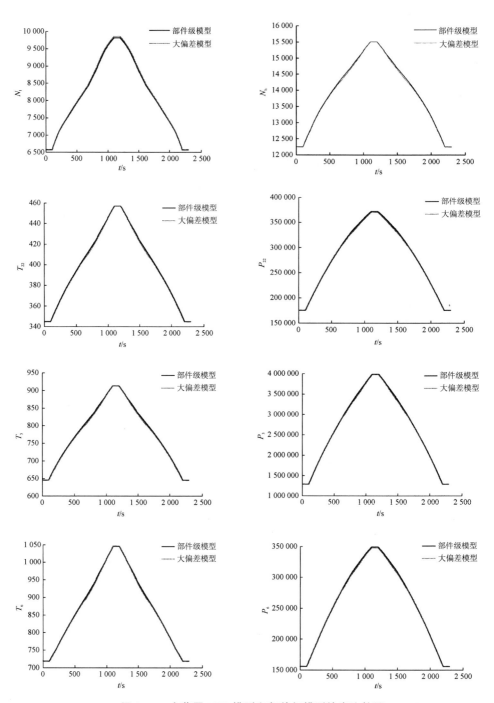

图 8.11 大范围 LPV 模型和部件级模型输出比较图

8.4.2　基于自适应动态模型的气路健康线性监视与诊断结构

为了提高健康参数估计准确性,需要消除稳态基点与非线性模型之间的建模误差。另外,发动机制造及安装公差也会使得同一型号发动机间的工作特性产生差异。稳态基点模型是在非线性模型的基础上获得的,因此,即使稳态基点模型与非线性模型之间不存在建模误差也无法保证稳态基点模型与实际发动机完全匹配。这些误差会导致卡尔曼滤波估计器对健康参数的估计不准确,从而引起气路性能分析系统对发动机的性能产生误判,发出错误警报。

在发动机准稳态工况下,混合模型工作主要有 2 种模式:

① 训练模式:将发动机控制量 u 转换为相似参数 u_c 输入到状态变量模型;其输出 y_s 与发动机相似转换输出 y_c 比较得到误差 $r = y_c - y_s$;将 u_c 作为神经网络训练输入,r 作为输出,训练神经网络,得到映射关系 $r = f(u_c)$。

② 估计模式:采用训练好的神经网络对发动机状态变量模型进行修正,采用卡尔曼滤波器对健康参数进行估计。

其基本流程如图 8.12 所示。

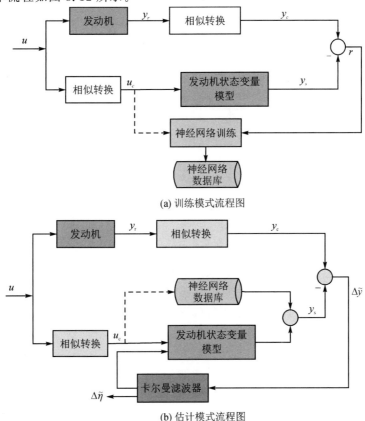

(a) 训练模式流程图

(b) 估计模式流程图

图 8.12　自适应混合模型结构图

对于神经网络经验模型而言,传统的方法是将包线中的飞行数据全部采集、记录后进行离线训练。待所有的飞行状态均通过神经网络经验建模后,在往后的飞行过程中就可以利用混合模型进行健康参数估计。但在实际过程中一两次飞行数据是无法得到全包线中不同工况下的所有数据的,而且得到的飞行数据过于庞大,神经网络训练极为耗时,容易引起神经网络训练饱和现象。由于在飞行过程中,准稳态的飞行数据在一段时间内都趋于相同,因此这些数据具有可压缩性。

在每次飞行过程中,如果飞行工作状态被确认已经经过了神经网络训练,则利用线性自适应混合模型实时估计发动机性能健康参数。否则,将采用高斯聚类方法对飞行数据进行实时聚类压缩。待飞行结束后,将聚类后的特征数据增加到神经网络训练样本集中,然后进行离线神经网络更新。这样,在下次飞行过程中,混合模型能够进行健康参数估计的工作区域将不断增多。当发动机在某些工作区域估计出健康参数发生了退化,则在新的工作区域聚类时,需要将退化信息进行分离,得到无退化情况下神经网络训练样本。增加高斯聚类后的自适应混合模型框架如图 8.13 所示。

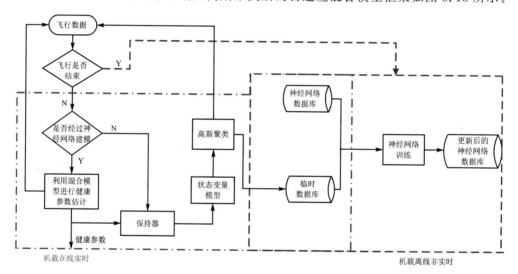

图 8.13 增加高斯聚类后的自适应混合模型框架

第一个阶段为图 8.13 中用点折线框表示的部分,它是机载在线运行的,这一部分主要是进行飞行数据的高斯聚类或者利用卡尔曼滤波器进行健康参数估计。其中,高斯聚类过程其实可以理解为飞行数据的压缩过程,主要是在飞行过程中实时处理并构建输入数据与输出数据簇,并将聚类后的特征数据存储在临时数据库中以备第二阶段使用。

第二阶段为图 8.13 中折线框表示的部分,它是非实时机载离线运行的。主要功能是待飞行结束后,检索临时数据库,以便发现现在此次飞行过程中是否有新的聚类数据被增加到临时数据库。针对一个新增了聚类数据的区域而言,该区域内的神经网络模块将加上新增的聚类数据重新训练,从而代替之前旧的神经网络模块。传统的训练方式是直接利用飞行数据进行网络训练,而高斯聚类神经网络训练方法是先将飞行数据进行聚类,然后利用聚类中心代替类中所有数据进行神经网络训练,这种方法可以极大地减少训练样本的规模,提高神经网络训练效率。

图 8.13 中保持器和状态变量模型主要用来在聚类过程中对发动机健康参数退化信息进行分离。保持器的作用是将卡尔曼滤波器健康参数估计结果保持到下一时刻,如果进入了聚类过程,则将健康参数的变化输入到状态变量模型中,从而去除了退化信息对输出误差的影响。

8.4.3　发动机气路健康状态的线性估计算法

卡尔曼滤波器是发动机自适应模型的另一关键构成部分,滤波器根据发动机与机载线性模型输出参数之间的残差向量估计状态变量与部件健康参数,并将其用于修正线性模型对应参数,从而保证线性模型对发动机工作状态跟踪。同时根据估计获得的健康参数跟踪发动机气路健康状态。

由于只有发动机的输出参数是直接可测的,卡尔曼滤波器可以通过系统输出参数估计系统的状态参数,因此,将发动机健康参数 Δp 增广为状态向量,得到发动机线性模型

$$
\begin{bmatrix} \Delta \dot{x} \\ \Delta \dot{h} \end{bmatrix} = \begin{bmatrix} A & L \\ 0 & 0 \end{bmatrix} \begin{bmatrix} \Delta x \\ \Delta h \end{bmatrix} + \begin{bmatrix} B \\ 0 \end{bmatrix} \Delta u + \omega
$$

$$
\Delta y = \begin{bmatrix} C & M \end{bmatrix} \begin{bmatrix} \Delta x \\ \Delta h \end{bmatrix} + D \Delta u + \nu
$$

$$(8.21)$$

对于真实发动机而言,除突发性事故损伤之外,其部件的性能退化是一个缓慢发展的过程,因此可以认为在一定时间内 Δh 保持恒定值。

设计卡尔曼滤波器为

$$
\begin{bmatrix} \Delta \dot{\hat{x}} \\ \Delta \dot{\hat{h}} \end{bmatrix} = \begin{bmatrix} A & L \\ 0 & 0 \end{bmatrix} \begin{bmatrix} \Delta \hat{x} \\ \Delta \hat{h} \end{bmatrix} + \begin{bmatrix} B \\ 0 \end{bmatrix} \Delta u + K(\Delta y - \Delta \hat{y})
$$

$$
\Delta \hat{y} = \begin{bmatrix} C & M \end{bmatrix} \begin{bmatrix} \Delta \hat{x} \\ \Delta \hat{h} \end{bmatrix} + D \Delta u
$$

$$(8.22)$$

式中,K 为卡尔曼滤波增益矩阵。由式(8.22)可见,通过增广发动机健康参数为状态参数,卡尔曼滤波器可以根据模型与对象输出量的偏差估计状态变量,从而得到部件健康参数估计结果。

8.4.4　基于动态模型的发动机气路健康线性监视与诊断算例

发动机机载自适应模型经过实时修正模块的补偿,能较真实地反映发动机在各

个工况下的性能状况。利用修正后的自适应模型进行发动机部件性能参数估计,在仿真过程中,以某型涡扇发动机的部件级模型代替真实发动机,修改部件的效率系数和流量系数以实现对不同退化情况的模拟。在地面标准状况下和 $H=0$、$Ma=0$ 状况下,发动机处于稳态 $PW_f=0.56$,$PA_8=1.0$ 时,根据表 8.2 部件性能参数变化特点,无故障运行 5 s 后模拟部件单一退化和双重退化时基于模型的诊断方法的效果。

单一退化:

风扇效率退化 2%,即 $C_{SE_{fan}}=0.98$;

压气机流量退化 2%,即 $C_{SW_{com}}=0.98$;

低压涡轮效率退化 2%,即 $C_{SE_{lt}}=0.98$。

双重退化:

高、低压涡轮效率同时退化 5%,即 $C_{SE_{ht}}=0.95$, $C_{SE_{lt}}=0.95$;

高、低压涡轮流量同时退化 5%,即 $C_{SW_{ht}}=0.95$, $C_{SW_{lt}}=0.95$。

图 8.14 和图 8.15 反映了在上述非额定工作状态下,机载自适应模型修正前后对部件性能参数的估计效果。从图 8.14 中可以看出,在部件发生单一退化时,未修正的基于模型的诊断方法不能准确诊断出何种部件退化,而修正后的模型则能较为准确地反映相关部件发生退化,且估计的性能退化量也在 0.02% 附近。图 8.15 说明了在多个部件同时发生退化时,修正后的自适应模型比未修正的更能真实地反映发动机实际的部件性能退化,且估计的性能量在 0.05% 左右。

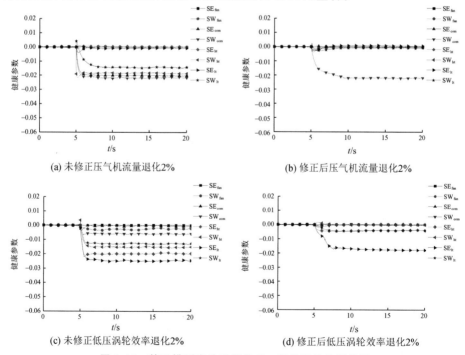

(a) 未修正压气机流量退化2% (b) 修正后压气机流量退化2%

(c) 未修正低压涡轮效率退化2% (d) 修正后低压涡轮效率退化2%

图 8.14　基于模型方法对部件单一部件退化分析效果

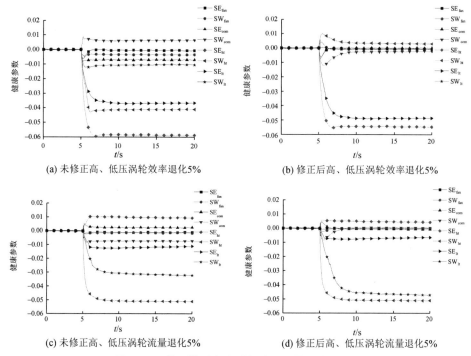

图 8.15　基于模型方法对部件双重故障诊断效果

│8.5　发动机气路分析的快速原型验证│

8.5.1　快速原型验证概述

健康管理快速原型技术主要是指在系统设计初期,通过自动代码生成技术将设计好的健康管理算法程序下载至硬件平台上,快速建立健康管理算法模型,并连接实际管理对象进行实时仿真。通过快速原型设计可以让开发者利用实际的 I/O 实现对模型进行反复测试,方便及时对每一个设计步骤进行验证,提前发现健康管理算法存在的问题,从而使算法得到快速调整和优化,从源头上将错误的引入降至最低,使健康管理系统设计开发的成果在不同阶段得到高度复用,加快复杂健康管理系统的开发,降低开发成本。

利用 NI CompactRIO 高性能嵌入式硬件平台和 LabVIEW 软件开发平台进行健康管理系统快速原型设计,构建开发了航空发动机健康管理系统快速原型仿真验证平台。该平台可以实现健康管理算法从设计、仿真到代码的自动生成与下载,实现实物在回路仿真过程的无缝集成。

航空发动机健康管理系统均有着任务复杂、实时性高、可靠性强等特点。在航空发动机的健康管理系统快速原型设计过程中需要满足以下设计需求：

① 实时性好。航空发动机所处的环境复杂多变。对于外部激励，发动机需能及时地做出响应来保证系统可靠地运行。良好的实时性有利于健康管理系统更好地反映实际的发动机工作状态，提高仿真结果的置信度。目前航空发动机中具有健康管理系统的控制器计算步长达到了毫秒级精度。

② 可靠性高。随着对航空发动机性能要求不断提高，其健康管理系统复杂度也逐渐上升（因其监控参数的增多、健康管理功能的增加），系统故障的发生率也随之增加，因而对健康管理系统的可靠性要求也越来越高。为了保证系统可靠性，要求健康管理系统的软件设计有一定的容错能力，硬件平台搭建需要稳定和安全可靠的硬件输入/输出口，避免快速原型健康管理系统在仿真运行过程中因噪声干扰或操作失误等非正常外在激励影响正常运行。

③ 通用性、扩展性好。对于不同型号的发动机和不同的健康管理要求，其所形成的健康管理系统的软硬件配置必然存在着差别，各种监控参数、诊断功能也不尽相同，所以设计的健康管理系统必须是一个具有通用性好、扩展性强的航空发动机健康管理系统。软件方面所涉及的健康管理算法程序需采用模块化思想实现程序的组态化设计，硬件方面需要构造有着高速且适应面广的 I/O 接口的硬件平台，这样原有的健康管理系统只需要局部地增加和删减部分功能就可以达到新的健康管理系统标准，符合快速原型开发技术中高效开发、低成本的要求。

④ 代码可移植性好。通过快速建立健康管理系统的部署至硬件，在硬件平台上实现实物在回路验证，对健康管理算法进行测试，根据测试结果不断对算法进行调试和验证直至满足指标。测试验证好的健康管理算法在实现产品化时，往往需要部署至发动机专有的嵌入式硬件上。这时需要健康管理算法的软件代码可移植性好，能快速高效地完成代码的移植，加速健康管理算法的产品化。

⑤ 强大的数据处理能力。发动机复杂度上升导致控制律复杂度、健康管理系统复杂度也随之提高，那么就需要其健康管理系统有着强大的运算能力、数据处理能力和多任务并行处理能力，保证健康管理算法能够进行高速实时的数据运算处理，确保各类任务能够及时处理。

⑥ 开发快速高效性。我国在研发动机 FADEC 系统在研制过程中，经常遇到控制参数需要反复调整的问题，设计健康管理系统的时候同样面临此问题。采用传统的开发模式按部就班，需要重新按照串行设计流程进行修改，涉及专业面广，各个环节交互少，开发效率低。为了快速、高效地构建发动机健康管理系统，需要系统的开发环境能够提供良好的人机交互方式、高效的编程开发途径，能够实现设计和仿真全过程的在线观测和修改，能及时方便对所发现的缺陷予以改正，从而提高开发效率。

根据以上航空发动机健康管理系统快速原型设计需求，应选择或设计合适的硬件接口建立硬件仿真平台，并选择合适的软件开发环境，从可靠性、可维护性、易扩展性等角度进行软件设计[36]，具体的发动机健康管理系统快速原型设计流程如图 8.16 所示：

　　① 基于物理规律或系统辨识建立发动机数学模型；

　　② 结合系统需求，利用 LabVIEW 控制设计与仿真工具针进行发动机健康管理算法的初步设计并建立健康管理系统模型；

　　③ 利用 LabVIEW 控制设计仿真工具对健康管理系统进行离线数字仿真；

　　④ 根据健康管理需求和快速原型控制器的接口资源，设计信号接口单元，配置健康管理系统的输入、输出接口；

　　⑤ 将健康管理模型自动生成实时代码，下载到快速原型控制器上；

　　⑥ 利用发动机快速原型实时仿真平台对健康管理方法进行实物在回路（HIL）仿真；

　　⑦ 根据试验结果修正、优化初步设计的健康管理系统。

　　上述过程可以快速循环进行，极大地提高了发动机健康管理系统的开发效率。

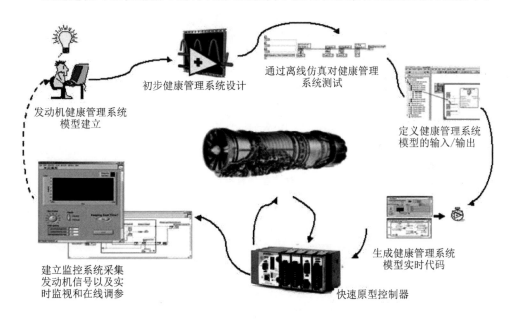

图 8.16　发动机健康管理系统快速原型设计流程

8.5.2　气路健康诊断的快速原型平台设计

　　健康管理系统的快速原型仿真平台需要满足安全可靠、实时性高、控制精度高、可处理复杂任务、开发和维护方便、提供数据监视和回放功能、代码移植性高等要求。基于以上需求分析，采用快速原型技术构建了基于虚拟仪器语言 LabVIEW 和 CompactRIO 平台的航空发动机健康管理系统快速原型仿真平台，其整体结构如图 8.17

所示。整个平台采用模块化思想构建,由两台 PC 兼容机、两台 NI CompactRIO、若干 C 系列可热插拔模块和网络通信设备组成。按功能分类,该平台主要有 4 部分:主工作站、发动机模拟器、信号接口单元、快速原型控制器。

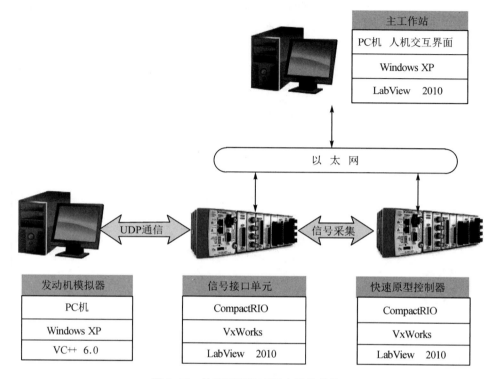

图 8.17 快速原型仿真平台整体结构

(1) 主工作站

主工作站硬件为一台配有网卡的 PC 兼容机,软件为 LabVIEW 图形化编程语言,开发环境为 Windows XP 操作系统。

主工作站负责硬件在回路仿真前进行快速原型控制器中控制算法和健康管理算法的代码自动生成并部署,设置快速原型控制器和信号接口单元中的相关参数。硬件在回路仿真时,实时进行状态监测。主工作站人机交互界面主要包括号接口单元的参数设定、实时监测、传感器故障诊断、健康参数退化估计这 4 个子面板,由此可以直观地观察诊断效果和进行数据回放。

(2) 发动机模拟器

发动机模拟器硬件为一台配有网卡的计算机兼容机,软件为 VC++6.0,开发环境为 Windows XP 操作系统。

发动机模拟器负责硬件在回路仿真中实时运行数学模型程序,注入发动机传感器故障和气路部件故障,并将带有故障信号的发动机参数通过信号接口单元传递给快速原型控制器,同时接收控制器部分传递过来的控制量信号,实时更新发动机的状态。其数学模型程序包括执行机构模型和发动机数学模型。

(3) 信号接口单元

信号接口单元硬件采用的是 NI CompactRIO，包括 NI 9024 控制器、NI 9117 机箱、NI C 系列 32 通道 DIO 模块 9403 和 16 通道 AO 模块 9264；软件为 LabVIEW 图形化编程语言；开发环境为 VxWorks 操作系统。

信号接口单元主要用来模拟传感器值，实现数模（digital/Analog）转换功能以及传感器实时传输特性。这一部分是数字仿真所不具备的，是进行算法硬件在回路仿真验证所必不缺少的一部分。

(4) 快速原型控制器

快速原型控制器的硬件为 NI CompactRIO，包括 NI 9024 控制器、NI 9117 机箱、NI C 系列 8 通道 DIO 模块 9401 和 32 通道 AI 模块 9205；软件为 LabVIEW 图形化编程语言；开发环境为 VxWorks 操作系统。

快速原型控制器具有发动机系统控制功能和包含性能分析与恢复等健康管理功能。快速原型控制器负责采集信号接口单元生成的信号，通过从主工作站加载的控制算法和健康管理算法进行硬件在回路仿真，实现发动机的系统控制、实时监测、传感器故障诊断、气路健康参数退化估计、性能恢复等功能。

航空发动机电子控制器中具有包括温度、压力、转速、位置、电磁阀、电液伺服阀和油泵等多种类型的传感器和执行机构信号。虽然种类繁多，但是可以把这些传感器和执行机构的信号归纳为电压、电流、频率和离散开关量等类型。用于航空发动机控制和健康管理系统中常见的发动机测量参数有转速、温度和压力，与之对应的传感器信号分别为频率信号、热电偶信号以及压阻信号。

快速原型控制器中主要包括信号采集、系统控制、健康管理 3 部分，其功能结构示意图如图 8.18 所示。系统控制这部分用来部署运行发动机控制算法；健康管理这部分主要用来部署运行健康管理算法，输出发动机相关控制量、监控参数和诊断结果；信号采集这部分用来接收信号接口单元产生的测量信号，采集并将其转换成数字信号供系统控制和健康管理执行。其中信号采集这部分的实现方式：

图 8.18　快速原型控制器功能的结构示意图

系统接收来自信号接口单元的信号，需要模拟控制系统计算机的功能采集这些信号并将其转换成数字信号，供回路控制和健康管理部分使用。

将 9401 DIO 模块配置成输入通道，实时采集信号接口单元输出的转速频率信号。可以采用以下方式进行转速频率信号的测量。

LabViIEW 的 FPGA 工具包引入了一种新的 FPGA 编程模式,即扫描方式。在扫描方式下,用户不需要对 FPGA 进行任何编程,RI 会直接用 I/O 变量映射 C 模块的 I/O。扫描方式支持的最高扫描频率为 1 000 Hz,该扫描方式适合扫描频率为 1 000 Hz 以下的数据采集,不适合高速数据采集。扫描方式下可以通过对计数方式的属性配置来进行频率信号的测量。

在健康管理系统快速原型研究过程中,发动机模拟器、快速原型控制器之间都需要进行交互操作,如输出发动机运行参数、控制器返回控制量、健康管理系统返回估计的健康参数等。另外,整个平台通过部分硬件相互连接,其必然涉及数据通信的问题。传统的开发方式,一般需要对网络通信接口进行编程设计,如串行总线 RS232、RS422、RS485 通信等,这些开发设计往往需要花费较多时间。为了提高开发效率,须对快速原型平台上的网络通信功能进行封装,使操作过程简化。

图 8.19 给出了快速原型平台中各模块之间的数据通信。发动机模拟器和信号接口单元两个不同平台不同开发环境之间采用 UDP 进行通信,快速原型控制器与发动机模拟器之间也采用 UDP 进行通信,该通信方式响应速度比较快,传输速率高。信号接口单元和快速原型控制器之间通过物理连接,实现信号生成与采集。主工作站与信号接口单元、快速原型控制器之间用以太网连接,采用 LabVIEW 自带的共享变量,可以快捷可靠地在相同开发环境间传输数据。

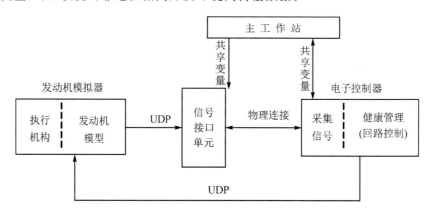

图 8.19 各模块之间的数据通信

8.5.3 气路健康诊断的快速原型仿真验证

1. 气路故障诊断

在 $t=5$ s 时分别向发动机模拟器中注入两种气路部件故障:① 高压压气机效率退化 5%;② 风扇效率退化 3%、风扇流量退化 1.5%、高压涡轮流量退化 5%(三者同时发生退化)。然后将带有故障的测量参数通过信号接口单元转化为真实的传感器模拟信号,快速原型控制器采集系统采集信号供气路故障诊断算法模型使用,进行气路参数退化估计,估计效果如图 8.20 所示。

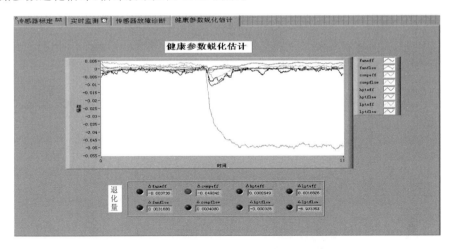

(a) 压气机效率发生退化诊断图

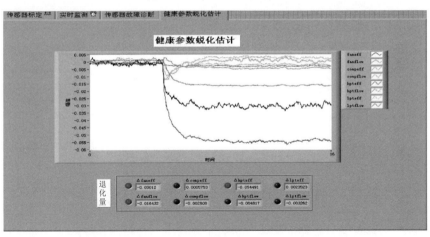

(b) 风扇效率、流量、高压涡轮效率同时发生退化诊断图

图 8.20　人机交互界面下气路健康参数退化估计面板

图 8.20 中 faneff、fanflow、compeff、compflow、hpteff、lpteff、hptflow、lptflow 这 8 个量分别代表风扇效率退化量、风扇流量退化量、压气机效率退化量、压气机流量退化量、高压涡轮效率退化量、高压涡轮流量退化量、低压涡轮效率退化量、低压涡轮流量退化量,图中红色圆点代表退化量较大的参数。从图 8.20(a)可得高压压气机效率退化量为 5.15%,估计的误差为 0.15%。从图 8.20(b)可得风扇效率退化量为 3.012%,风扇流量退化量为 1.64%,高压涡轮效率退化量为 5.44%。因此可见该算法有效地进行了气路部件故障的诊断。

2. 传感器故障诊断隔离仿真

在 $t = 5$ s 时,给发动机模拟器中温度传感器 T_{22} 注入 5% 的突变故障,然后将带有故障的测量参数通过信号接口单元转化为真实的传感器模拟信号。快速原型控制器采集系统采集信号供传感器故障诊断算法模型使用,故障诊断算法进行传感器突变故障诊断,诊断效果如图 8.21 所示。

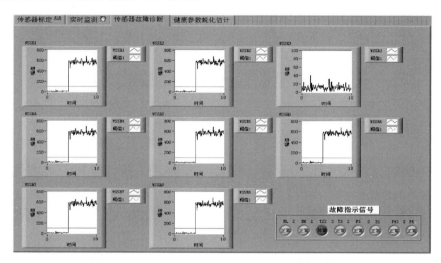

图 8.21 人机交互界面下传感器故障诊断面板

图 8.21 给出了此时主工作站的人机交互界面下的传感器故障诊断面板。设定的传感器阈值为 100。图中 WSSR1 - WSSR8 分别代表传感器 NL、NH、T_{22}、T_3、P_3、P_{43}、T_5、P_6 的故障指示信号。从图中的诊断结果可以看到当 $t = 5$ s 时,WSSR1 - WSSR8 中除了 WSSR3 未发生突变超过设定阈值,其余都发生突变超过设定的阈值,说明传感器 T_{22} 发生了突变故障。右下角的故障指示信号形象地警示了发生故障的为传感器 T_{22}。可见传感器故障诊断系统能有效地进行传感器故障的诊断定位并发出报警信号。

| 参考文献 |

[1] CURNOCK B. Obidicote project—work package 4: steady-state test cases: Tech. Report DNS62433[R]. Manchester, Rolls-Royce PLC, 2000.

[2] URBAN L A. Gas path analysis applied to turbine engine condition monitoring [J]. Journal of Aircraft, 1973, 10(7): 400-406.

[3] 范作民,孙春林,林兆福. 发动机故障诊断的主因子模型[J]. 航空学报,1993

(12)：588-595.

[4] DOEL D L. Temper—a gas-path analysis tool for commercial jet engines[J]. Journal of Engineering for Gas Turbines and Power，1994，116(1)：89-92.

[5] LUPPOLD R，ROMAN J，GALLOPS G，et al. Estimating in-flight engine performance variations using Kalman filter concepts[C]//25th Joint Propulsion Conference. Monterey，CA，USA：AIAA，1989：2584.

[6] BROTHERTON T，VOLPONI A，LUPPOLD R，et al. eSTORM：enhanced self-tuning on-board real-time engine model[C]//2003 IEEE Aerospace Conference Proceedings. Big Sky，MT，USA：IEEE，2003，7：3075-3086.

[7] VOLPONI A，SIMON D L. Enhanced self tuning on-board real-time model (eSTORM) for aircraft engine performance health tracking：NASA/CR-2008-215272[R]. Washington：NASA，2008.

[8] 郝英. 基于智能技术的民航发动机故障诊断和寿命预测研究[D]. 南京：南京航空航天大学，2006.

[9] 黄伟斌. 发动机健康管理的自适应机载实时模型[D]. 南京：南京航空航天大学，2007.

[10] DOANE P，KINLEY W. F/A-18A inflight engine condition monitoring system（IECMS）[C]//19th Joint Propulsion Conference. Seattle，WA，USA：AIAA，1983：1237.

[11] SIMON D，SIMON D L. Aircraft turbofan engine health estimation using constrained Kalman filtering[C]//Turbo Expo：Power for Land，Sea，and Air. Atlanta，Georgia，USA：ASME，2003：485-492.

[12] 张鹏，黄金泉. 基于双重卡尔曼滤波器的发动机故障诊断[J]. 航空动力学报，2008，25(05)：952-956.

[13] 黄伟斌，黄金泉. 航空发动机故障诊断的机载自适应模型[J]. 航空动力学报，2008，23(03)：580-584.

[14] 陈毅，黄金泉，张鹏. 航空发动机控制系统传感器 FDIA 系统仿真[J]. 航空动力学报，2008，23(02)：396-400.

[15] 张鹏，黄金泉. 航空发动机气路故障诊断的平方根 UKF 方法研究[J]. 航空动力学报，2008，23(01)：169-173.

[16] DEWALLEF P，LE′ONARD O. On-line performance monitoring and engine diagnostic using robust Kalman filtering techniques[C]//Turbo Expo：Power for Land，Sea，and Air. Atlanta，Georgia，USA：ASME，2003：395-403.

[17] MERRILL W C，DELAAT J C，BRUTON W M. Advanced detection，isolation，and accommodation of sensor failures-Real-time evaluation[J]. Journal of Guidance，Control，and Dynamics，1988，11(6)：517-526.

[18] KOBAYASHI T, SIMON D L. Application of a bank of Kalman filters for aircraft engine fault diagnostics[C]//Turbo Expo: Power for Land, Sea, and Air. Atlanta, Georgia, USA: ASME, 2003: 461-470.

[19] TAYARANI-BATHAIE S S, VANINI Z N S, KHORASANI K. Dynamic neural network-based fault diagnosis of gas turbine engines[J]. Neurocomputing, 2014, 125: 153-165.

[20] SVÄRD C, NYBERG M, FRISK E, et al. Automotive engine FDI by application of an automated model-based and data-driven design methodology[J]. Control Engineering Practice, 2013, 21(4): 455-472.

[21] JOLY R B, OGAJI S O T, SINGH R, et al. Gas-turbine diagnostics using artificial neural-networks for a high bypass ratio military turbofan engine[J]. Applied energy, 2004, 78(4): 397-418.

[22] KOBAYASHI T, SIMON D L. A hybrid neural network-genetic algorithm technique for aircraft engine performance diagnostics[C]//37th AIAA/ASME/SAE/ASEE Joint Propulsion Conference and Exhibit. Salt Lake City, UT, USA: AIAA, 2001: 3763.

[23] 翟旭升, 谢寿生, 苗卓广, 等. 基于 T-S 模糊模型的航空发动机非线性分布式控制系统故障诊断[J]. 航空动力学报, 2013, 28(06): 1429-1435.

[24] DIMOGIANOPOULOS D, HIOS J, FASSOIS S. Aircraft engine health management via stochastic modelling of flight data interrelations[J]. Aerospace Science and Technology, 2012, 16(1): 70-81.

[25] 周剑波, 鲁峰, 黄金泉. 基于灰色关联分析的航空发动机气路部件故障诊断[J]. 推进技术, 2011, 32(01): 140-145.

[26] ROEMER M J, KACPRZYNSKI G J, ORSAGH R F. Assessment of data and knowledge fusion strategies for prognostics and health management[C]//2001 IEEE Aerospace Conference Proceedings. Big Sky, MT, USA: IEEE, 2001, 6: 2979-2988.

[27] VOLPONI A, BROTHERTON T, LUPPOLD R. Development of an information fusion system for engine diagnostics and health management[C]//AIAA 1st Intelligent Systems Technical Conference. Chicago, Illinois, USA: AIAA, 2004: 6461.

[28] 孙健国. 现代航空发动机多变量控制系统[M]. 北京: 北京航天航空大学出版社, 2005.

[29] 鲁峰, 黄金泉, 吕怡秋, 等. 基于非线性自适应滤波的发动机气路部件健康诊断方法[J]. 航空学报, 2013, 34(11): 2529-2538.

[30] LU F, LV Y Q, HUANG J Q, et al. A model-based approach for gas turbine

engine Performance optimal estimation[J]. Asian Journal of Control，2013，15(6)：1794-1808.

[31] 鲁峰，黄金泉，陈煜. 航空发动机部件性能故障融合诊断方法研究[J]. 航空动力学报，2009，24(07)：1649-1653.

[32] 佘云峰，黄金泉，鲁峰. 涡轴发动机自适应混合诊断模型高斯加权聚类方法[J]. 航空动力学报，2011，26(05)：1178-1184.

[33] 鲁峰，黄金泉，佘云峰. 航空发动机状态变量模型的 QPSO 寻优混合求解法[J]. 推进技术，2011，32(05)：722-72.

[34] 鲁峰，黄金泉，孔祥天. 涡扇发动机故障诊断的快速原型设计[J]. 航空动力学报，2012，27(02)：431-437.

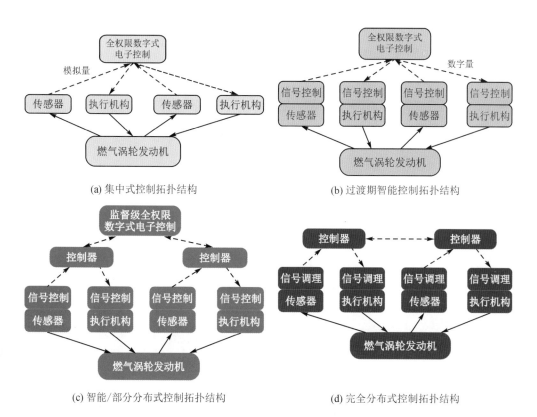

(a) 集中式控制拓扑结构

(b) 过渡期智能控制拓扑结构

(c) 智能/部分分布式控制拓扑结构

(d) 完全分布式控制拓扑结构

图 1.2　控制系统拓扑结构

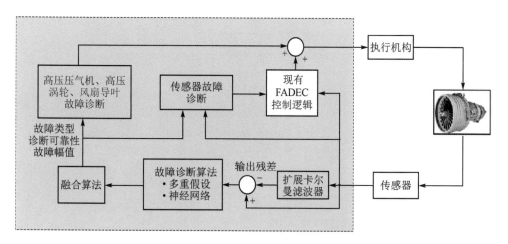

图 1.3　基于模型的容错控制系统结构

1

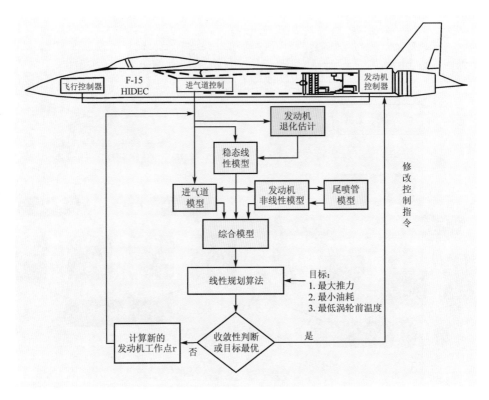

图 1.4 F100 发动机性能寻优结构

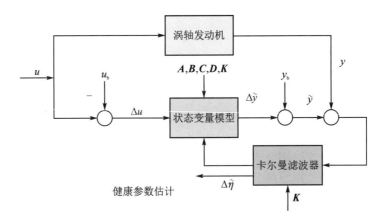

图 2.9 涡轴发动机自适应模型结构原理图

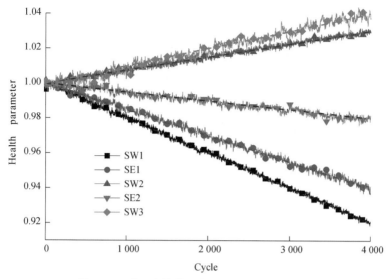

图 2.16 地面点性能渐变退化时气路状态估计

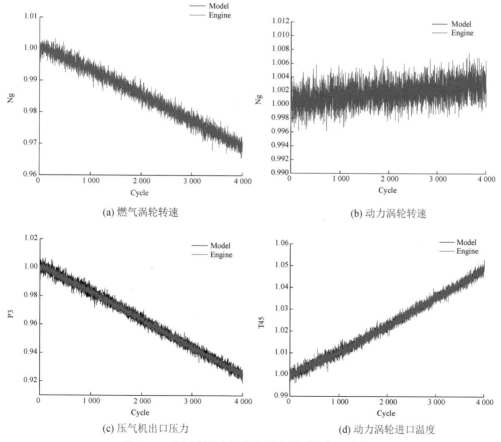

(a) 燃气涡轮转速

(b) 动力涡轮转速

(c) 压气机出口压力

(d) 动力涡轮进口温度

图 2.17 地面点渐变退化自适应模型输出跟踪情况

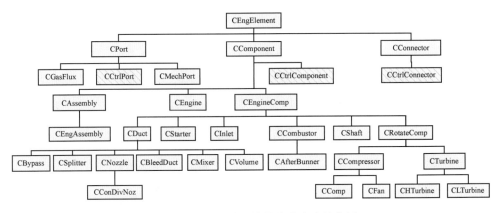

图 2.18　涡扇发动机性能仿真类库结构图

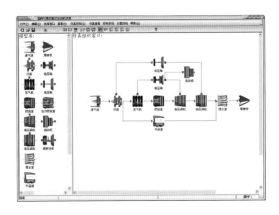

图 2.20　航空发动机性能仿真程序界面

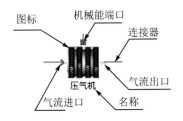

图 2.21　压气机部件图标

图 2.22　单点稳态仿真界面

图 2.23　动态仿真参数设置对话框

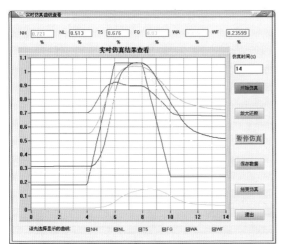

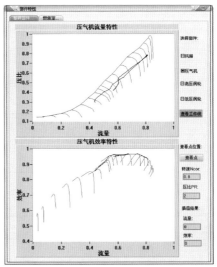

图 2.24　实时动态仿真界面　　　　　　图 2.25　查看部件特性图动态工作线

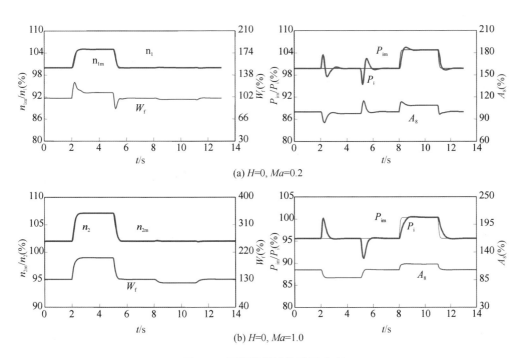

(a) $H=0$, $Ma=0.2$

(b) $H=0$, $Ma=1.0$

图 3.4　闭环控制系统阶跃响应

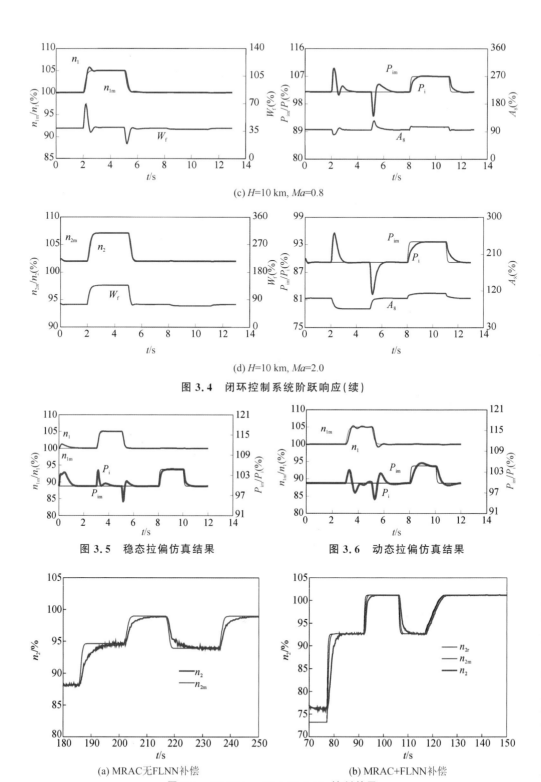

(c) $H=10$ km, $Ma=0.8$

(d) $H=10$ km, $Ma=2.0$

图 3.4   闭环控制系统阶跃响应(续)

图 3.5   稳态拉偏仿真结果

图 3.6   动态拉偏仿真结果

(a) MRAC无FLNN补偿

(b) MRAC+FLNN补偿

图 3.9 $H=5$ km, $Ma=0.7$, N_2 控制效果

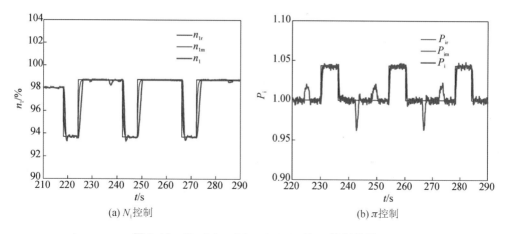

(a) N_1 控制   (b) π 控制

图 3.10 $H=2$ km, $Ma=0.4$, N_1 和 π 控制效果

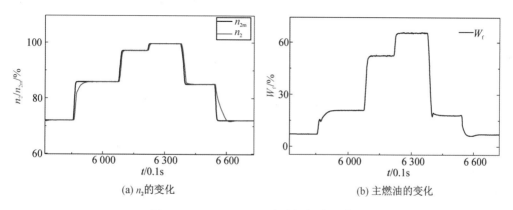

(a) n_2 的变化   (b) 主燃油的变化

图 3.11 $H=0$, $Ma=0$ 点油门杆阶跃试验

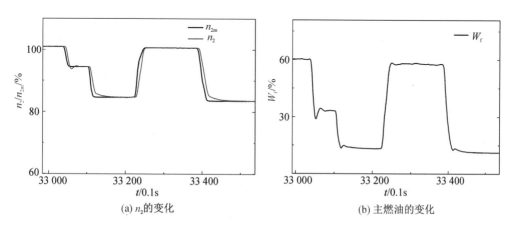

(a) n_2 的变化   (b) 主燃油的变化

图 3.12 $H=5$ km, $Ma=1$ 油门杆阶跃试验

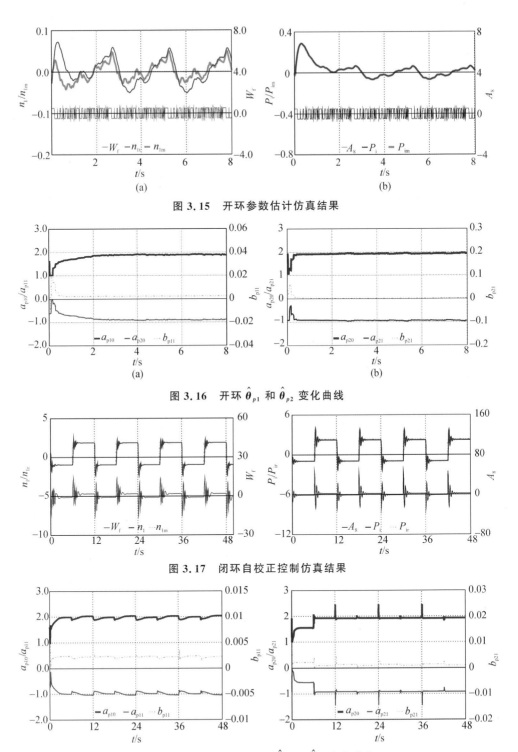

图 3.15 开环参数估计仿真结果

图 3.16 开环 $\hat{\boldsymbol{\theta}}_{p1}$ 和 $\hat{\boldsymbol{\theta}}_{p2}$ 变化曲线

图 3.17 闭环自校正控制仿真结果

图 3.18 闭环自校正控制 $\hat{\boldsymbol{\theta}}_{p1}$ 和 $\hat{\boldsymbol{\theta}}_{p2}$ 变化曲线

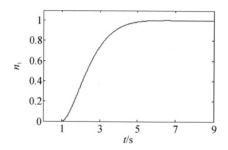

图 3. 20　ALQR 闭环输出响应曲线

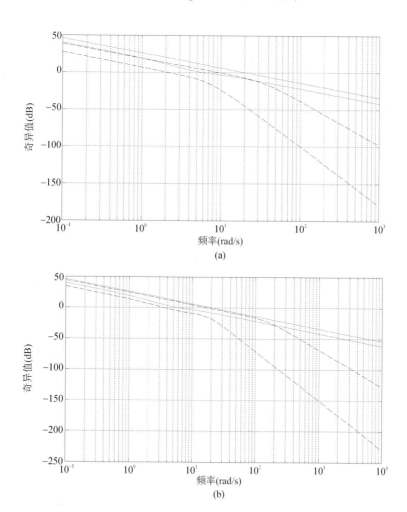

图 3. 23　回路增益的奇异值曲线：(a) $q = 10^5$；(b) $q = 10^8$；(c) $q = 10^{15}$

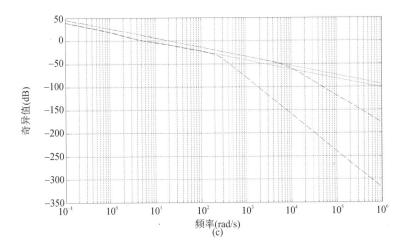

图 3.23 回路增益的奇异值曲线：(a) $q=10^5$；(b) $q=10^8$；(c) $q=10^{15}$（续）

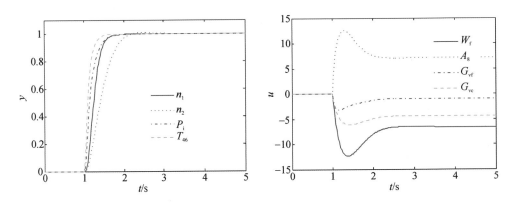

图 3.27 线性系统阶跃响应曲线

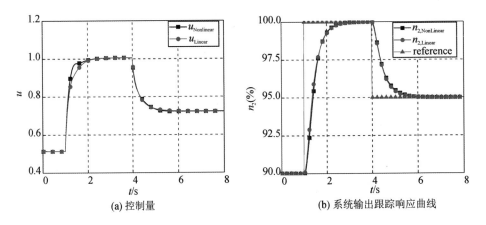

(a) 控制量   (b) 系统输出跟踪响应曲线

图 3.28 闭环系统阶跃响应仿真曲线

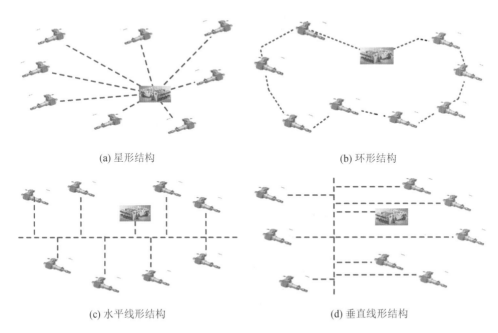

(a) 星形结构   (b) 环形结构

(c) 水平线形结构   (d) 垂直线形结构

图 4.1　不同分布式控制系统拓扑结构

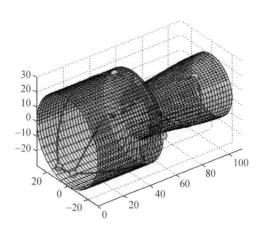

图 4.9　双环拓扑结构立体图

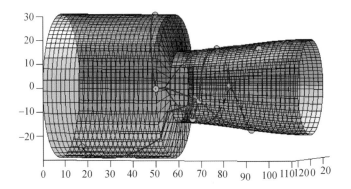

图 4.15 $L = 26.58$ m 个体的立体效果图

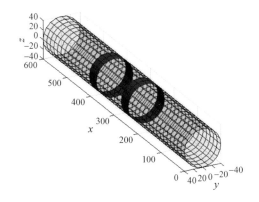

图 4.24 发动机机匣网格模型及高温区

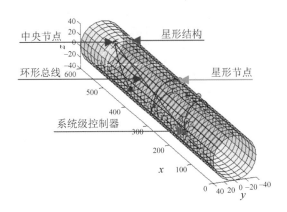

图 4.29 TBCC 优化后混合拓扑结构立体图

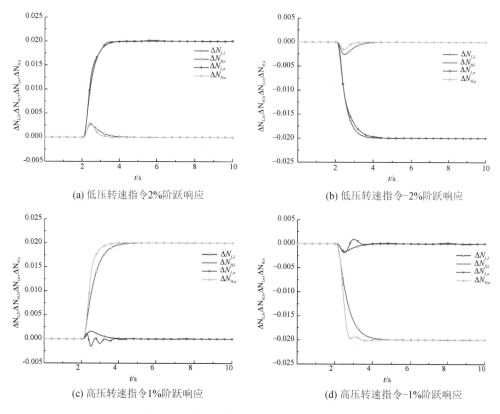

(a) 低压转速指令2%阶跃响应   (b) 低压转速指令-2%阶跃响应

(c) 高压转速指令1%阶跃响应   (d) 高压转速指令-1%阶跃响应

图 4.32　航空发动机 H_∞ 鲁棒控制仿真结果

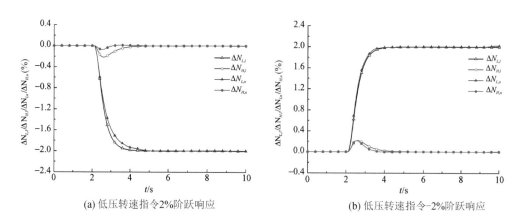

(a) 低压转速指令2%阶跃响应   (b) 低压转速指令-2%阶跃响应

图 4.33　航空发动机多性能最优鲁棒跟踪控制仿真结果

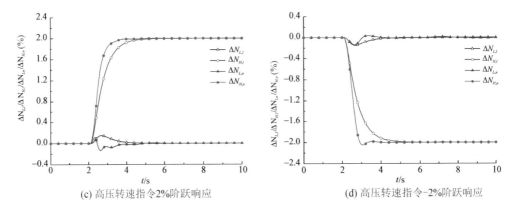

(c) 高压转速指令2%阶跃响应

(d) 高压转速指令-2%阶跃响应

图 4.33 航空发动机多性能最优鲁棒跟踪控制仿真结果(续)

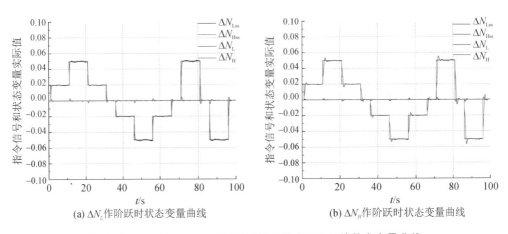

(a) ΔN_L作阶跃时状态变量曲线

(b) ΔN_H作阶跃时状态变量曲线

图 4.34 H_∞/Leitmann 时延跟踪控制器作用下系统状态变量曲线

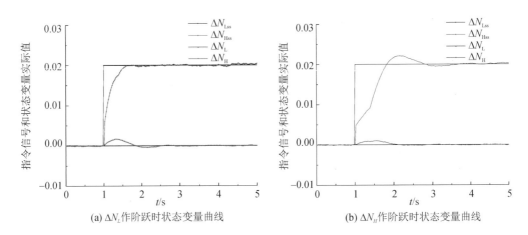

(a) ΔN_L作阶跃时状态变量曲线

(b) ΔN_H作阶跃时状态变量曲线

图 4.35 H_∞/Leitmann 时延跟踪控制器作用下系统状态变量曲线局部放大图

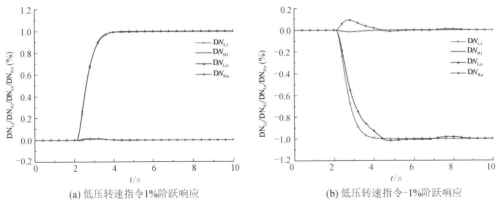

(a) 低压转速指令1%阶跃响应　　　　　　　(b) 低压转速指令-1%阶跃响应

图 4.37　±1%低压转速指令信号的非线性模型响应曲线

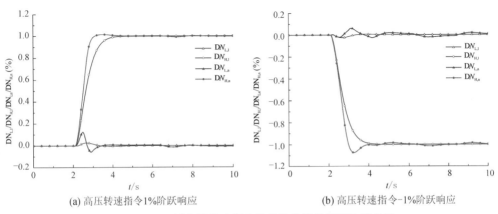

(a) 高压转速指令1%阶跃响应　　　　　　　(b) 高压转速指令-1%阶跃响应

图 4.38　±1%高压转速指令信号的非线性模型响应曲线

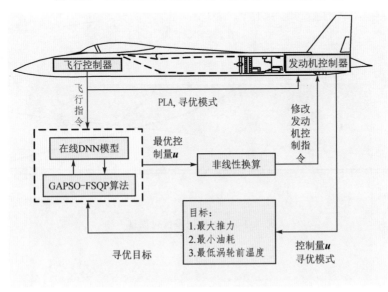

图 7.1　性能寻优结构图

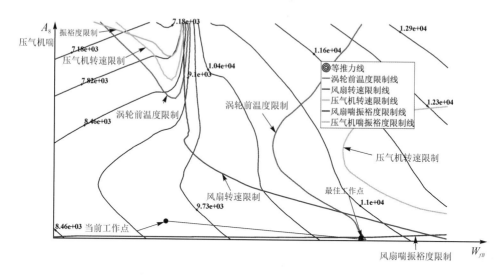

图 7.2 最大推力优化原理

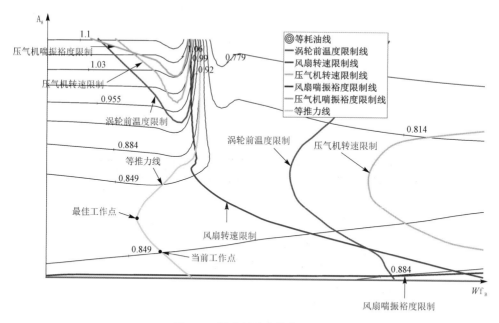

图 7.3 最小耗油率优化原理

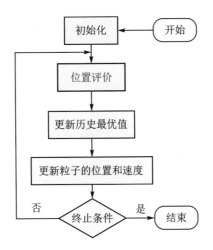

图 7.4 常规 PSO 算法流程图

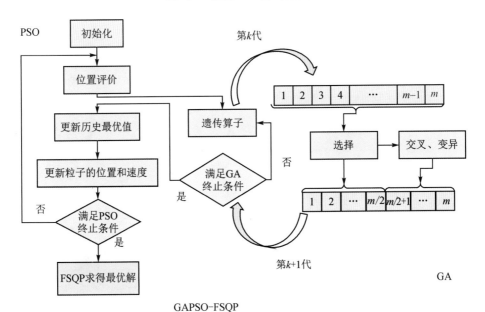

图 7.5 GAPSO - FSQP 的算法流程图

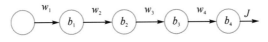

图 7.6 5 层神经网络图

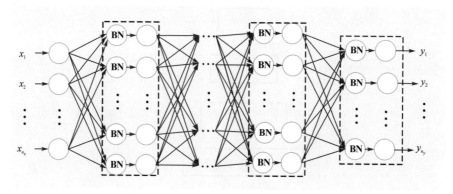

图 7.7　BN 神经网络

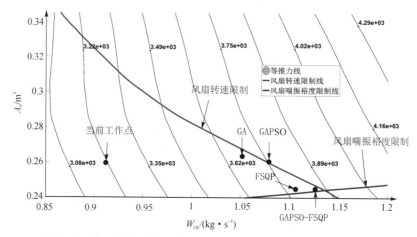

图 7.15　最大安装推力寻优轨迹($H=10$ km,$Ma=0.8$,PLA$=70°$)

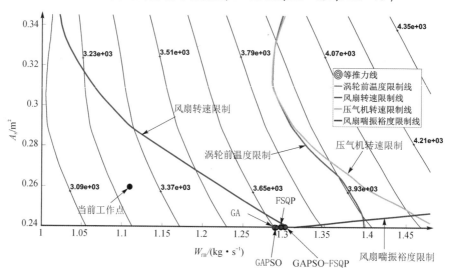

图 7.16　最大安装推力模式寻优轨迹($H=13$ km,$Ma=1.3$,PLA$=70°$)

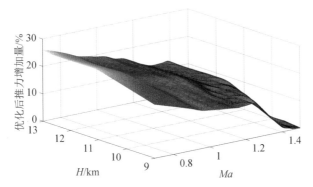

图 7.17 最大安装推力模式安装推力增加量

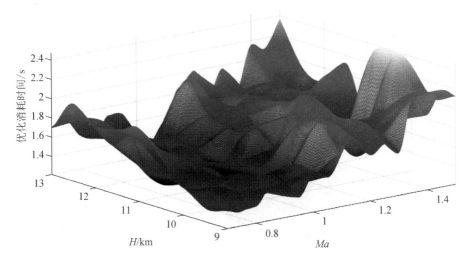

图 7.18 最大安装推力模式程序运行时间

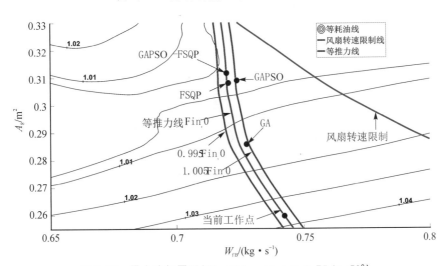

图 7.19 最小油耗原理($H=12\ \mathrm{km}$, $Ma=0.9$, PLA$=50°$)

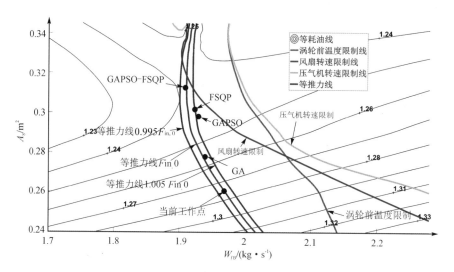

图 7.20 最小油耗模式寻优轨迹（$H=10\text{km}$，$Ma=1.4$，$\text{PLA}=70°$）

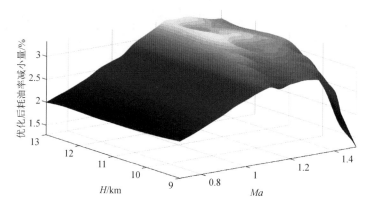

图 7.21 最小油耗模式油耗下降量

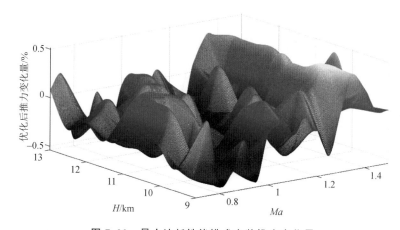

图 7.22 最小油耗性能模式安装推力变化量

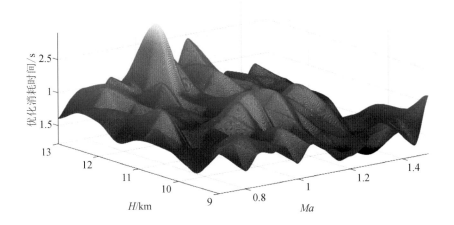

图 7.23 最小油耗模式程序运行时间

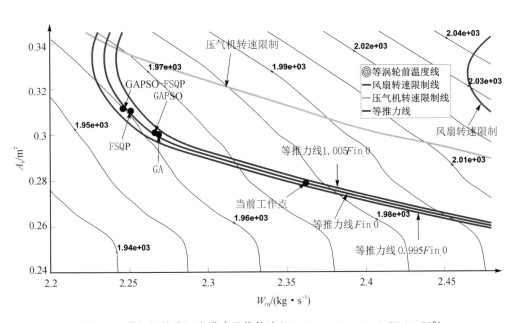

图 7.24 最低涡轮前温度模式寻优轨迹($H=9$ km,$Ma=1.5$,PLA$=70°$)

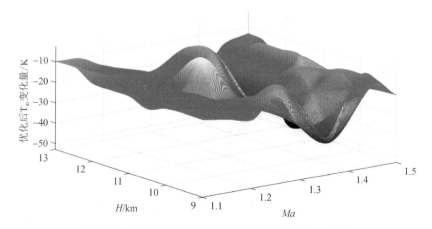

图 7.25　最低涡轮前温度性能模式涡轮前温度下降量

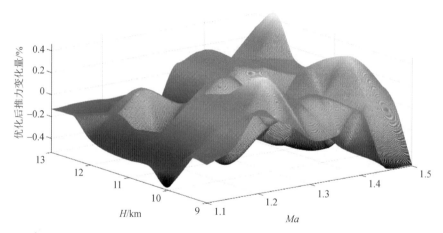

图 7.26　最低涡轮前温度性能模式安装推力变化量

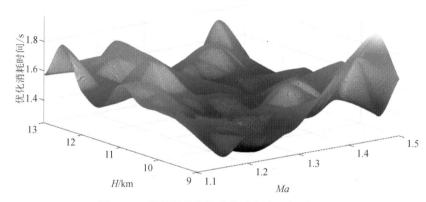

图 7.27　最低涡轮前温度模式程序运行时间

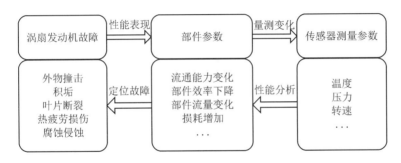

图 8.1　发动机气路故障表征基本原理

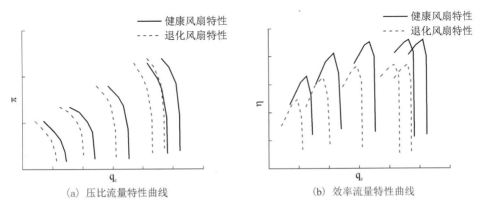

（a）压比流量特性曲线　　　　　　　（b）效率流量特性曲线

图 8.2　发动机风扇效率、流量均退化 5% 时的风扇特性曲线图

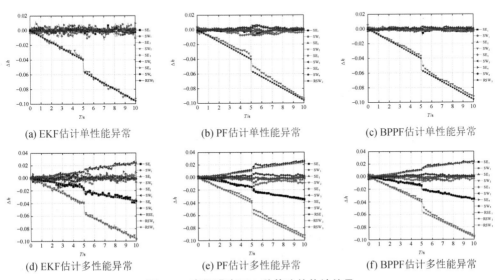

(a) EKF估计单性能异常　　　(b) PF估计单性能异常　　　(c) BPPF估计单性能异常

(d) EKF估计多性能异常　　　(e) PF估计多性能异常　　　(f) BPPF估计多性能异常

图 8.6　高斯噪声下 3 种算法的估计结果

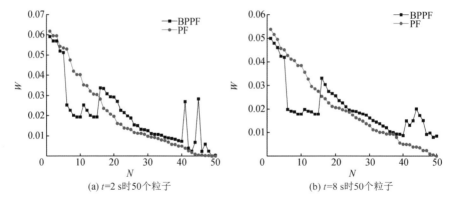

(a) t=2 s时50个粒子　　　　(b) t=8 s时50个粒子

图 8.7　t=2 s 和 t=8 s 时粒子的重要性权值分布

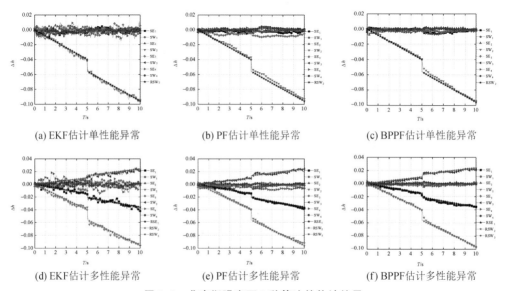

(a) EKF估计单性能异常　　(b) PF估计单性能异常　　(c) BPPF估计单性能异常

(d) EKF估计多性能异常　　(e) PF估计多性能异常　　(f) BPPF估计多性能异常

图 8.8　非高斯噪声下 3 种算法的估计结果

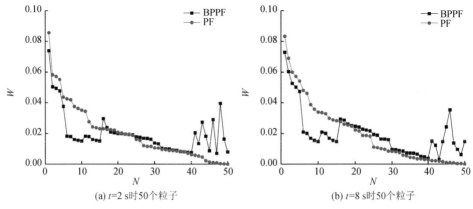

(a) t=2 s时50个粒子　　　　(b) t=8 s时50个粒子

图 8.9　t=2 s 和 t=8 s 时粒子的重要性权值分布

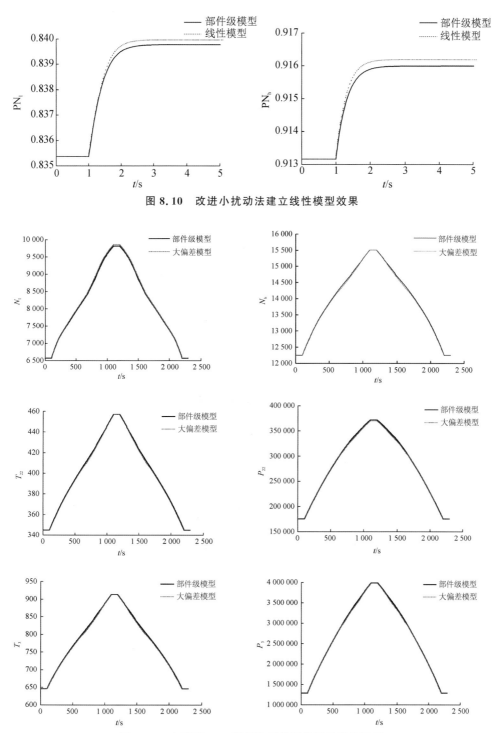

图 8.10　改进小扰动法建立线性模型效果

图 8.11　大范围 LPV 模型和部件级模型输出比较图

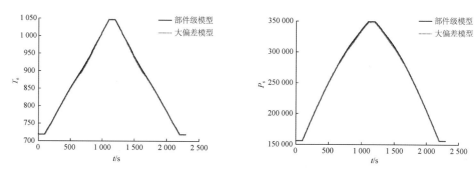

图 8.11 大范围 LPV 模型和部件级模型输出比较图(续)

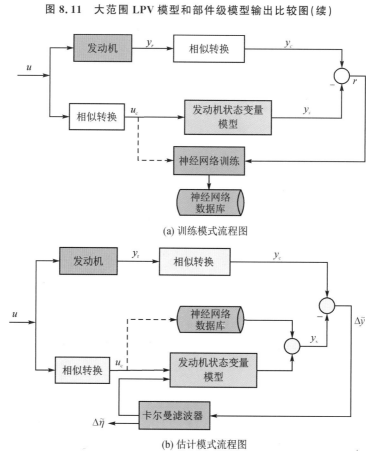

(a) 训练模式流程图

(b) 估计模式流程图

图 8.12 自适应混合模型结构图

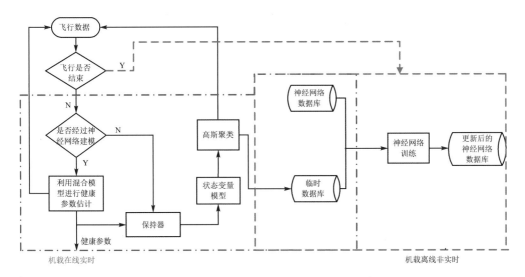

图 8.13　增加高斯聚类后的自适应混合模型框架

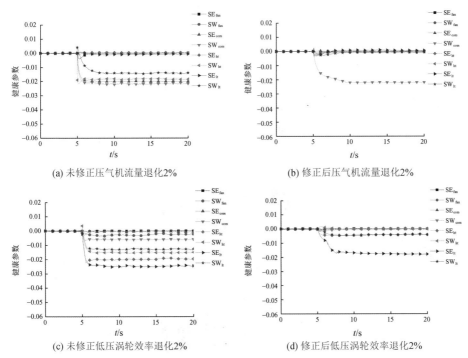

(a) 未修正压气机流量退化2%

(b) 修正后压气机流量退化2%

(c) 未修正低压涡轮效率退化2%

(d) 修正后低压涡轮效率退化2%

图 8.14　基于模型方法对部件单一部件退化分析效果

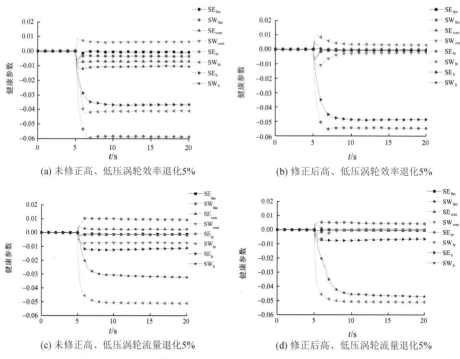

(a) 未修正高、低压涡轮效率退化5%　　　　(b) 修正后高、低压涡轮效率退化5%

(c) 未修正高、低压涡轮流量退化5%　　　　(d) 修正后高、低压涡轮流量退化5%

图 8.15　基于模型方法对部件双重故障诊断效果

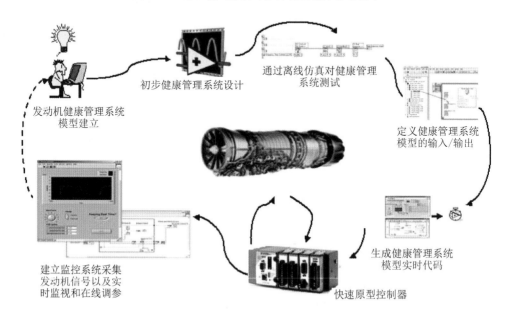

图 8.16　发动机健康管理系统快速原型设计流程

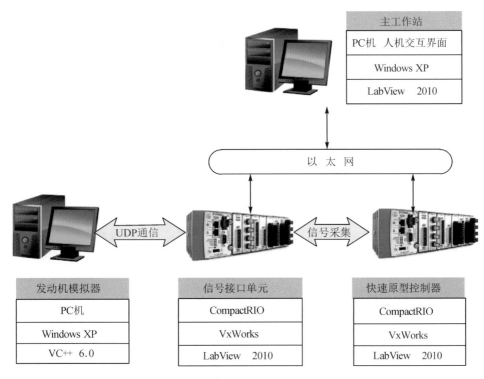

图 8.17　快速原型仿真平台整体结构

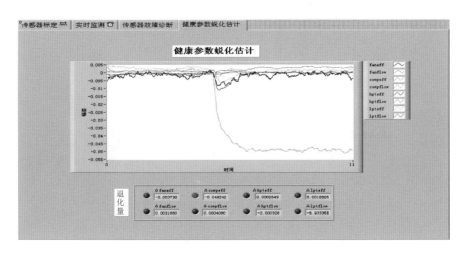

(a) 压气机效率发生退化诊断图

图 8.20　人机交互界面下气路健康参数退化估计面板

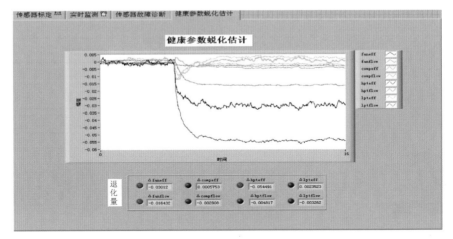

(b) 风扇效率、流量、高压涡轮效率同时发生退化诊断图

图 8.20   人机交互界面下气路健康参数退化估计面板(续)

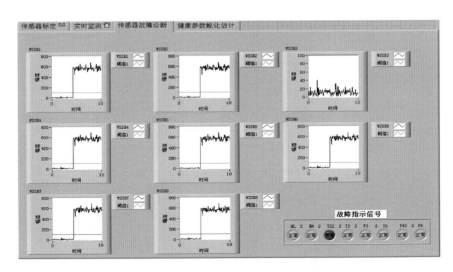

图 8.21   人机交互界面下传感器故障诊断面板